高等学校教材

数学物理方法

（第 2 版）

姚文静　编著

西北工业大学出版社

西　安

【内容简介】 本书内容由复变函数和数学物理方程两部分组成,共 17 章。主要包括复变积分、无穷级数、解析函数及其局域性展开、二阶线性常微分方程的幂级数解法、留数定理及其应用、积分变换、特殊函数、定解问题的建立、分离变量法、球函数、柱函数、格林函数法等。

本书可作为高等学校物理专业本科生和研究生教材,也可供广大工程技术人员和从事理论物理研究的科研人员学习参考。

图书在版编目(CIP)数据

数学物理方法 / 姚文静编著 . — 2 版. — 西安 :
西北工业大学出版社,2023.8
ISBN 978 - 7 - 5612 - 8899 - 3

Ⅰ. ①数… Ⅱ. ①姚… Ⅲ. ①数学物理方法-教材
Ⅳ. ①O411.1

中国国家版本馆 CIP 数据核字(2023)第 150790 号

SHUXUE WULI FANGFA (DI - ER BAN)

数 学 物 理 方 法 (第 2 版)
姚文静　编著

责任编辑:胡莉巾　倪瑞娜		策划编辑:倪瑞娜	
责任校对:雷　鹏		装帧设计:李　飞	

出版发行:西北工业大学出版社
通信地址:西安市友谊西路 127 号　　　　邮编:710072
电　　话:(029)88491757,88493844
网　　址:www.nwpup.com
印 刷 者:西安五星印刷有限公司
开　　本:787 mm×1 092 mm　　　　1/16
印　　张:15.75
字　　数:393 千字
版　　次:2013 年 1 月第 1 版　2023 年 8 月第 2 版　2023 年 8 月第 1 次印刷
书　　号:ISBN 978 - 7 - 5612 - 8899 - 3
定　　价:58.00 元

第 2 版前言

数学物理方法是一门涉及数学和物理学的交叉学科,它提供了一种数学工具和技巧的框架,用于解决各类物理问题和描述自然界中的物理现象。这门课程对于物理学和相关领域的学习和研究具有重要的意义,是物理学院各本科专业的基础必修课。学习数学物理方法这门课程,有助于学生在后续物理专业课程的学习中,更好地理解和推导物理定律、方程和模型,从而更深入地理解和描述自然界的现象。通过数值方法和数学建模,可以模拟和预测物理系统的行为和性质,以解决复杂的实际问题。数学物理方法在物理建模和工程应用中也具有重要意义。通过建立数学模型,可以预测和优化物理系统的性能,指导工程设计和优化。数学物理方法的研究和发展本身也是一项重要的工作。通过深入研究数学物理方法的基本原理和推广,可以推动数学和物理学科的进步,并为更深层次的研究和应用奠定基础。因此,数学物理方法对于理解物理学原理、解决物理问题及推动科学研究和工程应用都具有重要的作用。它提供了数学思维和分析工具,帮助物理学者更好地理解和描述自然界,并在实践中应用于解决现实世界中的物理问题。

《数学物理方法》第 1 版自 2013 年 1 月出版以来,得到了各级学生的使用反馈,在汇集了所有的建议和意见的基础上,笔者对第 1 版进行了修订。第 2 版保持了第 1 版的基本内容和风格,以这门课程需要涉及的数学知识——复变函数和特殊函数为基础,着重介绍了数学物理方程的建立和求解过程。全书重点强调了这门课程的灵魂内容——如何使用数学语言描述物理现象,以及利用各种数学方法求解物理问题。本书定位于应用特定的数学方法为物理问题的研究提供建模与求解。第 2 版中加强了对例题推导的准确表达,对个别表述不清的概念进行了补充和调整,排除了之前的印刷错误,使其更适合当前教学使用。

在修订本书的过程中,笔者得到了西北工业大学物理科学与技术学院各级本科生的使用反馈和意见,在此表示衷心的感谢。同时,笔者参考了大量参考文献和资料,在此向这些作者表示衷心的感谢。

由于水平有限,书中难免有疏漏和不足之处,恳请广大读者批评指正。

编著者
2023 年 6 月

第1版前言

数学物理方法是一门介绍如何使用数学语言描述物理现象，以及借用各种数学方法求解物理问题的课程，是物理专业必修的一门专业基础课。

笔者在承担数学物理方法课程的教学工作之前，特意前往清华大学、北京大学、北京科技大学、北京航空航天大学，以及西安交通大学、西北大学、西安电子科技大学等校的物理专业，进行了这门课程的调研，了解各校对于这门课的教学安排、学时安排、大纲要求、教学内容等；并且针对教学内容中的部分疑惑，特意请教了给清华大学和北京大学两校讲授数学物理方法的吴崇试先生。综合以上各校的调研结果并结合自身的具体教学现状，对原先分两学期讲授、共120学时的数学物理方法课程进行了改革，将其压缩为一学期90学时。

本书内容分为两大部分，第一部分是这门课程涉及的数学知识：复变函数和特殊函数；第二部分是数学物理方程。全书重点强调这门课程的灵魂内容——如何使用数学语言描述物理现象，以及借用各种数学方法求解物理问题。

本书具有以下特色：

(1)针对性。本书是针对应用物理系各本科专业开设的专业基础课——数学物理方法而编写的。已有的通用教材分为120学时和48学时两类，均不适用于90学时的课程设置。因此，本书是在综合各类通用教材的基础上，按照后续各个专业课的知识衔接需求，有选择地编写的。

(2)科学性。本书重在各章节之间的知识连贯性，注重提高学生的思考能力，培养学生使用数学工具解决物理问题的综合素质。

(3)实用性。本书内容选材适合作为物理系各专业本科生必修的专业基础课教材，本书由复变函数和数学物理方程两部分组成。通过本书的学习，学生可学会由物理现象出发，利用数学语言对提出的物理问题进行描述，然后运用各种数学方法求解，使问题得到合理的物理解释。

(4)可读性。本书文字简洁，条理清晰，可读性强，能够激发学生学习与思考的积极性，提高思考能力，建立相应的逻辑思维。

在本书编写过程中，笔者得到了北京大学吴崇试先生的悉心指导和建议，在此表示衷心的感谢。

在编写过程中，虽然努力做到一丝不苟、正确无误，但由于水平有限，书中不妥之处，请各位同行、读者指正。

编著者
2012 年 9 月

目　　录

第一部分　复　变　函　数

第1章　复数和复变函数 ·· 3

  1.1　基本概念 ·· 3

  1.2　复数序列 ·· 4

  1.3　复变函数 ·· 5

  1.4　复变函数的极限和连续 ································ 6

  1.5　无穷远点 ·· 7

第2章　解析函数 ·· 8

  2.1　可导与可微 ·· 8

  2.2　解析函数 ·· 10

  2.3　初等函数 ·· 12

  2.4　多值函数 ·· 13

  2.5　解析函数的物理解释——复势 ····················· 16

第3章　复变积分 ··· 18

  3.1　复变积分的定义 ·· 18

  3.2　单连通区域的柯西定理 ······························ 20

  3.3　复连通区域的柯西定理 ······························ 22

  3.4　两个有用的引理 ·· 24

  3.5　柯西积分公式 ··· 25

  3.6　解析函数的高阶导数 ··································· 28

  3.7　柯西型积分和含参量积分的解析性 ··············· 29

第4章　无穷级数 ··· 32

  4.1　复数级数 ·· 32

4.2　函数级数 ··· 33

4.3　幂级数 ··· 34

4.4　含参量的反常积分的解析性 ·· 38

第 5 章　解析函数的局域性展开 ··· 39

5.1　解析函数的泰勒展开 ·· 39

5.2　泰勒级数求法举例 ··· 40

5.3　解析函数的零点孤立性和解析函数的唯一性 ································· 48

5.4　解析函数的洛朗展开 ·· 49

5.5　洛朗级数求法举例 ··· 51

5.6　单值函数的孤立奇点 ·· 55

5.7　解析延拓 ·· 58

第 6 章　二阶线性常微分方程的幂级数解法 ··· 60

6.1　二阶线性常微分方程的常点和奇点 ··· 60

6.2　方程常点邻域内的解 ·· 62

6.3　方程正则奇点邻域内的解 ·· 67

6.4　贝塞尔方程的解 ··· 72

第 7 章　留数定理及其应用 ··· 77

7.1　留数定理 ·· 77

7.2　有理三角函数的积分 ·· 81

7.3　无穷积分 ·· 84

7.4　含三角函数的无穷积分 ··· 86

7.5　实轴上有奇点的情形 ·· 88

7.6　多值函数的积分 ··· 91

第 8 章　Γ 函数 ·· 97

8.1　Γ 函数的定义和基本性质 ·· 97

8.2　Ψ 函数 ·· 101

8.3　B 函数 ·· 104

第 9 章　拉普拉斯变换 ·· 105

9.1　拉普拉斯变换的定义 ·· 105

9.2　拉普拉斯变换的基本性质 ·· 106

9.3　拉普拉斯变换的反演 ·· 111

9.4　普遍反演公式 ·· 120

第 10 章　δ 函数 ·· 123

第二部分　数学物理方程

第 11 章　数学物理方程和定解条件 ····················· 129

  11.1　弦的横振动方程 ·································· 130

  11.2　杆的纵振动方程 ·································· 131

  11.3　热传导方程 ···································· 132

  11.4　稳定问题 ······································ 137

  11.5　边界条件与初始条件 ······························ 138

  11.6　内部界面上的连接条件 ···························· 140

  11.7　定解问题的适定性 ································ 142

第 12 章　分离变量法 ································· 144

  12.1　两端固定弦的自由振动 ···························· 144

  12.2　分离变量法的物理诠释 ···························· 149

  12.3　矩形区域内的稳定问题 ···························· 150

  12.4　多于两个自变量的定解问题 ························ 153

  12.5　两端固定弦的受迫振动 ···························· 155

  12.6　非齐次边界条件的齐次化 ·························· 165

第 13 章　正交曲面坐标系 ····························· 172

  13.1　正交曲面坐标系的定义 ···························· 172

  13.2　圆形区域 ······································ 174

  13.3　亥姆霍兹方程在柱坐标系下的分离变量 ·············· 176

  13.4　亥姆霍兹方程在球坐标系下的分离变量 ·············· 177

第 14 章　球函数 ··································· 180

  14.1　勒让德方程的解 ·································· 180

  14.2　勒让德多项式 ·································· 183

  14.3　勒让德多项式的微分表示(罗巨格公式) ·············· 186

  14.4　勒让德多项式的正交完备性 ························ 188

  14.5　勒让德多项式的生成函数 ·························· 190

  14.6　勒让德多项式的递推关系 ·························· 192

  14.7　勒让德多项式应用举例 ···························· 194

14.8 连带勒让德函数 ·· 199

14.9 球面调和函数 ·· 203

第 15 章 柱函数 ··· 207

15.1 贝塞尔函数和诺依曼函数 ·· 208

15.2 贝塞尔函数的递推关系 ··· 208

15.3 贝塞尔函数的渐进展开 ··· 211

15.4 整数阶贝塞尔函数的生成函数和积分表示 ·· 211

15.5 贝塞尔方程的本征值问题 ·· 214

15.6 半奇数阶贝塞尔函数 ··· 220

15.7 球贝塞尔函数 ·· 222

第 16 章 积分变换的应用 ··· 226

第 17 章 格林函数法 ·· 230

17.1 格林函数的概念 ··· 231

17.2 稳定问题格林函数的一般性质 ·· 232

17.3 三维无界空间亥姆霍兹方程的格林函数 ··· 234

17.4 圆内泊松方程第一边值问题的格林函数 ··· 237

参考文献 ··· 243

第一部分 复变函数

第1章　复数和复变函数

1.1　基　本　概　念

定义 1.1　设有一对有序实数(a,b),遵从

(1) $(a_1,b_1)+(a_2,b_2)=(a_1+a_2,b_1+b_2)$,

(2) $(a,b)(c,d)=(ac-bd,ad+bc)$,

则称这一对有序实数(a,b)定义了一个复数α,且$\alpha=(a,b)=a(1,0)+b(0,1)$,$a$为$\alpha$的实部,$b$为$\alpha$的虚部,记作

$$a=\operatorname{Re}\alpha,\quad b=\operatorname{Im}\alpha$$

两个复数相等指这两个复数的实部和虚部分别相等。

复数不能比较大小。

定义 1.2　实数集 **R** 是复数集 **C** 的一个子集。实数a(当然可以称作复数a)记为

$$a\equiv(a,0)\equiv a(1,0)$$
$$\alpha=(a,b)=a(1,0)+b(0,1)$$

$(1,0)$代表实数 1,$(0,1)$称作虚单位,记作 i,即 i$=(0,1)$。

复数乘法法则　$(0,1)(0,1)=(-1,0)=-1$,即 i$^2=-1$。

定义 1.3　$\alpha^*=a-\mathrm{i}b$与$\alpha=a+\mathrm{i}b$互为共轭,即$(\alpha^*)^*=\alpha$。

共轭复数相乘,有

$$\alpha\cdot\alpha^*=(a+\mathrm{i}b)(a-\mathrm{i}b)=(a^2+b^2,-ab+ab)=a^2+b^2$$

在此基础上,有

$$\frac{a+\mathrm{i}b}{c+\mathrm{i}d}=\frac{(a+\mathrm{i}b)(c-\mathrm{i}d)}{(c+\mathrm{i}d)(c-\mathrm{i}d)}=$$

$$\frac{(ac+bd)+\mathrm{i}(bc-ad)}{c^2+d^2}=$$

$$\frac{ac+bd}{c^2+d^2}+\mathrm{i}\frac{bc-ad}{c^2+d^2}$$

即为复数除法法则。

定义 1.4　复数与复平面上的点一一对应。

用矢量表示复数,a,b分别表示这个矢量在x,y

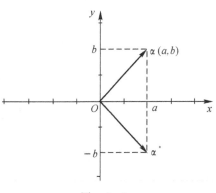

图　1-1

轴上的投影,如图 1-1 所示。

复数加法满足平行四边形法则(或称作三角形法则)。

定义 1.5 α 用极坐标表示为 $\alpha = r(\cos\theta + i\sin\theta)$,$r$ 为 α 的模,θ 为 α 的辐角,即

$$r = | \alpha |, \quad \theta = \arg\alpha$$

有

$$a = r\cos\theta, \quad b = r\sin\theta$$

三角函数具有周期性,θ 不是唯一的($\theta + 2n\pi$),辐角具有多值性。$(-\pi, \pi]$ 之间的辐角值称为辅角的主值,即

$$\alpha_1 \cdot \alpha_2 = r_1(\cos\theta_1 + i\sin\theta_1)r_2(\cos\theta_2 + i\sin\theta_2) =$$
$$r_1 r_2 [(\cos\theta_1\cos\theta_2 - \sin\theta_1\sin\theta_2) + i(\sin\theta_1\cos\theta_2 + \cos\theta_1\sin\theta_2)] =$$
$$r_1 r_2 [\cos(\theta_1 + \theta_2) + i\sin(\theta_1 + \theta_2)]$$

$$\frac{\alpha_1}{\alpha_2} = \frac{r_1(\cos\theta_1 + i\sin\theta_1)}{r_2(\cos\theta_2 + i\sin\theta_2)} = \frac{r_1(\cos\theta_1 + i\sin\theta_1)r_2(\cos\theta_2 - i\sin\theta_2)}{r_2(\cos\theta_2 + i\sin\theta_2)r_2(\cos\theta_2 - i\sin\theta_2)} =$$
$$\frac{r_1[(\cos\theta_1\cos\theta_2 + \sin\theta_1\sin\theta_2) + i(\cos\theta_1\sin\theta_2 - \sin\theta_1\cos\theta_2)]}{r_2} =$$
$$\frac{r_1}{r_2}[\cos(\theta_1 - \theta_2) + i\sin(\theta_1 - \theta_2)]$$

乘法 —— 模相乘,辐角相加。

除法 —— 模相除,辐角相减。

定义 1.6 $e^{i\theta} = \cos\theta + i\sin\theta$,即

$$e^{i\theta_1} \cdot e^{i\theta_2} = e^{i(\theta_1 + \theta_2)}$$

$$\alpha = r e^{i\theta}$$

$$\alpha_1 \cdot \alpha_2 = r_1 e^{i\theta_1} \cdot r_2 e^{i\theta_2} = r_1 r_2 e^{i(\theta_1 + \theta_2)}$$

$$\frac{\alpha_1}{\alpha_2} = r_1 e^{i\theta_1} \cdot \frac{1}{r_2} e^{-i\theta_2} = \frac{r_1}{r_2} e^{i(\theta_1 - \theta_2)}$$

复数的表示方法见表 1-1。

表 1-1 复数的表示方法

复数 α 的表示方法	运　算	复平面坐标系
$\alpha = a + ib$	加减法	平面直角坐标系
$\alpha = r(\cos\theta + i\sin\theta)$	乘除法	平面直角坐标系、极坐标系
$\alpha = r e^{i\theta}$	乘除法	平面直角坐标系、极坐标系

1.2　复　数　序　列

定义 1.7 记 $\{z_n\}$ 为复数序列,$z_n = x_n + iy_n (n = 1, 2, 3, \cdots)$,它等价于两个实数序列 $\{x_n\}, \{y_n\}$。

定理 1.1 给定 $\{z_n\}$,存在 z,对于任意 $\varepsilon > 0$,满足 $|z_n - z| < \varepsilon$,则 z 为 $\{z_n\}$ 的聚点

（极限点）。记 $\overline{\lim_{n\to\infty}}x_n$ 为 $\{x_n\}$ 的上极限，$\underline{\lim_{n\to\infty}}x_n$ 为 $\{x_n\}$ 的下极限，有

$$\overline{\lim_{n\to\infty}}(x_n \cdot y_n) \leqslant \overline{\lim_{n\to\infty}}x_n \cdot \overline{\lim_{n\to\infty}}y_n$$

$$\underline{\lim_{n\to\infty}}(x_n \cdot y_n) \geqslant \underline{\lim_{n\to\infty}}x_n \cdot \underline{\lim_{n\to\infty}}y_n$$

定义 1.8　给定 $\{z_n\}$，若存在 $M > 0$，使任意 n 都满足 $|z_n| < M$，则 $\{z_n\}$ 有界，否则无界。

定义 1.9　给定 $\{z_n\}$，若存在复数 z，对于任意 $\varepsilon > 0$，存在 $N(\varepsilon) > 0$，使当 $n > N(\varepsilon)$ 时，有 $|z_n - z| < \varepsilon$，则称 $\{z_n\}$ 收敛于 z，记作 $\lim\limits_{n\to\infty}z_n = z$。

一个序列的极限必然是此序列的聚点，而且是唯一的聚点。

定理 1.2　序列极限存在（序列收敛）的柯西充要条件：对于任意 $\varepsilon > 0$，存在正整数 $N(\varepsilon)$，使对于任意正整数 P，有 $|z_{N+P} - z_N| < \varepsilon$。

思考　一个无界序列能收敛吗？试证明之。

1.3　复　变　函　数

定义 1.10　若以某一点为圆心作一个圆，只要半径足够小，使圆内所有点属于该点集，称此点为点集的内点。

定义 1.11　区域 —— 同时满足下列两个条件的点集。

（1）全部都由内点组成；

（2）具有连通性，点集中任意两点都可以用一条折线连接起来，折线上的点全都属于此点集。

例 1.1　判断图 1-2 中阴影部分是否为区域。

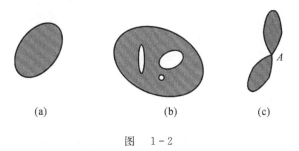

(a)　　　　　　　(b)　　　　　　　(c)

图　1-2

解　图 1-2(a) 和图 1-2(b) 是区域，图 1-2(c) 不是区域，因为点 A 不是内点。

相关概念：

（1）边界点。不属于区域，但以它为圆心作圆，不论半径如何小，圆内总含有区域的点。

（2）边界。边界点的全体。

（3）边界的方向。区域恒保持在边界的左方，此走向为边界的正向。

例 1.2　图示下列复数 z 的取值范围，指明边界的正方向，并判断其是否为区域。

（1）$|z| < R$；　　　　　（2）$|z| > r$；　　　　　（3）$R_1 < |z| < R_2$；

（4）$\theta_1 < \arg z < \theta_2$；　　（5）$\mathrm{Im}\,z > 0$；　　　　（6）$|z| < R$，$\mathrm{Im}\,z > 0$。

解 （1）$|z| < R$，如图 $1-3$ 斜线部分所示，是区域，边界方向为逆时针。

（2）$|z| > r$，如图 $1-4$ 阴影部分所示，是区域，边界方向为顺时针。

（3）$R_1 < |z| < R_2$，如图 $1-5$ 斜线部分所示，是区域，内边界方向为顺时针，外边界方向为逆时针。

（4）$\theta_1 < \arg z < \theta_2$，如图 $1-6$ 斜线部分所示，是区域。

（5）$\mathrm{Im} z > 0$，如图 $1-7$ 阴影部分所示，是区域，边界方向为横轴正向。

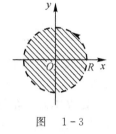

图　$1-3$

（6）$|z| < R$，$\mathrm{Im} z > 0$，如图 $1-8$ 阴影部分所示，是区域，边界方向为逆时针。

区域 $G +$ 边界 $c =$ 闭区域 $\overline{G}$。

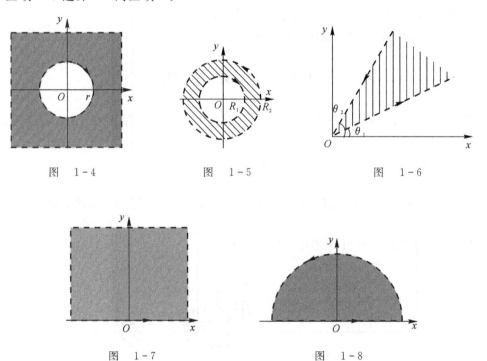

图　$1-4$　　　　　图　$1-5$　　　　　图　$1-6$

图　$1-7$　　　　　　　　图　$1-8$

定义 1.12 设 $G \in \mathbf{C}$，若对于 $z \in G$，$\exists w$ 与之对应，则 w 为 z 的函数——复变函数，记为 $w = f(z)$，定义域为 G，有

$$z = x + \mathrm{i}y, \quad w = f(z) = u(x, y) + \mathrm{i}v(x, y)$$

1.4　复变函数的极限和连续

定义 1.13 设函数 $f(z)$ 在点 z_0 的邻域内有意义，若存在复数 A，对于任意 $\varepsilon > 0$，存在 $\delta(\varepsilon) > 0$，使当 $0 < |z - z_0| < \delta$ 时，恒有 $|f(z) - A| < \varepsilon$，则称当 $z \to z_0$ 时，$f(z)$ 存在极限 A，记作 $\lim\limits_{z \to z_0} f(z) = A$。

定义 1.14　设函数 $f(z)$ 在点 z_0 的邻域内有意义,且 $\lim\limits_{z \to z_0} f(z) = f(z_0)$,即对于任意 $\varepsilon > 0$,存在 $\delta(\varepsilon) > 0$,使当 $0 < |z - z_0| < \delta$ 时,恒有 $|f(z) - f(z_0)| < \varepsilon$,则称 $f(z)$ 在 z_0 点连续。若函数对于任意 $z \in G$ 连续,则称 $f(z)$ 在区域 G 内连续。

性质 1.1　若 $f(z)$ 在区域 $\overline{G}$ 上连续,则

(1) $|f(z)|$ 在 $\overline{G}$ 上有界,并达到它的上、下界;

(2) $f(z)$ 在 $\overline{G}$ 上一致连续(对于任意 $\varepsilon > 0$,存在与 z 无关的 $\delta(\varepsilon) > 0$,使对于任意 z_1,$z_2 \in \overline{G}$,只要满足 $z_1 - z_2 < \delta$,就有 $|f(z_1) - f(z_2)| < \varepsilon$)。

连续函数的和、差、积、商(分母不为零的点)仍为连续函数。

连续函数的复合函数仍为连续函数。

1.5　无　穷　远　点

定义 1.15　无界序列的聚点:无穷远点"∞"(模大于任何正数,辐角不定)。

定义 1.16　$\overline{\mathbf{C}}$:扩充了的复平面 = 复平面 $\mathbf{C} + \infty$,复平面上只有一个无穷远点。

定义 1.17　复数球面:过 $\overline{\mathbf{C}}$ 上 $(0,0)$ 点作 $R = 1$ 的球面与 $\overline{\mathbf{C}}$ 相切,切点称为南极,过南极的直径另一端为北极,此球面为复数球面。

第 2 章 解 析 函 数

2.1 可导与可微

定义 2.1 设单值函数 $w = f(z) \in G$，存在 $z \in G$，满足

$$\lim_{\Delta z \to 0} \frac{\Delta w}{\Delta z} = \lim_{\Delta z \to 0} \frac{f(z + \Delta z) - f(z)}{\Delta z}$$

则称 $f(z)$ 在 z 点可导，此极限称为 $f(z)$ 在 z 点的导数，记作 $f'(z)$。

定义 2.2 若 $w = f(z)$ 在 z 点的改变量 $\Delta w = f(z + \Delta z) - f(z)$ 可写为 $\Delta w = A(z)\Delta z + \rho(\Delta z)$，其中 $\lim\limits_{\Delta z \to 0} \dfrac{\rho(\Delta z)}{\Delta z} = 0$，则称 $w = f(z)$ 在 z 点可微，$A(z)\Delta z$ 称为 w 在 z 点的微分，记作 $\mathrm{d}w = A(z)\mathrm{d}z$。

定理 2.1 $w = f(z)$ 在 z 点可导，则一定在该点可微，反之亦然，且 $A(z) = f'(z)$。

函数可导的必要条件——柯西-黎曼方程（C-R 条件）。

若函数 $f(z)$ 在 $z = x + \mathrm{i}y$ 点可导，Δz 以任意方式趋近于 0，则 $\dfrac{\Delta w}{\Delta z}$ 趋近于同样值。

特殊路径一：$\Delta x \to 0$，$\Delta y = 0$（平行于实轴），如图 2-1 所示。

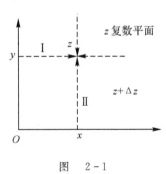

图 2-1

$$\Delta z = \Delta x \to 0$$

$f'(z) = \lim\limits_{\Delta z \to 0} \dfrac{f(z + \Delta z) - f(z)}{\Delta z} = \qquad$ （函数按虚部、实部分开）

$\lim\limits_{\Delta x \to 0} \dfrac{u(x + \Delta x, y) + \mathrm{i}v(x + \Delta x, y) - u(x, y) - \mathrm{i}v(x, y)}{\Delta x} = \qquad$ （极限按虚部、实部分开）

$$\frac{\partial u(x, y)}{\partial x} + \mathrm{i}\frac{\partial v(x, y)}{\partial x}$$

特殊路径二：$\Delta x = 0$，$\Delta y \to 0$（平行于虚轴），如图 2-1 所示。

$$\Delta z = \mathrm{i}\Delta y \to 0$$

$f'(z) = \lim\limits_{\Delta z \to 0} \dfrac{f(z + \Delta z) - f(z)}{\Delta z} = \qquad$ （函数按虚部、实部分开）

$$\lim_{\Delta y \to 0} \frac{u(x, y + \Delta y) + iv(x, y + \Delta y) - u(x, y) - iv(x, y)}{i\Delta y} = \quad (\text{分子、分母同乘以} -i)$$

$$\lim_{\Delta y \to 0} \frac{-iu(x, y + \Delta y) + v(x, y + \Delta y) + iu(x, y) - v(x, y)}{\Delta y} = \quad (\text{极限按虚部、实部分开})$$

$$\frac{\partial v(x, y)}{\partial y} - i\frac{\partial u(x, y)}{\partial y}$$

则有

$$\begin{cases} \dfrac{\partial u(x, y)}{\partial x} = \dfrac{\partial v(x, y)}{\partial y} \\ \dfrac{\partial v(x, y)}{\partial x} = -\dfrac{\partial u(x, y)}{\partial y} \end{cases}$$

此即为 C - R 条件,函数可导的必要而非充分条件。

定理 2.2 若 u, v 的偏导数存在且连续,则 C - R 条件是函数可导的充要条件。

证明 (1) 必要性:由推理过程已证。

(2) 充分性:因为 $\dfrac{\partial u}{\partial x}, \dfrac{\partial v}{\partial x}, \dfrac{\partial u}{\partial y}, \dfrac{\partial v}{\partial y}$ 存在且连续,所以 $u(x, y)$ 和 $v(x, y)$ 可微,即

$$\Delta u = u(x + \Delta x, y + \Delta y) - u(x, y) = \frac{\partial u}{\partial x}\Delta x + \frac{\partial u}{\partial y}\Delta y + o\left(\sqrt{(\Delta x)^2 + (\Delta y)^2}\right)$$

$$\Delta v = v(x + \Delta x, y + \Delta y) - v(x, y) = \frac{\partial v}{\partial x}\Delta x + \frac{\partial v}{\partial y}\Delta y + o\left(\sqrt{(\Delta x)^2 + (\Delta y)^2}\right)$$

因为高阶无穷小量 $o(\varepsilon)$ 有 $\lim\limits_{\varepsilon \to 0}\dfrac{o(\varepsilon)}{\varepsilon} = 0$,所以

$$\lim_{\Delta z \to 0} \frac{f(z + \Delta z) - f(z)}{\Delta z} = \lim_{\substack{\Delta x \to 0 \\ \Delta y \to 0}} \frac{\left(\dfrac{\partial u}{\partial x}\Delta x + \dfrac{\partial u}{\partial y}\Delta y\right) + i\left(\dfrac{\partial v}{\partial x}\Delta x + \dfrac{\partial v}{\partial y}\Delta y\right) + o\left(\sqrt{(\Delta x)^2 + (\Delta y)^2}\right)}{\Delta x + i\Delta y} =$$

（根据 C - R 条件）

$$\lim_{\substack{\Delta x \to 0 \\ \Delta y \to 0}} \frac{\left(\dfrac{\partial u}{\partial x}\Delta x - \dfrac{\partial v}{\partial x}\Delta y\right) + i\left(\dfrac{\partial v}{\partial x}\Delta x + \dfrac{\partial u}{\partial x}\Delta y\right)}{\Delta x + i\Delta y} =$$

$$\lim_{\substack{\Delta x \to 0 \\ \Delta y \to 0}} \frac{\dfrac{\partial u}{\partial x}(\Delta x + i\Delta y) + \dfrac{\partial v}{\partial x}(-\Delta y + i\Delta x)}{\Delta x + i\Delta y} =$$

$$\lim_{\substack{\Delta x \to 0 \\ \Delta y \to 0}} \frac{\dfrac{\partial u}{\partial x}(\Delta x + i\Delta y) + i\dfrac{\partial v}{\partial x}(i\Delta y + \Delta x)}{\Delta x + i\Delta y} =$$

$$\lim_{\substack{\Delta x \to 0 \\ \Delta y \to 0}} \frac{\left(\dfrac{\partial u}{\partial x} + i\dfrac{\partial v}{\partial x}\right)(\Delta x + i\Delta y)}{\Delta x + i\Delta y} =$$

$$\frac{\partial u}{\partial x} + i\frac{\partial v}{\partial x}$$

故 $f(z)$ 可导。

导数的几何意义(见图 2-2)：

$$|dw| = |f'(z)| \cdot |dz|$$
$$\arg dw = \arg f'(z) + \arg dz$$

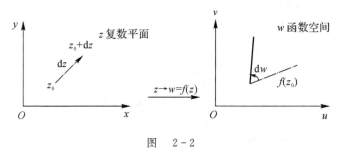

图　2-2

2.2　解　析　函　数

定义 2.3　区域 G 内每一点都可导的函数称为 G 内的解析函数。

$$\boxed{f(z) \subset G,处处可导,f(z) 为 G 的解析函数}$$

$$\boxed{\text{柯西-黎曼方程}}$$

$$\boxed{f(z) = u(x,y) + iv(x,y),u,v \text{ 不是相互独立的},u \leftrightarrow v}$$

例 2.1　已知 $f(z) = u(x,y) + iv(x,y)$，求 $v(x,y)$。

解　涉及的高数知识：① $y = f[u(x)]$，$\dfrac{dy}{dx}\Big|_{x=x_0} = f'(u_0)u'(x_0)$；② 反函数的导数 = （直接函数的导数）$^{-1}$；③ $\left(\dfrac{u}{v}\right)' = \dfrac{u'v - uv'}{v^2}$。

因为

$$\frac{\partial u}{\partial x} = \frac{2x(x^2+y^2)^2 - (x^2-y^2) \times 2(x^2+y^2) \times 2x}{(x^2+y^2)^3} = \quad (\text{分子提取 } 2x(x^2+y^2) \text{ 后})$$

$$\frac{2x(x^2+y^2)[(x^2+y^2) - 2(x^2-y^2)]}{(x^2+y^2)^3} =$$

$$\frac{-2x(x^2-3y^2)}{(x^2+y^2)^2}$$

且

$$\frac{\partial u}{\partial y} = \frac{-2y(x^2+y^2)^2 - (x^2-y^2) \times 2(x^2+y^2) \times 2y}{(x^2+y^2)^3} =$$

$$\frac{-2y(x^2+y^2)\left[(x^2+y^2)+2(x^2-y^2)\right]}{(x^2+y^2)^3}=$$

$$\frac{-2y(3x^2-y^2)}{(x^2+y^2)^2}$$

由 C - R 方程,有

$$\begin{cases}\dfrac{\partial u}{\partial x}=\dfrac{\partial v}{\partial y}\\[2mm]\dfrac{\partial v}{\partial x}=-\dfrac{\partial u}{\partial y}\end{cases},\quad \mathrm{d}v=\frac{\partial v}{\partial x}\mathrm{d}x+\frac{\partial v}{\partial y}\mathrm{d}y=-\frac{\partial u}{\partial y}\mathrm{d}x+\frac{\partial u}{\partial x}\mathrm{d}y$$

所以
$$v(x,y)=\int_{(x_0,y_0)}^{(x,y)}\left(-\frac{\partial u}{\partial y}\mathrm{d}x+\frac{\partial u}{\partial x}\mathrm{d}y\right)+C$$

其中 C 为常数。当 $z_0=1$,并取积分路径为 $(1,0)\to(x,0)\to(x,y)$ 时,有

$$v(x,y)=\int_{(1,0)}^{(x,y)}\left(-\frac{\partial u}{\partial y}\mathrm{d}x+\frac{\partial u}{\partial x}\mathrm{d}y\right)+C$$

代入 $\dfrac{\partial u}{\partial x}$ 和 $\dfrac{\partial u}{\partial y}$,得

$$v(x,y)=\int_1^x\left.\frac{-2y(3x^2-y^2)}{(x^2+y^2)^2}\right|_{y=0}\mathrm{d}x+\int_0^y\left.\frac{-2x(x^2-3y^2)}{(x^2+y^2)^2}\right|_{x=\mathrm{cons}}\mathrm{d}y+C=\quad (\text{令 } y=x\cot\varphi)$$

$$0+\int_{\frac{\pi}{2}}^{\mathrm{arccot}\frac{y}{x}}\frac{-2x(x^2-3x^2\cot^2\varphi)}{(x^2+x^2\cot^2\varphi)^2}x\,\mathrm{d}\cot\varphi+C=$$

$$-\frac{2}{x^2}\left(\frac{1}{4}\sin2\varphi-\frac{1}{8}\sin4\varphi\right)\Bigg|_{\varphi=\frac{\pi}{2}}^{\varphi=\mathrm{arccot}\frac{y}{x}}+C=$$

$$\frac{2xy}{(x^2+y^2)^2}+C$$

例 2.2　已知 $u(x,y)=x^2-y^2$,求 $f(z)$。

解　方法一:
$$\mathrm{d}v=-\frac{\partial u}{\partial y}\mathrm{d}x+\frac{\partial u}{\partial x}\mathrm{d}y=2y\mathrm{d}x+2x\mathrm{d}y$$

当 $z_0=1$,并取积分路径为 $(1,0)\to(x,0)\to(x,y)$ 时,得

$$v(x,y)=\int_1^x 2y\Big|_{y=0}\mathrm{d}x+\int_0^y 2x\Big|_{x=\mathrm{cons}}\mathrm{d}y+C$$

$$v(x,y)=2xy+C$$

$$f(z)=u(x,y)+\mathrm{i}v(x,y)=x^2-y^2+\mathrm{i}(2xy+C)=$$

$$x^2+2\mathrm{i}xy+(\mathrm{i}y)^2+C=(x+\mathrm{i}y)^2+C=z^2+C$$

方法二:将 $x=\dfrac{z+z^*}{2},y=\dfrac{z-z^*}{2}$ 代入 $u(x,y)$,有

$$u(x,y)=\left(\frac{z+z^*}{2}\right)^2-\left(\frac{z-z^*}{2}\right)^2=\frac{1}{2}\left[z^2+(z^2)^*\right]$$

而
$$u(x,y)=\frac{f(z)+f^*(z)}{2}$$

故得
$$f(z)=z^2$$

定理 2.3 解析函数的实部和虚部的二阶导数一定存在并且连续(以后证明),即满足 u,v 二维拉普拉斯方程:

$$\frac{\partial^2 u}{\partial x^2}+\frac{\partial^2 u}{\partial y^2}=0, \qquad \frac{\partial^2 v}{\partial x^2}+\frac{\partial^2 v}{\partial y^2}=0$$

其中,u,v 都是调和函数。

定义 2.4 若符合以下 3 条之一:① $f(z)$ 在 z_0 处无定义,② $f(z)$ 在 z_0 处不可导,③ $f(z)$ 在 z_0 处不解析,则 z_0 是 $f(z)$ 的奇点。

2.3 初 等 函 数

1.幂函数

当 $n=0,1,2,\cdots$ 时,z^n 在复平面 **C** 上解析,$z=\infty$ 为奇点;

当 $n=-1,-2,-3,\cdots$ 时,z^n 在 $\overline{\textbf{C}}\backslash 0$ 上(包括 ∞ 点)处处解析,有

$$(z^n)'=nz^{n-1}$$

2.指数函数

$$e^z=e^{x+iy}=e^x(\cos y+i\sin y)$$

可知

$$e^{z_1}\cdot e^{z_2}=e^{z_1+z_2}$$

e^z 在复平面 **C** 上解析,$z=\infty$ 为奇点,周期为 $2\pi i$。

3.三角函数

复指数函数

$$\sin z=\frac{e^{iz}-e^{-iz}}{2i}, \qquad \cos z=\frac{e^{iz}+e^{-iz}}{2}$$

由于 e^{iz} 与 e^{-iz} 在复平面 **C** 上解析,故 $\sin z,\cos z,\cdots$ 在复平面 **C** 上解析,周期为 2π,模可以大于 1。

实三角函数的各种恒等式对复三角函数仍然成立。

4.双曲函数

与三角函数是互化的:$\sinh z=\dfrac{e^z-e^{-z}}{2}=-i\sin(iz)$

$$\cosh z=\frac{e^z+e^{-z}}{2}=\cos(iz)$$

周期:$\sinh z,\cosh z,\operatorname{csch}z$ 为 $2\pi i$;$\tanh z,\coth z$ 为 πi。

导数公式:$(\sinh z)'=\cosh z,(\cosh z)'=\sinh z,(\tanh z)'=\operatorname{sech}^2 z$。

例 2.3 求证 $\cosh^2 z-\sinh^2 z=1$。

证明
$$\cosh^2 z-\sinh^2 z=\left(\frac{e^z+e^{-z}}{2}\right)^2-\left(\frac{e^z-e^{-z}}{2i}\right)^2=$$
$$\frac{e^{2z}+2+e^{-2z}}{4}-\frac{e^{2z}-2+e^{-2z}}{4}=1$$

5.对数函数

$$\ln z=\ln|z|+i\arg z$$

$$(\ln z)' = \frac{1}{z}$$

$$\ln(z_1 \cdot z_2) = \ln z_1 + \ln z_2$$

$$\ln\left(\frac{z_1}{z_2}\right) = \ln z_1 - \ln z_2$$

2.4　多 值 函 数

根式函数 $\sqrt{z-a} = w$，令 $w^2 = z - a$，w 是 $\sqrt{z-a}$ 的反函数，故 $\sqrt{z-a} = w$ 时，有

$$\begin{aligned} w &= \rho\,\mathrm{e}^{\mathrm{i}\varphi} = \sqrt{z-a} \\ z - a &= r\,\mathrm{e}^{\mathrm{i}\theta} \end{aligned} \Rightarrow \begin{cases} \rho = \sqrt{r} \\ \varphi = \dfrac{\theta}{2} + n\pi, \quad n = 0, \pm 1, \pm 2, \cdots \end{cases}$$

对于 z，存在两个 w 与之对应，即

$$w_1(z) = \sqrt{r}\,\mathrm{e}^{\mathrm{i}\frac{\theta}{2}}$$

$$w_2(z) = \sqrt{r}\,\mathrm{e}^{\mathrm{i}\left(\frac{\theta}{2} + \pi\right)} = -\sqrt{r}\,\mathrm{e}^{\mathrm{i}\frac{\theta}{2}}$$

函数的多值性来源于辐角的多值性。

定义 2.5　对于多值函数 $w = f(z)$，若存在 $z = z_0$，使在 z_0 的邻域内当 z 的辐角改变 2π 时，w 的值并不还原，则 z_0 为 w 的支点。

也就是说，对于自变量 z 的每一个值，若有两个或两个以上的函数值 w 与之对应，则 $w = f(z)$ 称为 z 的多值函数。在复平面上，若 z 绕某点 z_0 一周回到原处时，对应的多值函数值不还原，则 z_0 称为该多值函数的支点。若 z 绕 z_0 转 n 周后对应的函数值还原，z_0 就称为该多值函数的 $n-1$ 阶支点，支点必为奇点。

思考　$z_0 = 0$ 是 $\sqrt{z}$ 和 $\sqrt[3]{z}$ 的支点吗？有什么不同？

$z_0 = 0$ 是 $\sqrt{z}$ 和 $\sqrt[3]{z}$ 的支点，如图 2-3(a) 所示，不同之处在于：

$z_0 = 0$ 是 $\sqrt{z}$ 的一阶支点，当 $z = r\,\mathrm{e}^{\mathrm{i}\theta}$ 绕 $z_0 = 0$ 一周时，如图 2-3(a) 所示 $(\theta \to \theta + 2\pi)$，$w_1(z) = \sqrt{r}\,\mathrm{e}^{\mathrm{i}\frac{\theta}{2}}$，$w_2(z) = \sqrt{r}\,\mathrm{e}^{\mathrm{i}\left(\frac{\theta}{2} + \pi\right)} = -\sqrt{r}\,\mathrm{e}^{\mathrm{i}\frac{\theta}{2}}$ 与之对应；如图 2-3(b) 所示，当 z 绕 $z_0 = 0$ 由 $\theta + 2\pi \to \theta + 4\pi$ 时，$\sqrt{z}$ 又恢复到 $\sqrt{r}\,\mathrm{e}^{\mathrm{i}\frac{\theta}{2}}$。

$z_0 = 0$ 是 $\sqrt[3]{z}$ 的二阶支点，当 $z = r\,\mathrm{e}^{\mathrm{i}\theta}$ 绕 $z_0 = 0$ 一周时，如图 2-3(a) 所示 $(\theta \to \theta + 2\pi)$，$w_1(z) = \sqrt{r}\,\mathrm{e}^{\mathrm{i}\frac{\theta}{3}}$，$w_2(z) = \sqrt{r}\,\mathrm{e}^{\mathrm{i}\frac{\theta + 2\pi}{3}}$，$w_3(z) = \sqrt{r}\,\mathrm{e}^{\mathrm{i}\frac{\theta + 4\pi}{3}}$ 与之对应；如图 2-3(c) 所示，当 z 绕 $z_0 = 0$ 由 $\theta + 2\pi \to \theta + 6\pi$ 时，$\sqrt[3]{z}$ 又恢复到 $\sqrt{r}\,\mathrm{e}^{\mathrm{i}\frac{\theta}{3}}$。

类似地，$z_0 = 0$ 是 $|w| = \sqrt[n]{|z-1|}$ 的 $n-1$ 阶支点。$z_0 = a$ 是 $\sqrt[n]{z-a}$ 的 $n-1$ 阶支点。

例 2.4　若 $w = \sqrt{z-1}$，规定 $0 \leqslant \arg(z-1) < 2\pi$，求 $w(2)$，$w(\mathrm{i})$，$w(0)$，$w(-\mathrm{i})$。

解　如图 2-4 所示，有

$$w = |w| \cdot \mathrm{e}^{\mathrm{i}\arg w}$$

$$\arg w = \frac{1}{2}\arg(z-1), \quad |w| = \sqrt{|z-1|}$$

$$\arg[w(2)]=\frac{1}{2}\arg(2-1)=0, \quad |w(2)|=\sqrt{|2-1|}=1, \quad w(2)=1$$

$$\arg[w(i)]=\frac{1}{2}\arg(i-1)=\frac{3}{8}\pi, \quad |w(i)|=\sqrt{|i-1|}=\sqrt[4]{2}, \quad w(i)=\sqrt[4]{2}\,e^{i\frac{3}{8}\pi}$$

$$\arg[w(0)]=\frac{1}{2}\arg(-1)=\frac{\pi}{2}, \quad |w(0)|=\sqrt{|0-1|}=1, \quad w(0)=e^{i\frac{\pi}{2}}=i$$

$$\arg[w(-i)]=\frac{1}{2}\arg(-i-1)=\frac{5}{8}\pi$$

$$|w(-i)|=\sqrt{|-i-1|}=\sqrt[4]{2}, \quad w(-i)=\sqrt[4]{2}\,e^{i\frac{5}{8}\pi}$$

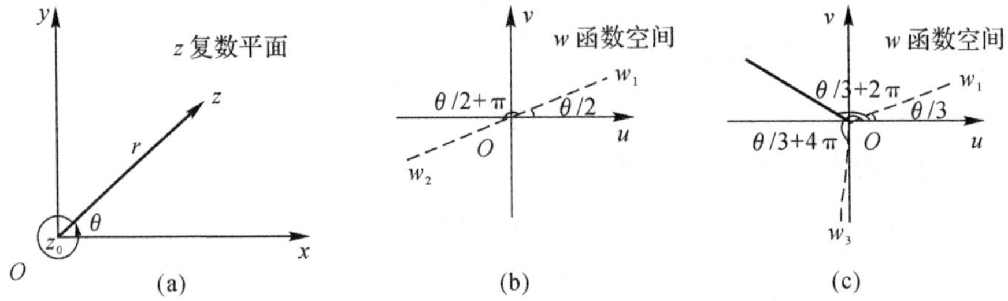

图   2-3

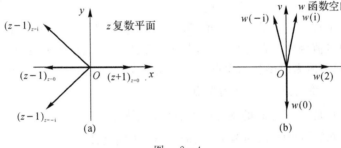

图   2-4

规定辐角的变化范围 → 多值函数单值化,实质是限制 z 的变化方式。

定义 2.6   限制多值函数的自变量的取值范围后,多值函数被划分为若干个单值函数,其中的每一个单值函数称为多值函数的单值分支。

多值函数＝单值分支 1＋单值分支 2＋单值分支 3＋…＋单值分支 $n,n=\infty$

定义 2.7   连接多值函数的两支点割开平面的线称为割线。

$\sqrt{z-a}$ 是支点为 a 和 ∞ 的二值函数,其单值分支 Ⅰ($\arg(z-a)=0$ 的割线上岸)和单值分支 Ⅱ($\arg(z-a)=2\pi$ 的割线上岸)如图 2-5 所示。

辐角变化范围的规定不唯一,如:

$$-\pi \leqslant \arg(z-a) < \pi \text{ 和 } \pi \leqslant \arg(z-a) < 3\pi$$

或

$$-\frac{3}{2}\pi \leqslant \arg(z-a) < \frac{1}{2}\pi \text{ 和 } \frac{1}{2}\pi \leqslant \arg(z-a) < \frac{5}{2}\pi$$

割线的作法多种多样,只要连接分支点,并适当规定割线一侧相关宗量的辐角值。

多值函数单值化优点为等分于单值函数,可以讨论解析性。其缺点是支点为奇点,为各个单值分支所共有,支点附近的邻域分属多个单值分支,不能讨论复杂问题。解决办法:规定 w 在某一点 z_0 的值,明确 z 的连续变化路线。

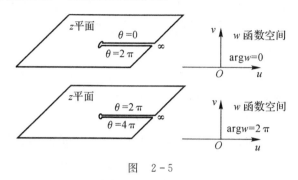

图　2－5

例 2.5　$w=\sqrt{z-1}$,规定 $w(2)=1$,讨论 z 沿 C_1 或 C_2 连续变化到原点时,函数的值。C_1,C_2 分别为以 $z=1$ 为圆心,1 为半径的上半圆周和下半圆周。

解　如图 2－6 所示。

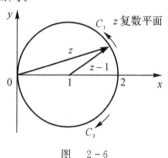

图　2－6

(1) 当 z 沿 C_1 连续变化时,有

$$\Delta \arg(z-1)=\pi$$

$$\Delta \arg w=\frac{1}{2}\Delta \arg(z-1)=\frac{\pi}{2}$$

$$w(0)=\mathrm{e}^{\mathrm{i}\frac{\pi}{2}}=\mathrm{i}$$

(2) 当 z 沿 C_1 连续变化时,有

$$\Delta \arg (z-1)=-\pi$$

$$\Delta \arg w=\frac{1}{2}\Delta \arg (z-1)=-\frac{\pi}{2}$$

$$w(0)=\mathrm{e}^{-\mathrm{i}\frac{\pi}{2}}=-\mathrm{i}$$

理解　z 的路线不受限制,可以从一个单值分支到另一个单值分支。相当于两个 z 平面相连接,第一个面的割线下岸($\arg(z-1)=2\pi$)和第二个面的割线上岸($\arg(z-1)=2\pi$)相连,同时第一个面的割线上岸($\arg(z-1)=0$)和第二个面的割线下岸($\arg(z-1)=4\pi$)相连,构成二叶黎曼面。

黎曼面:使多值函数划分为单值函数的若干叶割破的互相黏合的复 z 平面。

例 2.6　试讨论函数 $w(z)=\sqrt{z^2-1}$ 的多值性。

解　$w(z)=\sqrt{z^2-1}=\sqrt{z+1}\cdot\sqrt{z-1}$,可能的支点有:$\pm1,0,\infty$,分别进行讨论。

(1)$z=1$ 的情况。在 $z=1$ 的邻域内取 $z_1=1+\rho_1\mathrm{e}^{\mathrm{i}\varphi_1}$,其中 $\rho_1\ll1,0<\varphi_1<2\pi$。

则

$$w(z_1)=\sqrt{(2+\rho_1\mathrm{e}^{\mathrm{i}\varphi_1})\rho_1\mathrm{e}^{\mathrm{i}\varphi_1}}=$$

$$\sqrt{\rho_1(\cos\varphi_1+\mathrm{i}\sin\varphi_1)(2+\rho_1\cos\varphi_1+\mathrm{i}\rho_1\sin\varphi_1)}$$

因为 $\rho_1\ll1$,所以

$$2+\rho_1\cos\varphi_1+\mathrm{i}\rho_1\sin\varphi_1\approx2+\mathrm{i}\rho_1\sin\varphi_1$$

$$w(z_1) = \sqrt{\rho_1(\cos\varphi_1 + \mathrm{i}\sin\varphi_1)(2 + \mathrm{i}\rho_1\sin\varphi_1)}$$

虚实合并后，有

$$w(z_1) = \sqrt{\rho_1\left[(2\cos\varphi_1 - \rho_1\sin^2\varphi_1) + \mathrm{i}(2\sin\varphi_1 + \rho_1\sin\varphi_1\cos\varphi_1)\right]} \approx$$
$$\sqrt{\rho_1(2\cos\varphi_1 + 2\mathrm{i}\sin\varphi_1)} = \sqrt{2\rho_1}\,\mathrm{e}^{\mathrm{i}\frac{\varphi_1}{2}}$$

当 $\varphi_1 \to \varphi_1 + 2\pi$，即 z_1 绕 $z=1$ 一周时，有

$$w(z_1) = \sqrt{2\rho_1}\,\mathrm{e}^{\mathrm{i}\frac{\varphi_1+2\pi}{2}} = -\sqrt{2\rho_1}\,\mathrm{e}^{\mathrm{i}\frac{\varphi_1}{2}} \neq \sqrt{2\rho_1}\,\mathrm{e}^{\mathrm{i}\frac{\varphi_1}{2}}$$

当 $\varphi_1 \to \varphi_1 + 4\pi$ 时，w 恢复到辐角为 φ_1 时的值。

可见，$z=1$ 是 $w(z) = \sqrt{z^2 - 1}$ 的一阶支点。

（2）$z=-1$ 的情况。类似 $z=1$ 的讨论，可知 $z=-1$ 也是一阶支点。

（3）$z=0$ 的情况。在 $z=0$ 的邻域内取 $z_2 = \rho_2 \mathrm{e}^{\mathrm{i}\varphi_2}$，其中 $\rho_2 \ll 1, 0 < \varphi_2 < 2\pi$，
则

$$w(z_2) = \sqrt{(\rho_2 \mathrm{e}^{\mathrm{i}\varphi_2} + 1)(\rho_2 \mathrm{e}^{\mathrm{i}\varphi_2} - 1)} \approx \sqrt{-1}$$

与辐角无关。

当 $\varphi_2 \to \varphi_2 + 2\pi$ 时，函数值不变，因此 $z=0$ 不是 $w(z) = \sqrt{z^2 - 1}$ 的支点。

（4）$z=\infty$ 的情况。在 $z=\infty$ 的邻域内取 $z_3 = \rho_3 \mathrm{e}^{\mathrm{i}\varphi_3}$，其中 $\rho_3 \gg 1, 0 < \varphi_3 < 2\pi$，则

$$w(z_3) = \sqrt{(\rho_3 \mathrm{e}^{\mathrm{i}\varphi_3} + 1)(\rho_3 \mathrm{e}^{\mathrm{i}\varphi_3} - 1)} \approx \rho_3 \mathrm{e}^{\mathrm{i}\varphi_3}$$

当 $\varphi_3 \to \varphi_3 + 2\pi$ 时，函数值不变，可知 $z=\infty$ 不是 $w(z) = \sqrt{z^2 - 1}$ 支点。

综上所述，$w(z) = \sqrt{z^2 - 1}$ 有两个一阶支点 $z = \pm 1$，其黎曼面如图 2-7 所示。

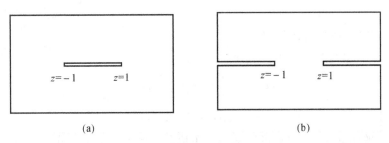

图　2-7

（a）割线为 $z=-1$ 到 $z=1$ 的连线；（b）割线为 $z=-1$ 沿负实轴到 $z=\infty$ 后沿正实轴到 $z=1$

2.5　解析函数的物理解释 —— 复势

已知解析函数 $w = f(z)$ 的实部 $u(x, y)$ 和虚部 $v(x, y)$ 满足 C-R 条件

$$\begin{cases} \dfrac{\partial u}{\partial x} = \dfrac{\partial v}{\partial y} \\[2mm] -\dfrac{\partial u}{\partial y} = \dfrac{\partial v}{\partial x} \end{cases}$$

分别求 x, y 的偏导，有

$$\begin{cases} \dfrac{\partial^2 u}{\partial x^2} = \dfrac{\partial^2 v}{\partial x \partial y} \\ -\dfrac{\partial^2 u}{\partial^2 y} = \dfrac{\partial^2 v}{\partial x \partial y} \end{cases}, \quad \text{两式相减} \Rightarrow \dfrac{\partial^2 u}{\partial x^2} + \dfrac{\partial^2 u}{\partial y^2} = 0$$

同理,有

$$\dfrac{\partial^2 v}{\partial x^2} + \dfrac{\partial^2 v}{\partial y^2} = 0$$

由电荷产生的静电场,其电势 $\Phi(x,y,z)$ 在空间的无源(无电荷)区域内满足拉普拉斯方程

$$\boldsymbol{\nabla}^2 \Phi(x,y,z) = \dfrac{\partial^2 \Phi}{\partial x^2} + \dfrac{\partial^2 \Phi}{\partial y^2} + \dfrac{\partial^2 \Phi}{\partial z^2} \equiv 0$$

若电荷沿三维空间某一方向均匀分布,取该方向为 z 轴,则有平面静电场

$$\boldsymbol{\nabla}^2 \Phi(x,y) = \dfrac{\partial^2 \Phi}{\partial x^2} + \dfrac{\partial^2 \Phi}{\partial y^2} \equiv 0$$

可见,解析函数的实部(或虚部)可以解释为平面静电场的势。

此外,将 C-R 条件两式相乘并移项,得

$$\dfrac{\partial u}{\partial x} \cdot \dfrac{\partial v}{\partial x} + \dfrac{\partial u}{\partial y} \cdot \dfrac{\partial v}{\partial y} = 0$$

即

$$\boldsymbol{\nabla} u \cdot \boldsymbol{\nabla} v = \left(\dfrac{\partial u}{\partial x} \mathrm{i} + \dfrac{\partial u}{\partial y} \mathrm{j} \right) \cdot \left(\dfrac{\partial v}{\partial x} \mathrm{i} + \dfrac{\partial v}{\partial y} \mathrm{j} \right) = \dfrac{\partial u}{\partial x} \cdot \dfrac{\partial v}{\partial x} + \dfrac{\partial u}{\partial y} \cdot \dfrac{\partial v}{\partial y} = 0$$

即在 xOy 平面上 $u(x,y)$ 的等值线族与 $v(x,y)$ 的等值线族处处相互正交。$u(x,y)$ 或 $v(x,y)$ 为平面静电场的复势。

若 $u(x,y)$ 是平面静电场的等势线族(等势面),则 $v(x,y)$ 是平面静电场的电场线族(电力线)。反之亦然。

第3章 复变积分

3.1 复变积分的定义

定义 3.1 如图 3-1 所示,设曲线 $l \subset \mathbf{C}$ 复平面,函数 $f(z)$ 在 l 上有意义,将曲线 l 任意分割为 n 段,分点为 $z_0 = A, z_1, z_2, \cdots, z_n = B$,$\xi_k$ 是 $z_{k-1} \to z_k$ 段上任意一点,作和数

$$\sum_{k=1}^{n} f(\xi_k)(z_k - z_{k-1}) = \sum_{k=1}^{n} f(\xi_k) \Delta z_k$$

当 $n \to \infty$,$\max |\Delta z_k| \to 0$ 时,此和数的极限存在,且与 ξ_k 的选取无关,则称此极限值为函数 $f(z)$ 沿曲线 l 的积分,记为

$$\int_l f(z) \mathrm{d}z = \lim_{\max |\Delta z_k| \to 0} \sum_{k=1}^{n} f(\xi_k) \Delta z_k$$

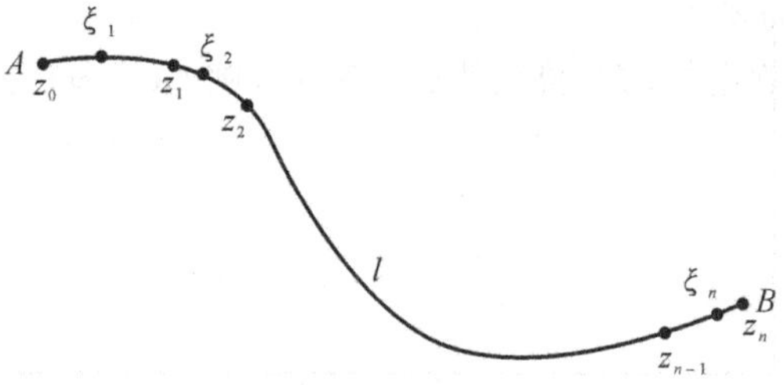

图　3-1

一个复变积分是两个实变积分的有序组合:

$$\int_l f(z) \mathrm{d}z = \int_l (u + \mathrm{i}v)(\mathrm{d}x + \mathrm{i}\mathrm{d}y) = \int_l (u \mathrm{d}x - v \mathrm{d}y) + \mathrm{i} \int_l (v \mathrm{d}x + u \mathrm{d}y)$$

由实变积分知识可知下述定理。

定理 3.1 $f(z)$ 是分段光滑曲线 l 上的连续函数,$f(z)$ 的复变积分一定存在。

复变积分的基本性质:

(1) 若存在 $\int_l f_1(z) \mathrm{d}z, \int_l f_2(z) \mathrm{d}z, \cdots, \int_l f_n(z) \mathrm{d}z$,则

$$\int_l [f_1(z) + f_2(z) + \cdots + f_n(z)] \mathrm{d}z = \int_l f_1(z) \mathrm{d}z + \int_l f_2(z) \mathrm{d}z + \cdots + \int_l f_n(z) \mathrm{d}z$$

从复变积分的定义出发,利用极限和求和的性质可证。

(2) 若 $l = l_1 + l_2 + \cdots + l_n$,则

$$\int_l f(z)\mathrm{d}z = \int_{l_1} f(z)\mathrm{d}z + \int_{l_2} f(z)\mathrm{d}z + \cdots + \int_{l_n} f(z)\mathrm{d}z$$

从复变积分的定义出发,利用极限和求和的性质可证。

(3) 若 l^- 是 l 的逆向,则

$$\int_{l^-} f(z)\mathrm{d}z = -\int_l f(z)\mathrm{d}z$$

证明　由复变积分的定义可知

$$\int_{l^-} f(z)\mathrm{d}z = \lim_{\max|\Delta z_k| \to 0} \sum_{k=1}^n f(\xi_k)(z_{k-1} - z_k) = \lim_{\max|\Delta z_k| \to 0} \sum_{k=1}^n f(\xi_k)(-\Delta z_k) =$$

$$- \lim_{\max|\Delta z_k| \to 0} \sum_{k=1}^n f(\xi_k)\Delta z_k = -\int_l f(z)\mathrm{d}z$$

(4) 对常数 a,有

$$\int_l a f(z)\mathrm{d}z = a\int_l f(z)\mathrm{d}z$$

由复变积分定义易证。

(5) $\left| \int_l f(z)\mathrm{d}z \right| \leqslant \int_l |f(z)| |\mathrm{d}z|$。

证明　由复变函数的定义知

$$\left| \sum_{k=1}^n f(\xi_k)\Delta z_k \right| \leqslant \sum_{k=1}^n |f(\xi_k)| |\Delta z_k| = \sum_{k=1}^n |f(\xi_k)|\sqrt{(\Delta x_k)^2 + (\Delta y_k)^2}$$

两端取极限 $\max|\Delta z_k| \to 0$,得

$$\left| \int_l f(z)\mathrm{d}z \right| \leqslant \int_l |f(z)| |\mathrm{d}z|$$

(6) $\left| \int_l f(z)\mathrm{d}z \right| \leqslant ML$,$M$ 为 $|f(z)|$ 在 l 上的上界,L 为 l 的长度。

证明　由复变函数的定义知

$$\left| \sum_{k=1}^n f(\xi_k)\Delta z_k \right| \leqslant \sum_{k=1}^n |f(\xi_k)| |\Delta z_k| = \sum_{k=1}^n |f(\xi_k)|\sqrt{(\Delta x_k)^2 + (\Delta y_k)^2}$$

两端取极限 $\max|\Delta z_k| \to 0$,得

$$\left| \int_l f(z)\mathrm{d}z \right| \leqslant \int_l |f(z)| |\mathrm{d}z| \leqslant \int_l M|\mathrm{d}z| = M\int_l |\mathrm{d}z| = ML$$

例 3.1　求 $\int_l \mathrm{Re}z\,\mathrm{d}z$,$l$ 为:

(1) 沿实轴 $0 \to 1$,再平行于虚轴 $1 \to 1+i$;

(2) 沿虚轴 $0 \to i$,再平行于实轴 $i \to 1+i$;

(3) 沿直线 $0 \to 1+i$。

解　(1) 如图 $3-2(a)$ 所示。

$$\int_l \mathrm{Re}z\,\mathrm{d}z = \int_l x\,\mathrm{d}(x+\mathrm{i}y) = \int_l (x\,\mathrm{d}x + x\mathrm{i}\,\mathrm{d}y) = \int_0^1 x\,\mathrm{d}x + \int_0^1 1\times\mathrm{i}\,\mathrm{d}y = \frac{1}{2}+\mathrm{i}$$

（2）如图 3-2(b) 所示。

$$\int_l \mathrm{Re}z\,\mathrm{d}z = \int_l x\,\mathrm{d}(x+\mathrm{i}y) = \int_l (x\,\mathrm{d}x + x\mathrm{i}\,\mathrm{d}y) = \int_0^1 0\times\mathrm{i}\,\mathrm{d}y + \int_0^1 x\,\mathrm{d}x = \frac{1}{2}$$

（3）如图 3-2(c) 所示。

$$\int_l \mathrm{Re}z\,\mathrm{d}z = \int_l \mathrm{Re}[(1+\mathrm{i})t]\mathrm{d}[(1+\mathrm{i})t] = \int_0^1 t(1+\mathrm{i})\,\mathrm{d}t = (1+\mathrm{i})\int_0^1 t\,\mathrm{d}t = \frac{1}{2}(1+\mathrm{i})$$

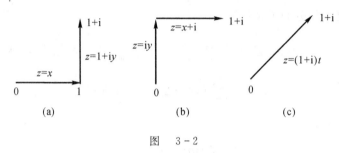

图　3-2

例 3.2　试证 $\displaystyle\int_l \frac{\mathrm{d}z}{(z-a)^n} = \begin{cases} 2\pi\mathrm{i} & (n=1) \\ 0 & (n\text{ 为不等于 }1\text{ 的整数}) \end{cases}$，$l$ 是以 a 为圆心，ρ 为半径的圆周。

解　当 $n=1$ 时，令 $z-a=\rho\mathrm{e}^{\mathrm{i}\theta}(0<\theta\leqslant 2\pi)$，则

$$\int_l \frac{\mathrm{d}z}{(z-a)^n} = \int_l \frac{\mathrm{d}(\rho\mathrm{e}^{\mathrm{i}\theta})}{\rho\mathrm{e}^{\mathrm{i}\theta}} = \int_0^{2\pi} \frac{\rho\mathrm{e}^{\mathrm{i}\theta}\mathrm{i}\,\mathrm{d}\theta}{\rho\mathrm{e}^{\mathrm{i}\theta}} = \mathrm{i}\int_0^{2\pi}\mathrm{d}\theta = 2\pi\mathrm{i}$$

当 n 为不等于 1 的整数时，有

$$\int_l \frac{\mathrm{d}z}{(z-a)^n} = \int_l \frac{\mathrm{d}(\rho\mathrm{e}^{\mathrm{i}\theta})}{\rho^n\mathrm{e}^{\mathrm{i}n\theta}} = \int_0^{2\pi} \frac{\rho\mathrm{e}^{\mathrm{i}\theta}\mathrm{i}\,\mathrm{d}\theta}{\rho^n\mathrm{e}^{\mathrm{i}n\theta}} = \frac{\mathrm{i}}{\rho^{n-1}}\int_0^{2\pi}\frac{\mathrm{d}\theta}{\mathrm{e}^{\mathrm{i}(n-1)\theta}} = \frac{\mathrm{i}}{\rho^{n-1}}\int_0^{2\pi}\mathrm{e}^{\mathrm{i}(1-n)\theta}\,\mathrm{d}\theta = 0$$

3.2　单连通区域的柯西定理

定义 3.2　在区域内作任何简单的闭合围道，围道内的点都属于该区域，如图 3-3(a) 所示，则此区域称为单连通区域。反之，为复连通区域（多连通区域），如图 3-3(b) 所示。

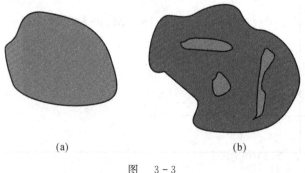

(a)　　　　　　(b)

图　3-3

定理 3.2 （单连通区域的柯西定理）若函数 $f(z)$ 在单连通区域 $\overline{G}$ 内解析,则沿 $\overline{G}$ 内任何一个分段光滑的闭合围道 l 有 $\oint_l f(z)\mathrm{d}z = 0$,$l$ 可以是 $\overline{G}$ 的边界。

证明 现仅在 $f'(z)$ 在 $\overline{G}$ 中连续的前提下证明这个定理。

利用格林定理,有

$$\oint_l [P(x,y)\mathrm{d}x + Q(x,y)\mathrm{d}y] = \iint_S \left(\frac{\partial Q}{\partial x} - \frac{\partial P}{\partial y}\right)\mathrm{d}x\,\mathrm{d}y \qquad (P,Q \subset \overline{G}, \text{且有连续偏导数})$$

于是

$$\oint_l f(z)\mathrm{d}z = \oint_l [u(x,y) + iv(x,y)]\mathrm{d}(x+iy) =$$

$$\oint_l [(u\mathrm{d}x - v\mathrm{d}y) + i(v\mathrm{d}x + u\mathrm{d}y)] =$$

$$\oint_l (u\mathrm{d}x - v\mathrm{d}y) + i\oint_l (v\mathrm{d}x + u\mathrm{d}y) = \qquad (f'(z) \subset \overline{G} \text{ 连续}, \frac{\partial u}{\partial x}, \frac{\partial u}{\partial y}, \frac{\partial v}{\partial x}, \frac{\partial v}{\partial y} \text{ 连续})$$

$$-\iint_S \left(\frac{\partial v}{\partial x} + \frac{\partial u}{\partial y}\right)\mathrm{d}x\,\mathrm{d}y + i\iint_S \left(\frac{\partial u}{\partial x} - \frac{\partial v}{\partial y}\right)\mathrm{d}x\,\mathrm{d}y = 0 \qquad (\text{C - R 条件})$$

在单连通区域中,解析函数的积分值与积分路径无关。

推论 3.1 若函数 $f(z)$ 在单连通区域 $\overline{G}$ 内解析,则 $F(z) = \int_{z_0}^{z} f(z)\mathrm{d}z$ 也在 $\overline{G}$ 内解析,且

$$F'(z) = \frac{\mathrm{d}}{\mathrm{d}z}\int_{z_0}^{z} f(z)\mathrm{d}z = f(z)$$

证明 对 $F(z)$ 求导即可。

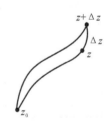

如图 $3-4$ 所示,设 $z \in G$ 内一点,$z + \Delta z$ 为邻点,则

$$F(z) = \int_{z_0}^{z} f(\xi)\mathrm{d}\xi, \quad F(z + \Delta z) = \int_{z_0}^{z+\Delta z} f(\xi)\mathrm{d}\xi$$

因为积分与路径无关,所以

$$\frac{\Delta F}{\Delta z} = \frac{F(z+\Delta z) - F(z)}{\Delta z} = \frac{1}{\Delta z}\int_z^{z+\Delta z} f(\xi)\mathrm{d}\xi$$

可得

图 $3-4$

$$\left|\frac{\Delta F}{\Delta z} - f(z)\right| = \left|\frac{1}{\Delta z}\int_z^{z+\Delta z} f(\xi)\mathrm{d}\xi - f(z)\right| =$$

$$\left|\frac{1}{\Delta z}\int_z^{z+\Delta z} [f(\xi) - f(z)]\mathrm{d}\xi\right| \leqslant$$

$$\frac{1}{|\Delta z|}\int_z^{z+\Delta z} |f(\xi) - f(z)||\mathrm{d}\xi| \qquad (\text{复变积分性质})$$

因为 $f(z)$ 连续,对于任意 $\varepsilon > 0$,存在 $\delta > 0$,使当 $|\xi - z| < \delta$ 时,$|f(\xi) - f(z)| < \varepsilon$,所以

$$\left|\frac{\Delta F}{\Delta z} - f(z)\right| \leqslant \frac{1}{|\Delta z|}\int_z^{z+\Delta z} \varepsilon|\mathrm{d}\xi| = \frac{1}{|\Delta z|}\varepsilon|\Delta z| = \varepsilon$$

故
$$F'(z) = \frac{\mathrm{d}}{\mathrm{d}z}\int_{z_0}^{z} f(z)\mathrm{d}z = f(z)$$

定义 3.3 (原函数)若 $\Phi'(z)=f(z)$,则 $\Phi(z)$ 为 $f(z)$ 的原函数。原函数不唯一,任意两个原函数相差一个常数。

例 3.3 计算积分 $\int_a^b z^n \mathrm{d}z$(n 为整数)。

解 当 n 为自然数时,z^n 在 **C** 上解析,$\frac{1}{n+1}z^{n+1}$ 是它的一个原函数,对于任意 **C** 上的积分路线,有

$$\int_a^b z^n \mathrm{d}z = \frac{1}{n+1}(b^{n+1}-a^{n+1})$$

当 $n=-2,-3,-4,\cdots$ 时,z^n 在 **C**/0 上解析,原函数仍可取为 $\frac{1}{n+1}z^{n+1}$,在不包含 $z=0$ 的任一单连通区域内,有

$$\int_a^b z^n \mathrm{d}z = \frac{1}{n+1}(b^{n+1}-a^{n+1})$$

当 $n=-1$ 时,z^{-1} 在 **C**/0 上解析,原函数为 $\ln z$,故在不包含 $z=0$ 的任一单连通区域内,有

$$\int_a^b z^n \mathrm{d}z = \ln b - \ln a$$

例 3.4 计算围道积分 $\oint_{|z|=1} \frac{\mathrm{e}^z}{z^2+5z+6}\mathrm{d}z$。

解 令 $z^2+5z+6=0$,得 $z_1=2,z_2=3$,即被积函数有奇点 $z_1=2,z_2=3$,均不在积分围道 $|z|=1$ 内,在 $|z|<1$ 中,被积函数仍解析,由单连通区域的柯西定理,可知

$$\oint_{|z|=1} \frac{\mathrm{e}^z}{z^2+5z+6}\mathrm{d}z = 0$$

如果所求积分的围道是 $|z|=4$,也就是说,被积函数在围道包围的区域内有奇点,这时单连通区域的柯西定理不再适用。

3.3 复连通区域的柯西定理

定理 3.3 (复连通区域的柯西定理)若 $f(z)$ 是复连通区域 $\overline{G}$ 内的单值解析函数,则

$$\oint_{l_0} f(z)\mathrm{d}z = \sum_{i=1}^{n} \oint_{l_i} f(z)\mathrm{d}z$$

其中,$l_0,l_1,l_2,\cdots,l_n$ 是构成复连通区域 $\overline{G}$ 的边界的各个分段光滑闭合曲线,$l_1,l_2,\cdots,l_n$ 都包含在 l_0 的内部,所有积分路径走向相同,如图 3-5 所示。

证明 如图 3-6 所示,取 $l_0,l_1,l_2,\cdots,l_n$ 均为逆时针方向,作割线将 $l_1,l_2,\cdots,l_n$ 与 l_0 连接起来,得到单连通区域 $\overline{G'}$,应用单连通区域的柯西定理 $\oint_{\overline{G'}\text{的边界}} f(z)\mathrm{d}z=0$,即

$$\oint_{l_0}f(z)\mathrm{d}z+\int_{a_1}^{b_1}f(z)\mathrm{d}z+\int_{\overline{l_1}}f(z)\mathrm{d}z+\int_{b_1}^{a_1}f(z)\mathrm{d}z+\int_{a_2}^{b_2}f(z)\mathrm{d}z+\int_{\overline{l_2}}f(z)\mathrm{d}z+$$

$$\int_{b_2}^{a_2}f(z)\mathrm{d}z+\cdots+\int_{a_n}^{b_n}f(z)\mathrm{d}z+\int_{\overline{l_n}}f(z)\mathrm{d}z+\int_{b_n}^{a_n}f(z)\mathrm{d}z=0$$

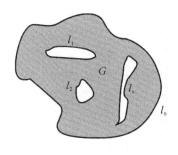

图　3-5

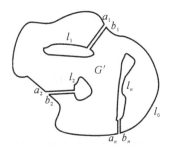

图　3-6

因为 $f(z)=\overline{G'}$ 的单值,有

$$\int_{a_i}^{b_i}f(z)\mathrm{d}z+\int_{b_i}^{a_i}f(z)\mathrm{d}z=0$$

所以

$$\oint_{l_0}f(z)\mathrm{d}z+\sum_{i=1}^{n}\oint_{\overline{l_i}}f(z)\mathrm{d}z=0$$

得

$$\oint_{l_0}f(z)\mathrm{d}z=-\sum_{i=1}^{n}\oint_{\overline{l_i}}f(z)\mathrm{d}z=\sum_{i=1}^{n}\oint_{l_i}f(z)\mathrm{d}z$$

例 3.5　计算积分 $\oint_l z^n\mathrm{d}z$(n 为整数),l 为逆时针方向。

解　当 n 为自然数时,显然,z^n 在整个复平面解析,l 围道包含的区域为单连通区域,由单连通区域柯西定理可知 $\oint_l z^n\mathrm{d}z=0$。

当 n 为负整数时,z^n 在 $\mathbf{C}/0$ 内解析,若 l 围道内不包含 $z=0$,则也有 $\oint_l z^n\mathrm{d}z=0$。

若 l 围道内含有 $z=0$,由复连通区域的柯西定理可知

$$\oint_l z^n\mathrm{d}z=\oint_{|z|=1}z^n\mathrm{d}z=\int_0^{2\pi}\mathrm{e}^{in\theta}\mathrm{e}^{i\theta}i\mathrm{d}\theta=i\int_0^{2\pi}\mathrm{e}^{i(n+1)\theta}\mathrm{d}\theta=\begin{cases}2\pi i, & n=-1\\0, & n=-2,-3,-4,\cdots\end{cases}$$

综上,即

$$\oint_l z^n\mathrm{d}z=\begin{cases}2\pi i, & n=-1,且\ l\ 内含有\ z=0\\0, & 其他\end{cases}$$

一般地

$$\oint_l (z-a)^n\mathrm{d}z=\begin{cases}2\pi i, & n=-1,且\ l\ 内含有\ z=a\\0, & 其他\end{cases}$$

3.4　两个有用的引理

引理 3.1　如图 3-7 所示,若函数 $f(z)$ 在 $z = a$ 点的空心邻域内连续,且当 $\theta_1 \leqslant \arg(z - a) \leqslant \theta_2$,$|z - a| \to 0$ 时,$(z - a)f(z)$ 一致地趋近于 k,则

$$\lim_{\delta \to 0} \int_{C_\delta} f(z)\mathrm{d}z = \mathrm{i}k(\theta_2 - \theta_1)$$

其中,C_δ 是以 a 为圆心,δ 为半径,夹角为 $\theta_2 - \theta_1$ 的圆弧,$|z - a| = \delta$,$\theta_1 \leqslant \arg(z - a) \leqslant \theta_2$。

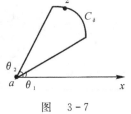

图　3-7

证明　因为

$$\int_{C_\delta} \frac{\mathrm{d}z}{z - a} = \ln(\delta \mathrm{e}^{\mathrm{i}\theta}) \Big|_{\theta_2}^{\theta_1} = (\ln\delta + \mathrm{i}\theta) \Big|_{\theta_2}^{\theta_1} = \mathrm{i}(\theta_2 - \theta_1)$$

所以

$$\left| \int_{C_\delta} f(z)\mathrm{d}z - \mathrm{i}k(\theta_2 - \theta_1) \right| = \left| \int_{C_\delta} \left[f(z) - \frac{k}{z - a} \right] \mathrm{d}z \right| \leqslant \int_{C_\delta} |(z - a)f(z) - k| \frac{|\mathrm{d}z|}{|z - a|}$$

当 $\theta_1 \leqslant \arg(z - a) \leqslant \theta_2$,$|z - a| \to 0$ 时,$(z - a)f(z)$ 一致地趋近于 k,这意味着,对于任意 $\varepsilon > 0$,存在(与 $\arg(z - a)$ 无关的)$r(\varepsilon) > 0$,使当 $|z - a| = \delta < r$ 时,$|(z - a)f(z) - k| < \varepsilon$,有

$$\left| \int_{C_\delta} f(z)\mathrm{d}z - \mathrm{i}k(\theta_2 - \theta_1) \right| \leqslant \varepsilon(\theta_2 - \theta_1)$$

故

$$\lim_{\delta \to 0} \int_{C_\delta} f(z)\mathrm{d}z = \mathrm{i}k(\theta_2 - \theta_1)$$

引理 3.2　设函数 $f(z)$ 在 ∞ 点的邻域内连续,当 $\theta_1 \leqslant \arg z \leqslant \theta_2$,$z \to \infty$ 时,$zf(z)$ 一致地趋近于 K,则

$$\lim_{R \to \infty} \int_{C_R} f(z)\mathrm{d}z = \mathrm{i}K(\theta_2 - \theta_1)$$

其中,C_R 是以原点为圆心,R 为半径,夹角为 $\theta_2 - \theta_1$ 的圆弧,$|z| = R$,$\theta_1 \leqslant \arg z \leqslant \theta_2$。

证明　因为

$$\int_{C_R} \frac{\mathrm{d}z}{z} = \mathrm{i}(\theta_2 - \theta_1)$$

所以

$$\left| \int_{C_R} f(z)\mathrm{d}z - \mathrm{i}K(\theta_2 - \theta_1) \right| = \left| \int_{C_R} \left[f(z) - \frac{K}{z} \right] \mathrm{d}z \right| \leqslant \int_{C_R} |zf(z) - K| \frac{|\mathrm{d}z|}{|z|}$$

当 $\theta_1 \leqslant \arg z \leqslant \theta_2$,$z \to \infty$ 时,$zf(z)$ 一致地趋近于 K,这意味着,对于任意 $\varepsilon > 0$,存在(与 $\arg z$ 无关的)$M(\varepsilon) > 0$,使当 $|z| = R > M$ 时 $|zf(z) - K| < \varepsilon$ 成立,有

$$\left| \int_{C_R} f(z)\mathrm{d}z - \mathrm{i}K(\theta_2 - \theta_1) \right| \leqslant \varepsilon(\theta_2 - \theta_1)$$

故

$$\lim_{R \to \infty} \int_{C_R} f(z)\mathrm{d}z = \mathrm{i}K(\theta_2 - \theta_1)$$

3.5　柯西积分公式

柯西定理从一个侧面反映了解析函数的基本特性：解析函数在它的解析区域内各点的函数值是密切相关的 —— 处处可导。

C - R 方程是这种关联的微分形式；柯西定理是这种关联的积分形式。同样，下面的柯西积分公式也清楚地表现出这种关联性。

定理 3.4　（有界区域的柯西积分公式）设 $f(z) \subset \overline{G}$ 的单值函数，$\overline{G}$ 的边界 C 是分段光滑曲线，点 $a \in G$，则

$$f(a) = \frac{1}{2\pi i} \oint_C \frac{f(z)}{z-a} dz$$

积分路线沿 C 的正向（逆时针方向）。

证明　如图 3-8 所示，在 G 内作圆 $|z-a| < r$，保持 $|z-a| < r \subset G$，积分路线沿 C 的正向（逆时针方向）。

由复连通区域的柯西定理，有

$$\oint_C \frac{f(z)}{z-a} dz = \oint_{|z-a|=r} \frac{f(z)}{z-a} dz$$

此结果与 r 的大小无关，故令 $r \to 0$，因为

$$\lim_{z \to a} (z-a) \frac{f(z)}{z-a} = f(a)$$

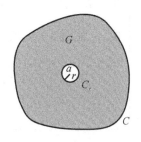

图　3-8

令

$$F(z) = \frac{f(z)}{z-a}, \quad f(a) = k$$

则

$$\lim_{z \to a} (z-a) F(z) = k \quad （一致趋近）$$

由引理 $3.1 \left(\int F(z) dz = ik(\theta_2 - \theta_1) \right)$ 可得，所以

$$\lim_{z \to a} \oint_C \frac{f(z)}{z-a} dz = i \times f(a) \times 2\pi$$

得

$$f(a) = \frac{1}{2\pi i} \oint_C \frac{f(z)}{z-a} dz$$

例 3.6　计算围道积分 $\oint_{|z-i|=1} \frac{e^{iz}}{z^2+1} dz$。

解　如图 3-9 所示。

$$\oint_{|z-i|=1} \frac{e^{iz}}{z^2+1} dz = \oint_{|z-i|=1} \frac{e^{iz}}{(z+i)(z-i)} dz =$$

$$\oint_{|z-i|=1} \frac{\left(\dfrac{e^{iz}}{z+i} \right)}{z-i} dz = \quad （有界区域柯西积分公式）$$

$$\frac{e^{iz}}{z+i}\bigg|_{z=i} \times 2\pi i = \frac{\pi}{e}$$

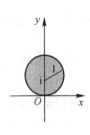

图 3-9

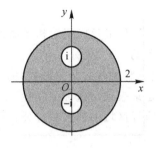

图 3-10

例 3.7 计算围道积分 $\oint_{|z|=2}\frac{e^{iz}}{z^2+1}dz$。

解 如图 3-10 所示。

$$\oint_{|z|=2}\frac{e^{iz}}{z^2+1}dz = \oint_{|z-i|=\varepsilon}\frac{e^{iz}}{z^2+1}dz + \oint_{|z+i|=\varepsilon}\frac{e^{iz}}{z^2+1}dz = \quad \text{(复连通区域柯西定理)}$$

$$\oint_{|z-i|=\varepsilon}\frac{\left(\frac{e^{iz}}{z+i}\right)}{z-i}dz + \oint_{|z+i|=\varepsilon}\frac{\left(\frac{e^{iz}}{z-i}\right)}{z+i}dz = \text{(有界区域柯西积分公式)}$$

$$\frac{e^{iz}}{z+i}\bigg|_{z=i}\times 2\pi i + \frac{e^{iz}}{z-i}\bigg|_{z=-i}\times 2\pi i =$$

$$\frac{\pi}{e}-e\pi = \pi(e^{-1}-e) = -2\pi\sinh 1$$

例 3.8 计算围道积分 $\oint_C\frac{e^{iz}}{z^2+1}dz$，$C$ 为闭合曲线 $r=3-\sin^2\frac{\theta}{4}$。

解 $r=3-\sin^2\frac{\theta}{4}=\frac{5}{2}+\frac{1}{2}\cos\frac{\theta}{2}$，周期为 4π（见表 3-1）。

表 3-1

θ	0	$\pi/2$	π	$3\pi/2$	2π	$5\pi/2$	3π	$7\pi/2$	4π
r	3	2.85	2.5	2.15	2	2.15	2.5	2.85	3

$$\oint_C\frac{e^{iz}}{z^2+1}dz = 2\oint_{|z-i|=\varepsilon}\frac{e^{iz}}{z^2+1}dz + 2\oint_{|z+i|=\varepsilon}\frac{e^{iz}}{z^2+1}dz = \quad \text{(复连通区域柯西定理)}$$

$$2\oint_{|z-i|=\varepsilon}\frac{\left(\frac{e^{iz}}{z+i}\right)}{z-i}dz + 2\oint_{|z+i|=\varepsilon}\frac{\left(\frac{e^{iz}}{z-i}\right)}{z+i}dz = \text{(有界区域柯西积分公式)}$$

$$2\frac{e^{iz}}{z+i}\bigg|_{z=i}\times 2\pi i + 2\frac{e^{iz}}{z-i}\bigg|_{z=-i}\times 2\pi i =$$

$$2\left(\frac{\pi}{e}-e\pi\right)=2\pi(e^{-1}-e)=-4\pi\sinh1$$

定理 3.5　（柯西积分公式的特殊形式 —— 均值定理）解析函数 $f(z)$ 在解析区域 G 内任意一点 a 的函数值 $f(a)$，等于（完全位于 G 内的）以 a 为圆心的任一圆周上的函数值的平均，即

$$f(a)=\frac{1}{2\pi}\int_0^{2\pi}f(a+Re^{i\theta})d\theta$$

证明　如图 3-11 所示，令 $z=a+Re^{i\theta}$，$dz=Rie^{i\theta}d\theta$，则 $f(z)$ 在以 a 为圆心，R 为半径的区域内解析。

由单连通区域的柯西积分公式，得

$$f(a)=\frac{1}{2\pi i}\oint_C\frac{f(z)}{z-a}dz=\frac{1}{2\pi i}\int_0^{2\pi}\frac{f(a+Re^{i\theta})}{a+Re^{i\theta}-a}Rie^{i\theta}d\theta=$$
$$\frac{1}{2\pi}\int_0^{2\pi}f(a+Re^{i\theta})d\theta$$

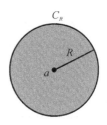

图　3-11

无界区域的柯西积分公式：

对无界区域，需要假设 $f(z)$ 在简单闭合围道 C 上及 C 外（包括无穷远点）单值解析。a 为 C 外一点，积分路线 C 的走向是绕无穷远点的正向，即顺时针方向（左侧法则）。

在 C 外作一个以原点为圆心，R 为半径的圆 C_R，对于 C 和 C_R 包围的复连通区域，根据单连通区域的柯西积分公式，有

$$f(a)=\frac{1}{2\pi i}\left[\oint_{C_R}\frac{f(z)}{z-a}dz+\oint_C\frac{f(z)}{z-a}dz\right] \tag{3.1}$$

C_R 的走向是逆时针方向，只要 R 足够大，结果与 R 无关，令 $R\to\infty$，若

$$\lim_{z\to\infty}z\cdot\frac{f(z)}{z-a}=f(\infty)=K$$

由引理 3.2 知

$$\lim_{R\to\infty}\left[\frac{1}{2\pi i}\oint_{C_R}\frac{f(z)}{z-a}dz\right]=K$$

代入式(3.1)，得

$$\frac{1}{2\pi i}\oint_C\frac{f(z)}{z-a}dz=f(a)-K$$

当 $K=0$ 时，即得无界区域的柯西积分公式。

定理 3.6　（无界区域的柯西积分公式）若 $f(z)$ 在简单闭合围道 C 上及 C 外解析，且当 $z\to\infty$ 时，一致地趋于 0，则

$$f(a)=\frac{1}{2\pi i}\oint_{C-}\frac{f(z)}{z-a}dz$$

其中，a 为 C 外一点，积分路线为顺时针方向。

证明　如图 3-12 所示。

$$\lim_{z\to\infty}f(z)=f(\infty)$$

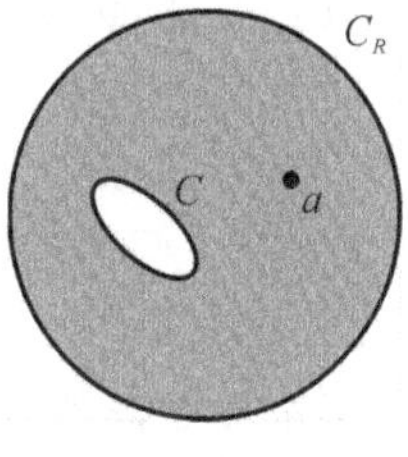

图　3-12

$$\lim_{z \to \infty} z \frac{f(z)}{z-a} = f(\infty)$$

令 $F(z) = \dfrac{f(z)}{z-a}, f(\infty) = K$，由引理 3.2 知

$$\lim_{z \to \infty} \oint_{C_R} \frac{f(z)}{z-a} dz = 2\pi i f(\infty)$$

由单连通区域的柯西定理知

$$f(a) = \frac{1}{2\pi i} \left[\oint_{C_R} \frac{f(z)}{z-a} dz + \oint_C \frac{f(z)}{z-a} dz \right] = f(\infty) + \frac{1}{2\pi i} \oint_C \frac{f(z)}{z-a} dz$$

得

$$\oint_C \frac{f(z)}{z-a} dz = 2\pi i \left[f(a) - f(\infty) \right]$$

其中，$f(\infty) = 0$，即 $f(a) = \dfrac{1}{2\pi i} \oint_C \dfrac{f(z)}{z-a} dz$。

3.6　解析函数的高阶导数

柯西积分公式　$f(z) \subset \overline{G}$ 解析，在 G 内 $f(z)$ 的任何阶导数 $f^{(n)}(z)$ 均存在，且

$$f^{(n)}(z) = \frac{n!}{2\pi i} \oint_C \frac{f(\xi)}{(\xi - z)^{n+1}} d\xi$$

C 是 $\overline{G}$ 的正向边界，对于任意 $z \in G$。

证明　
$$\frac{f(z+h) - f(z)}{h} = \frac{1}{2\pi i} \frac{1}{h} \oint_C \left[\frac{f(\xi)}{\xi - (z+h)} - \frac{f(\xi)}{\xi - z} \right] d\xi =$$

$$\frac{1}{2\pi i} \oint_C \frac{f(\xi)}{(\xi - z - h)(\xi - z)} d\xi$$

$$f'(z) = \lim_{h \to 0} \frac{1}{2\pi i} \oint_C \frac{f(\xi)}{(\xi - z - h)(\xi - z)} d\xi = \frac{1}{2\pi i} \oint_C \frac{f(\xi)}{(\xi - z)^2} d\xi$$

$$f''(z) = \lim_{h \to 0} \frac{f'(z+h) - f'(z)}{h} = \lim_{h \to 0} \frac{1}{2\pi i} \cdot \frac{1}{h} \oint_C \left[\frac{f(\xi)}{(\xi - z - h)^2} - \frac{f(\xi)}{(\xi - z)^2} \right] d\xi =$$

$$\lim_{h \to 0} \frac{1}{2\pi i} \oint_C \frac{2\xi - 2z - h}{(\xi - z - h)^2 (\xi - z)^2} f(\xi) d\xi =$$

$$\frac{2!}{2\pi i} \oint_C \frac{f(\xi)}{(\xi - z)^3} d\xi$$

以此类推，可得

$$f^{(n)}(z) = \frac{n!}{2\pi i} \oint_C \frac{f(\xi)}{(\xi - z)^{n+1}} d\xi$$

$$\oint_C \frac{f(\xi)}{(\xi - z)^{n+1}} d\xi = \frac{2\pi i}{n!} f^{(n)}(z)$$

一个复变函数，在一个区域内只要一阶导数存在，则它的任何阶导数都存在，且都是这个区域的解析函数。

例 3.9　计算积分 $\oint_{|z|=2} \dfrac{\sin z}{z^4} \mathrm{d}z$。

解　由解析函数的高阶导数公式知

$$f^{(n)}(z) = \frac{n!}{2\pi\mathrm{i}} \oint_C \frac{f(\xi)}{(\xi-z)^{n+1}} \mathrm{d}\xi$$

$$\oint_{|z|=2} \frac{\sin z}{z^4}\mathrm{d}z = 2\pi\mathrm{i}\,\frac{1}{3!}\,(\sin z)'''\big|_{z=0} = \frac{2\pi\mathrm{i}}{3!}(-\cos z)_{z=0} = -\frac{\pi\mathrm{i}}{3}$$

3.7　柯西型积分和含参量积分的解析性

定义 3.4　在一段分段光滑的（闭合或不闭合）曲线 C 上连续的函数 $\Phi(\xi)$ 所构成的积分

$$f(z) = \frac{1}{2\pi\mathrm{i}}\int_C \frac{\Phi(\xi)}{\xi-z}\mathrm{d}\xi$$

称为柯西型积分。它是曲线外点 z 的函数，且 $f'(z)$ 可通过积分号下求导得到，即

$$f^{(n)}(z) = \frac{n!}{2\pi\mathrm{i}}\int_C \frac{\Phi(\xi)}{(\xi-z)^{n+1}}\mathrm{d}\xi$$

例 3.10　a 取何值时，函数 $F(z) = \int_{z_0}^{z} \mathrm{e}^{\mathrm{i}z}\left(\dfrac{1}{z}+\dfrac{a}{z^3}\right)\mathrm{d}z$ 是单值的？

解　要使 $F(z) = \int_{z_0}^{z} \mathrm{e}^{\mathrm{i}z}\left(\dfrac{1}{z}+\dfrac{a}{z^3}\right)\mathrm{d}z$ 是单值的，则被积函数 $\mathrm{e}^{\mathrm{i}z}\left(\dfrac{1}{z}+\dfrac{a}{z^3}\right)$ 在全平面解析，即 $\oint_C \mathrm{e}^{\mathrm{i}z}\left(\dfrac{1}{z}+\dfrac{a}{z^3}\right)\mathrm{d}z = 0$，当 C 中不包含 $z=0$ 时成立。

当 C 中包含 $z=0$ 时，有

$$\oint_C \mathrm{e}^{\mathrm{i}z}\left(\frac{1}{z}+\frac{a}{z^3}\right)\mathrm{d}z = \oint_{|z|=1}\frac{\mathrm{e}^{\mathrm{i}z}(z^2+a)}{z^3}\mathrm{d}z = \frac{2\pi\mathrm{i}}{2!}\left[\mathrm{e}^{\mathrm{i}z}(z^2+a)\right]''\Big|_{z=0} = \pi\mathrm{i}\mathrm{e}^{\mathrm{i}z}(2+a) = 0$$

则 $a = -2$。

例 3.11　计算积分 $f(z) = \dfrac{1}{2\pi\mathrm{i}}\oint_{|\xi|=1}\dfrac{\xi^*}{\xi-z}\mathrm{d}\xi$，$|z|\neq 1$。

解　所求积分为柯西型积分，且在 $|\xi|=1$ 上，$z^* = \dfrac{1}{z}$，有

$$f(z) = \frac{1}{2\pi\mathrm{i}}\oint_{|\xi|=1}\frac{1}{\xi(\xi-z)}\mathrm{d}\xi$$

当 $|z|>1$（z 在 $|\xi|=1$ 外）时，有

$$f(z) = \frac{1}{2\pi\mathrm{i}}\oint_{|\xi|=1}\frac{1}{\xi}\frac{\mathrm{d}\xi}{\xi-z} = \qquad \text{（无界区域的柯西公式）}$$

$$-\frac{1}{\xi}\Big|_{\xi=z} = \qquad \text{（积分围道为顺时针方向）}$$

$$-\frac{1}{z}$$

当 $0 \leqslant |z| < 1$(z 在 $|\xi|=1$ 内)时,应用复连通区域的柯西定理,有

$$f(z) = \frac{1}{2\pi i} \oint_{|\xi|=1} \frac{1}{z}\left[\frac{1}{\xi-z} - \frac{1}{\xi}\right]d\xi =$$

$$\frac{1}{2\pi i}\frac{1}{z}\left(\oint_{|\xi|=1}\frac{1}{\xi-z}d\xi - \oint_{|\xi|=1}\frac{1}{\xi}d\xi\right) = 0$$

视 $f(\xi)=1$,得

$$f(z) = \frac{1}{2\pi i}\oint_{|\xi|=1}\frac{\xi^*}{\xi-z}d\xi = \begin{cases} -\dfrac{1}{z}, & |z|>1 \\ 0, & |z|<1 \end{cases}$$

例 3.12　计算积分 $\oint_{|z+1|=1}\dfrac{dz}{(z+1)^2(z-2)}$。

解　因为 $z=-1$ 是 $|z+1|<1$ 内的一个奇点,$\dfrac{1}{z-2}$ 在 $|z+1|<1$ 内解析,由柯西导数公式,有

$$\oint_C \frac{f(\xi)}{(\xi-z)^{n+1}}d\xi = \frac{2\pi i}{n!}f^{(n)}(z)$$

故得

$$\oint_{|z+1|=1}\frac{\frac{1}{z-2}}{(z+1)^2}dz = 2\pi i\left(\frac{1}{z-2}\right)'\bigg|_{z=-1} = -\frac{2}{9}\pi i$$

例 3.13　计算积分 $\oint_{|z|=1}\sin z\, dz$。

解　$\sin z$ 在复平面内解析,由单连通区域的柯西定理可知,$\oint_{|z|=1}\sin z\, dz = 0$。

例 3.14　计算积分 $\oint_C \dfrac{\cos\pi z}{(z-1)^5}dz$,　$C: |z|=a$,　$a>1$。

解　奇点 $z=1$ 在 C 内,得

$$\oint_C \frac{\cos\pi z}{(z-1)^5}dz = \frac{2\pi i}{4!}\frac{d^4}{dz^4}[\cos\pi z]_{z=1} = \frac{2\pi i}{4!}\pi^4(-1)^2\cos\pi = -\frac{\pi^5}{12}i$$

例 3.15　计算积分 $\oint_{|z|=4}\dfrac{3z-1}{(z+1)(z-3)}dz$。

解　方法一:如图 3-13 所示,奇点 $z_1=-1$,$z_2=3$ 均在 $|z|=4$ 内,作补充围道 C_1 和 C_2,由柯西定理可知

$$\oint_{|z|=4}\frac{3z-1}{(z+1)(z-3)}dz = \oint_{C_1}\frac{3z-1}{(z+1)(z-3)}dz +$$

$$\oint_{C_2}\frac{3z-1}{(z+1)(z-3)}dz =$$

$$\oint_{C_2}\frac{\left(\frac{3z-1}{z+1}\right)}{z-3}dz +$$

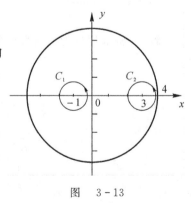

图　3-13

$$\oint_{C_1} \frac{\left(\dfrac{3z-1}{z-3}\right)}{z+1}\mathrm{d}z = 2\pi\mathrm{i}\frac{3z-1}{z+1}\Big|_{z=3} + 2\pi\mathrm{i}\frac{3z-1}{z-3}\Big|_{z=-1} =$$

$$2\pi\mathrm{i}(1+2) = 6\pi\mathrm{i}$$

方法二：被积函数可化为

$$\frac{3z-1}{(z+1)(z-3)} = \frac{3(z+1)-4}{(z+1)(z-3)} = \frac{3}{z-3} - \left(\frac{1}{z-3} - \frac{1}{z+1}\right) =$$

$$\frac{2}{z-3} + \frac{1}{z+1}$$

$$\oint_{|z|=4} \frac{3z-1}{(z+1)(z-3)}\mathrm{d}z = \oint_{|z|=4} \frac{2}{z-3}\mathrm{d}z + \oint_{|z|=4} \frac{1}{z+1}\mathrm{d}z =$$

$$2\pi\mathrm{i}\times 2 + 2\pi\mathrm{i}\times 1 = 6\pi\mathrm{i}$$

其中应用到

$$\oint_C \frac{\mathrm{d}z}{(z-a)^n} = \begin{cases} 2\pi\mathrm{i}, & n=1 \\ 0, & n\neq 1 \end{cases}$$

定理 3.7　（含参量积分的解析性）设 ① $f(t,z)$ 是 t,z 的连续函数，$t\in[a,b]$，$z\in\overline{G}$；② 对于 $[a,b]$ 上的任何 t 值，$f(t,z)$ 是 $\overline{G}$ 上的单值解析函数，则 $F(z)=\int_a^b f(t,z)\mathrm{d}t$ 在 G 内解析，且 $F'(z)=\int_a^b \dfrac{\partial f(t,z)}{\partial z}\mathrm{d}t$。

证明　$f(t,z)$ 在 $\overline{G}$ 上解析，对于任意 $z\in G$，由有界区域柯西积分公式有

$$f(t,z) = \frac{1}{2\pi\mathrm{i}}\oint_C \frac{f(t,\xi)}{\xi-z}\mathrm{d}\xi$$

代入 $F(z)$ 的定义，有

$$F(z) = \int_a^b \frac{1}{2\pi\mathrm{i}}\oint_C \frac{f(t,\xi)}{\xi-z}\mathrm{d}\xi\,\mathrm{d}t$$

因为 $f(t,z)$ 连续，交换积分次序，有

$$F(z) = \frac{1}{2\pi\mathrm{i}}\oint_C \frac{1}{\xi-z}\left[\int_a^b f(t,\xi)\mathrm{d}t\right]\mathrm{d}\xi$$

这是个柯西型积分，所以 $\int_a^b f(t,\xi)\mathrm{d}t$ 连续，故 $F(z)$ 在 G 内解析。

由柯西导数公式，得

$$F'(z) = \frac{1}{2\pi\mathrm{i}}\oint_C \frac{1}{(\xi-z)^2}\left[\int_a^b f(t,\xi)\mathrm{d}t\right]\mathrm{d}\xi =$$

$$\int_a^b \left[\frac{1}{2\pi\mathrm{i}}\oint_C \frac{f(t,\xi)}{(\xi-z)^2}\mathrm{d}\xi\right]\mathrm{d}t = \qquad \text{（交换积分次序）}$$

$$\int_a^b \frac{\partial f(t,z)}{\partial z}\mathrm{d}t \qquad\qquad \text{（柯西导数公式）}$$

第4章 无穷级数

讨论无穷级数的目的是获得解析函数的表达形式。

复数级数完全等价于实数级数：

$$z_k = x_k + \mathrm{i}y_k \Rightarrow \sum_k z_k = \sum_k x_k + \mathrm{i}y_k = \sum_k x_k + \mathrm{i}\sum_k y_k$$

一个复数级数＝两个实数级数的有序组合。

4.1 复数级数

定义 4.1 （1）复数 $z_k = x_k + \mathrm{i}y_k$ 的无穷级数 $\displaystyle\sum_{k=0}^{\infty} z_k = z_0 + z_1 + z_2 + \cdots$ 称为复数级数。

（2）若 $\displaystyle\lim_{k\to\infty} F_k = \lim_{k\to\infty}(f_0 + f_1 + f_2 + \cdots + f_k) = F$ 有限，则称级数收敛于 F，且 F 是级数的和，否则称级数发散。

（3）级数的收敛性＝部分和序列的收敛性。

定理 4.1 （级数收敛的柯西充要条件）对于任意 $\varepsilon > 0$，存在正整数 n，使对任意正整数 P，有

$$|f_{n+1} + f_{n+2} + \cdots + f_{n+p}| < \varepsilon$$

当 $P = 1$ 时，$\displaystyle\lim_{n\to\infty} f_n = 0$——级数收敛的必要条件。

定义 4.2 若级数 $\displaystyle\sum_{n=0}^{\infty} |f_n|$ 收敛，则称 $\displaystyle\sum_{n=0}^{\infty} f_n$ 绝对收敛。

定理 4.2 绝对收敛的级数一定收敛。

4.1.1 级数绝对收敛的判别法

1. 比较判别法

若 $|f_n| < g_n$，而 $\displaystyle\sum_{n=0}^{\infty} g_n$ 收敛，则 $\displaystyle\sum_{n=0}^{\infty} |f_n|$ 收敛，即 $\displaystyle\sum_{n=0}^{\infty} f_n$ 绝对收敛。

若 $|f_n| > g_n > 0$，而 $\displaystyle\sum_{n=0}^{\infty} g_n$ 发散，则 $\displaystyle\sum_{n=0}^{\infty} |f_n|$ 发散。

2. 比值判别法

若存在与 n 无关的常数 ρ，则

当 $\left|\dfrac{f_{n+1}}{f_n}\right| < \rho < 1$ 时,级数 $\displaystyle\sum_{n=0}^{\infty} f_n$ 绝对收敛;

当 $\left|\dfrac{f_{n+1}}{f_n}\right| > \rho > 1$ 时,级数 $\displaystyle\sum_{n=0}^{\infty} f_n$ 发散。

3. 达朗贝尔判别法

若 $\overline{\lim\limits_{n\to\infty}} \left|\dfrac{f_{n+1}}{f_n}\right| = l < 1$,则 $\displaystyle\sum_{n=0}^{\infty}|f_n|$ 收敛,即 $\displaystyle\sum_{n=0}^{\infty} f_n$ 绝对收敛;

若 $\underline{\lim\limits_{n\to\infty}} \left|\dfrac{f_{n+1}}{f_n}\right| = l > 1$,则 $\displaystyle\sum_{n=0}^{\infty}|f_n|$ 发散。

4. 柯西判别法

若 $\overline{\lim\limits_{n\to\infty}} |f_n|^{1/n} < 1$,则级数 $\displaystyle\sum_{n=0}^{\infty}|f_n|$ 收敛,即 $\displaystyle\sum_{n=0}^{\infty} f_n$ 绝对收敛;

若 $\overline{\lim\limits_{n\to\infty}} |f_n|^{1/n} > 1$,则级数 $\displaystyle\sum_{n=0}^{\infty}|f_n|$ 发散。

4.1.2　绝对收敛级数的性质

(1) 改变次序不改变绝对收敛性和级数的和 F。
(2) 把绝对收敛级数拆成若干子级数,每个子级数仍绝对收敛。
(3) 两个绝对收敛级数之积仍然绝对收敛。

4.2　函 数 级 数

定义 4.3　(1) 各项均为复变函数 $f_k(z)$ 的无穷级数

$$\sum_{k=0}^{\infty} f_k(z) = f_0(z) + f_1(z) + f_2(z) + \cdots$$

称为复变函数项级数。

(2) 设 $f_k(z)(k=1,2,3,\cdots)$ 在区域 G 内有定义,对 $z_0 \in G$,级数 $\displaystyle\sum_{k=1}^{\infty} f_k(z_0)$ 收敛,则称级数 $\displaystyle\sum_{k=1}^{\infty} f_k(z_0)$ 在 z_0 点收敛;反之,若 $\displaystyle\sum_{k=1}^{\infty} f_k(z_0)$ 发散,称 $\displaystyle\sum_{k=1}^{\infty} f_k(z_0)$ 在 z_0 点发散。

(3) 若级数 $\displaystyle\sum_{k=1}^{\infty} f_k(z)$ 在 G 内每一点都收敛,则称级数 $\displaystyle\sum_{k=1}^{\infty} f_k(z)$ 在 G 内逐点收敛,其和函数 $F(z)$ 是 G 内的单值函数。

(4) 若对任意 $\varepsilon > 0$,存在与 z 无关的 $N(\varepsilon)$,使当 $n > N(\varepsilon)$ 时,$\left|F(z) - \displaystyle\sum_{k=1}^{n} f_k(z)\right| < \varepsilon$ 成立,则称级数 $\displaystyle\sum_{k=1}^{\infty} f_k(z)$ 在 G 内一致收敛。

定理 4.3　(维尔斯特拉斯的 M 判别法——判别级数是否一致收敛)若在区域 G 内 $|f_k(z)| < M_k$,M_k 与 z 无关,而 $\displaystyle\sum_{k=1}^{\infty} M_k$ 收敛,则 $\displaystyle\sum_{k=1}^{\infty} f_k(z)$ 在 G 内绝对且一致收敛。

一致收敛级数有以下性质。

1. 连续性

若 $f_k(z)$ 在 G 内连续,级数 $\sum\limits_{k=1}^{\infty} f_k(z)$ 在 G 内一致收敛,则其和函数 $F(z) = \sum\limits_{k=1}^{\infty} f_k(z)$ 也在 G 内连续。

$$\lim_{z \to z_0} \sum_{k=1}^{\infty} f_k(z) = \sum_{k=1}^{\infty} \lim_{z \to z_0} f_k(z)$$

2. 逐项可积性

若 $f_k(z)$ 在分段光滑曲线 C 上连续,则对于 C 上一致收敛级数 $\sum\limits_{k=1}^{\infty} f_k(z)$ 可逐项求积分,即

$$\int_C \sum_{k=1}^{\infty} f_k(z) \mathrm{d}z = \sum_{k=1}^{\infty} \int_C f_k(z) \mathrm{d}z$$

3. 逐项可导性

设 $f_k(z)(k=1,2,3,\cdots)$ 在 G 上单值解析,$\sum\limits_{k=1}^{\infty} f_k(z)$ 在 G 上一致连续,则此级数的和函数 $F(z)$ 是 G 内的解析函数,且求导后在 G 内一致收敛。

4.3 幂 级 数

幂级数是解析函数最重要的表达形式之一,除了代数函数,许多初等函数和特殊函数都是用幂级数定义的。

定义 4.4 幂级数是通项为幂函数的函数项级数

$$\sum_{n=0}^{\infty} C_n (z-a)^n = C_0 + C_1(z-a) + C_2(z-a)^2 + \cdots + C_n(z-a)^n + \cdots$$

其中,C_i, a 为复常数。

它是一种特殊形式的函数级数,也是最基本、最常用的一种函数项级数。

定理 4.4 (阿贝尔第一定理)若级数 $\sum\limits_{n=0}^{\infty} C_n (z-a)^n$ 在某点 z_0 收敛,则在以 a 点为圆心,$|z_0 - a|$ 为半径的圆内绝对收敛,而在 $|z - a| \leqslant r (r < |z_0 - a|)$ 上一致收敛。

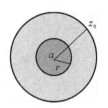

图 4-1

证明 如图 4-1 所示,因为 $\sum\limits_{n=0}^{\infty} C_n (z-a)^n$ 在 z_0 收敛,所以

$$\lim_{n \to \infty} C_n (z_0 - a)^n = 0$$

级数收敛的必要条件:对于任意 $\varepsilon > 0$,存在 $\delta(\varepsilon)$,使当 $z_0 - 0 < \varepsilon$ 时,有

$$|C_n (z-a)^n - 0| < \delta$$

因为存在 $q > 0$,使 $|C_n (z_0 - a)^n| < q$ 成立,所以

$$\left| C_n (z-a)^n \right| = \left| C_n (z_0-a)^n \right| \left| \frac{z-a}{z_0-a} \right|^n < q \left| \frac{z-a}{z_0-a} \right|^n$$

当 $\left| \frac{z-a}{z_0-a} \right|^n < 1$, 即 $|z-a| < |z_0-a|$ 时, $\sum\limits_{n=0}^{\infty} \left| \frac{z-a}{z_0-a} \right|^n$ 收敛. 故 $\sum\limits_{n=0}^{\infty} C_n (z-a)^n$ 在圆 $|z-a| < |z_0-a|$ 内绝对收敛。

而当 $|z-a| \leqslant r < |z_0-a|$ 时, 有

$$C_n (z-a)^n \leqslant q \frac{r^n}{|z_0-a|^n} \text{(与 } z \text{ 无关)}$$

常数项级数 $\sum\limits_{n=0}^{\infty} \frac{r^n}{|z_0-a|^n}$ 收敛, 故 $\sum\limits_{n=0}^{\infty} C_n (z-a)^n$ 在圆 $|z-a| \leqslant r < |z_0-a|$ 上一致收敛。

推论 4.1 若级数 $\sum\limits_{n=0}^{\infty} C_n (z-a)^n$ 在某点 z_1 处发散, 则在 $|z-a| > |z_1-a|$ 内处处发散。

证明 反证法。 如图 4-2 所示, 假设 $\sum\limits_{n=0}^{\infty} C_n (z-a)^n$ 在 $|z-a| > |z_1-a|$ 内某一点 z_2 处收敛。

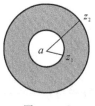

由阿贝尔定理可知, 级数 $\sum\limits_{n=0}^{\infty} C_n (z-a)^n$ 在圆 $|z-a| < |z_2-a| (|z_2-a| > |z_1-a|)$ 内收敛, 与假设矛盾。

图 4-2

故级数 $\sum\limits_{n=0}^{\infty} C_n (z-a)^n$ 在 $|z-a| > |z_1-a|$ 内处处发散。

定义 4.5 幂级数的收敛点所构成的圆内区域称为幂级数的收敛圆。收敛圆的半径称为收敛半径 R。

级数 $\sum\limits_{n=0}^{\infty} C_n (z-a)^n$ 在 $|z-a| < R$ 内绝对收敛, 在 $|z-a| \leqslant r (r < R)$ 上一致收敛, 在 $|z-a| = R$ 上, 敛散性不定。

特殊情况:

(1) 收敛半径为 0 —— 收敛圆退化为一个点, 除该点外, 幂级数在全平面处处发散。

(2) 收敛半径为 ∞ —— 收敛圆是全平面, 在 ∞ 点发散(除非只有常数项)。

求幂级数收敛半径的常用方法。

1. 柯西判别法

当 $\overline{\lim\limits_{n \to \infty}} \left| C_n (z-a)^n \right|^{1/n} < 1$, 即 $|z-a| < \dfrac{1}{\overline{\lim\limits_{n \to \infty}} |C_n|^{1/n}}$ 时, 级数绝对收敛;

当 $\overline{\lim\limits_{n \to \infty}} \left| C_n (z-a)^n \right|^{1/n} > 1$, 即 $|z-a| > \dfrac{1}{\overline{\lim\limits_{n \to \infty}} |C_n|^{1/n}}$ 时, 级数发散。

因此, 幂级数 $\sum\limits_{n=0}^{\infty} C_n (z-a)^n$ 的收敛半径为

$$R = \frac{1}{\lim_{n \to \infty} |C_n|^{1/n}} = \lim_{n \to \infty} \left| \frac{1}{C_n} \right|^{1/n}$$

2. 达朗贝尔判别法

若 $\lim\limits_{n \to \infty} \left| \dfrac{C_{n+1}(z-a)^{n+1}}{C_n(z-a)^n} \right| = |z-a| \lim\limits_{n \to \infty} \left| \dfrac{C_{n+1}}{C_n} \right|$ 存在,则

当 $\lim\limits_{n \to \infty} \left| \dfrac{C_{n+1}(z-a)^{n+1}}{C_n(z-a)^n} \right| < 1$,即 $|z-a| < \lim\limits_{n \to \infty} \left| \dfrac{C_n}{C_{n+1}} \right|$ 时,级数绝对收敛;

当 $\lim\limits_{n \to \infty} \left| \dfrac{C_{n+1}(z-a)^{n+1}}{C_n(z-a)^n} \right| > 1$,即 $|z-a| > \lim\limits_{n \to \infty} \left| \dfrac{C_n}{C_{n+1}} \right|$ 时,级数发散。

因此,幂级数 $\sum\limits_{n=0}^{\infty} C_n(z-a)^n$ 的收敛半径为

$$R = \lim_{n \to \infty} \left| \frac{C_n}{C_{n+1}} \right|$$

例 4.1　求级数 $\sum\limits_{n=1}^{\infty} \dfrac{z^n}{n}$ 的收敛半径。

解
$$R = \lim_{n \to \infty} \frac{|C_n|}{|C_{n+1}|} = \lim_{n \to \infty} \frac{\dfrac{1}{n}}{\dfrac{1}{n+1}} = \lim_{n \to \infty} \frac{n+1}{n} = 1$$

收敛圆为 $|z| < 1$。

例 4.2　求级数 $\sum\limits_{n=1}^{\infty} \dfrac{(z-1)^n}{n^2}$ 的收敛半径。

解
$$R = \lim_{n \to \infty} \frac{|C_n|}{|C_{n+1}|} = \lim_{n \to \infty} \frac{\dfrac{1}{n^2}}{\dfrac{1}{(n+1)^2}} = \lim_{n \to \infty} \frac{(n+1)^2}{n^2} = \lim_{n \to \infty} \left(1 + \frac{1}{n}\right)^2 = 1$$

收敛圆为 $|z-1| < 1$。

例 4.3　已知 $\sum\limits_{n=0}^{\infty} a_n z^n$ 和 $\sum\limits_{n=0}^{\infty} b_n z^n$ 的收敛半径分别为 R_1 和 R_2,求级数 $\sum\limits_{n=0}^{\infty} \dfrac{b_n}{a_n} z^n$,$a_n \neq 0$ 的收敛半径。

解
$$R = \lim_{n \to \infty} \frac{|C_n|}{|C_{n+1}|} = \lim_{n \to \infty} \frac{\left|\dfrac{b_n}{a_n}\right|}{\left|\dfrac{b_{n+1}}{a_{n+1}}\right|} = \lim_{n \to \infty} \left|\frac{b_n}{b_{n+1}}\right| \left|\frac{a_{n+1}}{a_n}\right| = \lim_{n \to \infty} \frac{\left|\dfrac{b_n}{b_{n+1}}\right|}{\left|\dfrac{a_n}{a_{n+1}}\right|} = \frac{R_2}{R_1}$$

收敛圆为 $|z| < \dfrac{R_2}{R_1}$。

例 4.4　求级数 $\sum\limits_{k=1}^{\infty} [2 + (-1)^k]^k z^k$ 的收敛半径。

解　将奇偶项分开,得

$$\sum_{k=1}^{\infty} [2 + (-1)^k]^k z^k = \sum_{n=1}^{\infty} [2 + (-1)^{2n}]^{2n} z^{2n} + \sum_{n=1}^{\infty} [2 + (-1)^{2n-1}]^{2n-1} z^{2n-1} =$$

$$\sum_{n=1}^{\infty} 3^{2n} z^{2n} + \sum_{n=1}^{\infty} z^{2n-1}$$

$$R_1 = \lim_{k \to \infty} \left| \frac{1}{C_k} \right|^{1/k} = \lim_{n \to \infty} \frac{1}{\sqrt[2n]{3^{2n}}} = \frac{1}{3}$$

$$R_2 = \lim_{k \to \infty} \left| \frac{1}{C_k} \right|^{1/k} = \lim_{n \to \infty} \frac{1}{\sqrt[2n-1]{1^{2n-1}}} = 1$$

$$R = R_1 \bigcap R_2 = \frac{1}{3}$$

收敛圆为 $|z| < \dfrac{1}{3}$。

例 4.5　求级数 $\displaystyle\sum_{n=1}^{\infty} \frac{n!}{n^n} z^n$ 的收敛半径。

解　$R = \lim\limits_{n \to \infty} \left| \dfrac{C_n}{C_{n+1}} \right| = \lim\limits_{n \to \infty} \left| \dfrac{n! \ / n^n}{(n+1)! \ / (n+1)^{n+1}} \right| = \lim\limits_{n \to \infty} \left| \dfrac{1}{n+1} \dfrac{(n+1)^{n+1}}{n^n} \right| =$

$\lim\limits_{n \to \infty} \left(\dfrac{n+1}{n} \right)^n = e$

收敛圆为 $|z| < e$。

例 4.6　求级数 $\displaystyle\sum_{n=1}^{\infty} n^n z^n$ 的收敛半径。

解　$$R = \lim_{n \to \infty} \left| \frac{1}{C_n} \right|^{1/n} = \lim_{n \to \infty} \frac{1}{\sqrt[n]{n^n}} = \lim_{n \to \infty} \frac{1}{n} = 0$$

级数 $\displaystyle\sum_{n=1}^{\infty} n^n z^n$ 发散。

例 4.7　求级数 $\displaystyle\sum_{n=1}^{\infty} \frac{(z+1)^n}{n^n}$ 的收敛半径。

解　$$R = \lim_{n \to \infty} \left| \frac{1}{C_n} \right|^{1/n} = \lim_{n \to \infty} \frac{1}{\sqrt[n]{\dfrac{1}{n^n}}} = \lim_{n \to \infty} \sqrt[n]{n^n} = \infty$$

收敛圆为 $|z+1| < +\infty$。

定理 4.5　在收敛圆内,幂级数 $\displaystyle\sum_{n=0}^{\infty} C_n (z-a)^n$ 可以逐项积分或求导任意次,而收敛半径不变。

证明　由一致收敛性质可知

$$\int_{z_0}^{z} \sum_{n=0}^{\infty} C_n (z-a)^n \mathrm{d}z = \sum_{n=0}^{\infty} C_n \int_{z_0}^{z} (z-a)^n \mathrm{d}z = \sum_{n=0}^{\infty} \frac{C_n}{n+1} \left[(z-a)^{n+1} - (z_0-a)^{n+1} \right] \tag{4.1}$$

$$\frac{\mathrm{d}}{\mathrm{d}z} \left[\sum_{n=0}^{\infty} C_n (z-a)^n \right] = \sum_{n=0}^{\infty} C_n \frac{\mathrm{d}(z-a)^n}{\mathrm{d}z} = \sum_{n=0}^{\infty} C_{n+1}(n+1) \tag{4.2}$$

设积分后的幂级数即式(4.1)的收敛半径为 R_i,求导后的幂级数即式(4.2)的收敛半径

为 R_d ,则 $R_i \geqslant R$, $R_d \geqslant R$,对式(4.1)两边求导,必然存在 $(R_i)_d \geqslant R$,即 $R \geqslant R_i$,得 $R = R_i$ 。

同理可证 $R = R_d$ 。

一般地,逐项积分后收敛性加强,逐项求导后收敛性减弱。

定理 4.6 (阿贝尔第二定理)若幂级数 $\sum\limits_{n=0}^{\infty} C_n (z-a)^n$ 在收敛圆内收敛到 $f(z)$,且在收敛圆周上某点 z_0 也收敛,和为 $S(z_0)$,则当 z 由收敛圆内趋向于 z_0 时,只要保持以 z_0 为顶点,张角为 $2\phi < \pi$, $f(z)$ 就一定趋向于 $S(z_0)$,如图 4-3 所示。

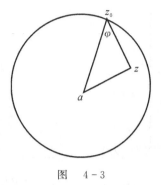

图 4-3

4.4　含参量的反常积分的解析性

定理 4.7 设(1) $f(t,z)$ 是 t 和 z 的连续函数, $t > a$, $z \in \overline{G}$;

(2)对于任意 $t \geqslant a$, $f(t,z)$ 在 $\overline{G}$ 上单值解析;

(3) $\int_a^{\infty} f(t,z)\mathrm{d}t$ 在 $\overline{G}$ 上一致收敛,即对于任意 $\varepsilon > 0$,存在 $T(\varepsilon)$,当 $T_2 > T_1 > T(\varepsilon)$ 时,有 $\left| \int_{T_1}^{T_2} f(t,z)\mathrm{d}t \right| < \varepsilon$;则 $F(z) = \int_a^{\infty} f(t,z)\mathrm{d}t$ 在 $\overline{G}$ 内解析,且 $F'(z) = \int_a^{\infty} \dfrac{\partial f(t,z)}{\partial z}\mathrm{d}t$ 。

证明 对于任意无界序列 $\{a_n\}$, $a_0 = a < a_1 < a_2 < a_3 < \cdots < a_n < a_{n+1} < \cdots$, $\lim\limits_{n \to \infty} a_n = \infty$ 。令 $u_n(z) = \int_{a_n}^{a_{n+1}} f(t,z)\mathrm{d}t$,由含参量定积分解析性可知, $u_n(z)$ 在 G 内单值解析。

又知 $F(z) = \sum\limits_{n=0}^{\infty} u_n(z)$ 在 $\overline{G}$ 上一致收敛,由一致收敛级数的性质可知, $F(z) = \sum\limits_{n=0}^{\infty} u_n(z) = \int_a^{\infty} f(t,z)\mathrm{d}t$ 在 G 内解析,且 $F'(z) = \sum\limits_{n=0}^{\infty} u'_n(z) = \int_a^{\infty} \dfrac{\partial f(t,z)}{\partial z}\mathrm{d}t$ 。

第5章 解析函数的局域性展开

按照函数的展开区域不同分为：

(1)泰勒展开——以解析点为展开中心；常用函数在 $z=0$ 点的泰勒展开；多值函数的泰勒展开。

(2)洛朗展开——以奇点为展开中心；洛朗级数求解方法；奇点的分类；解析延拓。

5.1 解析函数的泰勒展开

定理 5.1 （泰勒展开）设函数 $f(z)$ 在以 a 为圆心的圆 C 内及 C 上解析，则对于圆内的任何 z 点，$f(z)$ 可在 a 点展开为幂级数

$$f(z) = \sum_{n=0}^{\infty} a_n (z-a)^n$$

其中

$$a_n = \frac{1}{2\pi i} \oint_C \frac{f(\xi)}{(\xi-a)^{n+1}} d\xi = \frac{f^{(n)}(a)}{n!}$$

证明 由柯西积分公式可知，对于任意 $z \in G$，G 是 C 所围的区域，有

$$f(z) = \frac{1}{2\pi i} \oint_C \frac{f(\xi)}{\xi-z} d\xi$$

而

$$\frac{1}{\xi-z} = \frac{1}{(\xi-a)-(z-a)} = \frac{1}{\xi-a} \frac{1}{1-\dfrac{z-a}{\xi-a}}$$

因为 $\dfrac{1}{1-t} = \sum_{n=0}^{\infty} t^n$，$|t| < 1$，所以

$$\frac{1}{\xi-z} = \frac{1}{(\xi-a)-(z-a)} = \frac{1}{\xi-a} \frac{1}{1-\dfrac{z-a}{\xi-a}} = \frac{1}{\xi-a} \sum_{n=0}^{\infty} \left(\frac{z-a}{\xi-a}\right)^n$$

此级数在 $\left|\dfrac{z-a}{\xi-a}\right| \leqslant r < 1$ 上一致收敛，因此可以逐项积分，有

$$f(z) = \frac{1}{2\pi i} \oint_C \left[\sum_{n=0}^{\infty} \frac{(z-a)^n}{(\xi-a)^{n+1}}\right] f(\xi) d\xi = \sum_{n=0}^{\infty} \left[\frac{1}{2\pi i} \oint_C \frac{f(\xi)}{(\xi-a)^{n+1}} d\xi\right] (z-a)^n =$$

$$\sum_{n=0}^{\infty} a_n (z-a)^n$$

$$a_n = \frac{1}{2\pi i} \oint_C \frac{f(\xi)}{(\xi-a)^{n+1}} d\xi = \frac{f^{(n)}(a)}{n!} \qquad \text{(柯西导数公式)}$$

说明：

（1）条件可以放宽为 $f(z)$ 在 C 内解析,对给定 z,总可以以 a 为圆心作闭圆 $\overline{C'}$,使 $z \in \overline{C'}$。

（2）实变函数中 $f(x)$ 的任何阶导数存在,也不能保证泰勒公式成立。复变函数中 $f(z)$ 解析就可以保证泰勒级数收敛。

（3）收敛范围:若 b 是 $f(z)$ 离 a 点最近的奇点,则收敛半径 $R = |b-a|$。

（4）泰勒展开的唯一性:给定一个在圆 C 内解析的函数,则它的泰勒展开是唯一的,即展开系数 a_n 是完全确定的。

5.2 泰勒级数求法举例

5.2.1 常用函数的泰勒展开式

1. e^z

$f(z)$ 在复平面上处处解析,且 $f^{(n)}(z) = e^z$ $(n=0,1,2,\cdots)$,在 $z=0$ 处,泰勒系数

$$a_n = \frac{f^{(n)}(0)}{n!} = \frac{1}{n!}, \quad n=0,1,2,\cdots$$

$$e^z = \sum_{n=0}^{\infty} \frac{z^n}{n!} = 1 + z + \frac{z^2}{2!} + \frac{z^3}{3!} + \cdots + \frac{z^n}{n!} + \cdots, \quad |z| < \infty$$

2. $\ln(1+z)$

$$f'(z) = \frac{1}{1+z}, \quad f''(z) = -\frac{1}{(1+z)^2}$$

$$f'''(z) = \frac{2}{(1+z)^3}, \quad f^{(4)}(z) = -\frac{6}{(1+z)^4}$$

$$\cdots\cdots$$

$$f^{(n)}(z) = (-1)^{n+1} \frac{(n-1)!}{(1+z)^n}, \quad n=1,2,3,\cdots$$

在 $z=0$ 处,

$$a_n = \frac{f^{(n)}(0)}{n!} = \frac{(-1)^{n+1}}{n}, \quad n=1,2,3,\cdots$$

$$\ln(1+z) = \sum_{n=1}^{\infty} \frac{(-1)^{n+1}}{n} z^n = z - \frac{z^2}{2} + \frac{z^3}{3} - \frac{z^4}{4} + \cdots + \frac{(-1)^{n+1}}{n} z^n + \cdots, \quad |z| < 1$$

3. $\sin z, \cos z$

$$\sin z = \frac{e^{iz} - e^{-iz}}{2i} = \frac{1}{2i} \sum_{n=0}^{\infty} \left[\frac{(iz)^n}{n!} - \frac{(-iz)^n}{n!} \right] = \sum_{n=0}^{\infty} \frac{z^n [i^n - (-i)^n]}{2in!}$$

$$\cos z = \frac{e^{iz} + e^{-iz}}{2} = \frac{1}{2}\sum_{n=0}^{\infty}\left[\frac{(iz)^n}{n!} + \frac{(-iz)^n}{n!}\right] = \sum_{n=0}^{\infty}\frac{z^n[i^n + (-i)^n]}{2n!}$$

其中由

n	0	1	2	3	4
$i^n - (-i)^n$	0	2i	0	$-2i$	0

和

n	0	1	2	3	4
$i^n + (-i)^n$	2i	0	$-2i$	0	2i

知

$$\sin z = \sum_{l=0}^{\infty}\frac{z^{2l+1}}{(2l+1)!}(-1)^l, \quad \cos z = \sum_{l=0}^{\infty}\frac{z^{2l}}{(2l)!}(-1)^l$$

4. $\dfrac{1}{1-z}$

$$f^{(n)}(z) = \frac{n!}{(1-z)^{n+1}}$$

在 $z=0$ 处，

$$f^{(n)}(0) = n!, \quad a_n = \frac{f^{(n)}(0)}{n!} = 1, \quad n = 1,2,3,\cdots$$

$$\frac{1}{1-z} = \sum_{n=0}^{\infty}z^n = 1 + z + z^2 + z^3 + \cdots + z^n + \cdots, \quad |z| < 1$$

利用 $1\sim4$ 的线性组合、微商、积分，可得

$$\frac{1}{1+z^2} = \sum_{n=0}^{\infty}(-z^2)^n = \sum_{n=0}^{\infty}(-1)^n z^{2n}, \quad |z| < 1$$

$$\frac{1}{1-3z+2z^2} = \frac{-1}{1-z} + \frac{2}{1-2z} = \sum_{n=0}^{\infty}[-z^n + 2(2z)^n] = \sum_{n=0}^{\infty}(2^{n+1}-1)z^n, \quad |z| < \frac{1}{2}$$

$$\frac{1}{(1-z)^2} = \frac{d}{dz}\left(\frac{1}{1-z}\right) = \frac{d}{dz}\sum_{n=0}^{\infty}z^n = \sum_{n=0}^{\infty}(n+1)z^n, \quad |z| < 1$$

5.2.2 泰勒级数求法

（1）级数相乘法。一个函数可以表示成两个（或多个）函数的乘积，而这些函数的泰勒展开比较容易。

（2）待定系数法。通过泰勒展开系数公式每一项的展开系数

$$a_n = \frac{1}{2\pi i}\oint_C \frac{f(\xi)}{(\xi-a)^{n+1}}d\xi = \frac{f^{(n)}(a)}{n!}$$

例 5.1　求函数 $\dfrac{1}{1-3z+2z^2}$ 在 $z=0$ 处的泰勒展开。

解
$$\frac{1}{1-3z+2z^2} = \frac{1}{1-z}\frac{1}{1-2z} = \sum_{k=0}^{\infty}z^k\sum_{l=0}^{\infty}2^l z^l = \sum_{k=0}^{\infty}\sum_{l=0}^{\infty}2^l z^{l+k} =$$

$$\sum_{n=0}^{\infty}\left(\sum_{l=0}^{n}2^l\right)z^n = \quad(\text{同次幂合并})$$

$$\sum_{n=0}^{\infty}(2^{n+1}-1)z^n, \quad |z| < \frac{1}{2}$$

其中，$l+k=n; l=n-k; k=0\sim\infty; n=0\sim\infty; l=0\sim n$。

例 5.2 求函数 $\dfrac{e^z}{1-z}$ 在 $z=0$ 处的泰勒展开。

解
$$\frac{e^z}{1-z}=\sum_{k=0}^{\infty}\frac{z^k}{k!}\sum_{l=0}^{\infty}z^l=\sum_{k=0}^{\infty}\sum_{l=0}^{\infty}\frac{z^{l+k}}{k!}=\sum_{n=0}^{\infty}\left(\sum_{k=0}^{n}\frac{1}{k!}\right)z^n,\quad |z|<1$$

例 5.3 求函数 $\tan z$ 在 $z=0$ 处的泰勒展开。

解 因为 $\tan z$ 为奇函数,所以在 $z=0$ 处只存在奇次项,即

$$\tan z=\sum_{k=0}^{\infty}a_{2k+1}z^{2k+1}$$

$$\sin z=\cos z\sum_{k=0}^{\infty}a_{2k+1}z^{2k+1}$$

$$\sum_{n=0}^{\infty}\frac{(-1)^n}{(2n+1)!}z^{2n+1}=\sum_{l=0}^{\infty}\frac{(-1)^l}{(2l)!}z^{2l}\sum_{k=0}^{\infty}a_{2k+1}z^{2k+1}=\sum_{l=0}^{\infty}\sum_{k=0}^{\infty}\frac{(-1)^l}{(2l)!}a_{2k+1}z^{2l+2k+1}$$

令 $n=l+k$,有

$$\sum_{n=0}^{\infty}\frac{(-1)^n}{(2n+1)!}z^{2n+1}=\sum_{n=0}^{\infty}\left(\sum_{k=0}^{n}\frac{(-1)^{n-k}}{(2n-2k)!}a_{2k+1}\right)z^{2n+1}$$

可知 $\displaystyle\sum_{k=0}^{n}\frac{(-1)^k a_{2k+1}}{(2n-2k)!}=\frac{1}{(2n+1)!}$,见表 $5-1$。

表　$5-1$

n	表达式	a_{2n+1}
0		$a_1=1$
1	$\dfrac{1}{2}a_1-a_3=\dfrac{1}{6}$	$a_3=\dfrac{1}{3}$
2	$\dfrac{1}{24}a_1-\dfrac{1}{2}a_3+a_5=\dfrac{1}{6}$	$a_5=\dfrac{2}{15}$
3	$\dfrac{a_1}{720}-\dfrac{a_3}{24}+\dfrac{a_5}{2}-a_7=\dfrac{1}{5\,040}$	$a_7=\dfrac{17}{315}$

故得 $\tan z=z+\dfrac{1}{3}z^3+\dfrac{2}{15}z^5+\dfrac{17}{315}z^7+\cdots$,由函数的奇点可知,收敛半径为 $\dfrac{\pi}{2}$。

现在通过待定系数法确定级数系数的递推关系。

例 5.4 求函数 $e^{\frac{1}{1-z}}$ 在 $z=0$ 处的泰勒级数。

解
$$f(z)=e^{\frac{1}{1-z}},\quad f(0)=e$$

$$f'(z)=e^{\frac{1}{1-z}}\frac{1}{(1-z)^2},\quad f'(0)=e$$

为便于求导,上式写为

$$(1-z)^2 f'(z)=f(z)$$

两边求导,得

$$(1-z)^2 f''(z)-2(1-z)f'(z)=f'(z)$$

即

$$(1-z)^2 f''(z) = (3-2z)f'(z) \Rightarrow f''(z) = \frac{3-2z}{(1-z)^2} f'(z), \quad f''(0) = 3e$$

两边继续求导,得

$$-2(1-z)f''(z) + (1-z)^2 f^{(3)}(z) = -2f'(z) + (3-2z)f''(z)$$

整理后,得

$$(1-z)^2 f^{(3)}(z) = 5f''(z) + 2f'(z) \Rightarrow$$

$$f^{(3)}(z) = \frac{(5-4z)f''(z) - 2f'(z)}{(1-z)^2}, \quad f^{(3)}(0) = 13e$$

$$f(z) = \sum_{n=0}^{\infty} \frac{f^{(n)}(0)}{n!} z^n$$

$$e^{\frac{1}{1-z}} = e + ez + \frac{3e}{2!} z^2 + \frac{13e}{3!} z^3 + \cdots$$

由于 $e^{\frac{1}{1-z}}$ 的唯一奇点为 $z=1$,所以收敛半径为 | 奇点 − 展开点 | = 1。即 $e^{\frac{1}{1-z}}$ 在 0 点的泰勒级数的收敛圆为 $|z| < 1$。

例 5.5　将 $f(z) = \sin^2 z$ 在 $z = 0$ 处展开为泰勒级数。

解　方法一:由 $\cos z$ 的泰勒展开可知

$$\cos 2z = \sum_{n=0}^{\infty} \frac{(-1)^n}{(2n)!} (2z)^{2n} = \sum_{n=0}^{\infty} \frac{(-1)^n 2^{2n}}{(2n)!} z^{2n}, \quad |z| < \infty$$

$$\sin^2 z = \frac{1}{2} - \frac{1}{2} \cos 2z = \frac{1}{2} - \frac{1}{2} \sum_{n=0}^{\infty} \frac{(-1)^n 2^{2n}}{(2n)!} z^{2n} =$$

$$\frac{1}{2} - \frac{1}{2} + \sum_{n=1}^{\infty} \frac{(-1)^{n-1} 2^{2n-1}}{(2n)!} z^{2n} =$$

$$\sum_{n=0}^{\infty} \frac{(-1)^n 2^{2n+1}}{(2n+2)!} z^{2n+2}, \quad |z| < \infty$$

方法二:

$$(\sin^2 z)' = 2\sin z \cos z = \sin 2z$$

$$\sin 2z = \sum_{n=0}^{\infty} \frac{(-1)^n}{(2n+1)!} (2z)^{2n+1}, \quad |z| < \infty$$

$$\sin^2 z = \int_0^z \sin 2z \, dz = \sum_{n=0}^{\infty} (-1)^n \int_0^z \frac{(2z)^{2n+1}}{(2n+1)!} dz =$$

$$\sum_{n=0}^{\infty} (-1)^n \frac{1}{2} \int_0^z \frac{(2z)^{2n+1}}{(2n+1)!} d(2z) =$$

$$\sum_{n=0}^{\infty} \frac{(-1)^n 2^{2n+2}}{2(2n+1)! (2n+2)} =$$

$$\sum_{n=0}^{\infty} \frac{(-1)^n 2^{2n+1}}{(2n+2)!} z^{2n+2}, \quad |z| < \infty$$

例 5.6　将 $\dfrac{z^2}{(z+1)^2}$ 在 $z = 1$ 处展开为泰勒级数。

解
$$\frac{z^2}{(z+1)^2} = \frac{[(z+1)-1]^2}{(z+1)^2} = \frac{(z+1)^2 - 2(z+1) + 1}{(z+1)^2} =$$

$$1 - \frac{2}{z+1} + \frac{1}{(z+1)^2}$$

$$\frac{1}{z+1} = \frac{1}{(z-1)+2} = \frac{1}{2} \frac{1}{1+\frac{z-1}{2}} = \frac{1}{2} \sum_{n=0}^{\infty} (-1)^n \left(\frac{z-1}{2}\right)^n$$

函数的奇点为 -1，离展开中心 $z=1$ 的距离为 2，即在 $|z-1| < 2$ 范围内级数收敛。

$$\frac{z^2}{(z+1)^2} = 1 - \sum_{n=0}^{\infty} (-1)^n \left(\frac{z-1}{2}\right)^n + \frac{1}{4} \sum_{n=0}^{\infty} (-1)^n (n+1) \left(\frac{z-1}{2}\right)^n =$$

$$1 - 1 - \sum_{n=1}^{\infty} (-1)^n \left(\frac{z-1}{2}\right)^n + \frac{1}{4} + \frac{1}{4} \sum_{n=1}^{\infty} (-1)^n (n+1) \left(\frac{z-1}{2}\right)^n =$$

$$\frac{1}{4} + \frac{1}{4} \sum_{n=1}^{\infty} (-1)^n (n-3) \left(\frac{z-1}{2}\right)^n =$$

$$\frac{1}{4} + \sum_{n=1}^{\infty} \frac{(-1)^n (n-3)}{2^{n+2}} (z-1)^n$$

收敛范围 $|z-1| < 2$。

例 5.7 将 $\dfrac{z-1}{z^2+1}$ 以 $z=1$ 为中心展开为泰勒级数。

解 若 $$f(z) = \frac{P(z)}{Q(z)} = \frac{P(z)}{b_0 (z-a)^m \cdots (z-b)^n} = \frac{A_1}{(z-a)^m} + \frac{A_2}{(z-a)^{m-1}} + \cdots +$$

$$\frac{A_m}{z-a} + \cdots + \frac{B_1}{(z-b)^n} + \frac{B_2}{(z-b)^{n-1}} + \cdots + \frac{B_n}{z-b}$$

$$\frac{1}{z^2+1} = \frac{1}{(z+i)(z-i)} = \frac{A}{z-i} + \frac{B}{z+i} = \frac{A(z+i) + B(z-i)}{(z+i)(z-i)}$$

$$1 = A(z+i) + B(z-i) \Rightarrow \begin{cases} A+B=0 \\ Ai - Bi = 1 \end{cases} \Rightarrow \begin{cases} A = \dfrac{1}{2i} \\ B = -\dfrac{1}{2i} \end{cases}$$

$$\frac{1}{z^2+1} = \frac{1}{2i}\left(\frac{1}{z-i} - \frac{1}{z+i}\right)$$

$$\frac{1}{z+i} = \frac{1}{(z-1)+(i+1)} = \frac{1}{1+i} \frac{1}{1+\frac{z-1}{1+i}} =$$

$$\frac{1}{1+i} \sum_{n=0}^{\infty} \left(-\frac{z-1}{1+i}\right)^n, \quad \left|\frac{z-1}{1+i}\right| < 1$$

该级数在 $\left|\dfrac{z-1}{1+i}\right| < 1$ 内收敛，即 $|z-1| < \sqrt{2}$。

$$\frac{1}{z-i} = \frac{1}{(z-1)+(1-i)} = \frac{1}{1-i} \frac{1}{1+\frac{z-1}{1-i}} =$$

$$\frac{1}{1-i} \sum_{n=0}^{\infty} \left(-\frac{z-1}{1-i}\right)^n, \quad \left|\frac{z-1}{1-i}\right| < 1$$

该级数在 $\left|\dfrac{z-1}{1+\mathrm{i}}\right| < 1$ 内收敛,即 $|z-1| < \sqrt{2}$。

$$\frac{z-1}{z^2+1} = \frac{z-1}{2\mathrm{i}}\left[\frac{1}{1-\mathrm{i}}\sum_{n=0}^{\infty}\left(-\frac{z-1}{1-\mathrm{i}}\right)^n - \frac{1}{1+\mathrm{i}}\sum_{n=0}^{\infty}\left(-\frac{z-1}{1+\mathrm{i}}\right)^n\right]$$

函数的奇点为 $\pm\mathrm{i}$,离展开中心 $z=1$ 的距离为 $|1-\mathrm{i}|=|1+\mathrm{i}|=\sqrt{2}$,即在 $|z-1| < \sqrt{2}$ 范围内级数收敛。

$$\frac{z-1}{z^2+1} = \frac{z-1}{2\mathrm{i}}\left[\frac{1}{1-\mathrm{i}}\sum_{n=0}^{\infty}\left(-\frac{z-1}{1-\mathrm{i}}\right)^n - \frac{1}{1+\mathrm{i}}\sum_{n=0}^{\infty}\left(-\frac{z-1}{1+\mathrm{i}}\right)^n\right] =$$

$$\sum_{n=0}^{\infty}\left[\frac{1}{2\mathrm{i}}\left(-\frac{z-1}{1-\mathrm{i}}\right)^{n+1} - \frac{1}{2\mathrm{i}}\left(-\frac{z-1}{1+\mathrm{i}}\right)^{n+1}\right] =$$

$$\sum_{n=0}^{\infty}\frac{(-1)^n\left[(1+\mathrm{i})^{n+1}-(1-\mathrm{i})^{n+1}\right]}{2\mathrm{i}\times 2^{n+1}}(z-1)^{n+1} =$$

$$\frac{\mathrm{i}}{2}\sum_{n=0}^{\infty}\frac{(-1)^{n+1}\left[(1+\mathrm{i})^{n+1}-(1-\mathrm{i})^{n+1}\right]}{2^{n+1}}(z-1)^{n+1} =$$

$$\frac{\mathrm{i}}{2}\sum_{n=1}^{\infty}\frac{(-1)^n\left[(1+\mathrm{i})^n-(1-\mathrm{i})^n\right]}{2^n}(z-1)^n, \quad |z-1| < \sqrt{2}$$

例 5.8　将 $1-z^2$ 在 $z=1$ 处展开,并指明收敛半径。

解　$1-z^2 = -(z-1)^2 - 2z + 1 + 1 = -(z-1)^2 - 2(z-1) = -2(z-1) - (z-1)^2$,$|z| < \infty$,收敛半径为 ∞。

例 5.9　将 $\dfrac{1}{1+z+z^2}$ 在 $z=0$ 处展开,并指明收敛半径。

解
$$\frac{1}{1+z+z^2} = \frac{1}{\left(\frac{1}{2}+z\right)^2+\frac{3}{4}} = \frac{1}{\left(\frac{1}{2}+z\right)^2-\left(\frac{\sqrt{3}}{2}\mathrm{i}\right)^2} =$$

$$\frac{1}{\left(\frac{1}{2}-\frac{\sqrt{3}}{2}\mathrm{i}+z\right)\left(\frac{1}{2}+\frac{\sqrt{3}}{2}\mathrm{i}+z\right)} =$$

$$\frac{1}{\sqrt{3}\,\mathrm{i}}\left[\frac{1}{\left(\frac{1}{2}-\frac{\sqrt{3}}{2}\mathrm{i}\right)+z} - \frac{1}{\left(\frac{1}{2}+\frac{\sqrt{3}}{2}\mathrm{i}\right)+z}\right]$$

由 $\dfrac{1}{1-z} = \displaystyle\sum_{n=0}^{\infty} z^n = 1 + z + z^2 + z^3 + \cdots + z^n + \cdots$,$|z| < 1$ 可知

$$\frac{1}{1+z+z^2} = \frac{1}{\sqrt{3}\,\mathrm{i}}\left[\frac{1}{\left(\frac{1}{2}-\frac{\sqrt{3}}{2}\mathrm{i}\right)+z} - \frac{1}{\left(\frac{1}{2}+\frac{\sqrt{3}}{2}\mathrm{i}\right)+z}\right] =$$

$$\frac{1}{\sqrt{3}\,\mathrm{i}}\left[\frac{1}{\frac{1}{2}-\frac{\sqrt{3}}{2}\mathrm{i}}\frac{1}{1+\dfrac{z}{\frac{1}{2}-\frac{\sqrt{3}}{2}\mathrm{i}}} - \frac{1}{\frac{1}{2}+\frac{\sqrt{3}}{2}\mathrm{i}}\frac{1}{1+\dfrac{z}{\frac{1}{2}+\frac{\sqrt{3}}{2}\mathrm{i}}}\right] =$$

$$\frac{1}{\sqrt{3}\,\mathrm{i}}\left[\left(\frac{1}{2}+\frac{\sqrt{3}}{2}\mathrm{i}\right)\frac{1}{1+\left(\frac{1}{2}+\frac{\sqrt{3}}{2}\mathrm{i}\right)z}-\left(\frac{1}{2}-\frac{\sqrt{3}}{2}\mathrm{i}\right)\frac{1}{1+\left(\frac{1}{2}-\frac{\sqrt{3}}{2}\mathrm{i}\right)z}\right]=$$

$$\frac{1}{\sqrt{3}\,\mathrm{i}}\left\{\left(\frac{1}{2}+\frac{\sqrt{3}}{2}\mathrm{i}\right)\sum_{n=0}^{\infty}\left[-\left(\frac{1}{2}+\frac{\sqrt{3}}{2}\mathrm{i}\right)z\right]^{n}-\right.$$

$$\left.\left(\frac{1}{2}-\frac{\sqrt{3}}{2}\mathrm{i}\right)\sum_{n=0}^{\infty}\left[-\left(\frac{1}{2}-\frac{\sqrt{3}}{2}\mathrm{i}\right)z\right]^{n}\right\}$$

$$\frac{1}{1+z+z^{2}}=\frac{1}{\sqrt{3}\,\mathrm{i}}\sum_{n=0}^{\infty}\left[\left(\frac{1}{2}+\frac{\sqrt{3}}{2}\mathrm{i}\right)^{n+1}-\left(\frac{1}{2}-\frac{\sqrt{3}}{2}\mathrm{i}\right)^{n+1}\right](-z)^{n}=$$

$$\frac{1}{\sqrt{3}\,\mathrm{i}}\sum_{n=0}^{\infty}\left[\mathrm{e}^{\mathrm{i}\frac{\pi}{3}(n+1)}-\mathrm{e}^{-\mathrm{i}\frac{\pi}{3}(n+1)}\right](-z)^{n}=\frac{1}{\sqrt{3}\,\mathrm{i}}\sum_{n=0}^{\infty}2\mathrm{i}\sin\frac{\pi}{3}(n+1)(-z)^{n}=$$

$$\sum_{n=0}^{\infty}\frac{\sin\frac{\pi}{3}(n+1)}{\frac{\sqrt{3}}{2}}(-z)^{n}=\sum_{n=0}^{\infty}(-1)^{n}\frac{\sin\frac{\pi}{3}(n+1)}{\sin\frac{\pi}{3}}z^{n}$$

因为 $|z|<1$，所以收敛半径为 1。

例 5.10 将 $\cos z$ 按 $(z-1)$ 的正幂级数展开。

解
$$\cos z=\cos(z-1+1)=\cos(z-1)\cos1-\sin(z-1)\sin1$$

$$\cos(z-1)=\sum_{n=0}^{\infty}\frac{(-1)^{n}}{(2n)!}(z-1)^{2n},\quad|z|<1$$

$$\sin(z-1)=\sum_{n=0}^{\infty}\frac{(-1)^{n}}{(2n+1)!}(z-1)^{2n+1},\quad|z|<1$$

$$\cos z=\cos1\sum_{n=0}^{\infty}\frac{(-1)^{n}}{(2n)!}(z-1)^{2n}-\sin1\sum_{n=0}^{\infty}\frac{(-1)^{n}}{(2n+1)!}(z-1)^{2n+1},\quad|z|<1$$

例 5.11 将 $f(z)=\dfrac{z-1}{z^{2}}$ 在 $|z-1|<1$ 内展开为泰勒级数。

解
$$\frac{z-1}{z^{2}}=\frac{z-1}{[1+(z-1)]^{2}}$$

$$\left[\frac{-1}{1+(z-1)}\right]'=\frac{1}{[1+(z-1)]^{2}},\quad|z|<\infty$$

$$\frac{-1}{1+(z-1)}=-\sum_{n=0}^{\infty}[-(z-1)]^{n}=-\sum_{n=0}^{\infty}(-1)^{n}(z-1)^{n},\quad|z-1|<1$$

$$\frac{z-1}{z^{2}}=(z-1)\frac{\mathrm{d}}{\mathrm{d}z}\left[-\sum_{n=0}^{\infty}(-1)^{n}(z-1)^{n}\right]=-(z-1)\sum_{n=1}^{\infty}n(-1)^{n}(z-1)^{n-1}=$$

$$\sum_{n=1}^{\infty}n(-1)^{n+1}(z-1)^{n},\quad|z-1|<1$$

现在举例说明多值函数的泰勒展开。

例 5.12 求多值函数 $(1+z)^{\alpha}$ 在 $z=0$ 处的泰勒展开,规定当 $z=0$ 时,$(1+z)^{\alpha}=1$。

解 直接求 $(1+z)^{\alpha}$ 在 $z=0$ 点的各阶导数值:

$f(0)=1$

$f'(0)=\alpha(1+z)^{\alpha-1}\big|_{z=0}=\alpha$

$f''(0)=\alpha(\alpha-1)(1+z)^{\alpha-2}\big|_{z=0}=\alpha(\alpha-1)$

……

$f^{(n)}(0)=\alpha(\alpha-1)(\alpha-2)\cdots(\alpha-n+1)(1+z)^{\alpha-n}\big|_{z=0}=\alpha(\alpha-1)(\alpha-2)\cdots(\alpha-n+1)$

因为

$$(1+z)^{\alpha}=\sum_{n=0}^{\infty}\binom{\alpha}{n}z^{n}$$

其中,展开系数 $\binom{\alpha}{0}=1$, $\binom{\alpha}{n}=\dfrac{\alpha(\alpha-1)\cdots(\alpha-n+1)}{n!}$ 称为普遍的二项式。

级数的收敛区域视割线的作法而定,收敛半径等于展开中心到割线的距离。

最大可能的收敛区域是 $|z|<1$,所以收敛半径为 1。

例 5.13　求多值函数 $\ln(1+z)$ 在 $z=0$ 处的泰勒展开,规定 $\ln(1+z)\big|_{z=0}=0$。

解　方法一: $\ln(1+z)=\displaystyle\int_{0}^{z}\frac{1}{1+z}\mathrm{d}z=\int_{0}^{z}\Big[\sum_{n=0}^{\infty}(-1)^{n}z^{n}\Big]\mathrm{d}z=$

$$\sum_{n=0}^{\infty}(-1)^{n}\Big(\int_{0}^{z}z^{n}\mathrm{d}z\Big)=\sum_{n=0}^{\infty}(-1)^{n}\frac{z^{n+1}}{n+1}=$$

$$\sum_{n=1}^{\infty}(-1)^{n-1}\frac{z^{n}}{n}$$

方法二:当没有明确规定割线上岸时,支点为 $z=-1$ 和 $z=\infty$,如图 5-1 所示,沿负实轴从 $z=-1$ 到 $z=\infty$ 作割线,取单值分支:割线上岸关于支点 $z=-1$ 的辐角为 $-\pi$,割线下岸的辐角为 π,则有

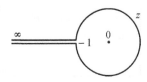

图　5-1

$$z=-1+\mathrm{e}^{\mathrm{i}\varphi},\quad -\pi<\varphi<\pi$$

$$z=0=-1+\mathrm{e}^{\mathrm{i}\varphi},\quad \ln(1+z)\big|_{z=0}=\ln\mathrm{e}^{\mathrm{i}0}=0$$

$$\frac{\mathrm{d}^{n}}{\mathrm{d}z^{n}}\ln(1+z)\bigg|_{z=0}=(-1)^{n}(n-1)!,\quad n=1,2,3,\cdots$$

$$\ln(1+z)=f(0)+\sum_{n=1}^{\infty}\frac{f^{(n)}(0)}{n!}z^{n}=\sum_{n=1}^{\infty}(-1)^{n-1}\frac{z^{n}}{n},\quad |z|<1$$

若取另一个单值分支:割线上岸关于支点 $z=-1$ 的辐角为 π,割线下岸的辐角为 3π,则有

$$z=-1+\mathrm{e}^{\mathrm{i}\varphi},\quad \pi<\varphi<3\pi$$

此时,有

$$z=0=-1+\mathrm{e}^{\mathrm{i}2\pi},\quad \ln(1+z)\big|_{z=0}=\ln\mathrm{e}^{\mathrm{i}2\pi}=2\pi\mathrm{i}$$

则得

$$\ln(1+z)=2\pi\mathrm{i}+\sum_{n=1}^{\infty}(-1)^{n-1}\frac{z^{n}}{n},\quad |z|<1$$

例 5.14　将 $\ln z$ 在 $z=\mathrm{i}$ 处展开为泰勒级数,规定 $\ln z\big|_{z=\mathrm{i}}=-\dfrac{3}{2}\pi$。

解 由泰勒展开公式可知

$$\ln z = \sum_{n=0}^{\infty} \frac{\ln^{(n)} i}{n!} (z-i)^n = \ln i + \sum_{n=1}^{\infty} \frac{\ln^{(n)} i}{n!} (z-i)^n$$

$$\ln i = -\frac{3}{2}\pi, \quad \ln^{(n)} i = -(n-1)! \, i^n$$

$$\ln z = \sum_{n=0}^{\infty} \frac{\ln^{(n)} i}{n!} (z-i)^n = -\frac{3\pi}{2} + \sum_{n=1}^{\infty} -\frac{i^n}{n} (z-i)^n$$

支点为 0 和 ∞，$|z-i|<1$。

5.3 解析函数的零点孤立性和解析函数的唯一性

定义 5.1 若函数 $f(z)$ 在 a 点的邻域内解析，$f(a)=0$，则称 $z=a$ 是 $f(z)$ 的零点。当 $|z-a|$ 充分小时，$f(z)=\sum_{n=0}^{\infty} a_n (z-a)^n$，必有 $a_0=a_1=a_2=\cdots=a_{m-1}=0, a_m \neq 0$，则称 $z=a$ 是 $f(z)$ 的 m 阶零点。

定理 5.2 （解析函数的零点孤立性定理）若函数 $f(z)$ 不恒等于 0，且在包含 $z=a$ 在内的区域内解析，则存在圆 $|z-a|<\rho(\rho>0)$，使在圆内除了 $z=a$ 可能为零点外，$f(z)$ 无其他零点。

证明 设 a 为 $f(z)$ 的 m 阶零点，则

$$f(z)=(z-a)^m \phi(z)$$

$\phi(z)$ 在 $|z-a|<R$ 内解析，$\phi(a)\neq 0$。

因为 $\phi(z)$ 在 $z=a$ 点连续，所以对于任意 $\varepsilon>0$ 存在 $\rho>0$，使当 $|z-a|<\rho$ 时，恒有 $|\phi(z)-\phi(a)|<\varepsilon$。不妨取 $\varepsilon=\frac{|\phi(a)|}{2}$，则

$$|\phi(z)| > |\phi(a)| - \varepsilon = \frac{|\phi(a)|}{2} > 0$$

故 $f(z)$ 在 $|z-a|<\rho$ 内除了 $z=a$ 外别无零点。

逆否定理：若解析函数 $f(z)$ 的零点是非孤立的，则 $f(z)=0$。

推论 5.1 设函数 $f(z)$ 在 $G: |z-a|<R$ 内解析，若 G 内存在 $f(z)$ 的无穷多个零点 $\{z_n\}$，且 $\lim_{n\to\infty} z_n = a$，但 $z_n \neq a$，则在 G 内 $f(z)\equiv 0$。

推论 5.2 设函数 $f(z)$ 在 $G: |z-a|<R$ 内解析，若在 G 内存在过 a 点的一段弧 l 或含有 a 点的一个子区域 g，在 l 上或 g 内 $f(z)\equiv 0$，则在整个区域 G 内 $f(z)\equiv 0$。

推论 5.3 设函数 $f(z)$ 在 G 内解析，若 G 内存在一点 $z=a$ 及过 a 点的一段弧 l 或含有 a 点的一个子区域 g，在 l 上或 g 内 $f(z)\equiv 0$，则在整个区域 G 内 $f(z)\equiv 0$。

推论 5.4 设函数 $f_1(z)$ 和 $f_2(z)$ 都在区域 G 内解析，且在 G 内的一段弧或一个子区域内相等，则在 G 内 $f_1(z)\equiv f_2(z)$。

推论 5.5 在实轴上成立的恒等式，在 z 平面上仍成立，只要恒等式两端的函数在 z 平面上解析。

定理 5.3 （解析函数的唯一性定理）设区域 G 内存在序列 $\{z_n\}$，满足 G 内的解析函数

$f_1(z)=f_2(z)$，若序列 $\{z_n\}$ 的一个极限点 $z=a(\neq z_n)$ 也落在区域 G 内，则在 G 内有 $f_1(z) \equiv f_2(z)$。

证明　反证法。设 $g(z)=f_1(z)-f_2(z)\neq 0$ 在 G 内成立，对于 $\{z_n\}$，有

$$g(z_n)=f_1(z_n)-f_2(z_n)=0，\quad \lim_{n\to\infty}z_n=a，\quad g(a)=0$$

找不到 a 的邻域使 a 成为 $g(z)$ 的唯一零点。与零点孤立性矛盾，得证。

5.4　解析函数的洛朗展开

(1) 在解析点展开成幂级数——泰勒展开。

(2) 在奇点附近展开成幂级数——洛朗展开。

定义 5.2　具有正、负幂的幂级数称为洛朗级数。正幂部分称为洛朗级数的正则部分；负幂部分称为洛朗级数的主要部分。

定理 5.4　(洛朗展开定理)设函数 $f(z)$ 在以 b 为圆心的环域 $R_1\leqslant |z-b|\leqslant R_2$ 内单值解析，对任意环域内点 z，有

$$f(z)=\sum_{n=-\infty}^{+\infty} a_n\,(z-b)^n，\quad R_1\leqslant |z-b|\leqslant R_2$$

其中，$a_n=\dfrac{1}{2\pi i}\displaystyle\oint_C \dfrac{f(\xi)}{(\xi-b)^{n+1}}\mathrm{d}\xi$，$C$ 为环域内绕内圆一周的任意闭曲线。

证明　如图 $5-2$ 所示，环域内外边界分别为 C_1 和 C_2，由复连通区域的柯西积分公式得

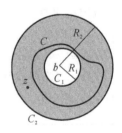

图　$5-2$

$$f(z)=\frac{1}{2\pi i}\oint_{C_2}\frac{f(\xi)}{\xi-z}\mathrm{d}\xi-\frac{1}{2\pi i}\oint_{C_1}\frac{f(\xi)}{\xi-z}\mathrm{d}\xi$$

C_2 上的积分直接应用泰勒展开，有

$$\frac{1}{2\pi i}\oint_{C_2}\frac{f(\xi)}{\xi-z}\mathrm{d}\xi=\sum_{n=0}^{\infty}a_n\,(z-b)^n，\quad |z-b|<R_2$$

$$a_n=\frac{1}{2\pi i}\oint_{C_2}\frac{f(\xi)}{(\xi-b)^{n+1}}\mathrm{d}\xi$$

C_1 上的积分应用泰勒展开，有

$$-\frac{1}{2\pi i}\oint_{C_1}\frac{f(\xi)}{\xi-z}\mathrm{d}\xi=\frac{1}{2\pi i}\oint_{C_1}\frac{f(\xi)}{(z-b)-(\xi-b)}\mathrm{d}\xi=$$

$$\frac{1}{2\pi i}\oint_{C_1}\frac{f(\xi)}{z-b}\frac{1}{1-\dfrac{\xi-b}{z-b}}\mathrm{d}\xi=$$

$$\frac{1}{2\pi i}\oint_{C_1}\frac{f(\xi)}{z-b}\left[\sum_{k=0}^{\infty}\left(\frac{\xi-b}{z-b}\right)^k\right]\mathrm{d}\xi=\qquad\left(\left|\frac{\xi-b}{z-b}\right|<1\right)$$

$$\sum_{k=0}^{\infty}\left[(z-b)^{-k-1}\frac{1}{2\pi i}\oint_{C_1}f(\xi)\,(\xi-b)^k\mathrm{d}\xi\right]=$$

$$\sum_{n=-1}^{-\infty} \left[(z-b)^n \frac{1}{2\pi i} \oint_{C_1} \frac{f(\xi)}{(\xi-b)^{n+1}} d\xi \right]$$

因此
$$-\frac{1}{2\pi i} \oint_{C_1} \frac{f(\xi)}{\xi-z} d\xi = \sum_{n=-1}^{-\infty} a_n (z-b)^n, \quad |z-b| > R_1$$

其中,$a_n = \dfrac{1}{2\pi i} \oint_{C_2} \dfrac{f(\xi)}{(\xi-b)^{n+1}} d\xi$,合并 C_1 和 C_2 上两部分积分,则有

$$f(z) = \sum_{n=-\infty}^{+\infty} a_n (z-b)^n, \quad R_1 \leqslant |z-b| \leqslant R_2$$

$$a_n = \frac{1}{2\pi i} \oint_C \frac{f(\xi)}{(\xi-b)^{n+1}} d\xi$$

这就是 $f(z)$ 在环域 G 内的洛朗展开,展开的级数为洛朗级数。

说明:

(1)同泰勒展开一样,定理条件可以放宽为 $f(z)$ 在 $R_1 < |z-b| < R_2$ 内单值解析。

(2)对于洛朗展开,$a_n \neq \dfrac{f^{(n)}(b)}{n!}$。

(3)$f(z)$ 在 C_1 内不解析(一般在 C_1 上有奇点,b 点可能为奇点也可能是解析点),R_2 可以为 ∞,甚至在 ∞ 收敛。

(4)洛朗展开的正则部分在 C_1 内绝对收敛,主要部分在 C_2 外绝对收敛 —— 洛朗级数在环域内绝对收敛。

(5)洛朗展开的唯一性:给定一个在环域 G 内解析的函数,则它的洛朗展开是唯一的,即展开系数 a_n 是完全确定的。

证明 (洛朗展开的唯一性)设函数 $f(z)$ 在以 b 为圆心的环域 $R_1 \leqslant |z-b| \leqslant R_2$ 内有两个洛朗级数,即

$$f(z) = \sum_{n=-\infty}^{+\infty} a_n (z-b)^n = \sum_{n=-\infty}^{+\infty} a_n' (z-b)^n$$

两端同乘以 $(z-b)^{-k-1}$,得

$$\sum_{n=-\infty}^{+\infty} a_n (z-b)^{n-k-1} = \sum_{n=-\infty}^{+\infty} a_n' (z-b)^{n-k-1}$$

沿环域内绕内圆一周的任意围道 C 积分,得

$$\oint_C \sum_{n=-\infty}^{+\infty} a_n (z-b)^{n-k-1} dz = \oint_C \sum_{n=-\infty}^{+\infty} a_n' (z-b)^{n-k-1} dz$$

级数在围道 C 上一致收敛,可逐项积分,有

$$\sum_{n=-\infty}^{+\infty} \oint_C a_n (z-b)^{n-k-1} dz = \sum_{n=-\infty}^{+\infty} \oint_C a_n' (z-b)^{n-k-1} dz$$

由于

$$\oint_C (z-b)^{n-k-1} dz = \begin{cases} 2\pi i, & n=k \\ 0, & n \neq k \end{cases}$$

当 $n=k$ 时,有

$$\oint_C (z-b)^{-1} dz = \oint_C |z-b|^{-1} e^{-i\arg(z-b)} dz = \int_0^{2\pi} i d(\arg(z-b)) = 2\pi i$$

当 $n \neq k$ 时,有

$$\oint_C (z-b)^{n-k-1} dz = \oint_C \frac{1}{(z-b)^{k-n+1}} dz = \frac{2\pi i}{n!} f^{(k-n)}(z) = 0$$

比较系数,得 $\quad\quad\quad\quad a_n = a'_n, \quad n = 0, \pm 1, \pm 2, \cdots$

两个洛朗级数在同一环域内处处相等,则对应系数相等。

5.5　洛朗级数求法举例

例 5.15　求 $\dfrac{1}{z(z-1)}$ 在下列区域内的洛朗级数。

(1) $0 < |z| < 1$;

(2) $1 < |z| < +\infty$;

(3) $0 < |z-1| < 1$;

(4) $1 < |z-1| < +\infty$。

解　基本思路:由给定的展开区域可知级数形式(1)和(2)为 $\displaystyle\sum_{n=-\infty}^{+\infty} c_k z^k$,(3)和(4)为

$\displaystyle\sum_{n=-\infty}^{+\infty} c_k (z-1)^k$。

按照洛朗展开公式求展开系数 $c_k = \dfrac{1}{2\pi i} \oint_C \dfrac{f(\xi)}{(\xi-b)^{k+1}} d\xi$,用公式求展开系数不方便,洛朗展开的唯一性保证:无论用什么方法,最终得到环域内收敛到 $f(z)$ 的幂级数。

奇点为 $z = 0, z = 1$。

(1) 当 $0 < |z| < 1$ 时,有

$$f(z) = \frac{1}{z} \frac{-1}{1-z} = -\frac{1}{z} \sum_{n=0}^{\infty} z^n = -\sum_{n=0}^{\infty} z^{n-1} = -\sum_{n=-1}^{\infty} z^n, \quad |z| < 1$$

或

$$f(z) = \frac{-1}{z} - \frac{1}{1-z} = -\frac{1}{z} - \sum_{n=0}^{\infty} z^n = -\sum_{n=-1}^{\infty} z^n, \quad |z| < 1$$

(2) 当 $1 < |z| < +\infty$ 时,有

$$f(z) = \frac{1}{z^2} \frac{1}{1-\frac{1}{z}} = \frac{1}{z^2} \sum_{n=0}^{\infty} \left(\frac{1}{z}\right)^n = \sum_{n=0}^{\infty} z^{2-n} = \sum_{n=-\infty}^{-2} z^n, \quad \left|\frac{1}{z}\right| < 1, \text{即} |z| > 1$$

(3) 当 $0 < |z-1| < 1$ 时,有

$$f(z) = \frac{1}{z(z-1)} = \frac{1}{z-1} \frac{1}{1-[-(z-1)]} = \frac{1}{z-1} \sum_{n=0}^{\infty} [-(z-1)]^n =$$

$$\sum_{n=0}^{\infty} (-1)^n (z-1)^{n-1} = \sum_{n=-1}^{\infty} (-1)^{n+1} (z-1)^n, \quad \left|\frac{1}{z-1}\right| < 1, \text{即} |z-1| > 1$$

例 5.16 求 $\exp\left[\dfrac{z}{2}\left(t-\dfrac{1}{t}\right)\right]$ 在 $0 < |t| < 1$ 内的洛朗级数展开。

解 因为
$$e^{z\cdot\frac{t}{2}} = \sum_{k=0}^{\infty} \left(\frac{z}{2}\right)^k \frac{t^k}{k!}, \quad |t| < \infty$$

$$e^z = \sum_{n=0}^{\infty} \frac{z^n}{n!}, \quad |z| < \infty$$

$$e^{-z\cdot\frac{1}{2t}} = \sum_{l=0}^{\infty} \left(\frac{z}{2}\right)^l (-1)^l \frac{1}{l!} \left(\frac{1}{t}\right)^l, \quad \left|\frac{1}{t}\right| < \infty$$

所以
$$\exp\left[\frac{z}{2}\left(t-\frac{1}{t}\right)\right] = \sum_{k=0}^{\infty} \left(\frac{z}{2}\right)^k \frac{t^k}{k!} \sum_{l=0}^{\infty} \left(\frac{z}{2}\right)^l (-1)^l \frac{1}{l!} \left(\frac{1}{t}\right)^l =$$

$$\sum_{k=0}^{\infty} \sum_{l=0}^{\infty} \frac{(-1)^l}{k!\,l!} \left(\frac{z}{2}\right)^{k+l} t^{k-l} =$$

$$\sum_{n=0}^{\infty} \left[\sum_{l=0}^{\infty} \frac{(-1)^l}{l!\,(l+n)!} \left(\frac{z}{2}\right)^{2l+n}\right] t^n +$$

$$\sum_{n=-1}^{-\infty} \left[\sum_{l=-n}^{\infty} \frac{(-1)^l}{l!\,(l+n)!} \left(\frac{z}{2}\right)^{2l+n}\right] t^n = \sum_{n=-\infty}^{+\infty} J_n(z) t^n$$

其中，$n = k - l, k = n + l, k = 0, \cdots, +\infty, n = -l\cdots +\infty$。

定义 5.3 n 阶贝塞尔函数为

$$J_n(z) = \begin{cases} \displaystyle\sum_{l=0}^{\infty} \frac{(-1)^l}{l!\,(l+n)!} \left(\frac{z}{2}\right)^{2l+n}, & n = 0, 1, 2, \cdots \\[4mm] \displaystyle\sum_{l=-n}^{\infty} \frac{(-1)^l}{l!\,(l+n)!} \left(\frac{z}{2}\right)^{2l+n}, & n = -1, -2, -3, \cdots \end{cases}$$

例 5.7 求 $\dfrac{1}{z^2(z-1)}$ 在 $z = 1$ 附近的级数展开。

解 因为 $z_0 = 1$，所以 $\displaystyle\sum_{k=-\infty}^{\infty} C_n (z-1)^n$。而 $\dfrac{1}{z^2} = -\dfrac{\mathrm{d}}{\mathrm{d}z} \cdot \dfrac{1}{z}$，

$$\frac{1}{z} = \frac{1}{1+(z-1)} = \sum_{n=0}^{\infty} (-1)^n (z-1)^n, \quad |z-1| < 1$$

$$\frac{1}{z^2} = -\frac{\mathrm{d}}{\mathrm{d}z}\frac{1}{z} = -\sum_{n=1}^{\infty} (-1)^n n (z-1)^{n-1} = \sum_{n=1}^{\infty} (-1)^{n-1} n (z-1)^{n-1}$$

故得
$$\frac{1}{z^2(z-1)} = \frac{1}{(z-1)} \sum_{n=1}^{\infty} (-1)^{n-1} n (z-1)^{n-1} = \sum_{n=1}^{\infty} (-1)^{n-1} n (z-1)^{n-2} =$$

$$\sum_{n=-1}^{\infty} (-1)^{n+1} (n+2)(z-1)^n$$

例 5.18 将 $\dfrac{(z-1)(z-2)}{(z-3)(z-4)}$ 在 $4 < |z| < \infty$ 内作展开。

解 $\dfrac{(z-1)(z-2)}{(z-3)(z-4)} = \dfrac{z^2-3z+2}{(z-3)(z-4)} = \dfrac{z}{z-4} + \dfrac{2}{(z-3)(z-4)} =$

$$\frac{(z-4)+4}{z-4}+\frac{2}{(z-3)(z-4)}=1+\frac{4}{z-4}+\frac{2}{z-4}-\frac{2}{z-3}=$$

$$1+\frac{6}{z-4}-\frac{2}{z-3}=1+\frac{6}{z}\frac{1}{1-\dfrac{4}{z}}-\frac{2}{z}\frac{1}{1-\dfrac{3}{z}}=$$

$$1+\frac{6}{z}\sum_{n=0}^{\infty}\left(\frac{4}{z}\right)^{n}-\frac{2}{z}\sum_{n=0}^{\infty}\left(\frac{3}{z}\right)^{n}=$$

$$1+\sum_{n=0}^{\infty}(6\times 4^{n}-2\times 3^{n})z^{-n-1}=$$

$$1+\sum_{n=0}^{\infty}(3\times 2^{2n+1}-2\times 3^{n})z^{-n-1}=$$

$$1+\sum_{n=1}^{\infty}(3\times 2^{2n-1}-2\times 3^{n-1})z^{-n}$$

例 5.19　将函数 $f(z)=\dfrac{1}{(z-3)(z-4)}$ 按照下列要求展开为泰勒级数或洛朗级数。

(1) 以 $z=0$ 为中心展开；

(2) 在 $z=0$ 点的邻域展开；

(3) 在奇点的去心邻域中展开；

(4) 以奇点为中心展开。

解　$f(z)=\dfrac{1}{z-4}-\dfrac{1}{z-3}$ 有奇点 $z=3,z=4$。$f(z)$ 的解析区域:圆域 $|z|<3$,环域 $3<|z|<4$,以及 $|z|>4$。

(1) 以 $z=0$ 为中心展开。在圆域 $|z|<3$ 内进行泰勒展开,有

$$\frac{1}{z-4}=-\frac{1}{4}\frac{1}{1-\dfrac{z}{4}}=-\frac{1}{4}\sum_{n=0}^{\infty}\left(\frac{z}{4}\right)^{n}=-\sum_{n=0}^{\infty}\frac{1}{4^{n+1}}z^{n},\quad\left|\frac{z}{4}\right|<1$$

$$\frac{1}{z-3}=-\frac{1}{3}\frac{1}{1-\dfrac{z}{3}}=-\frac{1}{3}\sum_{n=0}^{\infty}\left(\frac{z}{3}\right)^{n}=-\sum_{n=0}^{\infty}\frac{1}{3^{n+1}}z^{n},\quad\left|\frac{z}{3}\right|<1$$

$$f(z)=\sum_{n=0}^{\infty}\left(\frac{1}{3^{n+1}}-\frac{1}{4^{n+1}}\right)z^{n},\quad|z|<3$$

在环域 $3<|z|<4$ 内进行洛朗展开,有

$$\frac{1}{z-4}=-\frac{1}{4}\frac{1}{1-\dfrac{z}{4}}=-\frac{1}{4}\sum_{n=0}^{\infty}\left(\frac{z}{4}\right)^{n}=-\sum_{n=0}^{\infty}\frac{1}{4^{n+1}}z^{n},\quad\left|\frac{z}{4}\right|<1$$

$$\frac{1}{z-3}=\frac{1}{z}\frac{1}{1-\dfrac{3}{z}}=\frac{1}{z}\sum_{n=0}^{\infty}\left(\frac{3}{z}\right)^{n}=\sum_{n=0}^{\infty}3^{n}z^{-n-1}=\sum_{n=-\infty}^{-1}\frac{1}{3^{n+1}}z^{n},\quad\left|\frac{3}{z}\right|<1$$

$$f(z)=-\sum_{n=-\infty}^{-1}\frac{1}{3^{n+1}}z^{n}-\sum_{n=0}^{\infty}\frac{1}{4^{n+1}}z^{n},\quad 3<|z|<4$$

在 $|z|>4$ 中进行洛朗展开,有

$$\frac{1}{z-4} = \frac{1}{z} \frac{1}{1-\frac{4}{z}} = \frac{1}{z} \sum_{n=0}^{\infty} \left(\frac{4}{z}\right)^n = \sum_{n=0}^{\infty} 4^n z^{-n-1} = \sum_{n=-\infty}^{-1} \frac{1}{4^{n+1}} z^n, \quad \left|\frac{4}{z}\right| < 1$$

$$\frac{1}{z-3} = \frac{1}{z} \frac{1}{1-\frac{3}{z}} = \frac{1}{z} \sum_{n=0}^{\infty} \left(\frac{3}{z}\right)^n = \sum_{n=0}^{\infty} 3^n z^{-n-1} = \sum_{n=-\infty}^{-1} \frac{1}{3^{n+1}} z^n, \quad \left|\frac{3}{z}\right| < 1$$

$$f(z) = \sum_{n=-\infty}^{-1} \left(\frac{1}{4^{n+1}} - \frac{1}{3^{n+1}}\right) z^n, \quad |z| > 4$$

(2)在 $z=0$ 点的邻域展开。$z=0$ 点的邻域,即以 0 为圆心的圆域,故 $f(z)$ 在 $z=0$ 点的邻域的展开式就是在(1)中已经求得的 $|z| < 3$ 中 $f(z)$ 的泰勒展开式:

$$f(z) = \sum_{n=0}^{\infty} \left(\frac{1}{3^{n+1}} - \frac{1}{4^{n+1}}\right) z^n, \quad |z| < 3$$

(3)在奇点的去心邻域中展开。奇点的去心邻域,指奇点的邻域中去除奇点本身后的环域。$f(z)$ 的奇点为 $z=3, z=4$,则去心邻域为 $0 < |z-3| < 1, 0 < |z-4| < 1$。

在 $0 < |z-3| < 1$ 中作洛朗展开,可知展开形式为 $\sum_{n} c^n (z-3)^n$。

$$f(z) = \frac{1}{z-4} - \frac{1}{z-3}$$

$$\frac{1}{z-4} = \frac{1}{(z-3)-1} = -\frac{1}{1-(z-3)} = -\sum_{n=0}^{\infty} (z-3)^n, \quad |z-3| < 1$$

$$f(z) = -\sum_{n=0}^{\infty} (z-3)^n - \frac{1}{z-3} = -\sum_{n=-1}^{\infty} (z-3)^n$$

在 $0 < |z-4| < 1$ 中作洛朗展开,可知展开形式为 $\sum_{n} c^n (z-4)^n$。

$$f(z) = \frac{1}{z-4} - \frac{1}{z-3}$$

$$\frac{1}{z-3} = \frac{1}{(z-4)+1} = \frac{1}{1-[-(z-4)]} = \sum_{n=0}^{\infty} (-1)^n (z-4)^n, \quad |z-4| < 1$$

$$f(z) = \frac{1}{z-4} - \sum_{n=0}^{\infty} (-1)^n (z-4)^n = \frac{1}{z-4} + \sum_{n=0}^{\infty} (-1)^{n+1} (z-4)^n =$$

$$\sum_{n=-1}^{\infty} (-1)^{n+1} (z-4)^n$$

(4)以奇点为中心展开。以奇点为中心展开,即是要将函数以奇点为中心在各解析区域中展开。$f(z)$ 的奇点为 $z=3, z=4$,则要求 $f(z)$ 在 $0 < |z-3| < 1, |z-3| > 1, 0 < |z-4| < 1, |z-4| > 1$ 这 4 个区域中展开,其中 $0 < |z-3| < 1$ 和 $0 < |z-4| < 1$ 在(3)中已经讨论过了。

在 $|z-3| > 1$ 中,有

$$\frac{1}{z-4} = \frac{1}{(z-3)-1} = \frac{1}{z-3} \frac{1}{1-\frac{1}{z-3}} = \frac{1}{z-3} \sum_{n=0}^{\infty} \left(\frac{1}{z-3}\right)^n =$$

$$\sum_{n=0}^{\infty} \frac{1}{(z-3)^{n+1}}, \quad \left|\frac{1}{z-3}\right| < 1$$

$$f(z) = -\sum_{n=0}^{\infty} \frac{1}{(z-3)^{n+1}} - \frac{1}{z-3} = \sum_{n=1}^{\infty} \frac{1}{(z-3)^{n+1}} = \sum_{n=2}^{\infty} \frac{1}{(z-3)^n}, \quad |z-3| > 1$$

在 $|z-4| > 1$ 中,有

$$\frac{1}{z-3} = \frac{1}{(z-4)+1} = \frac{1}{z-4} \frac{1}{1 + \frac{1}{z-4}} = \frac{1}{z-4} \sum_{n=0}^{\infty} \left(\frac{-1}{z-4} \right)^n =$$

$$\sum_{n=0}^{\infty} \frac{(-1)^n}{(z-4)^{n+1}}, \quad \left| \frac{1}{z-4} \right| < 1$$

$$f(z) = \frac{1}{z-4} - \sum_{n=0}^{\infty} \frac{(-1)^n}{(z-4)^{n+1}} = \frac{1}{z-4} + \sum_{n=0}^{\infty} \frac{(-1)^{n+1}}{(z-4)^{n+1}} =$$

$$\frac{1}{z-4} + \sum_{n=1}^{\infty} \frac{(-1)^n}{(z-4)^n} = \sum_{n=2}^{\infty} \frac{(-1)^n}{(z-4)^n}, \quad |z-4| > 1$$

例 5.20 将函数 $f(z) = \frac{1}{(z-a)^k}$,$a \neq 0$,k 为自然数,在 $z = 0$ 的去心邻域内展开为洛朗级数,并确定展开式成立的区域。

解
$$f(z) = \frac{1}{(z-a)^k} = \frac{(-1)^k}{(k-1)!} \frac{\mathrm{d}^{k-1}}{\mathrm{d}z^{k-1}} \frac{1}{z-a}$$

$$\frac{1}{z-a} = -\frac{1}{a} \frac{1}{1 - \frac{z}{a}} = -\frac{1}{a} \sum_{n=0}^{\infty} \left(\frac{z}{a} \right)^n, \quad 0 < \left| \frac{z}{a} \right| < 1$$

$$\frac{1}{(z-a)^k} = \frac{(-1)^k}{(k-1)!} \frac{\mathrm{d}^{k-1}}{\mathrm{d}z^{k-1}} \sum_{n=0}^{\infty} \left(\frac{z}{a} \right)^n = \frac{(-1)^k}{(k-1)!} \sum_{n=0}^{\infty} \frac{\mathrm{d}^{k-1}}{\mathrm{d}z^{k-1}} \left(\frac{z}{a} \right)^n =$$

$$\frac{(-1)^k}{(k-1)! \, a^k} \sum_{n=0}^{\infty} n(n-1)(n-2)\cdots(n-k+2) \left(\frac{z}{a} \right)^{n-k+1} =$$

$$\frac{(-1)^k}{(k-1)! \, a^k} \sum_{n=k-1}^{\infty} n(n-1)(n-2)\cdots(n-k+2) \left(\frac{z}{a} \right)^{n-k+1}$$

对于 $n \leq k-2$ 的项,$n(n-1)(n-2)\cdots(n-k+2) = 0$,非零项从 $n = k-1$ 开始。令 $m = n-k+1$,则

$$\frac{1}{(z-a)^k} = \frac{(-1)^k}{a^k} \sum_{m=0}^{\infty} \frac{(m+k-1)(m+k-2)\cdots(m+1)}{(k-1)!} \left(\frac{z}{a} \right)^m, \quad 0 < |z| < a$$

5.6 单值函数的孤立奇点

定义 5.3 单值函数 $f(z)$ 在某点 b 不解析,而在 b 的某个去心邻域 $0 < |z-b| < \varepsilon$ 内解析,则 $z = b$ 是 $f(z)$ 的一个孤立奇点。

若在 $z = b$ 的无论多小邻域内总有 $f(z)$ 的除 b 以外的奇点,则 b 为非孤立奇点。

单值函数 $f(z)$ 在奇点 b 的去心邻域 $0 < |z-b| < \varepsilon$ 内处处可导,b 为 $f(z)$ 的孤立奇点。

例 5.21 $z = \frac{1}{n\pi}$ 是 $f(z) = \frac{1}{\sin \frac{1}{z}}$ 的奇点,$z = 0$ 是这些奇点的聚点,在 $z = 0$ 的任一邻域

内，存在无穷多个奇点，故 $z=0$ 是非孤立奇点。

讨论 若 $z=b$ 是单值函数 $f(z)$ 的孤立奇点，存在环域 $0<|z-b|<R$，$f(z)$ 可以展开为洛朗级数 $f(z)=\sum_{n=-\infty}^{+\infty}a_n(z-b)^n$，此时

(1) 级数展开式不含负幂项，称 b 点为 $f(z)$ 的可去奇点。

(2) 级数展开式含有限个负幂项，称 b 点为 $f(z)$ 的极点。

(3) 级数展开式含无穷多个负幂项，称 b 点为 $f(z)$ 的本性奇点。

函数 $f(z)$ 在 3 类奇点处的行为：

1.可去奇点

由于在可去奇点处的级数展开不含负幂项，故级数不仅在环域内收敛，而且在环域的中心 $z=b$ 处也收敛。此时的收敛区域是圆心为可去奇点 $z=b$ 的一个圆，级数在收敛圆内闭一致收敛，故

$$\lim_{z\to b}f(z)=\lim_{z\to b}\sum_{n=0}^{\infty}a_n(z-b)^n=a_0$$

可以定义 $f(z)=\begin{cases}f(z),& z\neq b\\ \lim_{z\to b}f(z),& z=b\end{cases}$，$f(z)$ 在 b 点也解析（可去奇点的由来）。

定义 5.4 若 $z=b$ 是 $f(z)$ 的孤立奇点，且 $f(z)$ 在 b 的邻域内有界，则 $z=b$ 是 $f(z)$ 的可去奇点。

2.极点

$f(z)$ 在 $z=b$ 的邻域内展开为有限个负幂项，$f(z)=(z-b)^{-m}\phi(z)$，$\phi(z)$ 在 $z=b$ 邻域内解析，$\phi(b)=a_{-m}\neq 0$，b 点称为 $f(z)$ 的 m 阶极点。显然，当 $|z-b|$ 足够小时，$|f(z)|$ 可以大于任何正数，$\lim_{z\to b}f(z)=\infty$，即函数在极点附近无界。

定义 5.5 若 $z=b$ 是 $f(z)$ 的孤立奇点，且 $\lim_{z\to b}f(z)=\infty$，则 b 是 $f(z)$ 的极点。

$\dfrac{1}{f(z)}=(z-b)^m g(z)$，$g(z)=\dfrac{1}{\phi(z)}$ 在 $z=b$ 点解析，b 是 $1/f(z)$ 的 m 阶零点。

3.本性奇点

若 $z=b$ 是 $f(z)$ 的本性奇点，在 $z=b$ 邻域内 $f(z)$ 可展开为无穷多个负幂项，即当 $z\to b$ 时，$f(z)$ 无极限。换言之，$z\to b$ 方式不同，$f(z)\to$ 不同值。

例 5.22 $z=0$ 是 $\mathrm{e}^{\frac{1}{z}}=\sum_{n=0}^{\infty}\dfrac{1}{n!}\left(\dfrac{1}{z}\right)^n$，$\mathrm{e}^{\frac{1}{z}}\to\infty$ 的本性奇点，$z\to 0$ 的方式不同，$f(z)$ 结果不同。

(1) z 沿正实轴 $\to 0$，$\mathrm{e}^{\frac{1}{z}}\to\infty$；

(2) z 沿负实轴 $\to 0$，$\mathrm{e}^{\frac{1}{z}}\to 0$；

(3) z 沿虚轴 $\to 0$，$\mathrm{e}^{\frac{1}{z}}\to$ 不确定的数。

例 5.23 判断 $\dfrac{\sqrt{z}}{\sin\sqrt{z}}$ 奇点的性质，若是极点指明其阶数。

解 孤立奇点：$\sin\sqrt{z}=0$，$z=(n\pi)^2$，$n=0,\pm 1,\pm 2,\cdots$

$\lim\limits_{z \to a} f(a)$ 决定奇点的性质。

（1）当 $z=0$ 时，有

$$\lim_{z \to 0} \frac{\sqrt{z}}{\sin \sqrt{z}} = \lim_{z \to 0} \frac{\dfrac{1}{2\sqrt{z}}}{\cos \sqrt{z} \dfrac{1}{2\sqrt{z}}} = \lim_{z \to 0} \frac{1}{\cos \sqrt{z}} = 1$$

$z=0$ 为可去奇点。

（2）当 $z=(n\pi)^2 (n=\pm 1, \pm 2, \pm 3, \cdots)$ 时，有

$$\lim_{z \to (n\pi)^2} \frac{\sqrt{z}}{\sin \sqrt{z}} = \frac{n\pi}{\sin n\pi} = \infty$$

$z=(n\pi)^2$ 为极点。

$$\frac{1}{f(z)} = \frac{\sin \sqrt{z}}{\sqrt{z}}$$

$$\left(\frac{1}{f(z)}\right)' \Bigg|_{z \to (n\pi)^2} = \frac{\cos \sqrt{z} \dfrac{1}{2\sqrt{z}} - \sin \sqrt{z} \dfrac{1}{2\sqrt{z}}}{z} \Bigg|_{z \to (n\pi)^2} = \frac{(-1)^n}{2(n\pi)^3}$$

$a_1 \neq 0$，第一个不为零的系数是 1 次幂的系数，因此 $(n\pi)^2$ 是 $\dfrac{1}{f(z)}$ 的一阶零点。即 $z=(n\pi)^2 (n=\pm 1, \pm 2, \pm 3, \cdots)$ 是 $\dfrac{\sqrt{z}}{\sin \sqrt{z}}$ 的一阶极点。

（3）当 $z=\infty$ 时，令 $z=\dfrac{1}{t}$，则

$$\frac{\sqrt{z}}{\sin \sqrt{z}} = \frac{1}{\sqrt{t} \sin \sqrt{\dfrac{1}{t}}}$$

$t=0$ 为奇点，即 $z=\infty$ 为奇点。

因为 $\left(\dfrac{\sqrt{z}}{\sin \sqrt{z}}\right)' \Bigg|_{z \to \infty}$ 不存在，所以 $z=\infty$ 为非孤立奇点。

孤立奇点的分类见表 5-2 及表 5-3。

表 5-2　孤立奇点的分类 Ⅰ

$z=b$ 奇点的类型	$f(z) = \sum\limits_{n=-\infty}^{+\infty} c_n (z-b)^n$, $0 < \lvert z-b \rvert < \varepsilon$	$\lim\limits_{z \to b} f(z)$ 的值
可去奇点	无负幂项	有限
极　点	有限个负幂项	无限
本性奇点	无限个负幂项	无定值

表 5-3　孤立奇点的分类 Ⅱ

$z = \infty$ 奇点的类型	$f(z) = \sum\limits_{k=-\infty}^{+\infty} c_k z^k$, $\quad R < |z| < \infty$	$\lim\limits_{z \to \infty} f(z)$ 的值
可去奇点	无正幂项	有限
极　点	有限个正幂项	无限
本性奇点	无限个正幂项	无定值

m 阶极点的判定方法：

设 b 为 $f(z)$ 的极点，则当 b 满足下列 3 条中任意一条时，均为 $f(z)$ 的 m 阶极点。

(1) $f(z) = \dfrac{\phi(z)}{(z-b)^m}$，其中 $\phi(z)$ 在 $|z-b| < \varepsilon$ 中解析，$\phi(b) \neq 0$。

(2) $g(z) = \dfrac{1}{f(z)}$，以 $z = b$ 为 m 阶零点。

(3) $\lim\limits_{z \to b} [(z-b)^m f(z)]$ 为非零常数。

例 5.24　判断 $\dfrac{\cos z}{z}$ 在无穷远点的性质。

解　$\lim\limits_{z \to a} f(a)$ 决定奇点的性质，而 $\lim\limits_{z \to \infty} \dfrac{\cos z}{z}$ 不易判断，令 $z = \dfrac{1}{t}$，则 $\dfrac{\cos z}{z} = t \cos \dfrac{1}{t}$。$t = 0$ 为奇点，即 $z = \infty$ 为奇点。

$$\frac{\cos z}{z} = \frac{1}{z} \sum_{n=0}^{\infty} \frac{(-1)^n}{(2n)!} z^{2n} = \sum_{n=0}^{\infty} \frac{(-1)^n}{(2n)!} z^{2n-1}$$

有无穷多正幂项，即 $z = \infty$ 为本性奇点。

例 5.25　判断 $\exp\left(-\dfrac{1}{z^2}\right)$ 在无穷远点的性质。

解　$\lim\limits_{z \to a} f(a)$ 决定奇点的性质，而 $\lim\limits_{z \to \infty} \exp\left(-\dfrac{1}{z^2}\right)$ 不易判断，令 $z = \dfrac{1}{t}$，则 $\exp\left(-\dfrac{1}{z^2}\right) = \mathrm{e}^{-t^2}$。$t = 0$ 为解析点，即 $z = \infty$ 为解析点。

$$\exp\left(-\frac{1}{z^2}\right) = \sum_{n=0}^{\infty} \frac{1}{n!} \left(-\frac{1}{z^2}\right)^n = \sum_{n=0}^{\infty} \frac{(-1)^n}{n!} z^{-2n}$$

无正幂项，即 $z = \infty$ 为解析点。

5.7　解　析　延　拓

例 5.26　幂级数 $\sum\limits_{n=0}^{\infty} z^n = 1 + z + z^2 + \cdots$ 在单位圆 $|z| < 0$ 内收敛，代表一个解析函数 $f(z)$，又知 $\sum\limits_{n=0}^{\infty} z^n = \dfrac{1}{1-z}$，而 $\dfrac{1}{1-z}$ 本身在全平面都有定义，且在 $z \neq 1$ 的全平面上解析。可见，不仅得出了幂级数在收敛圆内所代表的解析函数，而且得到解析函数本身。

定义 5.5　设函数 $f_1(z)$ 在区域 g_1 内解析，$f_2(z)$ 在区域 g_2 内解析，在 $g_1 \bigcap g_2$ 内，

$f_1(z) \equiv f_2(z)$，则称 $f_2(z)$ 为 $f_1(z)$ 在 g_2 内的解析延拓，$f_1(z)$ 是 $f_2(z)$ 在 g_1 内的解析延拓。

对应地，有
$$f_1(z) = \sum_{n=0}^{\infty} z^n, \quad g_1 : |z| < 1$$
$$f_2(z) = \frac{1}{1-z}, \quad g_2 : z \neq 1 \text{ 的全平面}$$
$$g_1 \bigcap g_2 : |z| < 1, \quad f_1(z) \equiv f_2(z)$$

$\dfrac{1}{1-z}$ 是 $\sum\limits_{n=0}^{\infty} z^n$ 在全平面 $(z \neq 1)$ 上的解析延拓。

$\sum\limits_{n=0}^{\infty} z^n$ 是 $\dfrac{1}{1-z}$ 在单位圆 $|z| < 1$ 内的解析延拓。

例 5.27 $\sum\limits_{n=0}^{\infty} z^n$ 在 $z = \dfrac{i}{2}$ 点，有

$$f_1\left(\frac{i}{2}\right) = 1 + \frac{i}{2} + \left(\frac{i}{2}\right)^2 + \cdots, \quad f_1'\left(\frac{i}{2}\right) = 1 + 2 \times \frac{i}{2} + 3 \times \left(\frac{i}{2}\right)^2 + \cdots$$

$f_1(z)$ 在 $z = \dfrac{i}{2}$ 的泰勒展开为 $\sum\limits_{n=0}^{\infty} \dfrac{1}{n!} f_1^{(n)}\left(\dfrac{i}{2}\right)\left(z - \dfrac{i}{2}\right)^n$。

此级数在它的收敛圆 $g_2 : \left|z - \dfrac{i}{2}\right| < r$ 内收敛，记此级数代表的函数为 $f_2(z)$，显然，在 $|z| < 1 \bigcap \left|z - \dfrac{i}{2}\right| < r$ 内，$f_1(z) \equiv f_2(z)$。

$f_2(z)$ 为 $f_1(z)$ 在 g_2 内的解析延拓，$f_1(z)$ 是 $f_2(z)$ 在 g_1 内的解析延拓。

又知 $f_1^{(n)}\left(\dfrac{i}{2}\right) = \dfrac{n!}{\left(1 - \dfrac{i}{2}\right)^{n+1}}$，故在 $g_2 : \left|z - \dfrac{i}{2}\right| < \dfrac{\sqrt{5}}{2}$ 内有

$$f_2(z) = \sum_{n=0}^{\infty} \frac{1}{\left(1 - \dfrac{i}{2}\right)^{n+1}} \left(z - \frac{i}{2}\right)^n = \frac{1}{1-z}$$

因此，$f_2(z)$ 和 $f_1(z)$ 是同一个函数在不同区域的表达式。

解析延拓是复变函数理论中最重要的概念之一，通过解析延拓可以扩大函数的定义域和解析范围。

第6章 二阶线性常微分方程的幂级数解法

数学物理问题中的二阶线性常微分方程的标准形式为

$$\frac{\mathrm{d}w^2(z)}{\mathrm{d}z^2} + p(z)\frac{\mathrm{d}w(z)}{\mathrm{d}z} + q(z)w(z) = 0$$

其中，$p(z)$ 和 $q(z)$ 称为方程的系数，决定着解的解析性。

级数解法得到的解总是指某一指定点 z_0 的邻域内收敛的无穷级数。

$p(z)$ 和 $q(z)$ 在 z_0 点的解析性 $\Rightarrow$ 级数解在 z_0 点的解析性。

6.1 二阶线性常微分方程的常点和奇点

定义 6.1 若 $p(z)$ 和 $q(z)$ 在 z_0 点解析，称 z_0 点为方程的常点。若 $p(z)$ 和 $q(z)$ 中至少有一个在 z_0 点不解析，称 z_0 点为方程的奇点。

例 6.1 超几何方程

$$z(z-1)\frac{\mathrm{d}^2 w}{\mathrm{d}z^2} + [\gamma - (1 + \alpha + \beta)z]\frac{\mathrm{d}w}{\mathrm{d}z} - \alpha\beta w = 0$$

$$p(z) = \frac{\gamma - (1 + \alpha + \beta)z}{z(1-z)}, \quad q(z) = -\frac{\alpha\beta}{z(1-z)}$$

有限远处 $p(z), q(z)$ 有两个奇点，$z = 0$ 和 $z = 1$。因此，$z = 0$ 和 $z = 1$ 是超几何方程的奇点，有限远处的其他点为方程的常点。

例 6.2 勒让德方程

$$(1 - z^2)\frac{\mathrm{d}^2 w}{\mathrm{d}z^2} - 2z\frac{\mathrm{d}w}{\mathrm{d}z} + l(l+1)w = 0$$

$$p(z) = -\frac{2z}{1-z^2}, \quad q(z) = \frac{l(l+1)}{1-z^2}$$

有限远处 $p(z), q(z)$ 有两个奇点，$z = 1$ 和 $z = -1$。因此，$z = 1$ 和 $z = -1$ 是勒让德方程的奇点，有限远处的其他点为方程的常点。

要判断 $z = \infty$ 是否为方程的奇点，作自变量变换 $z = \dfrac{1}{t}$，则 $\mathrm{d}z = -\dfrac{1}{t^2}\mathrm{d}t$，$\dfrac{\mathrm{d}t}{\mathrm{d}z} = -t^2$，有

$$\frac{\mathrm{d}w}{\mathrm{d}z} = \frac{\mathrm{d}w}{\mathrm{d}t}\frac{\mathrm{d}t}{\mathrm{d}z} = -t^2\frac{\mathrm{d}w}{\mathrm{d}t}$$

$$\frac{\mathrm{d}^2 w}{\mathrm{d} z^2}=\frac{\mathrm{d}}{\mathrm{d} z}\left(\frac{\mathrm{d} w}{\mathrm{d} z}\right)=\frac{\mathrm{d}}{\mathrm{d} z}\left(-t^2\,\frac{\mathrm{d} w}{\mathrm{d} t}\right)=\frac{\mathrm{d}}{\mathrm{d} z}\left(-t^2\right)\frac{\mathrm{d} w}{\mathrm{d} t}+\left(-t^2\right)\frac{\mathrm{d}}{\mathrm{d} z}\left(\frac{\mathrm{d} w}{\mathrm{d} t}\right)$$

其中，$\dfrac{\mathrm{d}}{\mathrm{d} z}\left(-t^2\right)=\dfrac{\mathrm{d}}{\mathrm{d} z}\left(-\dfrac{1}{z^2}\right)=\dfrac{2}{z^3}=2t^3$，即

$$\frac{\mathrm{d}^2 w}{\mathrm{d} z^2}=2t^3\,\frac{\mathrm{d} w}{\mathrm{d} t}+t^4\,\frac{\mathrm{d}^2 w}{\mathrm{d} t^2}$$

二阶线性齐次常微分方程

$$\frac{\mathrm{d} w^2(z)}{\mathrm{d} z^2}+p(z)\frac{\mathrm{d} w(z)}{\mathrm{d} z}+q(z)w(z)=0$$

可以化为

$$t^4\,\frac{\mathrm{d}^2 w}{\mathrm{d} t^2}+2t^3\,\frac{\mathrm{d} w}{\mathrm{d} t}+p\left(\frac{1}{t}\right)\left(-t^2\,\frac{\mathrm{d} w}{\mathrm{d} t}\right)+q\left(\frac{1}{t}\right)w=0$$

标准形式为

$$\frac{\mathrm{d}^2 w}{\mathrm{d} t^2}+\left[\frac{2}{t}-\frac{1}{t^2}p\left(\frac{1}{t}\right)\right]\frac{\mathrm{d} w}{\mathrm{d} t}+\left[\frac{1}{t^4}q\left(\frac{1}{t}\right)\right]w=0$$

若 $t=0$ 是常点 / 奇点，则 $z=\infty$ 就是常点 / 奇点。

$t=0(z=\infty)$ 为方程常点的条件：$\dfrac{2}{t}-\dfrac{1}{t^2}p\left(\dfrac{1}{t}\right)$ 和 $\dfrac{1}{t^4}q\left(\dfrac{1}{t}\right)$ 不含 t 负幂项，即

$$p\left(\frac{1}{t}\right)=2t+a_2t^2+a_3t^3+\cdots,\quad q\left(\frac{1}{t}\right)=b_4t^4+b_5t^5+\cdots$$

可知
$$p(z)=\frac{2}{z}+\frac{a_2}{z^2}+\frac{a_3}{z^3}+\cdots,\quad q(z)=\frac{b_4}{z^4}+\frac{b_5}{z^5}+\cdots$$

可见，$z=\infty$ 是勒让德方程和超几何方程的奇点。

例 6.3 求二阶线性常微分方程，使其解为 $w_1(z)=z$ 和 $w_2(z)=\mathrm{e}^z$。

解 设所求方程为 $w''+p(z)w'+q(z)w=0$，将 $w_1(z)=z$ 代入方程，得
$$p(z)+q(z)z=0$$
即
$$p(z)=-zq(z) \tag{6.1}$$

将 $w_2(z)=\mathrm{e}^z$ 代入方程，得
$$\mathrm{e}^z+p(z)\mathrm{e}^z+q(z)\mathrm{e}^z=0$$
即
$$1+p(z)+q(z)=0 \tag{6.2}$$

式(6.1)代入式(6.2)，得
$$1-q(z)z+q(z)=0\Rightarrow q(z)=\frac{1}{z-1}$$

将上式代入式(6.1)，有
$$p(z)=\frac{z}{1-z}$$

即所求方程为
$$(z-1)w''-zw'+w=0$$

6.2 方程常点邻域内的解

定理 6.1 若 $p(z)$ 和 $q(z)$ 在圆 $|z - z_0| < R$ 内单值解析,则在此圆内常微分方程初值问题

$$w'' + p(z)w' + q(z)w = 0$$

$$w(z_0) = c_0, \quad w'(z_0) = c_1 \ (c_0, c_1 \text{ 为任意常数})$$

有唯一解 $w(z)$,且 $w(z)$ 在这个圆内单值解析。

求解方法说明,因为 $p(z)$ 和 $q(z)$ 在圆 $|z - z_0| < R$ 内单值解析,所以均可展开为幂级数

$$p(z) = \sum_{m=0}^{\infty} a_m (z - z_0)^m, \quad q(z) = \sum_{l=0}^{\infty} b_l (z - z_0)^l, \quad w(z) = \sum_{n=0}^{\infty} c_n (z - z_0)^n$$

其中,a_n, b_n 已知,c_0, c_1 已知,确定出 c_n 可求出方程的解。

将展开为级数的 $p(z), q(z)$ 和 $w(z)$ 代入方程得

$$\sum_{n=2}^{\infty} c_n n(n-1)(z - z_0)^{n-2} + \sum_{m=0}^{\infty}\sum_{n=1}^{\infty} a_m c_n n (z - z_0)^{m+n-1} + \sum_{l=0}^{\infty}\sum_{n=0}^{\infty} b_l c_n (z - z_0)^{l+n} = 0$$

可知幂次项 $(z - z_0)^n$ 的系数全为 0。

考察各幂次项系数:

常数项系数为 $\qquad 2c_2 + a_0 c_1 + b_0 c_0 = 0 \Rightarrow c_2 = f_1(c_0, c_1)$

一次项系数为 $\qquad 3 \times 2c_3 + a_1 c_1 + a_0 \times 2c_2 + b_0 c_1 + b_1 c_0 = 0$

$$\uparrow \qquad \uparrow \qquad \uparrow \qquad \uparrow$$

| $m=1$ $n=1$ | $m=0$ $n=2$ | $l=0$ $n=1$ | $l=0$ $n=2$ |

$$\Rightarrow c_3 = f(c_0, c_1, c_2) = f_2(c_0, c_1)$$

以此类推,c_n 均可用 c_0 和 c_1 表示,$c_n = f_n(c_0, c_1)$。

例 6.4 求勒让德方程 $(1 - z^2)\dfrac{\mathrm{d}^2 w}{\mathrm{d}z^2} - 2z\dfrac{\mathrm{d}w}{\mathrm{d}z} + l(l+1)w = 0$ 在 $z = 0$ 邻域内的解,l 为已知参数。

解 $z = 0$ 为常点,有

$$w(z) = \sum_{k=0}^{\infty} c_k z^k, \quad |z| < 1$$

代入方程得

$$(1 - z^2)\sum_{k=2}^{\infty} c_k k(k-1) z^{k-2} - 2z\sum_{k=1}^{\infty} c_k k \cdot z^{k-1} + l(l+1)\sum_{k=0}^{\infty} c_k z^k = 0$$

统一求和指标,k 均从 0 记,有

$$(1 - z^2)\sum_{k=0}^{\infty} c_{k+2}(k+2)(k+1)z^k - 2z\sum_{k=0}^{\infty} c_{k+1}(k+1)z^k + l(l+1)\sum_{k=0}^{\infty} c_k z^k = 0$$

$$\sum_{k=0}^{\infty}\left[c_{k+2}(k+2)(k+1)z^k - c_{k+2}(k+2)(k+1)z^{k+2} - 2c_{k+1}(k+1)z^{k+1} + l(l+1)c_k z^k\right] = 0$$

z^k 同次幂合并后,得

$$\sum_{k=0}^{\infty}\left[c_{k+2}(k+2)(k+1) - c_k k(k-1) - 2c_k k + l(l+1)c_k\right]z^k = 0$$

合并 c_k 的系数,得

$$\sum_{k=0}^{\infty}\left\{(k+2)(k+1)c_{k+2} - \left[k(k+1) - l(l+1)\right]c_k\right\}z^k = 0$$

即

$$(k+2)(k+1)c_{k+2} - \left[k(k+1) - l(l+1)\right]c_k = 0$$
$$k(k+1) - l(l+1) = k^2 + k - l^2 - l = (k-l) + (k+l)(k-l) =$$
$$(k-l)(k+l+1)$$

得递推关系为

$$c_{k+2} = \frac{k(k+1) - l(l+1)}{(k+2)(k+1)}c_k = \frac{(k-l)(k+l+1)}{(k+2)(k+1)}c_k$$

偶次幂系数为

$$c_{2n} = \frac{(2n-2-l)(2n+l-1)}{2n(2n-1)}c_{2n-2} = \qquad\qquad (k=2n-2)$$

$$\frac{(2n-2-l)(2n+l-1)}{2n(2n-1)}\frac{(2n-4-l)(2n+l-3)}{(2n-2)(2n-3)}c_{2n-4} = \cdots = \quad (k=2n-4)$$

$$\frac{c_0}{(2n)!}(2n-2+l)(2n-4+l)\cdots(-l)(l+2n-1)(l+2n-3)\cdots(l+1)$$

同理,奇次幂系数为

$$c_{2n+1} = \frac{(2n-1-l)(2n+l)}{(2n+1)2n}c_{2n-1} = \qquad\qquad (k=2n-1)$$

$$\frac{(2n-1-l)(2n+l)}{(2n+1)2n}\frac{(2n-3-l)(2n+l-2)}{(2n-1)(2n-2)}c_{2n-3} = \cdots = \qquad (k=2n-3)$$

$$\frac{c_1}{(2n+1)!}(2n-1+l)(2n-3+l)\cdots(1-l)(l+2n)(l+2n-2)\cdots(l+2)$$

引进记号 $(\lambda)_0 = 1, (\lambda)_n = \lambda(\lambda+1)(\lambda+2)\cdots(\lambda+n-1)$,则

$$c_{2n} = \frac{c_0}{(2n)!}(2n-2-l)(2n-4-l)\cdots(-l)(2n-1+l)(2n-3+l)\cdots(1+l) =$$

$$\frac{2^{2n}}{(2n)!}\left(-\frac{l}{2}\right)_n\left(\frac{l+1}{2}\right)_n c_0$$

$$c_{2n+1} = \frac{c_1}{(2n+1)!}(2n-1-l)(2n-3-l)\cdots(1-l)(2n+l)(2n-2+l)\cdots(2+l) =$$

$$\frac{2^{2n}}{(2n+1)!}\left(-\frac{l-1}{2}\right)_n\left(\frac{l}{2}+1\right)_n c_1$$

故勒让德方程在 $|z| < 1$ 内的解为

$$w(z) = c_0 \sum_{n=0}^{\infty} \frac{2^{2n}}{(2n)!} \left(-\frac{l}{2}\right)_n \left(\frac{l+1}{2}\right)_n z^{2n} +$$

$$c_1 \sum_{n=0}^{\infty} \frac{2^{2n}}{(2n+1)!} \left(-\frac{l-1}{2}\right)_n \left(\frac{l}{2}+1\right)_n z^{2n+1}$$

任意给定初始条件 c_0 和 c_1 就可得到一个特解。尤其当 $\begin{cases} c_0 = 1 \\ c_1 = 0 \end{cases}$ 和 $\begin{cases} c_0 = 0 \\ c_1 = 1 \end{cases}$ 时,即得特解为

$$\begin{cases} w_1(z) = \sum_{n=0}^{\infty} \frac{2^{2n}}{(2n)!} \left(-\frac{l}{2}\right)_n \left(\frac{l+1}{2}\right)_n z^{2n} \\ w_2(z) = \sum_{n=0}^{\infty} \frac{2^{2n}}{(2n+1)!} \left(-\frac{l-1}{2}\right)_n \left(\frac{l}{2}+1\right)_n z^{2n+1} \end{cases}$$

二者的任意线性组合即为通解。

在求解过程中,c_{k+2} 只与 c_k 有关,而与 c_{k+1} 无关,$w_1(z)$ 是偶函数,$w_2(z)$ 是奇函数。

对于 $z \to -z$ 变换,有

$$[1-(-z)^2] \frac{\mathrm{d}^2 w}{\mathrm{d}(-z)^2} - 2(-z) \frac{\mathrm{d}w}{\mathrm{d}(-z)} + l(l+1)w = 0$$

勒让德方程的形式不变,故 $w(-z)$ 也是方程的解,且 $w(z) + w(-z)$ 是偶函数,$w(z) - w(-z)$ 是奇函数。

$$w(z) + w(-z) = c_0 w_1(z) + c_1 w_2(z) + c_0 w_1(-z) + c_1 w_2(-z) = 2c_0 w_1(z)$$

$$w(z) - w(-z) = c_0 w_1(z) + c_1 w_2(z) - c_0 w_1(-z) - c_1 w_2(-z) = -2c_1 w_2(z)$$

在常点邻域内求级数解的一般步骤(见图 6-1):

(1) 将方程常点邻域内的解展开为泰勒级数,代入方程;

(2) 比较系数,获得系数间的递推关系;

(3) 反复利用递推关系,求出系数 c_k 的普遍表达式(用 c_0 和 c_1 表示),最后得出级数解。

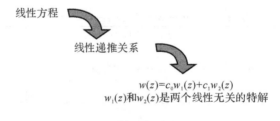

图 6-1

例 6.5 求方程 $w'' - z^2 w = 0$ 在 $z=0$ 邻域内的两个级数解。

解 $z=0$ 是方程的常点,令 $w(z) = \sum_{n=0}^{\infty} c_n z^n$,代入方程,得

$$\sum_{n=2}^{\infty} c_n n(n-1) z^{n-2} - z^2 \sum_{n=0}^{\infty} c_n z^n = 0$$

$$\sum_{n=0}^{\infty} c_{n+2}(n+2)(n+1) z^n - \sum_{n=0}^{\infty} c_n z^{n+2} = 0$$

$$\sum_{n=0}^{\infty}\left[c_{n+2}(n+2)(n+1)z^{n}-c_{n}z^{n+2}\right]=0$$

考察同次幂系数：

零次幂系数　　$2c_2=0$　　　　$\Rightarrow$　　$c_2=0$

一次幂系数　　$c_3\times 3\times 2=0$　　　$\Rightarrow$　　$c_3=0$

二次幂系数　　$c_4\times 4\times 3-c_0=0$　　$\Rightarrow$　　$c_4=\dfrac{c_0}{4\times 3}$

三次幂系数　　$c_5\times 5\times 4-c_1=0$　　$\Rightarrow$　　$c_5=\dfrac{c_1}{5\times 4}$

四次幂系数　　$c_6\times 6\times 5-c_2=0$　　$\Rightarrow$　　$c_6=0$

五次幂系数　　$c_7\times 7\times 6-c_3=0$　　$\Rightarrow$　　$c_7=0$

……

n 次幂系数　　$c_{n+2}(n+2)(n+1)-c_{n-2}=0$　　$\Rightarrow$　　$c_{n+2}=\dfrac{c_{n-2}}{(n+2)(n+1)}$

$$c_{4n}=\frac{c_{4n-4}}{4n(4n-1)}=\frac{c_{4n-8}}{4n(4n-1)(4n-4)(4n-5)}=$$

$$\frac{c_{4n-12}}{4n(4n-1)(4n-4)(4n-5)(4n-8)(4n-9)}=\cdots=$$

$$\frac{c_0}{4n(4n-1)(4n-4)(4n-5)(4n-8)(4n-9)\cdots 4\times 3}=$$

$$\frac{c_0}{\left[4n(4n-4)(4n-8)\cdots 4\right]\left[(4n-1)(4n-5)(4n-9)\cdots 3\right]}=$$

$$\frac{c_0}{4^n n!\ 4^n\left(\dfrac{3}{4}\right)_n}=\frac{c_0}{2^{4n}n!\left(\dfrac{3}{4}\right)_n}$$

$$c_{4n+1}=\frac{c_{4n-3}}{(4n+1)4n}=\frac{c_{4n-7}}{(4n+1)4n(4n-3)(4n-4)}=$$

$$\frac{c_{4n-11}}{(4n+1)4n(4n-3)(4n-4)(4n-7)(4n-8)}=\cdots=$$

$$\frac{c_1}{(4n+1)4n(4n-3)(4n-4)(4n-7)(4n-8)\cdots 5\times 4}=$$

$$\frac{c_1}{\left[4n(4n-4)(4n-8)\cdots 4\right]\left[(4n+1)(4n-3)(4n-7)\cdots 5\right]}=$$

$$\frac{c_1}{4^n n!\ 4^n\left(\dfrac{5}{4}\right)_n}=\frac{c_1}{2^{4n}n!\left(\dfrac{5}{4}\right)_n}$$

同理，有　　　　　　　　　$c_{4n+2}=c_{4n+3}=0$　　$(c_2=c_3=0)$

故

$$w(z) = \sum_{n=0}^{\infty} \left[\frac{c_0}{2^{4n} n! \left(\frac{3}{4}\right)_n} z^{4n} + \frac{c_1}{2^{4n} n! \left(\frac{5}{4}\right)_n} z^{4n+1} \right]$$

对应 $\begin{cases} c_0 = 1 \\ c_1 = 0 \end{cases}$ 和 $\begin{cases} c_0 = 0 \\ c_1 = 1 \end{cases}$ 有两个线性无关的特解为

$$\begin{cases} w_1(z) = \sum_{n=0}^{\infty} \dfrac{c_0}{2^{4n} n! \left(\dfrac{3}{4}\right)_n} z^{4n} \\ \\ w_2(z) = \sum_{n=0}^{\infty} \dfrac{c_1}{2^{4n} n! \left(\dfrac{5}{4}\right)_n} z^{4n+1} \end{cases}$$

例 6.6 如图 $6-2$ 所示，设 $w_1(z)$ 是方程 $w'' + p(z)w' + q(z)w = 0$ 的解，在区域 G_1 内解析，若 $\widetilde{w}_1(z)$ 是 $w_1(z)$ 在区域 G_2 内的解析延拓，即 $w_1(z) \equiv \widetilde{w}_1(z)$，$z \in G_1 \bigcap G_2$。试证明：$\widetilde{w}_1(z)$ 仍是方程的解。

证明 设 $\dfrac{\mathrm{d}^2 \widetilde{w}}{\mathrm{d}z^2} + p(z) \dfrac{\mathrm{d}\widetilde{w}}{\mathrm{d}z} + q(z)\widetilde{w} = g(z)$，$g(z)$ 在 G_2 内的解析。

$w_1(z)$ 是方程在区域 G_1 内的解，故在 $G_1 \bigcap G_2$ 内仍满足方程

$$\frac{\mathrm{d}^2 w}{\mathrm{d}z^2} + p(z) \frac{\mathrm{d}w}{\mathrm{d}z} + q(z)w = 0$$

而当 $z \in G_1 \bigcap G_2$ 时，$w_1(z) \equiv \widetilde{w}_1(z)$，故

$$\frac{\mathrm{d}^2 \widetilde{w}}{\mathrm{d}z^2} + p(z) \frac{\mathrm{d}\widetilde{w}}{\mathrm{d}z} + q(z)\widetilde{w} = 0, \quad z \in G_1 \bigcap G_2$$

即 $g(z) \equiv 0$，$z \in G_1 \bigcap G_2$，由解析函数的零点孤立性定理（推论 5.4）可知 $g(z) \equiv 0$，$z \in G_2$。

$\widetilde{w}_1(z)$ 在 G_2 内满足方程

$$\frac{\mathrm{d}^2 \widetilde{w}}{\mathrm{d}z^2} + p(z) \frac{\mathrm{d}\widetilde{w}}{\mathrm{d}z} + q(z)\widetilde{w} = 0, \quad z \in G_2$$

例 6.7 设 $w_1(z)$ 和 $w_2(z)$ 是 $\dfrac{\mathrm{d}^2 w}{\mathrm{d}z^2} + p(z) \dfrac{\mathrm{d}w}{\mathrm{d}z} + q(z)w = 0$ 的两个线性无关解，且均在区域 G_1 内解析，若 $\widetilde{w}_1(z)$ 和 $\widetilde{w}_2(z)$ 是 $w_1(z)$ 和 $w_2(z)$ 在 G_2 内的解析延拓，即当 $z \in G_1 \bigcap G_2$ 时，$w_1(z) \equiv \widetilde{w}_1(z)$，$w_2(z) \equiv \widetilde{w}_2(z)$。试证：$\widetilde{w}_1(z)$ 和 $\widetilde{w}_2(z)$ 仍线性无关。

证明 例 6.6 已经证得 $\widetilde{w}_1(z)$ 和 $\widetilde{w}_2(z)$ 仍是方程的解。

因为 $w_1(z)$ 和 $w_2(z)$ 线性无关，所以朗斯基行列式

$$\begin{vmatrix} w_1 & w_2 \\ w_1' & w_2' \end{vmatrix} \neq 0, \quad z \in G_1$$

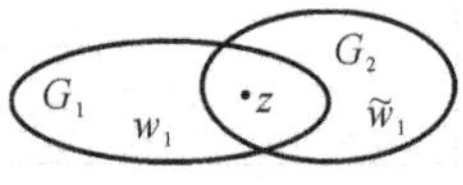

设 $\begin{vmatrix} \widetilde{w}_1 & \widetilde{w}_2 \\ \widetilde{w}_1' & \widetilde{w}_2' \end{vmatrix} = g(z)$，$g(z)$ 在 G_2 内解析，因为

图 $6-2$

$$z \in G_1 \bigcap G_2, \quad w_1(z) \equiv \widetilde{w}_1(z), \quad w_2(z) \equiv \widetilde{w}_2(z)$$

所以
$$g(z) \neq 0, \quad z \in G_1 \bigcap G_2$$

由解析函数的唯一性可知
$$g(z) \neq 0, \quad z \in G_2$$

故 $\widetilde{w}_1(z)$ 和 $\widetilde{w}_2(z)$ 在 G_2 内仍线性无关。

由以上例题可知,方程在不同区域内的解式互为解析延拓,因此,可以由方程在某一区域内的解式出发,通过解析延拓推出方程在其他区域内的解式。

6.3　方程正则奇点邻域内的解

定理 6.2　若 z_0 是方程 $\dfrac{\mathrm{d}^2 w}{\mathrm{d}z^2} + p(z)\dfrac{\mathrm{d}w}{\mathrm{d}z} + q(z)w = 0$ 的奇点,则在 $p(z)$ 和 $q(z)$ 都解析的环域 $0 < |z - z_0| < R$ 内,方程的线性无关解为

$$w_1(z) = (z - z_0)^{\rho_1} \sum_{k=-\infty}^{+\infty} c_k\ (z - z_0)^k$$

$$w_2(z) = g w_1(z)\ln(z - z_0) + (z - z_0)^{\rho_2} \sum_{k=-\infty}^{+\infty} d_k\ (z - z_0)^k$$

其中,g,ρ_1,ρ_2 为常数。

说明:当 ρ_1 或 ρ_2 不是整数,或 $g \neq 0$,方程的解均为多值函数,z_0 为其支点。将 $w_1(z)$ 和 $w_2(z)$ 代入方程,难以求出系数的普遍公式(无穷多正幂项与负幂项),当级数解中只有有限个负幂项,总可以调整 ρ 值,使级数中没有负幂项。

$$\begin{cases} w_1(z) = (z - z_0)^{\rho_1} \displaystyle\sum_{k=0}^{\infty} c_k\ (z - z_0)^k \\[2mm] w_2(z) = g w_1(z)\ln(z - z_0) + (z - z_0)^{\rho_2} \displaystyle\sum_{k=0}^{\infty} d_k\ (z - z_0)^k \end{cases}$$

称为正则解。

思考　方程在奇点邻域内有两个正则解的条件是什么?

定理 6.3　(富克斯定理)方程 $\dfrac{\mathrm{d}^2 w}{\mathrm{d}z^2} + p(z)\dfrac{\mathrm{d}w}{\mathrm{d}z} + q(z)w = 0$ 在其奇点 z_0 的邻域内有两个正则解

$$\begin{cases} w_1(z) = (z - z_0)^{\rho_1} \displaystyle\sum_{k=0}^{\infty} c_k\ (z - z_0)^k \\[2mm] w_2(z) = g w_1(z)\ln(z - z_0) + (z - z_0)^{\rho_2} \displaystyle\sum_{k=0}^{\infty} d_k\ (z - z_0)^k \end{cases}$$

其充分必要条件是 $(z - z_0)p(z)$ 和 $(z - z_0)^2 q(z)$ 在 z_0 点解析。

例 6.8　$z = 0$ 和 $z = 1$ 均为超几何方程 $z(z-1)\dfrac{\mathrm{d}^2 w}{\mathrm{d}z^2} + [\gamma - (1 + \alpha + \beta)z]\dfrac{\mathrm{d}w}{\mathrm{d}z} - \alpha\beta w = 0$ 的正则奇点,则

$$p(z) = \frac{\gamma - (1+\alpha+\beta)z}{z(1-z)}, \quad q(z) = -\frac{\alpha\beta}{z(1-z)}$$

当 $z_0 = 0$ 时, $(z-z_0)p(z) = \frac{\gamma-(1+\alpha+\beta)}{1-z}$ 和 $(z-z_0)^2 q(z) = -\frac{\alpha\beta z}{1-z}$ 在 $z_0 = 0$ 处解析。

当 $z_0 = 1$ 时, $(z-z_0)p(z) = \frac{\gamma-(1+\alpha+\beta)z}{-z}$ 和 $(z-z_0)^2 q(z) = -\frac{\alpha\beta(z-1)}{z}$ 在 $z_0 = 1$ 处解析。

例 6.9 $z=1$ 和 $z=-1$ 是勒让德方程 $(1-z^2)\dfrac{d^2w}{dz^2} - 2z\dfrac{dw}{dz} + l(l+1)w = 0$ 的正则奇点。

$$p(z) = -\frac{2z}{1-z^2}, \quad q(z) = \frac{l(l+1)}{1-z^2}$$

当 $z_0 = 1$ 时, $(z-z_0)p(z) = \frac{2z}{1+z}$ 和 $(z-z_0)^2 q(z) = \frac{1-z}{1+z}l(l+1)$ 在 $z_0 = 1$ 处解析。

当 $z_0 = -1$ 时, $(z-z_0)p(z) = \frac{-2z}{1-z}$ 和 $(z-z_0)^2 q(z) = \frac{1+z}{1-z}l(l+1)$ 在 $z_0 = -1$ 处解析。

要判断 $z = \infty$ 是否为方程的奇点,作自变量变换 $z = \dfrac{1}{t}$(前面已推得),方程化为

$$\frac{d^2w}{dt^2} + \left[\frac{2}{t} - \frac{1}{t^2}p\left(\frac{1}{t}\right)\right]\frac{dw}{dt} + \left[\frac{1}{t^4}q\left(\frac{1}{t}\right)\right]w = 0$$

$$(z-z_0)p(z) \Rightarrow \left(\frac{1}{t}-t\right)\left[\frac{2}{t} - \frac{1}{t^2}p\left(\frac{1}{t}\right)\right] = t\left[\frac{2}{t} - \frac{1}{t^2}p\left(\frac{1}{t}\right)\right]$$

$$(z-z_0)^2 q(z) \Rightarrow \left(\frac{1}{t}-t^2\right)^2\left[\frac{1}{t^4}q\left(\frac{1}{t}\right)\right] = t^2\left[\frac{1}{t^4}q\left(\frac{1}{t}\right)\right]$$

在 $t=0$ 处, $t\left[\frac{2}{t} - \frac{1}{t^2}p\left(\frac{1}{t}\right)\right] = 2 - \frac{1}{t}p\left(\frac{1}{t}\right)$ 和 $t^2\frac{1}{t^4}q\left(\frac{1}{t}\right) = \frac{1}{t^2}q\left(\frac{1}{t}\right)$ 解析。则 $z = \infty$ 是方程 $\dfrac{d^2w}{dz^2} + p(z)\dfrac{dw}{dz} + q(z)w = 0$ 的正则奇点。

例 6.10 判断 $z = \infty$ 是否为超几何方程和勒让德方程的正则奇点。

超几何方程:

$$z(z-1)\frac{d^2w}{dz^2} + [\gamma - (1+\alpha+\beta)z]\frac{dw}{dz} - \alpha\beta w = 0$$

$$p(z) = \frac{\gamma - (1+\alpha+\beta)z}{z(1-z)}, \quad q(z) = -\frac{\alpha\beta}{z(1-z)}$$

$$\left(\frac{1}{t}-0\right)\left[\frac{2}{t} - \frac{1}{t^2}p\left(\frac{1}{t}\right)\right] = 2 - \frac{1}{t}\frac{\gamma-(1+\alpha+\beta)\frac{1}{t}}{\frac{1}{t}(1-t)} = 2 - \frac{t\gamma-(1+\alpha+\beta)}{t-1}$$

$$\left(\frac{1}{t}-0\right)^2\left[\frac{1}{t^4}q\left(\frac{1}{t}\right)\right] = -\frac{1}{t^2}\frac{\alpha\beta}{\frac{1}{t}\left(1-\frac{1}{t}\right)} = -\frac{\alpha\beta}{t-1}$$

在 $t=0$ 处解析，$t=0$ 为正则奇点。$z=\infty$ 为超几何方程的正则奇点。

勒让德方程：

$$(1-z^2)\frac{\mathrm{d}^2 w}{\mathrm{d}z^2}-2z\frac{\mathrm{d}w}{\mathrm{d}z}+l(l+1)w=0$$

$$p(z)=-\frac{2z}{1-z^2},\quad q(z)=\frac{l(l+1)}{1-z^2}$$

$$\left(\frac{1}{t}-0\right)\left[\frac{2}{t}-\frac{1}{t^2}p\left(\frac{1}{t}\right)\right]=2+\frac{1}{t}\frac{2\frac{1}{t}}{1-\frac{1}{t^2}}=2+\frac{2}{t^2-1}$$

$$\left(\frac{1}{t}-0\right)^2\left[\frac{1}{t^4}q\left(\frac{1}{t}\right)\right]=\frac{1}{t^2}\frac{l(l+1)}{1-\frac{1}{t^2}}=\frac{l(l+1)}{t^2-1}$$

在 $t=0$ 处解析，$t=0$ 为正则奇点。$z=\infty$ 为勒让德方程的正则奇点。

正则奇点邻域内级数解的求解思路：

(1) 在正则奇点 z_0 处，将 $w_1(z)=(z-z_0)^{\rho_1}\sum\limits_{k=-\infty}^{+\infty}c_k(z-z_0)^k$ 代入方程；

(2) 比较系数，求出指标 ρ_1,ρ_2 和系数递推关系；

(3) 判断 ρ_1 与 ρ_2 相差是否为整数。$\rho_1-\rho_2\neq$ 整数：求得两个线性无关解；$\rho_1-\rho_2=$ 整数：只求得一个解，继续求 $w_2(z)$。

正则奇点邻域内级数解的求解过程：

设 $z=0$ 是方程 $\dfrac{\mathrm{d}^2 w}{\mathrm{d}z^2}+p(z)\dfrac{\mathrm{d}w}{\mathrm{d}z}+q(z)w=0$ 的正则奇点，在 $z=0$ 的邻域内，方程的系数作洛朗展开

$$p(z)=\sum_{l=0}^{\infty}a_l z^{l-1}\quad((z-z_0)p(z)=zp(z)\text{ 在 }z=0\text{ 的邻域内解析})$$

$$q(z)=\sum_{l=0}^{\infty}b_l z^{l-2}\quad((z-z_0)^2 q(z)=z^2 q(z)\text{ 在 }z=0\text{ 的邻域内解析})$$

设解为 $w_1(z)=z^\rho\sum\limits_{k=-\infty}^{+\infty}c_k z^k=\sum\limits_{k=-\infty}^{+\infty}c_k z^{k+\rho}$，代入方程有

$$\sum_{k=0}^{\infty}c_k(k+\rho)(k+\rho-1)z^{k+\rho-2}+\sum_{l=0}^{\infty}a_l z^{l-1}\sum_{k=0}^{\infty}c_k(k+\rho)z^{k+\rho-1}+\sum_{l=0}^{\infty}b_l z^{l-2}\sum_{k=0}^{\infty}c_k z^{k+\rho}=0$$

由于 z^ρ 的存在，c_0 不会因求导而消失，k 仍从 0 取起。约去 $z^{\rho-2}$，整理得

$$\sum_{k=0}^{\infty}c_k(k+\rho)(k+\rho-1)z^k+\sum_{l=0}^{\infty}\sum_{k=0}^{\infty}a_l c_k(k+\rho)z^{k+l}+\sum_{l=0}^{\infty}\sum_{k=0}^{\infty}b_l c_k z^{k+l}=0$$

$$\sum_{n=0}^{\infty}c_n(n+\rho)(n+\rho-1)z^n+\sum_{n=0}^{\infty}\left[\sum_{k=0}^{n}a_{n-k}c_k(k+\rho)z^n\right]+\sum_{n=0}^{\infty}\left(\sum_{k=0}^{n}b_{n-k}c_k z^n\right)=0$$

$$\sum_{n=0}^{\infty}\left[c_n(n+\rho)(n+\rho-1)+\sum_{k=0}^{n}a_{n-k}c_k(k+\rho)+b_{n-k}c_k\right]z^n=0$$

z^0 的系数为

$$c_0 [\rho(\rho - 1) + a_0 \rho + b_0] = 0, \quad c_0 \neq 0$$

即指标方程为

$$\rho(\rho - 1) + a_0 \rho + b_0 = 0$$

其中, $\lim_{z \to 0} z p(z) = a_0$, $\lim_{z \to 0} z^2 q(z) = b_0$。获得指标 ρ_1 和 ρ_2(规定 $\mathrm{Re}\rho_1 \geqslant \mathrm{Re}\rho_2$)。

z^n 的系数为

$$\left[(n + \rho)(n + \rho - 1) + a_0(n + \rho) + b_0 \right] c_n + \sum_{l=0}^{n-1} \left[a_{n-l}(l + \rho) + b_{n-l} \right] c_l = 0$$

反复利用系数递推关系,得到 $c_n(\rho)$。

(1) 若 $\rho_1 - \rho_2 \neq$ 整数,分别代入 ρ_1 和 ρ_2 可得两个线性无关的特解

$$w_1(z) = z^{\rho_1} \sum_{n=0}^{\infty} c_n(\rho_1) z^n \quad \text{和} \quad w_2(z) = z^{\rho_2} \sum_{n=0}^{\infty} c_n(\rho_2) z^n$$

(2) 若 $\rho_1 = \rho_2 = \rho$,第二特解必含对数项

$$w_1(z) = (z - z_0)^\rho \sum_{k=0}^{\infty} c_k (z - z_0)^k$$

$$w_2(z) = g w_1(z) \ln(z - z_0) + (z - z_0)^\rho \sum_{k=0}^{\infty} d_k (z - z_0)^k$$

(2) 若 $\rho_1 - \rho_2 = m$(整数),第二特解可能含对数项

$$w_1(z) = (z - z_0)^\rho \sum_{k=0}^{\infty} c_k (z - z_0)^k$$

$$w_2(z) = A w_1(z) \int_z \left\{ \frac{1}{[w_1(z)]^2} \exp\left[-\int_z p(\xi) \mathrm{d}\xi \right] \right\} \mathrm{d}z$$

补充讨论:

当 $\rho_1 - \rho_2 = m$(整数),若第二特解含有对数项,其系数 $c_m^{(2)}$,有

$$\left[(m + \rho_2)(m + \rho_2 - 1) + a_0(m + \rho_2) + b_0 \right] c_m^{(2)} + \sum_{l=0}^{m-1} \left[a_{m-l}(l + \rho_2) + b_{m-l} \right] c_l^{(2)} = 0$$

因为

$$m + \rho_2 = \rho_1$$

$$(m + \rho_2)(m + \rho_2 - 1) + a_0(m + \rho_2) + b_0 = \rho_1(\rho_1 - 1) + a_0 \rho_1 + b_0 = 0$$

$$l + \rho_2 = l + \rho_1 - m = \rho_1 - (m - l)$$

所以上式化为

$$0 \times c_m^{(2)} + \sum_{l=0}^{m-1} \left\{ a_{m-l} [\rho_1 - (m - l)] + b_{m-l} \right\} c_l^{(2)} = 0$$

令 $k = m - l$,有

$$0 \times c_m^{(2)} + \sum_{k=1}^{m} \left[a_k(\rho_1 - k) + b_k \right] c_{m-k}^{(2)} = 0$$

因此,① 当 $\sum_{l=1}^{m} [a_l(\rho_1 - l) + b_l] c_{m-l}^{(2)} \neq 0$ 时,$c_m^{(2)}$ 无解;② 当 $\sum_{l=1}^{m} [a_l(\rho_1 - l) + b_l] c_{m-l}^{(2)} = 0$ 时,$c_m^{(2)}$ 任意。

对于①,$w_2(z)$ 一定含有对数项;对于②,$c_n^{(2)}$ ($n > m$) 同时依赖于 $c_0^{(2)}$ 和 $c_m^{(2)}$,$w_2(z)$ 有两项,一项正比于 $c_0^{(2)}$,一项正比于 $c_m^{(2)}$,而此时 $c_m^{(2)}$ 可取任意值,取 $c_m^{(2)} = 0$。

因此,$\rho_1 - \rho_2 = m$(整数),第二特解可能含有对数项。

补充证明:

$$w_2(z) = Aw_1(z) \int_z \left\{ \frac{1}{[w_1(z)]^2} \exp\left[-\int_z p(\xi)\mathrm{d}\xi \right] \right\} \mathrm{d}z$$

普遍理论: 对二阶常微分方程 $\dfrac{\mathrm{d}^2 w}{\mathrm{d}z^2} + p(z)\dfrac{\mathrm{d}w}{\mathrm{d}z} + q(z)w = 0$,若已求出 $w_1(z)$,总可以通过积分 $w_2(z) = Aw_1(z) \int_z \left\{ \dfrac{1}{[w_1(z)]^2} \exp\left[-\int_z p(\xi)\mathrm{d}\xi \right] \right\} \mathrm{d}z$ 求出第二解的级数。

证明　因为

$$\frac{\mathrm{d}^2 w_1}{\mathrm{d}z^2} + p(z)\frac{\mathrm{d}w_1}{\mathrm{d}z} + q(z)w_1 = 0 \tag{6.3}$$

$$\frac{\mathrm{d}^2 w_2}{\mathrm{d}z^2} + p(z)\frac{\mathrm{d}w_2}{\mathrm{d}z} + q(z)w_2 = 0 \tag{6.4}$$

式(6.4)$\times w_1 -$ 式(6.3)$\times w_2$,得

$$w_1 w_2'' - w_2 w_1'' + p(z)(w_1 w_2' - w_1' w_2) = 0$$

即

$$\frac{\mathrm{d}}{\mathrm{d}z}(w_1 w_2' - w_1' w_2) + p(z)(w_1 w_2' - w_1' w_2) = 0$$

所以

$$y' + p(z)y = 0 \Rightarrow y = A\exp\left[-\int_z p(\xi)\mathrm{d}\xi \right]$$

积分得

$$(w_1 w_2' - w_1' w_2) = A\exp\left[-\int_z p(\xi)\mathrm{d}\xi \right]$$

两端同除以 w_1^2,得

$$\frac{\mathrm{d}}{\mathrm{d}z}\left(\frac{w_2}{w_1} \right) = \frac{A}{w_1^2}\exp\left[-\int_z p(\xi)\mathrm{d}\xi \right]$$

再积分,故得

$$w_2(z) = Aw_1(z) \int_z \left\{ \frac{1}{[w_1(z)]^2} \exp\left[-\int_z p(\xi)\mathrm{d}\xi \right] \right\} \mathrm{d}z$$

例 6.11　求方程 $zw'' - zw' + w = 0$ 在 $z = 0$ 邻域内的两个级数解。

解　方程的标准形式为 $w'' - w' + \dfrac{1}{z}w = 0$,$z = 0$ 是方程的奇点。

$$p(z) = -1, \quad q(z) = \frac{1}{z}$$

易知 $zp(z) = z$,$z^2 q(z) = z$ 在 $z = 0$ 点解析。$z = 0$ 是方程的正则奇点。又知

$$p(z) = \sum_{l=0}^{\infty} a_l z^{l-1} = -1 \Rightarrow a_l = \begin{cases} -1, & l = 1 \\ 0, & l \neq 1 \end{cases}$$

$$q(z) = \sum_{l=0}^{\infty} b_l z^{l-2} = \frac{1}{z} \Rightarrow b_l = \begin{cases} 1, & l = 1 \\ 0, & l \neq 1 \end{cases}$$

指标方程 $\rho(\rho-1)+a_0\rho+b_0=0$ 为 $\rho(\rho-1)=0$。指标为 $\rho_1=1,\rho_2=0,\mathrm{Re}\rho_1>\mathrm{Re}\rho_2$。

将 $\rho_1=1$ 代入系数递推公式,有

$$[(n+\rho)(n+\rho-1)+a_0(n+\rho)+b_0]c_n+\sum_{l=0}^{n-1}[a_{n-l}(l+\rho)+b_{n-l}]c_l=0$$

可得

$$(n+1)nc_n+(a_1n+b_1)c_{n-1}=0$$

即

$$(n+1)nc_n+(-n+1)c_{n-1}=0$$

$$c_n=\frac{n-1}{n(n+1)}c_{n-1}$$

其中,$n=1,c_1=0$;$n=2,c_2=\frac{1}{2}c_1$;… 可知 $c_n=0(n\neq0)$。因此 $w_1(z)=zc_0$。

当 $\rho_2=0$ 时,由系数递推公式可得

$$n(n-1)c_n+[a_1(n-1)+b_1]c_{n-1}=0$$
$$n(n-1)c_n+[-(n-1)+1]c_{n-1}=0$$
$$n(n-1)c_n+(-n+2)c_{n-1}=0$$
$$c_n=\frac{n-2}{n(n-1)}c_{n-1}$$

因为 n 不能取 1,意味着不存在 c_0,所以 $\rho_2=0$ 不是指标。

$$w_2(z)=Aw_1(z)\int_z\frac{1}{[w_1(z)]^2}\exp\left[-\int_z p(\xi)\mathrm{d}\xi\right]\mathrm{d}z$$

令 $A=1$,代入 $w_1(z)=zc_0$,得

$$w_2(z)=z\int_z\frac{1}{z^2}\exp\left(-\int_z-1\mathrm{d}\xi\right)\mathrm{d}z=z\int_z\frac{1}{z^2}\mathrm{e}^z\mathrm{d}z=$$

$$z\int_z\frac{1}{z^2}\sum_{n=0}^{\infty}\frac{z^n}{n!}\mathrm{d}z=z\int_z\left(\frac{1}{z^2}+\frac{1}{z}+\sum_{n=2}^{\infty}\frac{z^{n-2}}{n!}\right)\mathrm{d}z=$$

$$z\left[-\frac{1}{z}+\ln z+\sum_{n=2}^{\infty}\frac{z^{n-1}}{(n-1)n!}\right]=$$

$$-1+z\ln z+\sum_{n=2}^{\infty}\frac{z^n}{(n-1)n!}$$

故方程在 $z=0$ 邻域内的两个级数解为

$$w_1(z)=zc_0,\quad w_2(z)=-1+z\ln z+\sum_{n=2}^{\infty}\frac{z^n}{(n-1)n!}$$

6.4 贝塞尔方程的解

在柱坐标系中对亥姆霍兹方程 $\nabla^2u+\lambda u=0$ 或拉普拉斯方程 $\nabla^2u=0$ 分离变量,可以得到贝塞尔方程(n 阶贝塞尔方程)

$$\frac{\mathrm{d}^2w}{\mathrm{d}z^2}+\frac{1}{z}\frac{\mathrm{d}w}{\mathrm{d}z}+\left(1-\frac{\nu^2}{z^2}\right)w=0$$

ν 是常数,$\mathrm{Re}\nu \geqslant 0$。可知 $z=0$ 是方程的奇点。且

$$p(z) = \frac{1}{z} \Rightarrow zp(z) = 1, \quad q(z) = 1 - \frac{\gamma^2}{z^2} \Rightarrow z^2 q(z) = z^2 - \nu^2$$

均在 $z=0$ 解析,故 $z=0$ 是方程的正则奇点。

讨论 贝塞尔方程在 $z=0$ 的邻域 $|z|>0$ 内的解。

设 $w(z) = z^\rho \sum_{k=0}^{\infty} c_k z^k = \sum_{k=0}^{\infty} c_k z^{k+\rho}$,$c_0 \neq 0$,代入方程

$$\frac{\mathrm{d}^2 w}{\mathrm{d}z^2} + \frac{1}{z}\frac{\mathrm{d}w}{\mathrm{d}z} + \left(1 - \frac{\nu^2}{z^2}\right)w = 0$$

有

$$\sum_{k=0}^{\infty} c_k (k+\rho)(k+\rho-1)z^{k+\rho-2} + \sum_{k=0}^{\infty} c_k(k+\rho)z^{k+\rho-2} + \sum_{k=0}^{\infty} c_k z^{k+\rho} - \nu^2 \sum_{k=0}^{\infty} c_k z^{k+\rho-2} = 0$$

约去 $z^{\rho-2}$,得

$$\sum_{k=0}^{\infty} c_k \left[(k+\rho)^2 - \nu^2\right]z^k + \sum_{k=0}^{\infty} c_k z^{k+2} = 0$$

由级数展开的唯一性可知,作系数比较

$$\sum_{k=0}^{\infty} c_k \left[(k+\rho)^2 - \nu^2\right]z^k + \sum_{k=0}^{\infty} c_k z^{k+2} = 0$$

z^0 项的系数:$c_0(\rho^2 - \nu^2) = 0$。可得指标方程 $\rho^2 - \nu^2 = 0$,$c_0 \neq 0$。即 $\rho_1 = \nu$,$\rho_2 = -\nu$ ($\mathrm{Re}\nu \geqslant 0$,$\mathrm{Re}\rho_1 \geqslant \mathrm{Re}\rho_2$)。

z^1 项的系数:$c_1\left[(\rho+1)^2 - \nu^2\right] = 0$。即 $c_1(2\rho+1) = 0$($\nu^2 = \rho^2$)。故当 $\rho \neq -\frac{1}{2}$ 时,$c_1 = 0$;当 $\rho = -\frac{1}{2}$ 时,c_1 任意。

z^n 项的系数:$c_n\left[(\rho+n)^2 - \nu^2\right] + c_{n-2} = 0$。即 $n(2\rho+n)c_n + c_{n-2} = 0$,$\nu^2 = \rho^2$。可知递推关系

$$c_n = -\frac{1}{n(2\rho+n)}c_{n-2}$$

反复使用递推关系,有

$$c_{2n} = -\frac{1}{2n(2\rho+2n)}c_{2n-2} = (-1)^1 \frac{1}{n(\rho+n)} \frac{1}{2^2}c_{2n-2} =$$

$$(-1)^2 \frac{1}{n(\rho+n)} \frac{1}{(n-1)(\rho+n-1)} \frac{1}{2^4}c_{2n-4} =$$

$$(-1)^3 \frac{1}{n(\rho+n)} \frac{1}{(n-1)(\rho+n-1)} \frac{1}{(n-2)(\rho+n-2)} \frac{1}{2^6}c_{2n-6} = \cdots =$$

$$\frac{(-1)^n}{n!} \frac{1}{(\rho+n)(\rho+n-1)(\rho+n-2)\cdots(\rho+1)} \frac{1}{2^{2n}}c_0 =$$

$$\frac{(-1)^n}{n!} \frac{1}{(\rho+1)_n} \frac{1}{2^{2n}}c_0$$

$$c_{2n+1} = -\frac{1}{(2n+1)(2\rho+2n+1)}c_{2n-1} = (-1)^1\frac{1}{\left(n+\frac{1}{2}\right)\left(\rho+n+\frac{1}{2}\right)}\frac{1}{2^2}c_{2n-1} =$$

$$(-1)^2\frac{1}{\left(n+\frac{1}{2}\right)\left(\rho+n+\frac{1}{2}\right)}\frac{1}{\left(n-\frac{1}{2}\right)\left(\rho+n-\frac{1}{2}\right)}\frac{1}{2^4}c_{2n-3} =$$

$$(-1)^3\frac{1}{\left(n+\frac{1}{2}\right)\left(\rho+n+\frac{1}{2}\right)}\frac{1}{\left(n-\frac{1}{2}\right)\left(\rho+n-\frac{1}{2}\right)}\frac{1}{\left(n-\frac{3}{2}\right)\left(\rho+n-\frac{3}{2}\right)}\frac{1}{2^6}c_{2n-5} =$$

$$=\cdots=$$

$$\frac{(-1)^n}{\left(n+\frac{1}{2}\right)\left(n-\frac{1}{2}\right)\left(n-\frac{3}{2}\right)\cdots\frac{3}{2}}\frac{1}{\left(\rho+n+\frac{1}{2}\right)\left(\rho+n-\frac{1}{2}\right)\left(\rho+n-\frac{3}{2}\right)\cdots\left(\rho+\frac{3}{2}\right)}$$

$$\frac{1}{2^{2n}}c_1 =$$

$$\frac{(-1)^n}{\left(\frac{3}{2}\right)_n}\frac{1}{\left(\rho+\frac{3}{2}\right)_n}\frac{1}{2^{2n}}c_1 = 0$$

其中, $\rho \neq -\frac{1}{2}$ （当 $\rho \neq -\frac{1}{2}$ 时, $c_1 = 0$；当 $\rho = -\frac{1}{2}$ 时, c_1 任意）。

用 $\rho_1 = \nu$ 代入系数通式, 可得

$$c_{2k} = \frac{(-1)^k}{k!}\frac{1}{(\nu+1)_n}\frac{1}{2^{2k}}c_0$$

则

$$w_1(z) = z^\rho\sum_{n=0}^\infty c_n z^n = c_0 z^\nu\sum_{k=0}^\infty\frac{(-1)^k}{k!}\frac{1}{(\nu+1)_k}\left(\frac{z}{2}\right)^{2k}$$

取 $c_0 = \frac{1}{2^\nu\Gamma(\nu+1)}$, 就有解

$$J_\nu(z) = \sum_{k=0}^\infty\frac{(-1)^k}{k!\,\Gamma(k+\nu+1)}\left(\frac{z}{2}\right)^{2k+\nu} \quad\text{——}\nu \text{ 阶贝塞尔函数}$$

其中, $(\lambda)_n = \frac{\Gamma(\lambda+n)}{\Gamma(\lambda)}$, 详见第 8 章。

用 $\rho_2 = -\nu$ 代入系数通式, 可得

$$c_{2k} = \frac{(-1)^k}{k!}\frac{1}{(-\nu+1)_n}\frac{1}{2^{2k}}c_0$$

则

$$w_1(z) = z^\rho\sum_{n=0}^\infty c_n z^n = c_0 z^{-\nu}\sum_{k=0}^\infty\frac{(-1)^k}{k!}\frac{1}{(-\nu+1)_k}\left(\frac{z}{2}\right)^{2k}$$

当 $\nu \neq$ 整数时, 取 $c_0 = \frac{2^\nu}{\Gamma(-\nu+1)}$, 就有解

$$J_{-\nu}(z) = \sum_{k=0}^\infty\frac{(-1)^k}{k!\,\Gamma(k-\nu+1)}\left(\frac{z}{2}\right)^{2k-\nu} \quad\text{——}\nu \text{ 阶贝塞尔函数}$$

当 $\nu=0$ 时，以上只给出同一解：$J_0(z)=\sum\limits_{k=0}^{\infty}\dfrac{(-1)^k}{k!\,k!}\left(\dfrac{z}{2}\right)^{2k}$。

补充讨论 $\rho=-\dfrac{1}{2}$ 的情形，c_1 任意，若 $c_1\neq 0$，则

$$c_{2n+1}=\frac{(-1)^n}{\left(\dfrac{3}{2}\right)_n\left(\rho+\dfrac{3}{2}\right)_n}\frac{1}{2^{2n}}c_1=\frac{(-1)^n}{\left(\dfrac{3}{2}\right)_n(1)_n}\frac{1}{2^{2n}}c_1=\frac{(-1)^n}{\left(\dfrac{3}{2}\right)_n n!}\frac{1}{2^{2n}}c_1$$

此时 $\rho_1=\dfrac{1}{2},\rho_2=-\dfrac{1}{2}$，即 $\nu=\dfrac{1}{2}$，则 $w_2(z)$ 只是又增加了一项

$$z^{-\frac{1}{2}}\sum_{k=0}^{\infty}c_{2k+1}z^{2k+1}=c_1\sum_{k=0}^{\infty}\frac{(-1)^k}{k!}\frac{1}{\Gamma\left(k+\dfrac{3}{2}\right)}\left(\frac{z}{2}\right)^{2k+\frac{1}{2}}\sqrt{\frac{\pi}{2}}=c_1\sqrt{\frac{\pi}{2}}J_{\frac{1}{2}}(z)$$

当 $\nu=n\,(n=1,2,3,\cdots)$ 时，以上只给出同一个解

$$J_n(z)=\sum_{k=0}^{\infty}\frac{(-1)^k}{k!\,\Gamma(k+n+1)}\left(\frac{z}{2}\right)^{2k+n}$$

因为：(1) 当 $\nu=n$ 时，递推关系无意义；$c_{2n}=-\dfrac{1}{2n(2\rho+2n)}c_{2n-2}$，$\rho_2=-\nu=-n$；

(2) $c_0=\dfrac{2^\nu}{\Gamma(1-\nu)}$，$\nu=n$ 不合法，意味 $c_0=0$；$\Gamma(z)=\int_0^{\infty}e^{-t}\cdot t^{z-1}dt,\ \mathrm{Re}z>0$；

(3) 即使 $c_0=0$，$J_{-n}(z)=\sum\limits_{k=0}^{\infty}\dfrac{(-1)^k}{k!\,\Gamma(k-n+1)}\left(\dfrac{z}{2}\right)^{2k-n}$ 有意义。

$$J_{-n}(z)=\sum_{k=0}^{\infty}\frac{(-1)^k}{k!\,\Gamma(k-n+1)}\left(\frac{z}{2}\right)^{2k-n}=\qquad (k-n+1>0)$$

$$\sum_{l=0}^{\infty}\frac{(-1)^{n+l}}{(n+l)!\,\Gamma(l+1)}\left(\frac{z}{2}\right)^{2(n+l)-n}=\qquad (k=n+l)$$

$$(-1)^n\sum_{l=0}^{\infty}\frac{(-1)^l}{l!\,\Gamma(n+l+1)}\left(\frac{z}{2}\right)^{2l+n}=\qquad (\Gamma(z+1)=z\Gamma(z))$$

$$(-1)^n J_n(z)$$

与第一解线性相关。

所以第二解一定含有对数项

$$w_2(z)=gJ_n(z)\ln z+\sum_{k=0}^{\infty}d_k z^{k-n}$$

分析知，线性无关的两个解必满足朗斯基行列式 $\begin{vmatrix}w_1&w_2\\w_1'&w_2'\end{vmatrix}\neq 0$，即

$$\begin{vmatrix}J_\nu&J_{-\nu}\\J_\nu'&J_{-\nu}'\end{vmatrix}=J_\nu J_{-\nu}'-J_{-\nu}J_\nu'=A\exp\left[-\int_z p(\xi)d\xi\right]=$$

$$A\exp\left[-\int_z\frac{d\xi}{\xi}\right]=\frac{A}{z}\neq 0 \qquad (6.5)$$

将 $J_\nu(z)$ 和 $J_{-\nu}(z)$ 的级数解代入式(6.5)，并找出 z^{-1} 项的系数，有

$$J_\nu J_{-\nu}'-J_{-\nu}J_\nu'=\sum_{k=0}^{\infty}\frac{(-1)^k}{k!\,\Gamma(k+\nu+1)2^{2k+\nu}}z^{2k+\nu}\sum_{l=0}^{\infty}\frac{(-1)^l(2l-\nu)}{l!\,\Gamma(l-\nu+1)2^{2l-\nu}}z^{2l-\nu-1}-$$

$$\sum_{k=0}^{\infty} \frac{(-1)^k (2k+\nu)}{k! \; \Gamma(k+\nu+1) 2^{2k+\nu}} z^{2k+\nu-1} \sum_{l=0}^{\infty} \frac{(-1)^l}{l! \; \Gamma(l-\nu+1) 2^{2l-\nu}} z^{2l-\nu} =$$

$$\sum_{k=0}^{\infty} \sum_{l=0}^{\infty} \frac{(-1)^{k+l}(2l-\nu)}{k! \; l! \; \Gamma(k+\nu+1)\Gamma(l-\nu+1) 2^{2k+2l}} z^{2k+2l-1} -$$

$$\sum_{k=0}^{\infty} \sum_{l=0}^{\infty} \frac{(-1)^{k+l}(2k+\nu)}{k! \; l! \; \Gamma(k+\nu+1)\Gamma(l-\nu+1) 2^{2k+2l}} z^{2k+2l-1}$$

因为 $k=l=0$ 对应 z^{-1} 项,所以

$$A = \frac{1}{\Gamma(1+\nu)} \frac{1}{2^{\nu}} \frac{1}{\Gamma(1-\nu)} \frac{-\nu}{2^{-\nu}} - \frac{1}{\Gamma(1-\nu)} \frac{1}{2^{\nu}} \frac{1}{\Gamma(1+\nu)} \frac{\nu}{2^{\nu}} =$$

$$-\frac{2\nu}{\Gamma(1+\nu)\Gamma(1-\nu)} = -\frac{2}{\Gamma(\nu)\Gamma(1-\nu)} = \qquad (\Gamma(1+z)=z\Gamma(z))$$

$$-\frac{2}{\pi}\sin\pi\nu \qquad \left(\Gamma(z)\Gamma(1-z) = \frac{\pi}{\sin \pi z}\right)$$

再次证明 $\nu = n (n=1,2,3,\cdots)$ 时,$J_{\nu}(z)$ 和 $J_{-\nu}(z)$ 线性相关。

但若将 $w_2(z) = c_1 J_{\nu}(z) + c_2 J_{-\nu}(z)$ 取为线性组合,适当选择 c_1 与 c_2,使 $\begin{vmatrix} J_{\nu} & w_2 \\ J_{\nu}' & w_2' \end{vmatrix}$ 对任

何 ν 均不为零,就可以消除 $J_{\nu}(z)$ 和 $w_2(z)$ 的线性相关性。故取 $w_2(z) = \dfrac{c J_{\nu}(z) - J_{-\nu}(z)}{\sin\pi\nu}$,

则 $\begin{vmatrix} J_{\nu} & w_2 \\ J_{\nu}' & w_2' \end{vmatrix} = \dfrac{2}{\pi z} \neq 0$ 与 ν 的选取无关。

要使 $w_2(z)$ 有意义,则

$$\sin n\pi \neq 0, \quad J_{-n}(z) = (-1)^n J_n(z)$$

选取 c,使 $w_2(z)$ 中的分子在 $\nu = n$ 时也为零,例如 $c = \cos\pi\nu$,则贝塞尔方程的第二解是

$$N_{\nu}(z) = \frac{\cos\pi\nu J_{\nu}(z) - J_{-\nu}(z)}{\sin\pi\nu}$$

该式为 ν 阶诺依曼函数。

第7章 留数定理及其应用

7.1 留 数 定 理

定义 7.1 单值函数 $f(z)$ 在孤立奇点 b_k 邻域内的洛朗展开 $f(z) = \sum_{l=-\infty}^{+\infty} a_l^{(k)} (z-b_k)^l$ 中的 $(z-b_k)^{-1}$ 项的系数 $a_{-1}^{(k)}$，称为 $f(z)$ 在 b_k 处的留数，记作 $\operatorname{res} f(b_k)$，或 $\operatorname{res}[f(z), b_k]$。

定理 7.1 设光滑的简单闭合曲线 C 是区域 G 的边界，若除了有限个孤立奇点 $b_k (k = 1, 2, n)$ 外，函数 $f(z)$ 在 G 内单值解析，在 $\overline{G}$ 上连续，且 C 上没有奇点，则 $\oint_C f(z) \mathrm{d}z = 2\pi \mathrm{i} \sum_{k=1}^{\infty} \operatorname{res} f(b_k)$。

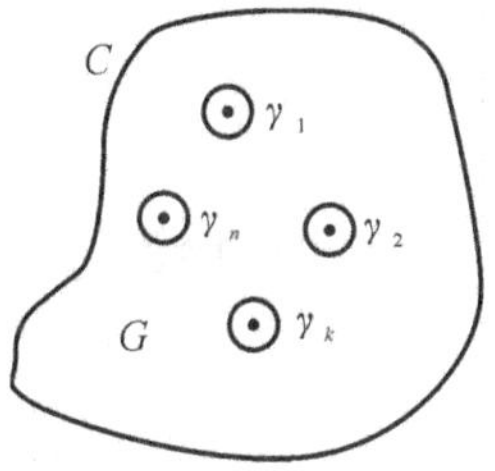

证明 如图 7-1 所示，围绕每个奇点 b_k 作闭合曲线 γ_k，使 γ_k 均在 G 内，且互不交叠，由复连通区域的柯西定理知

$$\oint_C f(z) \mathrm{d}z = \sum_{k=1}^{n} \oint_{\gamma_k} f(z) \mathrm{d}z$$

图 7-1

将 $f(z)$ 在 b_k 的邻域内展开为洛朗级数为

$$f(z) = \sum_{n=-\infty}^{+\infty} a_n^{(k)} (z-b_k)^n$$

$$\oint_C f(z) \mathrm{d}z = \sum_{k=1}^{n} \oint_{\gamma_k} \sum_{n=-\infty}^{+\infty} a_n^{(k)} (z-b_k)^n \mathrm{d}z = \sum_{k=1}^{n} \sum_{n=-\infty}^{+\infty} a_n^{(k)} \oint_{\gamma_k} (z-b_k)^n \mathrm{d}z$$

由 $\oint_C (z-a)^n \mathrm{d}z = \begin{cases} 2\pi \mathrm{i}, & n = -1 \\ 0, & n \neq -1 \end{cases}$ 且 C 内含有 $z = a$，可得

$$\oint_C f(z) \mathrm{d}z = \sum_{k=1}^{n} a_{-1}^{(k)} 2\pi \mathrm{i} = 2\pi \mathrm{i} \sum_{k=1}^{n} \operatorname{res} f(b_k)$$

复连通区域的柯西定理＋洛朗展开系数公式 ⇒ 留数定理。

留数的求法：

设 $z = b$ 是 $f(z)$ 的 m 阶极点，则在 b 点的邻域内

$$f(z) = a_{-m} (z-b)^{-m} + a_{-m+1} (z-b)^{-m+1} + \cdots + a_{-1} (z-b)^{-1} +$$
$$a_0 + a_1 (z-b)^1 + \cdots$$

两边同乘以 $(z-b)^m$,得

$$(z-b)^m f(z) = a_{-m} + a_{-m+1}(z-b) + \cdots + a_{-1}(z-b)^{m-1} +$$
$$a_0(z-b)^m + a_1(z-b)^{m+1} + \cdots$$

全为正幂项,求导 $(m-1)$ 次后,低于 $(m-1)$ 次的幂项没有了,高于 $(m-1)$ 次的幂项在 $(z-b)\big|_{z=b}=0$,只剩 a_{-1} 了。

$$a_{-1} = \frac{1}{(m-1)!} \frac{\mathrm{d}^{m-1}}{\mathrm{d}z^{m-1}} \left[(z-b)^m f(z)\right]_{z=b}$$

若 $z=b$ 是一阶极点,则

$$a_{-1} = \lim_{z \to b} \left[(z-b)f(z)\right]$$

常见情况:$f(z) = \dfrac{P(z)}{Q(z)}$,$P(z)$,$Q(z)$ 在 b 点及其邻域内解析,$z=b$ 是 $Q(z)$ 的一阶零点。$Q(b)=0$,$Q'(b) \neq 0$,$P(b) \neq 0$,则

$$a_{-1} = \lim_{z \to b} \left[(z-b)f(z)\right] = \lim_{z \to b} \left[(z-b)\frac{P(z)}{Q(z)}\right] = P(b) \lim_{z \to b} \frac{(z-b)}{Q(z)} = \frac{P(b)}{Q'(b)}$$

即

$$a_{-1} = \frac{P(b)}{Q'(b)}$$

小结　求留数的方法。

(1) 根据定义将函数在奇点邻域展开,求展开系数 a_{-1}。

(2) 求积分:

$$a_{-1} = \frac{1}{2\pi i} \oint_{\gamma_k} f(z)\mathrm{d}z$$

(3) 对 m 阶极点求导数:

$$a_{-1} = \frac{1}{(m-1)!} \frac{\mathrm{d}^{m-1}}{\mathrm{d}z^{m-1}} \left[(z-b)^m f(z)\right]_{z=b}$$

(4) 对一阶极点,求极限:

$$a_{-1} = \lim_{z \to b} \left[(z-b)f(z)\right]$$

(5) 对一阶极点,有

$$a_{-1} = \frac{P(z)}{Q'(z)}$$

例 7.1　求 $\dfrac{1}{z^2+1}$ 在奇点处的留数。

解　$\dfrac{1}{z^2+1} = \dfrac{1}{z+i}\dfrac{1}{z-i}$,$z = \pm i$ 是它的一阶极点

$$\mathrm{res}f(\pm i) = \frac{P(z)}{Q'(z)}\bigg|_{z=\pm i} = \frac{1}{2z}\bigg|_{z=\pm i} = \mp \frac{i}{2}$$

例 7.2　求 $\dfrac{e^{iaz}-e^{ibz}}{z^2}$ 在奇点处的留数。

解　方法一:直接在 $z=0$ 作展开,有

$$\frac{e^{iaz}-e^{ibz}}{z^2} = \frac{1}{z^2} \sum_{n=0}^{\infty} \frac{(iaz)^n - (ibz)^n}{n!} = \sum_{n=0}^{\infty} \frac{i^n}{n!}(a^n - b^n)z^{n-2}$$

$$\operatorname{res} f(0) = a_{-1} = \mathrm{i}(a - b)$$

方法二：$z = 0$ 是一阶极点，则

$$\operatorname{res} f(0) = a_{-1} = \lim_{z \to 0} z \, \frac{\mathrm{e}^{iaz} - \mathrm{e}^{ibz}}{z^2} = \lim_{z \to 0} \frac{\mathrm{e}^{iaz} - \mathrm{e}^{ibz}}{z} =$$
$$(\mathrm{i}a \, \mathrm{e}^{iaz} - \mathrm{i}b \, \mathrm{e}^{ibz})_{z=0} = \mathrm{i}(a - b)$$

例 7.3　求 $\dfrac{1}{(z^2 + 1)^3}$ 在奇点处的留数。

解　$\dfrac{1}{(z^2 + 1)^3}$ 的倒数 $(z^2 + 1)^3$ 的零点 $z = \pm \mathrm{i}$。

$$[(z^2 + 1)^3]' = 6z \, (z^2 + 1)^2 \big|_{z = \pm \mathrm{i}} = 0$$
$$[(z^2 + 1)^3]'' = 6 \, (z^2 + 1)^2 + 24z^2 (z^2 + 1) \big|_{z = \pm \mathrm{i}} = 0$$
$$[(z^2 + 1)^3]^{(3)} = 72z \, (z^2 + 1)^2 + 48z^3 \big|_{z = \pm \mathrm{i}} \neq 0$$

故 $z = \pm \mathrm{i}$ 是 $\dfrac{1}{(z^2 + 1)^3}$ 的三阶极点。

$$a_{-1} = \frac{1}{(m-1)!} \frac{\mathrm{d}^{m-1}}{\mathrm{d}z^{m-1}} [(z - b)^m f(z)]_{z=b}$$

$$\operatorname{res} f(\mathrm{i}) = \frac{1}{2!} \frac{\mathrm{d}^2}{\mathrm{d}z^2} \left[(z - \mathrm{i})^3 \frac{1}{(z^2 + 1)^3} \right]_{z=\mathrm{i}} = \frac{1}{2!} \frac{\mathrm{d}^2}{\mathrm{d}z^2} \left(\frac{z - \mathrm{i}}{z^2 + 1} \right)^3 \Big|_{z=\mathrm{i}} =$$
$$\frac{1}{2!} \frac{\mathrm{d}^2}{\mathrm{d}z^2} \left(\frac{1}{z + \mathrm{i}} \right)^3 \Big|_{z=\mathrm{i}} = \frac{1}{2!} \frac{\mathrm{d}}{\mathrm{d}z} \left[\frac{-3}{(z + \mathrm{i})^4} \right]_{z=\mathrm{i}} =$$
$$\frac{1}{2!} \frac{12}{(z + \mathrm{i})^5} \Big|_{z=\mathrm{i}} = \frac{6}{(z + \mathrm{i})^5} \Big|_{z=\mathrm{i}} = \frac{6}{32\mathrm{i}^5} = -\frac{3}{16} \mathrm{i}$$
$$\operatorname{res} f(-\mathrm{i}) = \frac{1}{2!} \frac{\mathrm{d}^2}{\mathrm{d}z^2} \left[(z + \mathrm{i})^3 \frac{1}{(z^2 + 1)^3} \right]_{z=-\mathrm{i}} = \frac{1}{2!} \frac{\mathrm{d}^2}{\mathrm{d}z^2} \left(\frac{z + \mathrm{i}}{z^2 + 1} \right)^3 \Big|_{z=-\mathrm{i}} =$$
$$\frac{1}{2!} \frac{\mathrm{d}^2}{\mathrm{d}z^2} \left(\frac{1}{z - 1} \right)^3 \Big|_{z=-\mathrm{i}} = \frac{1}{2!} \frac{\mathrm{d}}{\mathrm{d}z} \left[\frac{-3}{(z - \mathrm{i})^4} \right]_{z=-\mathrm{i}} =$$
$$\frac{1}{2!} \frac{12}{(z - \mathrm{i})^5} \Big|_{z=-\mathrm{i}} = \frac{6}{(z - \mathrm{i})^5} \Big|_{z=-\mathrm{i}} = \frac{6}{(-2\mathrm{i})^5} = -\frac{6}{32\mathrm{i}^5} = \frac{3}{16} \mathrm{i}$$

例 7.4　求 $\dfrac{z}{(z-1)(z+1)^2}$ 在奇点 $z = \pm 1$ 处的留数。

解　先分析奇点的类型。$z = 1$ 为一阶极点，$z = -1$ 为二阶极点。

$$\operatorname{res} f(1) = \lim_{z \to 1} \left[(z - 1) \frac{z}{(z-1)(z+1)^2} \right] = \frac{1}{4}$$
$$\operatorname{res} f(-1) = \frac{1}{(2-1)!} \frac{\mathrm{d}}{\mathrm{d}z} \left[(z+1)^2 \frac{z}{(z-1)(z+1)^2} \right]_{z=-1} =$$
$$\frac{(z-1) - z}{(z-1)^2} \Big|_{z=-1} = -\frac{1}{4}$$

例 7.5　求 $z^3 \cos \dfrac{1}{z-2}$ 在孤立奇点的留数。

解　$z = 2$ 为 $f(z) = z^3 \cos \dfrac{1}{z-2}$ 在复平面内的唯一孤立奇点，$\lim\limits_{z \to 2} z^3 \cos \dfrac{1}{z-2}$ 不确定，

为本性奇点。可将 $z^3 \cos \dfrac{1}{z-2}$ 在 $0 < |z-2| < \infty$ 展开,有

$$f(z) = \left[(z-2)+2\right]^3 \sum_{k=0}^{\infty} \frac{(-1)^k}{(2k)!} \frac{1}{(z-2)^{2k}} =$$

$$\left[(z-2)^3 + 3\times2\,(z-2)^2 + 3\times2^2\times(z-2) + 2^3\right]\sum_{k=0}^{\infty}\frac{(-1)^k}{(2k)!}\frac{1}{(z-2)^{2k}} =$$

$$\cdots + \left(\frac{1}{4!} - 12\times\frac{1}{2!}\right)\frac{1}{z-2} + \cdots = \qquad (\text{只关心负一次幂系数})$$

$$\cdots + \left(-\frac{143}{24}\right)\frac{1}{z-2} + \cdots$$

因此,$\operatorname{res} f(2) = -\dfrac{143}{24}$。

例 7.6　对有理函数 $f(z) = \dfrac{1}{(z-1)(z-2)(z-3)}$ 部分分式。

解　令 $f(z) = \dfrac{A}{z-1} + \dfrac{B}{z-2} + \dfrac{C}{z-3}$。显然,$A,B,C$ 正好是 $f(z)$ 在一阶极点 $z=1,z=2,z=3$ 的留数,故

$$A = \operatorname{res} f(1) = \lim_{z\to1}(z-1)\frac{1}{(z-1)(z-2)(z-3)} =$$

$$\frac{1}{(z-2)(z-3)}\bigg|_{z=1} = \frac{1}{2}$$

$$B = \operatorname{res} f(2) = \lim_{z\to2}(z-2)\frac{1}{(z-1)(z-2)(z-3)} =$$

$$\frac{1}{(z-1)(z-3)}\bigg|_{z=2} = -1$$

$$C = \operatorname{res} f(3) = \lim_{z\to3}(z-3)\frac{1}{(z-1)(z-2)(z-3)} =$$

$$\frac{1}{(z-1)(z-2)}\bigg|_{z=3} = \frac{1}{2}$$

因此

$$f(z) = \frac{1}{2}\frac{1}{z-1} - \frac{1}{z-2} + \frac{1}{2}\frac{1}{z-3}$$

例 7.7　求 $\dfrac{e^z}{1+z}$ 在奇点的留数。

解　$z=-1$ 为 $f(z) = \dfrac{e^z}{1+z}$ 的一阶极点,$\operatorname{res} f(-1) = \lim_{z\to-1}(z+1)\dfrac{e^z}{1+z} = \dfrac{1}{e}$;

$z=\infty$ 为本性奇点,$\operatorname{res} f(\infty) = -\sum_{b_k}\operatorname{res} f(b_k) = -\operatorname{res} f(-1) = -\dfrac{1}{e}$。

补充讨论:

对于无穷远点,定义 $\operatorname{res} f(\infty) = \dfrac{1}{2\pi i}\oint_{C'} f(z)\,\mathrm{d}z$,$C'$ 为绕无穷远点正向一周的围道:

(1) 在 C' 内有奇点 $\{b_k\}$，则 $\operatorname{res} f(\infty) = -\sum_{b_k} \operatorname{res} f(b_k)$。

(2) 在 C' 内只有 ∞ 可能是 $f(z)$ 的奇点，作变换 $z = \dfrac{1}{t}$ 则

$$\operatorname{res} f(\infty) = \frac{1}{2\pi i} \oint_{C'} f\left(\frac{1}{t}\right) \mathrm{d}\left(\frac{1}{t}\right) = -\frac{1}{2\pi i} \oint_{C'} \frac{f(1/t)}{t^2} \mathrm{d}(t) =$$

$$-\frac{f(1/t)}{t^2} = \qquad \text{(在 } t = 0 \text{ 点邻域内幂级数展开中 } t^{-1} \text{ 项的系数)}$$

$$-f(1/t) = \qquad \text{(在 } t = 0 \text{ 点邻域内幂级数展开中 } t^1 \text{ 项的系数)}$$

$$-f(z) \qquad \text{(在 } z = \infty \text{ 点邻域内幂级数展开中 } z^{-1} \text{ 项的系数)}$$

此结果与有限远处奇点的留数不同之处为：

(1) 形式上多了一个负号；

(2) $z - 1$ 是 $f(z)$ 在 ∞ 点展开的正则部分（绝对收敛的负幂项），即使 ∞ 点不是奇点，$\operatorname{res} f(\infty)$ 也可以不为 0；反之，即使 ∞ 点是奇点，甚至为一阶极点，$\operatorname{res} f(\infty)$ 也可以为 0。

留数的计算在积分计算中常用到。下节重点学习积分计算中留数定理的运用，涉及定积分和常见类型积分的计算。

7.2　有理三角函数的积分

计算方法：

设

$$I = \int_0^{2\pi} R(\sin\theta, \cos\theta) \mathrm{d}\theta$$

式中，R 为 $\sin\theta$ 和 $\cos\theta$ 的有理函数，在 $[0, 2\pi]$ 上连续，作变换 $z = e^{i\theta}$，即 $\sin\theta = \dfrac{z^2 - 1}{2iz}$，$\cos\theta = \dfrac{z^2 + 1}{2z}$，$\mathrm{d}\theta = \dfrac{\mathrm{d}z}{iz}$，则

$$I = \oint_{|z|<1} R\left(\frac{z^2-1}{2iz}, \frac{z^2+1}{2z}\right) \frac{\mathrm{d}z}{iz} = 2\pi \sum_{|z|<1} \operatorname{res}\left[\frac{1}{z} R\left(\frac{z^2-1}{2iz}, \frac{z^2+1}{2z}\right)\right]$$

R 在 $[0, 2\pi]$ 上连续，保证了 $R(z)$ 在 $|z| < 1$ 上无奇点。

例 7.8　计算积分 $I = \displaystyle\int_0^{2\pi} \frac{1}{1 + \varepsilon\cos\theta} \mathrm{d}\theta$，　$|\varepsilon| < 1$。

解　$I = \displaystyle\int_0^{2\pi} \frac{1}{1 + \varepsilon\cos\theta} \mathrm{d}\theta = \oint_{|z|<1} \left(\frac{1}{1 + \varepsilon\dfrac{z^2+1}{2z}}\right) \frac{\mathrm{d}z}{iz} = \oint_{|z|<1} \left(\frac{2}{\varepsilon z^2 + 2z + \varepsilon}\right) \frac{\mathrm{d}z}{i} =$

$2\pi \displaystyle\sum_{|z|<1} \operatorname{res}\left(\frac{2}{\varepsilon z^2 + 2z + \varepsilon}\right) = \qquad$（有一阶极点：$z = \dfrac{-2 \pm \sqrt{1 - \varepsilon^2}}{2\varepsilon}$）

$2\pi \left(\dfrac{2}{2\varepsilon z + 2}\right)_{z = \frac{-1 + \sqrt{1-\varepsilon^2}}{\varepsilon}} = \qquad$（只有 $z = \dfrac{-2 + \sqrt{1-\varepsilon^2}}{2\varepsilon}$ 在 $|z| < 1$ 内）

$2\pi \left(\dfrac{2}{-2 + 2\sqrt{1-\varepsilon^2} + 2}\right) =$

$$\frac{2\pi}{\sqrt{1-\varepsilon^2}}, \quad |\varepsilon| < 1$$

例 7.9 计算积分 $I = \int_0^\pi \frac{\cos mx}{5 - 4\cos x} dx$（$m$ 为正整数）。

解 被积函数为偶函数，有

$$I = \frac{1}{2} \int_{-\pi}^\pi \frac{\cos mx}{5 - 4\cos x} dx$$

令 $I_1 = \int_{-\pi}^\pi \frac{\cos mx}{5 - 4\cos x} dx$, $I_2 = \int_{-\pi}^\pi \frac{\sin mx}{5 - 4\cos x} dx$, 则

$$I_1 + iI_2 = \int_{-\pi}^\pi \frac{e^{imx}}{5 - 4\cos x} dx$$

设 $z = e^{ix}$, 则 $dz = iz\,dx$, $\cos x = \frac{z^2 + 1}{2z}$。

$$I_1 + iI_2 = \frac{1}{i} \oint_{|z|=1} \frac{z^m}{5z - 2(1 + z^2)} dz$$

$$f(z) = \frac{z^m}{5z - 2(1 + z^2)} = \frac{z^m}{-2z^2 + 5z - 2}$$

在 $|z| < 1$ 内，函数 $f(z)$ 只有一个一阶极点 $z = \frac{1}{2}$（$|z = 2| > 1$）。

$$\text{res}f\left(\frac{1}{2}\right) = \lim_{z \to \frac{1}{2}} \left(z - \frac{1}{2}\right)\left[\frac{z^m}{5z - 2(1 + z^2)}\right] = \lim_{z \to \frac{1}{2}}\left[\frac{-z^m}{2(z - 2)}\right] =$$

$$\frac{-\left(\frac{1}{2}\right)^m}{2\left(\frac{1}{2} - 2\right)} = \frac{1}{3 \times 2^m}$$

$$I_1 + iI_2 = \frac{1}{i} \times 2\pi i \times \frac{1}{3 \times 2^m} = \frac{\pi}{3 \times 2^{m-1}}$$

I_2 中的被积函数为奇函数，$I_2 = 0$, $I_1 = \frac{\pi}{3 \times 2^{m-1}}$。

$$I = \frac{1}{2}\int_{-\pi}^\pi \frac{\cos mx}{5 - 4\cos x} dx = \frac{1}{2} I_1 = \frac{1}{3 \times 2^m}$$

例 7.10 计算积分 $I = \int_0^{2\pi} \cos^{2n} x\, dx$。

解 令 $z = e^{ix}$, 则 $\cos x = \frac{z^2 + 1}{2z}$, $dx = -\frac{i}{z} dz$。

$$I = \int_0^{2\pi} \cos^{2n} x\, dx = \oint_{|z|<1}\left(\frac{z^2+1}{2z}\right)^{2n}\left(-\frac{i}{z}\right) dz = -\frac{i}{2^{2n}} \oint_{|z|=1} \frac{(z^2+1)^{2n}}{z^{2n+1}} dz$$

可见，$z = 0$ 是被积函数 $f(z) = \frac{(z^2+1)^{2n}}{z^{2n+1}}$ 在 $|z| < 1$ 内的唯一奇点，是 $2n + 1$ 阶极点，若求 $2n$ 阶导数则很复杂，故将 $f(z)$ 在 $0 < |z| < \infty$ 中展开。

由二项式定理知

$$f(z) = \frac{(z^2+1)^{2n}}{z^{2n+1}} = \frac{1}{z^{2n+1}} \sum_{k=0}^{2n} \frac{(2n)!}{k!(2n-k)!} z^{4n-2k} =$$

$$\sum_{k=0}^{2n} \frac{(2n)!}{k!(2n-k)!} z^{4n-2k-2n-1} = \sum_{k=0}^{2n} \frac{(2n)!}{k!(2n-k)!} z^{2n-2k-1}$$

当 $k = n$ 时,为 z^{-1} 项,有

$$\text{res} f(0) = a_{-1} = \frac{(2n)!}{n!\ n!} = \frac{(2n)!}{(n!)^2}$$

$$I = \int_0^{2\pi} \cos^{2n} x \, dx = 2\pi i \left(-\frac{i}{2^{2n}}\right) \frac{(2n)!}{(n!)^2} = \frac{2\pi}{2^{2n}} \frac{(2n)!}{(n!)^2} = \frac{2\pi(2n)!}{(2^n n!)^2}$$

例 7.11　计算积分 $I = \int_0^{2\pi} \frac{1}{1+\cos^2\theta} d\theta$。

解　$I = \int_0^{2\pi} \frac{1}{1+\cos^2\theta} d\theta = \int_0^{2\pi} \frac{2}{3+\cos2\theta} d\theta \xrightarrow{\varphi=2\theta} \int_0^{4\pi} \frac{1}{3+\cos\varphi} d\varphi = 2\int_0^{2\pi} \frac{1}{3+\cos\varphi} d\varphi$

令 $z = e^{i\varphi}$,则 $\cos\varphi = \frac{z^2+1}{2z}, d\varphi = -\frac{i}{z} dz$。

$$I = \int_0^{2\pi} \frac{1}{1+\cos^2\theta} d\theta = 2 \oint_{|z|=1} \frac{2z}{z^2+6z+1} \left(-\frac{i}{z}\right) dz = -4i \oint_{|z|=1} \frac{dz}{z^2+6z+1}$$

$f(z) = \frac{1}{z^2+6z+1}$ 的奇点 $z = -3 \pm 2\sqrt{2}$ 均为一阶极点。只有 $z = -3+2\sqrt{2}$ 在 $|z| < 1$ 内

$$\text{res} f(-3+\sqrt{2}) = \frac{1}{(z^2+6z+1)'}\bigg|_{z=-3+2\sqrt{2}} = \frac{1}{2z+6}\bigg|_{z=-3+2\sqrt{2}} = \frac{1}{4\sqrt{2}}$$

$$I = \int_0^{2\pi} \frac{1}{1+\cos^2\theta} d\theta = -4i \times 2\pi i \times \text{res} f(-3+\sqrt{2}) = \frac{8\pi}{4\sqrt{2}} = \sqrt{2}\pi$$

例 7.12　计算积分 $I = \int_0^{\frac{\pi}{2}} \frac{1}{a+\sin^2 x} dx, a > 0$。

解　$I = \int_0^{\frac{\pi}{2}} \frac{1}{a+\sin^2 x} dx = \int_0^{\frac{\pi}{2}} \frac{2}{2a+1-\cos2x} dx \xrightarrow{\theta=2x} \int_0^{\pi} \frac{1}{2a+1-\cos\theta} d\theta$

令 $z = e^{i\theta}$,则 $\cos\theta = \frac{z^2+1}{2z}, d\theta = -\frac{i}{z} dz$。

$$I = \int_0^{\frac{\pi}{2}} \frac{1}{a+\sin^2 x} dx = \frac{1}{2} \oint_{|z|=1} \frac{1}{2a+1-\frac{z^2+1}{2z}} \left(-\frac{i}{z}\right) dz =$$

$$i \oint_{|z|=1} \frac{1}{z^2-(4a+2)z+1} dz$$

$f(z) = \frac{1}{z^2-(4a+2)z+1}$ 有一阶极点 $z = 2a+1 \pm 2\sqrt{a^2+a}$。只有 $z = 2a+1-2\sqrt{a^2+a}$ 在 $|z|<1$ 内

$$I = \int_0^{\frac{\pi}{2}} \frac{1}{a+\sin^2 x} dx = i \times 2\pi i \times \text{res} f(2a+1-2\sqrt{a^2+a}) =$$

$$-2\pi\,\frac{1}{2z-(4a+2)}\bigg|_{z=2a+1-2\sqrt{a^2+a}}=\frac{\pi}{2\sqrt{a^2+a}}$$

7.3 无 穷 积 分

$$I=\int_{-\infty}^{+\infty}f(x)\mathrm{d}x$$

计算方法：

（1）将实变函数 $f(x)$ 延拓为 $f(z)$；

（2）补上适当的积分路径，形成闭合围道。

如图 7-2 所示，在上半平面补上以原点为圆心，R 为半径的弧 C_R，则 $[-R,R]+C_R$ 形成闭合围道，应用留数定理计算闭合围道积分后令 $R\to\infty$。

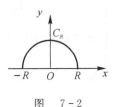

图　7-2

例 7.13　计算积分 $I=\int_{-\infty}^{+\infty}\dfrac{1}{(1+x^2)^2}\mathrm{d}x$。

解　$f(z)=\dfrac{1}{(1+z^2)^2}=\dfrac{1}{(z-i)^2\,(z+i)^2}$ 在上半平面只有一个二阶极点 $z=i$。

$$\operatorname{res}f(i)=\lim_{z\to i}\frac{\mathrm{d}}{\mathrm{d}z}\left[(z-i)^2\,\frac{1}{(z-i)^2\,(z+i)^2}\right]=\lim_{z\to i}\frac{\mathrm{d}}{\mathrm{d}z}\left[\frac{1}{(z+i)^2}\right]=$$

$$\lim_{z\to i}\frac{-2}{(z+i)^3}=\frac{1}{4i}$$

如图 7-2 所示。

$$\oint_C\frac{1}{(1+z^2)^2}\mathrm{d}z=\int_{-R}^{R}\frac{1}{(1+x^2)^2}\mathrm{d}x+\int_{C_R}\frac{\mathrm{d}z}{(1+z^2)^2}=2\pi i\cdot\operatorname{res}f(i)$$

因为

$$\lim_{z\to\infty}z\,\frac{1}{(1+z^2)^2}=0$$

由引理 3.2 知 $\lim\limits_{R\to\infty}\displaystyle\int_{C_R}\dfrac{1}{(1+z^2)^2}=0$，则

$$\lim_{R\to\infty}\int_{-R}^{R}\frac{1}{(1+x^2)^2}\mathrm{d}x+\lim_{R\to\infty}\int_{C_R}\frac{\mathrm{d}z}{(1+z^2)^2}=2\pi i\,\frac{1}{4i}$$

所以

$$I=\int_{-\infty}^{+\infty}\frac{1}{(1+x^2)^2}\mathrm{d}x=\frac{\pi}{2}$$

可见，无穷积分的被积函数 $f(z)$ 必须满足：

（1）在上半平面除有限个孤立奇点外，处处解析，实轴上无奇点；

（2）在 $0\leqslant\arg z\leqslant\pi$ 内，当 $|z|\to\infty$ 时，$zf(z)$ 一致趋于 0。即对于任意 $\varepsilon>0$，存在 $M(\varepsilon)>0$，使当 $|z|\geqslant 0,0\leqslant\arg z\leqslant\pi$ 时，$|zf(z)|<\varepsilon$。

例 7.14　计算积分 $I=\displaystyle\int_0^{\infty}\frac{1}{1+x^4}\mathrm{d}x$。

解　如图 7-3 所示,作围道 $[0,R]+C_R+[iR,0]$,有

$$f(x) \Rightarrow f(z) = \frac{1}{1+z^4}$$

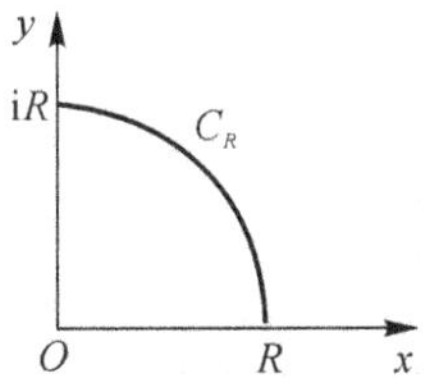

在围道内只有一个一阶极点 $z = e^{i\frac{\pi}{4}}$,有

$$\oint_C \frac{1}{1+z^4}dz = \int_0^R \frac{1}{1+x^4}dx + \int_{C_R} \frac{dz}{1+z^4} + \int_R^0 \frac{1}{1+(iy)^4}d(iy) =$$

$$(1-i)\int_0^R \frac{dx}{1+x^4} + \int_{C_R} \frac{dz}{1+z^4} =$$

$$2\pi i \cdot \operatorname{res} \frac{1}{1+z^4}\bigg|_{z=e^{i\frac{\pi}{4}}} = \frac{\pi}{2}\frac{1-i}{\sqrt{2}}$$

$$\lim_{R\to\infty} z\frac{1}{1+z^4} = 0 \Rightarrow \lim_{R\to\infty}\int_{C_R} \frac{dz}{1+z^4} = 0 \quad (\text{引理 } 3.2)$$

得

$$(1-i)\int_0^\infty \frac{dx}{1+x^4} = \frac{\pi}{2}\frac{1-i}{\sqrt{2}}$$

故

$$\int_0^\infty \frac{dx}{1+x^4} = \frac{\sqrt{2}\,\pi}{4}$$

图　7-3

例 7.15　计算积分 $I = \int_{-\infty}^{+\infty} \frac{1+x^2}{1+x^4}dx$。

解　作如图 7-2 所示的围道,有

$$f(x) \Rightarrow f(z) = \frac{1+z^2}{1+z^4}$$

在上半平面内有两个一阶极点 $z = e^{i\frac{\pi}{4}}$ 和 $z = e^{i\frac{3\pi}{4}}$。

$$z\frac{1+z^2}{1+z^4} \xrightarrow{\ |z|\to\infty\ } 0 \Rightarrow \lim_{R\to\infty}\int_{C_R}\frac{1+z^2}{1+z^4} = 0 \quad (\text{引理 } 3.2)$$

$$\oint \frac{1+z^2}{1+z^4}dz = \int_{-\infty}^{+\infty}\frac{1+x^2}{1+x^4}dx = 2\pi i\left(\operatorname{res}\frac{1+z^2}{1+z^4}\bigg|_{z=e^{i\frac{\pi}{4}}} + \operatorname{res}\frac{1+z^2}{1+z^4}\bigg|_{z=e^{i\frac{3\pi}{4}}}\right) =$$

$$2\pi i\left(\frac{1+z^2}{4z^3}\bigg|_{z=e^{i\frac{\pi}{4}}} + \frac{1+z^2}{4z^3}\bigg|_{z=e^{i\frac{3\pi}{4}}}\right) = 2\pi i\left(\frac{1+e^{i\frac{\pi}{2}}}{4e^{i\frac{3\pi}{4}}}\bigg|_{z=e^{i\frac{\pi}{4}}} + \frac{1+e^{i\frac{3\pi}{2}}}{4e^{i\frac{\pi}{4}}}\bigg|_{z=e^{i\frac{3\pi}{4}}}\right) =$$

$$2\pi i\left(\frac{1+i}{4\left(-\frac{\sqrt{2}}{2}+\frac{\sqrt{2}}{2}i\right)} + \frac{1-i}{4\left(\frac{\sqrt{2}}{2}+\frac{\sqrt{2}}{2}i\right)}\right) =$$

$$2\pi i\left(\frac{(1+i)\left(-\frac{\sqrt{2}}{2}-\frac{\sqrt{2}}{2}i\right)}{4} + \frac{(1-i)\left(\frac{\sqrt{2}}{2}-\frac{\sqrt{2}}{2}i\right)}{4}\right) =$$

$$2\pi i\frac{-\sqrt{2}i-\sqrt{2}i}{4} = \sqrt{2}\,\pi$$

7.4　含三角函数的无穷积分

$$I = \int_{-\infty}^{+\infty} f(x)\cos px \, dx \quad 或 \quad I = \int_{-\infty}^{+\infty} f(x)\sin px \, dx, \quad p > 0$$

计算方法：

如图 7-2 所示，当 $|z| = R \to \infty$ 时，$\cos pz$ 和 $\sin pz$ 解析行为复杂，故取被积函数为 $f(z)\mathrm{e}^{\mathrm{i}pz}$，有

$$\oint_C f(z)\mathrm{e}^{\mathrm{i}zp} \, dz = \int_{-R}^{R} f(x)\mathrm{e}^{\mathrm{i}px} \, dx + \int_{C_R} f(z)\mathrm{e}^{\mathrm{i}pz} \, dz =$$

$$\int_{-R}^{R} f(x)(\cos px + \mathrm{i}\sin px) \, dx + \int_{C_R} f(z)\mathrm{e}^{\mathrm{i}pz} \, dz$$

只要知道 $\int_{C_R} f(z)\mathrm{e}^{\mathrm{i}pz} \, dz$，那么分别比较实部和虚部即可。

定理 7.1　（约当定理）设 $0 \leqslant \arg z \leqslant \pi$，当 $|z| \to \infty$ 时，$Q(z)$ 一致趋近于 0，则

$$\lim_{R \to \infty} \int_{C_R} Q(z)\mathrm{e}^{\mathrm{i}pz} \, dz = 0$$

其中，$p > 0$，C_R 是以原点为圆心，以 R 为半径的半圆弧。

证明　令 $z = R\mathrm{e}^{\mathrm{i}\theta} \in C_R$，$dz = R\mathrm{i}\mathrm{e}^{\mathrm{i}\theta} \, d\theta$，则

$$\left| \int_{C_R} Q(z)\mathrm{e}^{\mathrm{i}pz} \, dz \right| = \left| \int_0^\pi Q(R\mathrm{e}^{\mathrm{i}\theta})\mathrm{e}^{\mathrm{i}pR(\cos\theta + \mathrm{i}\sin\theta)} R\mathrm{e}^{\mathrm{i}\theta}\mathrm{i} \, d\theta \right|$$

由复变积分性质知

$$\left| \int_{C_R} Q(z)\mathrm{e}^{\mathrm{i}pz} \, dz \right| \leqslant \int_0^\pi \left| Q(R\mathrm{e}^{\mathrm{i}\theta}) \right| \mathrm{e}^{-pR\sin\theta} R \, d\theta < \varepsilon R \int_0^\pi \mathrm{e}^{-pR\sin\theta} \, d\theta = 2\varepsilon R \int_0^{\frac{\pi}{2}} \mathrm{e}^{-pR\sin\theta} \, d\theta$$

因为 $0 \leqslant \theta \leqslant \dfrac{\pi}{2}$ 时，$\sin\theta \geqslant \dfrac{2\theta}{\pi}$，如图 7-4 所示，所以

$$\left| \int_{C_R} Q(z)\mathrm{e}^{\mathrm{i}pz} \, dz \right| \leqslant 2\varepsilon R \int_0^{\frac{\pi}{2}} \mathrm{e}^{-pR\sin\theta} \, d\theta \leqslant 2\varepsilon R \int_0^{\frac{\pi}{2}} \mathrm{e}^{-pR\frac{2\theta}{\pi}} \, d\theta =$$

$$\frac{\varepsilon\pi}{p}(1 - \mathrm{e}^{-pR})$$

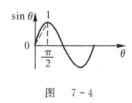

图　7-4

可见

$$\lim_{R \to \infty} \int_{C_R} Q(z)\mathrm{e}^{\mathrm{i}pz} \, dz = 0$$

约当引理保证了：

$$\int_{-\infty}^{+\infty} f(x)(\cos px + \mathrm{i}\sin px) \, dx = \oint_C f(z)\mathrm{e}^{\mathrm{i}pz} \, dz = 2\pi\mathrm{i} \sum_{b_k} \mathrm{res}\, f(b_k)\mathrm{e}^{\mathrm{i}pb_k} \quad (b_k \text{ 在 } C \text{ 内})$$

当 $f(x)$ 为偶函数时，$f(x)\cos px$ 为偶函数，$f(x)\sin px$ 为奇函数，则

$$\int_0^\infty f(x)\cos px \, dx = \pi\mathrm{i} \sum_{b_k} \mathrm{res}\, f(b_k)\mathrm{e}^{\mathrm{i}pb_k}$$

当 $f(x)$ 为奇函数时，$f(x)\cos px$ 为奇函数，$f(x)\sin px$ 为偶函数，则

$$\int_0^\infty f(x)\sin px\,dx = \pi\sum_{b_k}\operatorname{res}f(b_k)e^{ipb_k}$$

例 7.16 计算积分 $I = \int_0^\infty \dfrac{\cos ax}{1+x^4}dx$。

解 $f(x)=\dfrac{1}{1+x^4}$ 为偶函数，$f(x)\Rightarrow f(z)=\dfrac{1}{1+z^4}$，在上半平面内有一阶极点 $z=e^{i\frac{\pi}{4}}$

和 $z=e^{i\frac{3\pi}{4}}$。$\dfrac{1}{1+z^4}\xrightarrow{|z|\to\infty}0$，由约当引理知，$\int_{C_R}\dfrac{e^{iaz}}{1+z^4}dz=0$。

作如图 7-2 所示的围道，有

$$\oint\frac{\cos az}{1+z^4}dz = 2\int_0^\infty\frac{\cos ax}{1+x^4}dx = 2\pi i\left[\operatorname{res}f\left(\frac{e^{iaz}}{1+z^4},e^{i\frac{\pi}{4}}\right)+\operatorname{res}f\left(\frac{e^{iaz}}{1+z^4},e^{i\frac{3\pi}{4}}\right)\right]$$

$$\int_0^\infty\frac{\cos ax}{1+x^4}dx = \pi i\left[\frac{e^{iaz}}{4z^3}\bigg|_{e^{i\frac{\pi}{4}}}+\frac{e^{iaz}}{4z^3}\bigg|_{e^{i\frac{3\pi}{4}}}\right]=$$

$$\pi i\left[\frac{1-i}{4\sqrt{2}}e^{-\frac{\sqrt2}{2}a-i\frac{\sqrt2}{2}a}-\frac{1+i}{4\sqrt{2}}e^{-\frac{\sqrt2}{2}a+i\frac{\sqrt2}{2}a}\right]=$$

$$-\frac{\pi}{2\sqrt{2}}e^{-\frac{\sqrt2}{2}a}\left(\sin\frac{\sqrt2}{2}a+\cos\frac{\sqrt2}{2}a\right)$$

例 7.17 计算积分 $I=\int_{-\infty}^{+\infty}\dfrac{x\cos x}{x^2-2x+10}dx$。

解 $f(x)=\dfrac{x}{x^2-2x+10}$ 非奇非偶，$f(x)\Rightarrow f(z)=\dfrac{z}{z^2-2z+10}$，在上半平面内有一

个一阶极点 $z=1+3i$。$\dfrac{z}{z^2-2z+10}\xrightarrow{|z|\to\infty}0$，由约当引理知，$\int_{C_R}\dfrac{ze^{iz}}{z^2-2z+10}dz=0$。

$$\int_{-\infty}^{+\infty}\frac{xe^{ix}}{x^2-2x+10}dx = \oint_C\frac{ze^{iz}}{z^2-2z+10}dz = 2\pi i\cdot\operatorname{res}f(1+3i)e^{i(1+3i)}$$

$$\operatorname{res}f(1+3i)e^{i(1+3i)} = \lim_{z\to 1+3i}\frac{ze^{i(1+3i)}}{(z^2-2z+10)'}=\frac{(1+3i)e^{i(1+3i)}}{2(1+3i)-2}=\frac{(1+3i)e^{i-3}}{6i}$$

$$\int_{-\infty}^{+\infty}\frac{xe^{ix}}{x^2-2x+10}dx = 2\pi i\frac{(1+3i)e^{i-3}}{6i}=\frac{\pi}{3}e^{-3}(\cos 1-3\sin 1)+$$

$$i\frac{\pi}{3}e^{-3}(3\cos 1+\sin 1)$$

故得

$$\int_{-\infty}^{+\infty}\frac{x\cos x}{x^2-2x+10}dx = \frac{\pi}{3}e^{-3}(\cos 1-3\sin 1)$$

$$\int_{-\infty}^{+\infty}\frac{x\sin x}{x^2-2x+10}dx = \frac{\pi}{3}e^{-3}(3\cos 1+\sin 1)$$

例 7.18 计算积分 $I=\int_0^\infty\dfrac{x\sin x}{x^2+a^2}dx,a>0$。

解 方法一：$f(x)=\dfrac{x}{x^2+a^2}$ 为奇函数，$f(x)\Rightarrow f(z)=\dfrac{z}{z^2+a^2}$，在上半平面内有一个

一阶极点 $z = ia$。$\dfrac{z}{z^2 + a^2} \xrightarrow{|z| \to \infty} 0$，由约当引理知，$\displaystyle\int_{C_R} \dfrac{z\,\mathrm{e}^{\mathrm{i}z}}{z^2 + a^2}\mathrm{d}z = 0$。

$$\int_0^\infty \frac{x\,\mathrm{e}^{\mathrm{i}x}}{x^2 + a^2}\mathrm{d}x = \frac{1}{2}\int_{-\infty}^{+\infty} \frac{x\,\mathrm{e}^{\mathrm{i}x}}{x^2 + a^2}\mathrm{d}x = \frac{1}{2}\oint_C \frac{z\,\mathrm{e}^{\mathrm{i}z}}{z^2 + a^2}\mathrm{d}z = \pi\mathrm{i} \cdot \mathrm{res}\,f(ia)\,\mathrm{e}^{\mathrm{i}(ia)}$$

$$\mathrm{res}\,f(ia)\,\mathrm{e}^{\mathrm{i}(ia)} = \lim_{z \to 1+3\mathrm{i}} \frac{z\,\mathrm{e}^{\mathrm{i}(ia)}}{(z^2 + a^2)'} = \frac{z\,\mathrm{e}^{\mathrm{i}(ia)}}{2z} = \frac{\mathrm{e}^{-a}}{2}$$

$$\int_{-\infty}^{+\infty} \frac{x\,\mathrm{e}^{\mathrm{i}x}}{x^2 + a^2}\mathrm{d}z = 2\pi\mathrm{i}\,\frac{\mathrm{e}^{-a}}{2} = \pi\mathrm{i}\mathrm{e}^{-a}$$

故得

$$\int_{-\infty}^{+\infty} \frac{x\cos x}{x^2 + a^2}\mathrm{d}x = 0, \qquad \int_{-\infty}^{+\infty} \frac{x\sin x}{x^2 + a^2}\mathrm{d}x = \pi\mathrm{e}^{-a}$$

即

$$\int_{-\infty}^{+\infty} \frac{x\sin x}{x^2 + a^2}\mathrm{d}x = \pi\mathrm{e}^{-a}$$

方法二：$f(x) = \dfrac{x}{x^2 + a^2}$ 为奇函数，$\displaystyle\int_0^\infty f(x)\sin px\,\mathrm{d}x = \pi\sum_{b_k} \mathrm{res}\,f(b_k)\,\mathrm{e}^{\mathrm{i}pb_k}$。

$$\mathrm{res}\,f(ia)\,\mathrm{e}^{\mathrm{i}(ia)} = \lim_{z \to 1+3\mathrm{i}} \frac{z\,\mathrm{e}^{\mathrm{i}(ia)}}{(z^2 + a^2)'} = \frac{z\,\mathrm{e}^{\mathrm{i}(ia)}}{2z} = \frac{\mathrm{e}^{-a}}{2}$$

故得

$$\int_0^\infty \frac{x\sin x}{x^2 + a^2}\mathrm{d}x = \pi \cdot \mathrm{res}\,f(ia)\,\mathrm{e}^{\mathrm{i}(ia)} = \pi\,\frac{\mathrm{e}^{-a}}{2} = \frac{\pi}{2}\mathrm{e}^{-a}$$

7.5　实轴上有奇点的情形

计算方法：

围道作法同上，只是积分围道绕过实轴上的奇点。围道多了一段以实轴上的奇点为圆心，δ 为半径的半圆弧，如图 7 - 5 所示。

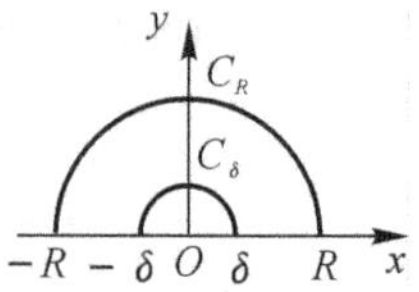

定义 7.1　解析函数 $f(x)$ 在有界区域内某点 x_0 无界，称

$$v.p.\int_a^b f(x)\mathrm{d}x = \int_a^{x_0-\varepsilon} f(x)\mathrm{d}x + \int_{x_0+\varepsilon}^b f(x)\mathrm{d}x$$

为 $f(x)$ 在 $[a,b]$ 上的主值积分。

图　7 - 5

例 7.19　计算主值积分 $I = v.p.\displaystyle\int_{-\infty}^{+\infty} \dfrac{\mathrm{d}x}{x(1 + x + x^2)}$。

解　作如图 7 - 5 所示围道，可知

$$\oint_C \frac{\mathrm{d}z}{z(1 + z + z^2)} = \int_{-R}^{-\delta} \frac{\mathrm{d}x}{x(1 + x + x^2)} + \int_{C_\delta} \frac{\mathrm{d}z}{z(1 + z + z^2)} +$$

$$\int_\delta^R \frac{\mathrm{d}x}{x(1 + x + x^2)} + \int_{C_R} \frac{\mathrm{d}z}{z(1 + z + z^2)} =$$

$$2\pi\mathrm{i} \cdot \mathrm{res}\,\frac{1}{z(1 + z + z^2)}\bigg|_{z = \mathrm{e}^{\mathrm{i}\frac{2\pi}{3}}} = 2\pi\mathrm{i} \cdot \mathrm{res}\,\frac{\dfrac{1}{z}}{1 + 2z}\bigg|_{z = \mathrm{e}^{\mathrm{i}\frac{2\pi}{3}}} =$$

$$-\frac{\pi}{\sqrt{3}}-\mathrm{i}\pi$$

由引理 3.2 可知大弧上的积分为零,即

$$\frac{z}{z(1+z+z^2)} \xrightarrow{\ |z|\to\infty\ } 0$$

$$\lim_{R\to\infty}\int_{C_R}\frac{\mathrm{d}z}{z(1+z+z^2)}=\mathrm{i}K(\pi-0)=0$$

又由引理 3.1 可知小弧上的积分值为

$$\frac{z}{z(1+z+z^2)} \xrightarrow{\ |z|\to 0\ } 1$$

$$\lim_{\delta\to 0}\int_{C_\delta}\frac{\mathrm{d}z}{z(1+z+z^2)}=\mathrm{i}k(0-\pi)=-\mathrm{i}\pi$$

故

$$\int_{-R}^{-\delta}\frac{\mathrm{d}x}{x(1+x+x^2)}+\int_{\delta}^{R}\frac{\mathrm{d}x}{x(1+x+x^2)}-\mathrm{i}\pi=-\frac{\pi}{\sqrt{3}}-\mathrm{i}\pi$$

即

$$I=v.p.\int_{-\infty}^{+\infty}\frac{\mathrm{d}x}{x(1+x+x^2)}\mathrm{d}x=-\frac{\pi}{\sqrt{3}}$$

例 7.20　计算积分 $I=\displaystyle\int_{-\infty}^{+\infty}\frac{\sin x}{x}\mathrm{d}x$。

解　作如图 7-5 所示围道,有

$$\oint_C\frac{\mathrm{e}^{\mathrm{i}z}}{z}\mathrm{d}z=\int_{-R}^{-\delta}\frac{\mathrm{e}^{\mathrm{i}x}}{x}\mathrm{d}x+\int_{C_\delta}\frac{\mathrm{e}^{\mathrm{i}z}}{z}\mathrm{d}z+\int_{\delta}^{R}\frac{\mathrm{e}^{\mathrm{i}x}}{x}\mathrm{d}x+\int_{C_R}\frac{\mathrm{e}^{\mathrm{i}z}}{z}\mathrm{d}z=0$$

围道 C 内 $\dfrac{\mathrm{e}^{\mathrm{i}z}}{z}$ 解析,故积分值为零。由约当引理可知大弧积分为零。当 $0\leqslant \arg z\leqslant \pi$,$z\to\infty,\dfrac{1}{z}\to 0$ 时,有

$$\lim_{R\to\infty}\int_{C_R}\frac{\mathrm{e}^{\mathrm{i}z}}{z}\mathrm{d}z=0$$

又由引理 3.1 可知小弧上的积分值为

$$z\cdot\frac{\mathrm{e}^{\mathrm{i}z}}{z} \xrightarrow{\ |z|\to 0\ } 1$$

$$\lim_{\delta\to 0}\int_{C_\delta}\frac{\mathrm{e}^{\mathrm{i}z}}{z}\mathrm{d}z=\mathrm{i}k(0-\pi)=-\mathrm{i}\pi$$

可知

$$\int_{-R}^{-\delta}\frac{\mathrm{e}^{\mathrm{i}x}}{x}\mathrm{d}x-\pi\mathrm{i}+\int_{\delta}^{R}\frac{\mathrm{e}^{\mathrm{i}x}}{x}\mathrm{d}x=0$$

即

$$v.p.\int_{-\infty}^{+\infty}\frac{\cos x}{x}\mathrm{d}x+\mathrm{i}\left(v.p.\int_{-\infty}^{+\infty}\frac{\sin x}{x}\mathrm{d}x\right)=\pi\mathrm{i}$$

故

$$I=\int_{-\infty}^{+\infty}\frac{\sin x}{x}\mathrm{d}x=\pi$$

例 7.21 计算积分 $I = \int_0^\infty \dfrac{\cos ax - \cos bx}{x^2}\mathrm{d}x \quad (a \geqslant 0,\quad b \geqslant 0)$。

解 $f(z) = \dfrac{1}{z^2}$ 在实轴上有二阶极点 $z = 0$，作如图 7-5 所示的围道。围道 C 内 $\dfrac{\mathrm{e}^{iaz} - \mathrm{e}^{ibz}}{z^2}$ 解析，故积分值为零。

因为

$$\int_{-R}^{-\delta} \frac{\mathrm{e}^{iax} - \mathrm{e}^{ibx}}{x^2}\mathrm{d}x = \int_R^\delta \frac{\mathrm{e}^{-iax} - \mathrm{e}^{-ibx}}{-x^2}\mathrm{d}x = \int_\delta^R \frac{\mathrm{e}^{-iax} - \mathrm{e}^{-ibx}}{x^2}\mathrm{d}x$$

所以 $\displaystyle\int_{-R}^{-\delta} \frac{\mathrm{e}^{iax} - \mathrm{e}^{ibx}}{x^2}\mathrm{d}x + \int_\delta^R \frac{\mathrm{e}^{iax} - \mathrm{e}^{ibx}}{x^2}\mathrm{d}x = \int_\delta^R \frac{(\mathrm{e}^{-iax} - \mathrm{e}^{-ibx}) + (\mathrm{e}^{iax} - \mathrm{e}^{ibx})}{x^2}\mathrm{d}x =$

$$\int_\delta^R \frac{(\mathrm{e}^{iax} + \mathrm{e}^{-iax}) - (\mathrm{e}^{ibx} + \mathrm{e}^{-ibx})}{x^2}\mathrm{d}x =$$

$$2\int_\delta^R \frac{\cos ax - \cos bx}{x^2}\mathrm{d}x$$

由引理 3.1 可知小弧上的积分值为

$$z \frac{\mathrm{e}^{iaz} - \mathrm{e}^{ibz}}{z^2} = \frac{\mathrm{e}^{iaz} - \mathrm{e}^{ibz}}{z} \xrightarrow{\ |z| \to 0\ } \left. \frac{ia\,\mathrm{e}^{iaz} - ib\,\mathrm{e}^{ibz}}{1} \right|_{z=0} = i(a - b)$$

$$\lim_{\delta \to 0} \int_{C_\delta} \frac{\mathrm{e}^{iaz} - \mathrm{e}^{ibz}}{z^2}\mathrm{d}z = ik(0 - \pi) = \pi(a - b)$$

又由约当引理知大弧积分为零。当 $0 \leqslant \arg z \leqslant \pi, z \to \infty, \dfrac{1}{z} \to 0$ 时，有

$$\lim_{R \to \infty} \int_{C_R} \frac{\mathrm{e}^{iaz}}{z^2}\mathrm{d}z = 0, \quad \lim_{R \to \infty} \int_{C_R} \frac{\mathrm{e}^{ibz}}{z^2}\mathrm{d}z = 0$$

$$\int_{-R}^{-\delta} \frac{\mathrm{e}^{iax} - \mathrm{e}^{ibx}}{x^2}\mathrm{d}x + \int_{C_\delta} \frac{\mathrm{e}^{iaz} - \mathrm{e}^{ibz}}{z^2}\mathrm{d}z + \int_\delta^R \frac{\mathrm{e}^{iax} - \mathrm{e}^{ibx}}{x^2}\mathrm{d}x + \int_{C_R} \frac{\mathrm{e}^{iaz} - \mathrm{e}^{ibz}}{z^2}\mathrm{d}z =$$

$$2\int_\delta^R \frac{\cos ax - \cos bx}{x^2}\mathrm{d}x + \pi(a - b) = 0$$

即 $\displaystyle\int_\delta^R \frac{\cos ax - \cos bx}{x^2}\mathrm{d}x = \frac{\pi}{2}(b - a)$

例 7.22 计算积分 $I = \int_{-\infty}^{+\infty} \dfrac{\sin^3 x}{x^3}\mathrm{d}x$。

解 $f(z) = \dfrac{1}{z^3}$ 在实轴上有三阶极点 $z = 0$。

$$\int_{-\infty}^{+\infty} \frac{\sin^3 z}{z^3}\mathrm{d}z = \frac{1}{(2i)^3}\int_{-\infty}^{+\infty} \frac{(\mathrm{e}^{iz} - \mathrm{e}^{-iz})^3}{z^3}\mathrm{d}z = \frac{1}{(2i)^3}\int_{-\infty}^{+\infty} \frac{\mathrm{e}^{i3z} - 3\mathrm{e}^{iz} + 3\mathrm{e}^{-iz} - \mathrm{e}^{-i3z}}{z^3}\mathrm{d}z =$$

$$\frac{1}{(2i)^3}\int_{-\infty}^{+\infty} \frac{\mathrm{e}^{i3z} - 3\mathrm{e}^{iz}}{z^3}\mathrm{d}z + \frac{1}{(2i)^3}\int_{-\infty}^{+\infty} \frac{3\mathrm{e}^{-iz} - \mathrm{e}^{-i3z}}{z^3}\mathrm{d}z$$

令 $I_1 = \displaystyle\int_{-\infty}^{+\infty} \frac{\mathrm{e}^{i3z} - 3\mathrm{e}^{iz}}{z^3}\mathrm{d}z, I_2 = \int_{-\infty}^{+\infty} \frac{3\mathrm{e}^{-iz} - \mathrm{e}^{-i3z}}{z^3}\mathrm{d}z$，对于 I_1 作围道 C，如图 7-6 所示。

$$\oint_C \frac{e^{i3z} - 3e^{iz}}{z^3} dz = \int_{-R}^{R} \frac{e^{i3x} - 3e^{ix}}{x^3} dx + \int_{C_R} \frac{e^{i3z} - 3e^{iz}}{z^3} dz = 2\pi i \cdot \operatorname{res} f(0) =$$

$$\frac{2\pi i}{2!} \frac{d^2}{dz^2} \left(z^3 \frac{e^{i3z} - 3e^{iz}}{z^3} \right) \bigg|_{z=0} = \frac{2\pi i}{2!} \left(-9e^{i3z} + 3e^{iz} \right) \bigg|_{z=0} = -6\pi i$$

由约当引理可知大弧积分为零。当 $0 \leqslant \arg z \leqslant \pi, z \to \infty, \dfrac{1}{z^2} \to 0$ 时，有

$$\lim_{R \to \infty} \int_{C_R} \frac{e^{i3z} - 3e^{iz}}{z^3} dz = 0$$

故 $I_1 = -6\pi i$。

对于 I_2 作围道 C'，如图 7 - 7 所示。

$$\oint_{C'} \frac{3e^{-iz} - e^{-i3z}}{z^3} dz = \int_{-R}^{R} \frac{3e^{iz} - e^{i3z}}{z^3} dx + \int_{C_R} \frac{3e^{-iz} - e^{-i3z}}{z^3} dz = 0$$

弧积分在下半平面，以保证 $3e^{-iz} - e^{-i3z}$ 能满足约当引理中 e^{ipz} 的 $p > 0$。

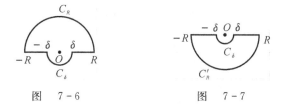

图　7 - 6　　　　　　　　图　7 - 7

由约当引理可知大弧积分为零。当 $0 \leqslant \arg(-z) \leqslant \pi, z \to \infty, \dfrac{1}{z^2} \to 0$ 时，有

$$\lim_{R \to \infty} \int_{C_R} \frac{e^{i3z} - 3e^{iz}}{z^3} dz = 0$$

故 $I_2 = 0$。

由以上分析可知

$$I = \int_{-\infty}^{+\infty} \frac{\sin^3 x}{x^3} dx = \frac{1}{(2i)^3} I_1 + \frac{1}{(2i)^3} I_2 = \frac{3}{4} \pi$$

类似地可以求出

$$\int_{-\infty}^{+\infty} \frac{\sin^2 x}{x^2} dx = \pi, \quad \int_{-\infty}^{+\infty} \frac{\sin^3 x}{x^3} dx = \frac{3}{4} \pi, \quad \int_{-\infty}^{+\infty} \frac{\sin^4 x}{x^4} dx = \frac{2}{3} \pi, \cdots$$

$$I_n = \int_{-\infty}^{+\infty} \frac{\sin^n x}{x^n} dx = \frac{\pi}{(n+1)!} \sum_{k=0}^{\frac{n}{2}} (-1)^k \binom{n}{k} \left(\frac{n - 2k}{2} \right)^{n-1}$$

计算这类积分的关键是选择正确的复变积分的被积函数。

7.6　多值函数的积分

对于积分

$$I = \int_0^{\infty} x^{s-1} Q(x) dx$$

其中，s 为实数，$Q(x)$ 单值，在正实轴上没有奇点。

计算方法：相应的复变积分为 $\oint_C z^{s-1}Q(z)\mathrm{d}z$，$z=0$ 和 ∞ 是被积

函数的极点，沿正实轴作割线，并规定割线上岸 $\arg z = 0$，积分路径

如图 7-8 所示，$0 \leqslant \arg z \leqslant 2\pi$。

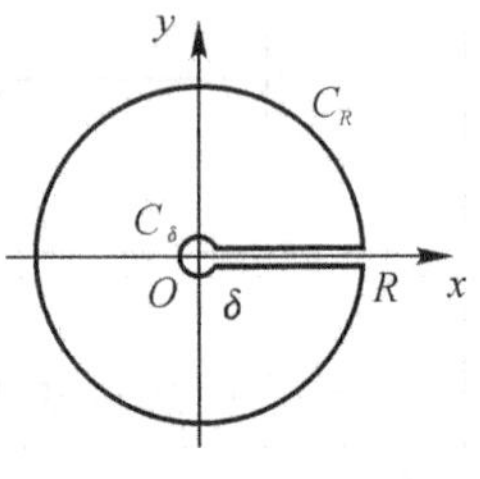

例 7.23 计算积分 $I = \displaystyle\int_0^\infty \frac{x^{a-1}}{x+\mathrm{e}^{\mathrm{i}\varphi}}\mathrm{d}x$，$0 < \alpha < 1$，$-\pi < \varphi < \pi$。

图 7-8

解 如图 7-8 所示，沿正实轴作割线，并规定割线上岸 $\arg z = 0$。

$$\oint_C \frac{z^{a-1}}{z+\mathrm{e}^{\mathrm{i}\varphi}}\mathrm{d}z = \int_\delta^R \frac{x^{a-1}}{x+\mathrm{e}^{\mathrm{i}\varphi}}\mathrm{d}x + \int_{C_R} \frac{z^{a-1}}{z+\mathrm{e}^{\mathrm{i}\varphi}}\mathrm{d}z + \int_R^\delta \frac{x^{a-1}}{x+\mathrm{e}^{\mathrm{i}\varphi}}\mathrm{d}x + \int_{C_\delta} \frac{z^{a-1}}{z+\mathrm{e}^{\mathrm{i}\varphi}}\mathrm{d}z =$$

$$2\pi\mathrm{i} \sum_{0 < \arg z < 2\pi} \mathrm{res}\, \frac{z^{a-1}}{z+\mathrm{e}^{\mathrm{i}\varphi}}$$

因为 $\qquad 0 < \alpha < 1$，$\quad \lim_{z\to 0} z\,\dfrac{z^{a-1}}{z+\mathrm{e}^{\mathrm{i}\varphi}} = 0$，$\quad \lim_{z\to\infty} z\,\dfrac{z^{a-1}}{z+\mathrm{e}^{\mathrm{i}\varphi}} = 0$

所以 $\qquad \displaystyle\int_{C_R} \frac{z^{a-1}}{z+\mathrm{e}^{\mathrm{i}\varphi}}\mathrm{d}z = 0$，$\quad \int_{C_\delta} \frac{z^{a-1}}{z+\mathrm{e}^{\mathrm{i}\varphi}}\mathrm{d}z = 0$ （引理 3.1 和引理 3.2）

围道内仅有一个一阶极点 $z = \mathrm{e}^{\mathrm{i}(\varphi+\pi)}$。

$$\mathrm{res}\, \frac{z^{a-1}}{z+\mathrm{e}^{\mathrm{i}\varphi}}\bigg|_{z=\mathrm{e}\mathrm{i}(\varphi+\pi)} = z^{a-1}\bigg|_{z=\mathrm{e}\mathrm{i}(\varphi+\pi)} = \mathrm{e}^{\mathrm{i}(\varphi+\pi)(a-1)} = -\mathrm{e}^{\mathrm{i}\pi a}\mathrm{e}^{\mathrm{i}\varphi(a-1)}$$

当 $\delta \to 0$，$R \to \infty$ 时，有

$$\int_0^\infty \frac{x^{a-1}}{x+\mathrm{e}^{\mathrm{i}\varphi}}\mathrm{d}x + \int_\infty^0 \frac{(x\mathrm{e}^{2\pi\mathrm{i}})^{a-1}}{(x\mathrm{e}^{2\pi\mathrm{i}})+\mathrm{e}^{\mathrm{i}\varphi}}\mathrm{d}x = 2\pi\mathrm{i}\left[-\mathrm{e}^{\mathrm{i}\pi a}\mathrm{e}^{\mathrm{i}\varphi(a-1)}\right]$$

$$\int_0^\infty \frac{x^{a-1}}{x+\mathrm{e}^{\mathrm{i}\varphi}}\mathrm{d}x - \mathrm{e}^{2\pi\mathrm{i}(a-1)}\int_0^\infty \frac{x^{a-1}}{x+\mathrm{e}^{\mathrm{i}\varphi}}\mathrm{d}x = 2\pi\mathrm{i}\left[-\mathrm{e}^{\mathrm{i}\pi a}\mathrm{e}^{\mathrm{i}\varphi(a-1)}\right]$$

$$\int_0^\infty \frac{x^{a-1}}{x+\mathrm{e}^{\mathrm{i}\varphi}}\mathrm{d}x = \frac{2\pi\mathrm{i}}{1-\mathrm{e}^{2\pi\mathrm{i}(a-1)}}\left[-\mathrm{e}^{\mathrm{i}\pi a}\mathrm{e}^{\mathrm{i}\varphi(a-1)}\right] = \frac{2\pi\mathrm{i}}{1-\mathrm{e}^{\mathrm{i}2\pi a}}\left[-\mathrm{e}^{\mathrm{i}\pi a}\mathrm{e}^{\mathrm{i}\varphi(a-1)}\right] =$$

$$\frac{\pi}{\dfrac{\mathrm{e}^{\mathrm{i}2\pi a}-1}{2\mathrm{i}\mathrm{e}^{\mathrm{i}\pi a}}}\mathrm{e}^{\mathrm{i}\varphi(a-1)} = \frac{\pi}{\dfrac{\mathrm{e}^{\mathrm{i}\pi a}-\mathrm{e}^{-\mathrm{i}\pi a}}{2\mathrm{i}}}\mathrm{e}^{\mathrm{i}\varphi(a-1)} = \frac{\pi}{\sin\pi\alpha}\mathrm{e}^{\mathrm{i}\varphi(a-1)}$$

由此可推知一些积分，如 $\varphi=0$ 时，$\displaystyle\int_0^\infty \frac{x^{a-1}}{x+1}\mathrm{d}x = \frac{\pi}{\sin\pi\alpha}$（下一章学习 Γ 函数时会直接用

到这个结果）。

实虚部分开：

$$\int_0^\infty \frac{x^{a-1}}{x+\cos\varphi+\mathrm{i}\sin\varphi}\mathrm{d}x = \frac{\pi}{\sin\pi\alpha}\left[\cos(\alpha-1)\varphi + \mathrm{i}\sin(\alpha-1)\varphi\right]$$

$$\int_0^\infty \frac{x^{a-1}(x+\cos\varphi-\mathrm{i}\sin\varphi)}{(x+\cos\varphi)^2+\sin^2\varphi}\mathrm{d}x = \frac{\pi}{\sin\pi\alpha}\left[\cos(\alpha-1)\varphi + \mathrm{i}\sin(\alpha-1)\varphi\right]$$

$$\int_0^\infty \frac{x^{a-1}(x+\cos\varphi)}{(x+\cos\varphi)^2+\sin^2\varphi}\mathrm{d}x - \mathrm{i}\int_0^\infty \frac{x^{a-1}\sin\varphi}{(x+\cos\varphi)^2+\sin^2\varphi}\mathrm{d}x =$$

$$\frac{\pi}{\sin\pi\alpha}\cos(\alpha-1)\varphi+i\,\frac{\pi}{\sin\pi\alpha}\sin(\alpha-1)\varphi$$

比较虚部可知

$$\int_0^\infty \frac{x^{\alpha-1}}{x^2+2x\cos\varphi+1}dx=\frac{\pi}{\sin\pi\alpha}\,\frac{\sin(1-\alpha)\varphi}{\sin\varphi}$$

例 7.24　计算积分 $I=\displaystyle\int_0^\infty \frac{\ln x}{1+x+x^2}dx$。

解　如图 7-8 所示,沿正实轴作割线,并规定割线上岸 $\arg z=0$。

$$\oint_C \frac{\ln z}{1+z+z^2}dz=\int_\delta^R \frac{\ln x}{1+x+x^2}dx+\int_{C_R}\frac{\ln z}{1+z+z^2}dz+\int_R^\delta \frac{\ln(xe^{i2\pi})}{1+x+x^2}dx+$$

$$\int_{C_\delta}\frac{\ln z}{1+z+z^2}dz=2\pi i\sum_{0<\arg z<2\pi}\mathrm{res}\,\frac{\ln z}{1+z+z^2}$$

围道内仅有两个一阶极点 $z=\dfrac{-1\pm\sqrt{3}i}{2}$。

$$\sum_{0<\arg z<2\pi}\mathrm{res}\,\frac{\ln z}{1+z+z^2}=\frac{\ln z}{1+2z}\Big|_{z=\frac{-1+\sqrt3 i}{2}}+\frac{\ln z}{1+2z}\Big|_{z=\frac{-1-\sqrt3 i}{2}}=$$

$$\frac{1+i\frac{11\pi}{6}}{1-1+\sqrt3 i}+\frac{1+i\frac{7\pi}{6}}{1-1-\sqrt3 i}=$$

$$\frac{1+i\frac{11\pi}{6}-1-i\frac{7\pi}{6}}{\sqrt3 i}=-\frac{2\pi}{3\sqrt3}$$

由引理 3.1 知,小弧上的积分为零。

$$z\,\frac{\ln z}{1+z+z^2}\xrightarrow{|z|\to 0}0$$

$$\lim_{\delta\to0}\int_{C_\delta}\frac{\ln z}{1+z+z^2}dz=ik(0-2\pi)=0$$

由引理 3.2 知,大弧上的积分为零。

$$z\,\frac{\ln z}{1+z+z^2}\xrightarrow{z\to\infty}0$$

$$\lim_{R\to0}\int_{C_R}\frac{\ln z}{1+z+z^2}dz=iK(2\pi-0)=0$$

因为当 $\delta\to0,R\to\infty$ 时,有

$$\int_0^\infty \frac{\ln x}{1+x+x^2}dx+\int_\infty^0 \frac{\ln(xe^{i2\pi})}{1+x+x^2}dx=2\pi i\left(-\frac{2\pi}{3\sqrt3}\right)$$

即

$$\int_0^\infty \frac{\ln x}{1+x+x^2}dx-\int_0^\infty \frac{\ln x+2\pi i}{1+x+x^2}dx=-\frac{4\pi^2 i}{3\sqrt3}$$

可得

$$\int_0^\infty \frac{-2\pi i}{1+x+x^2}dx=-\frac{4\pi^2 i}{3\sqrt3}$$

没有得到 $I = \int_0^\infty \dfrac{\ln x}{1+x+x^2}\mathrm{d}x$ 是因为 $\ln z$ 的多值性表现在虚部上，实部互相抵消。

由以上计算可知：$\int_0^\infty f(x)\mathrm{d}x$ 的定积分可通过计算 $\oint_C f(z)\ln z\,\mathrm{d}z$ 得到；而 $\int_0^\infty f(x)\ln x\,\mathrm{d}x$ 的计算则要通过计算 $\oint_C f(z)\ln^2 z\,\mathrm{d}z$ 得到。

因为此时 $\ln^2 z$ 在割线上、下岸的函数值 $\ln^2 x$ 与 $(\ln x + 2\pi i)^2$ 相互抵消，所以剩下 $\ln x$ 项正是所需，则

$$\int_0^\infty \frac{\ln^2 x}{1+x+x^2}\mathrm{d}x - \int_0^\infty \frac{(\ln x + 2\pi i)^2}{1+x+x^2}\mathrm{d}x = 2\pi i \sum_G \mathrm{res}\left(\frac{\ln^2 z}{1+z+z^2}\right)$$

$$\text{左边} = -4\pi i \int_0^\infty \frac{\ln x}{1+x+x^2}\mathrm{d}x + 4\pi^2 \int_0^\infty \frac{1}{1+x+x^2}\mathrm{d}x =$$

$$-4\pi i \int_0^\infty \frac{\ln x}{1+x+x^2}\mathrm{d}x + 4\pi^2 \frac{2\pi}{3\sqrt{3}} = \frac{8\pi^3}{3\sqrt{3}} - 4\pi i \int_0^\infty \frac{\ln x}{1+x+x^2}\mathrm{d}x$$

$$\text{右边} = 2\pi i\left(\left.\frac{\ln^2 z}{1+2z}\right|_{z=\frac{-1+\sqrt{3}i}{2}} + \left.\frac{\ln^2 z}{1+2z}\right|_{z=\frac{-1-\sqrt{3}i}{2}}\right) = 2\pi i\left(\frac{\left(1+i\frac{11\pi}{6}\right)^2}{\sqrt{3}i} + \frac{\left(1+i\frac{7\pi}{6}\right)^2}{-\sqrt{3}i}\right) =$$

$$2\pi i\frac{\left(1+i\frac{11\pi}{3}-\frac{121\pi^2}{36}\right) - \left(1+i\frac{7\pi}{3}-\frac{49\pi^2}{36}\right)}{\sqrt{3}i} = 2\pi i\frac{i\frac{4\pi}{3}-2\pi^2}{\sqrt{3}i} =$$

$$\frac{8\pi^2 i}{3\sqrt{3}} - \frac{4\pi^3}{\sqrt{3}}$$

即

$$\frac{8\pi^3}{3\sqrt{3}} - 4\pi i \int_0^\infty \frac{\ln x}{1+x+x^2}\mathrm{d}x = \frac{8\pi^2 i}{3\sqrt{3}} - \frac{4\pi^3}{\sqrt{3}}$$

所以

$$\int_0^\infty \frac{\ln x}{1+x+x^2}\mathrm{d}x = \frac{-5\pi^2 i - 4\pi}{3\sqrt{3}}$$

例 7.25　计算积分 $I = \int_0^\infty \dfrac{\sqrt{x}}{1+x^2}\mathrm{d}x$。

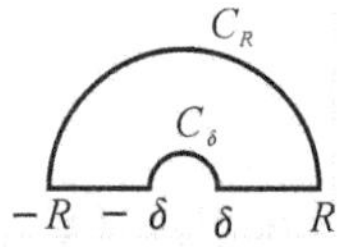

图　7-9

解　方法一：如图 7-9 所示，从 0 到 ∞ 沿实轴作割线，围道内仅有一个一阶极点 $z=i$，则

$$\oint_C \frac{\sqrt{z}}{1+z^2}\mathrm{d}z = \int_{-R}^{-\delta}\frac{\sqrt{x}}{1+x^2}\mathrm{d}x + \int_{C_\delta}\frac{\sqrt{z}}{1+z^2}\mathrm{d}z + \int_\delta^R \frac{\sqrt{x}}{1+x^2}\mathrm{d}x + \int_{C_R}\frac{\sqrt{z}}{1+z^2}\mathrm{d}z =$$

$$2\pi i \cdot \mathrm{res}\left(\frac{\sqrt{z}}{1+z^2}\right)_{z=i} = 2\pi i \left.\frac{\sqrt{z}}{2z}\right|_{z=i} = \pi\sqrt{i}$$

其中

$$\int_{-R}^{-\delta}\frac{\sqrt{x}}{1+x^2}\mathrm{d}x = -\int_\delta^R\frac{\sqrt{(-x)}}{1+x^2}\mathrm{d}(-x) = \int_\delta^R\frac{\sqrt{x}\,\mathrm{e}^{\mathrm{i}\frac{\pi}{2}}}{1+x^2}\mathrm{d}x$$

由复变积分性质知

$$\left|\int_{C_\delta}\frac{\sqrt{z}}{1+z^2}dz\right|\leqslant\frac{\sqrt\delta}{|1+\delta^2|}\pi\delta\leqslant\frac{\sqrt\delta}{1-\delta^2}\pi\delta\xrightarrow{\delta\to0}0$$

$$\left|\int_{C_R}\frac{\sqrt{z}}{1+z^2}dz\right|\leqslant\frac{\sqrt R}{|1+R^2|}\pi R\leqslant\frac{\pi R^{3/2}}{1-R^2}\xrightarrow{R\to\infty}0$$

故
$$(1+e^{i\frac{\pi}{2}})\int_\delta^R\frac{\sqrt x}{1+x^2}dx=\pi\sqrt i$$

$$\int_\delta^R\frac{\sqrt x}{1+x^2}dx=\frac{\pi\sqrt i}{1+i}=\frac{\pi}{\sqrt2}\quad\left(\sqrt i=\frac{i+1}{\sqrt2}\right)$$

方法二：如图 7-8 所示，沿正实轴作割线，并规定割线上岸 $\arg z=0$，则

$$\oint_C\frac{\sqrt z}{1+z^2}dz=\int_\delta^R\frac{\sqrt x}{1+x^2}dx+\int_{C_R}\frac{\sqrt z}{1+z^2}dz+\int_R^\delta\frac{\sqrt x}{1+x^2}dx+\int_{C_\delta}\frac{\sqrt z}{1+z^2}dz=$$

$$2\pi i\sum_{z=\pm i}\mathrm{res}\left(\frac{\sqrt z}{1+z^2}\right)=2\pi i\left(\frac{\sqrt z}{2z}\bigg|_{z=i}+\frac{\sqrt z}{2z}\bigg|_{z=-i}\right)=$$

$$2\pi i\left(\frac{\sqrt i}{2i}+\frac{\sqrt{-i}}{2(-i)}\right)=\sqrt2\pi\quad\left(\sqrt i=\frac{i+1}{\sqrt2},\sqrt{-i}=\frac{i-1}{\sqrt2}\right)$$

因为
$$\int_{C_R}\frac{\sqrt z}{1+z^2}dz\xrightarrow{R\to\infty}0,\quad\int_{C_\delta}\frac{\sqrt z}{1+z^2}dz\xrightarrow{\delta\to0}0$$

$$\int_R^\delta\frac{\sqrt x}{1+x^2}dx=-\int_\delta^R\frac{\sqrt{x}e^{i2\pi}}{1+x^2}dx=\int_\delta^R\frac{\sqrt x}{1+x^2}dx$$

所以
$$I=\int_0^\infty\frac{\sqrt x}{1+x^2}dx=\frac12\oint_C\frac{\sqrt z}{1+z^2}dz=\frac{\pi}{\sqrt2}$$

例 7.26　计算积分 $I=\int_{-1}^1\frac{1}{(1+x^2)\sqrt{1-x^2}}dx$。

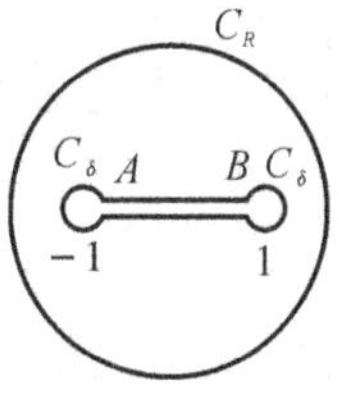

解　$f(z)=\dfrac{1}{(1+z^2)\sqrt{1-z^2}}$ 支点为 $z=\pm1$。

图　7-10

如图 7-10 所示，从 -1 到 1 作割线，并规定割线上岸，则
$$\arg(z+1)=0,\quad\arg(z-1)=\pi$$

$$\oint_C f(z)dz=\int_A^B f(x)dx+\int_{C_\delta}f(z)dz+\int_B^A f(x)dx+\int_{C_\delta}f(z)dz+\int_{C_R}f(z)dz=$$

$$2\pi i[\mathrm{res}f(i)+\mathrm{res}f(-i)]$$

$-1\leqslant x\leqslant1,|x+1|=x+1,|x-1|=1-x$，当 $\delta\to0$ 时，有

$$\int_A^B f(x)dx+\int_B^A f(x)dx=\int_{-1}^1\frac{dx}{(1+x^2)\sqrt{|x+1|e^{i(-2\pi)}|x-1|e^{i\pi}}}+$$

$$\int_1^{-1}\frac{dx}{(1+x^2)\sqrt{|x+1|e^{i\theta}|x-1|e^{i(-\pi)}}}$$

由引理 3.1 可知小弧积分为零，即

$$z\,\frac{1}{(1+z^2)\sqrt{1-z^2}}\xrightarrow{|z|\to 0}0,\quad \lim_{\delta\to 0}\int_{C_\delta}f(z)\mathrm{d}z=\mathrm{i}k(\theta_2-\theta_1)=0$$

又由引理 3.2 可知大弧积分为零，即

$$z\,\frac{1}{(1+z^2)\sqrt{1-z^2}}\xrightarrow{z\to\infty}0,\quad \lim_{R\to\infty}\int_{C_R}f(z)\mathrm{d}z=0$$

$$\operatorname{res}f(\mathrm{i})=\frac{1}{2z\sqrt{z^2-1}}\bigg|_{z=\mathrm{i}}=\frac{1}{2\mathrm{i}\sqrt{2}\,\mathrm{i}}=-\frac{1}{2\sqrt{2}}$$

其中

$$\sqrt{\mathrm{i}^2-1}=\sqrt{|\mathrm{i}+1|\,\mathrm{e}^{\mathrm{i}\arg(\mathrm{i}+1)}|\mathrm{i}-1|\,\mathrm{e}^{\mathrm{i}\arg(\mathrm{i}-1)}}=\sqrt{\sqrt{2}\,\mathrm{e}^{\mathrm{i}\left(-\frac{7\pi}{4}\right)}\sqrt{2}\,\mathrm{e}^{\mathrm{i}\frac{3\pi}{4}}}=\sqrt{2}\,\mathrm{i}$$

$$\operatorname{res}f(-\mathrm{i})=\frac{1}{2z\sqrt{z^2-1}}\bigg|_{z=-\mathrm{i}}=\frac{-1}{2\mathrm{i}(-\sqrt{2}\,\mathrm{i})}=-\frac{1}{2\sqrt{2}}$$

其中

$$\sqrt{(-\mathrm{i})^2-1}=\sqrt{|-\mathrm{i}+1|\,\mathrm{e}^{\mathrm{i}\arg(-\mathrm{i}+1)}|-\mathrm{i}-1|\,\mathrm{e}^{\mathrm{i}\arg(-\mathrm{i}-1)}}=$$
$$\sqrt{\sqrt{2}\,\mathrm{e}^{\mathrm{i}\left(-\frac{\pi}{4}\right)}\sqrt{2}\,\mathrm{e}^{\mathrm{i}\left(-\frac{3\pi}{4}\right)}}=-\sqrt{2}\,\mathrm{i}$$

故得

$$-2\mathrm{i}\int_{-1}^{1}\frac{\mathrm{d}x}{(1+x^2)\sqrt{1-x^2}}=2\pi\mathrm{i}\left(-\frac{1}{\sqrt{2}}\right)=-\mathrm{i}\pi\sqrt{2}$$

$$I=\int_{-1}^{1}\frac{1}{(1+x^2)\sqrt{1-x^2}}\mathrm{d}x=\frac{\pi}{\sqrt{2}}$$

利用留数定理求解以上 5 类积分的方法见表 7-1。

表 7-1　5 类积分的求解方法

积分类型	变　换	围　道	相关定理
有理三角函数积分	$z=\mathrm{e}^{\mathrm{i}\theta}$	单位圆周	
无穷积分	$\mathrm{d}z=\mathrm{i}\mathrm{e}^{\mathrm{i}\theta}\mathrm{d}\theta$	$[-R,R]+C_R$	引理 3.2
含三角函数无穷积分	$f(x)\to f(z)$	$[-R,R]+C_R$	引理 3.2，约当引理
实轴上有奇点的积分	$\begin{cases}\cos px\\ \sin px\end{cases}\Rightarrow\mathrm{e}^{\mathrm{i}pz}$	$[-R,-\delta]+C_\delta+[\delta,R]+C_R$	引理 3.1，引理 3.2，约当引理
多值函数积分		由割线作法决定	引理 3.1，引理 3.2，约当引理

第 8 章 Γ 函 数

8.1 Γ 函数的定义和基本性质

定义 8.1 最基本的特殊函数：$\Gamma(z) = \int_0^\infty \mathrm{e}^{-t} t^{z-1} \mathrm{d}t$，$\mathrm{Re} z > 0$，右半平面的解析函数，称为第二类欧拉积分，$t$ 应理解为 $\arg t = 0$。

回顾：含参量的反常积分的解析性。

定理 8.1 设 ① $f(t,z)$ 是 t 和 z 的连续函数，$t > a$，$z \in \overline{G}$；② 对于任意 $t \geq a$，$f(t,z)$ 在 $\overline{G}$ 上单值解析；③ $\int_a^\infty f(t,z)\mathrm{d}t$ 在 $\overline{G}$ 上一致收敛，即对于任意 $\varepsilon > 0$，存在 $T(\varepsilon)$，当 $T_2 > T_1 > T(\varepsilon)$ 时，$\left| \int_{T_1}^{T_2} f(t,z)\mathrm{d}t \right| < \varepsilon$。则 $F(z) = \int_a^\infty f(t,z)\mathrm{d}t$ 在 $\overline{G}$ 内解析，且 $F'(z) = \int_a^\infty \dfrac{\partial f(t,z)}{\partial z}\mathrm{d}t$，有

$$\Gamma(z) = \int_0^1 \mathrm{e}^{-t} t^{z-1} \mathrm{d}t + \int_1^\infty \mathrm{e}^{-t} t^{z-1} \mathrm{d}t, \quad \mathrm{Re} z > 0$$

$\mathrm{e}^t = \sum\limits_{n=0}^\infty \dfrac{t^n}{n!}$，对于任意 $N > 0$，$\mathrm{e}^t > \dfrac{t^N}{N!}$，

$$\mathrm{e}^{-t} < \frac{N!}{t^N}, \quad |\mathrm{e}^{-t} t^{z-1}| = \mathrm{e}^{-t} t^{x-1} < N! \, t^{x-N-1}, \quad x = \mathrm{Re} z$$

只要选取 $N > x$，积分 $\int_1^\infty t^{x-N-1} \mathrm{d}t$ 收敛，即 $\int_1^\infty \mathrm{e}^{-t} t^{z-1} \mathrm{d}t$，$\mathrm{Re} z > 0$ 收敛。

$$|\mathrm{e}^{-t} t^{z-1}| = \mathrm{e}^{-t} t^{x-1} \leqslant t^{x-1}$$

$$\left| \int_0^1 t^{x-N-1} \mathrm{d}t \right| = \left| \frac{1}{x-N} \right| = \frac{1}{N-x} < \varepsilon$$

$\int_0^1 \mathrm{e}^{-t} t^{z-1} \mathrm{d}t$，$\mathrm{Re} z > 0$ 收敛。

基本性质

(1) $\Gamma(1) = 1$。

证明 $\qquad\qquad \Gamma(1) = \int_0^\infty \mathrm{e}^{-t} t^{z-1} \mathrm{d}t = \int_0^\infty \mathrm{e}^{-t} \mathrm{d}t = -\mathrm{e}^{-t} \Big|_0^\infty = 1$

(2) ① $\Gamma(z+1) = z\Gamma(z)$。

证明
$$\Gamma(z+1)=\int_0^\infty \mathrm{e}^{-t}t^{z+1-1}\,\mathrm{d}t=\int_0^\infty \mathrm{e}^{-t}t^z\,\mathrm{d}t=-\int_0^\infty t^z\,\mathrm{d}(\mathrm{e}^{-t})=$$
$$-\mathrm{e}^{-t}t^z\Big|_0^\infty+z\int_0^\infty \mathrm{e}^{-t}t^{z-1}\,\mathrm{d}t=z\Gamma(z)$$

② 阶乘函数:$\Gamma(n)=(n-1)!$。

证明
$$\Gamma(n)=(n-1)\Gamma(n-1)=(n-1)(n-2)\Gamma(n-2)=$$
$$(n-1)(n-2)\cdots 1\Gamma(1)=(n-1)!$$

(3)① $\Gamma(z)\Gamma(1-z)=\dfrac{\pi}{\sin\pi z}$。

在 8.3 节中补证。

② $\Gamma(1/2)=\sqrt{\pi}$。

③ $\Gamma(z)$ 在全平面无零点。

证明 因为 $\dfrac{\pi}{\sin\pi z}\neq 0$,所以 $\Gamma(z)\Gamma(1-z)\neq 0$。假设 $\Gamma(z_0)=0$,则

$$\Gamma(1-z_0)=\infty,\quad \Gamma(1-z_0)=\int_0^\infty \mathrm{e}^{-t}t^{-z_0}\,\mathrm{d}t>\int_0^\infty t^{-z_0}\,\mathrm{d}t$$

有 $z_0=n,n=1,2,3,\cdots$ 因而 $\Gamma(z_0)=\Gamma(n)=(n-1)!$ 与假设矛盾。

(4) 倍乘公式:$\Gamma(2z)=2^{2z-1}\pi^{-\frac{1}{2}}\Gamma(z)\Gamma\left(z+\dfrac{1}{2}\right)$。

证明
$$\Gamma\left(z+\frac{1}{2}\right)=\int_0^\infty \mathrm{e}^{-t}t^{z+\frac{1}{2}-1}\,\mathrm{d}t=\int_0^\infty \mathrm{e}^{-t}t^{z-\frac{1}{2}}\,\mathrm{d}t,\quad \mathrm{Re}\,z>0$$
$$\Gamma(z)=\int_0^\infty \mathrm{e}^{-t}t^{z-1}\,\mathrm{d}t,\quad \mathrm{Re}\,z>0$$
$$\Gamma(z)\Gamma\left(z+\frac{1}{2}\right)=\int_0^\infty \mathrm{e}^{-t}t^{z-1}\,\mathrm{d}t\int_0^\infty \mathrm{e}^{-s}s^{z-\frac{1}{2}}\,\mathrm{d}s=\int_0^\infty\int_0^\infty \mathrm{e}^{-(t+s)}(ts)^{z-\frac{1}{2}}t^{-\frac{1}{2}}\,\mathrm{d}t\,\mathrm{d}s,\quad \mathrm{Re}\,z>0$$

作变换 $t=u^2,s=v^2(0<u<\infty,0<v<\infty)$,则 $\mathrm{d}t=2u\,\mathrm{d}u,\mathrm{d}s=2v\,\mathrm{d}v$。

$$\Gamma(z)\Gamma\left(z+\frac{1}{2}\right)=\int_0^\infty\int_0^\infty \mathrm{e}^{-(u^2+v^2)}(uv)^{2z-1}u^{-1}2u\,\mathrm{d}u2v\,\mathrm{d}v=$$
$$4\int_0^\infty\int_0^\infty \mathrm{e}^{-(u^2+v^2)}(uv)^{2z-1}v\,\mathrm{d}u\,\mathrm{d}v \tag{8.1}$$

对换 u 和 v 可得

$$\Gamma(z)\Gamma\left(z+\frac{1}{2}\right)=4\int_0^\infty\int_0^\infty \mathrm{e}^{-(u^2+v^2)}(uv)^{2z-1}u\,\mathrm{d}u\,\mathrm{d}v \tag{8.2}$$

$$\frac{式(8.1)+式(8.2)}{2}\Rightarrow\Gamma(z)\Gamma\left(z+\frac{1}{2}\right)=2\int_0^\infty\int_0^\infty \mathrm{e}^{-(u^2+v^2)}(uv)^{2z-1}(u+v)\,\mathrm{d}u\,\mathrm{d}v$$

如图 8-1 所示,uv 平面第一象限的面积积分=两倍的阴影面积。

$$\Gamma(z)\Gamma\left(z+\frac{1}{2}\right)=4\int_0^\infty\int_v^\infty \mathrm{e}^{-(u^2+v^2)}(uv)^{2z-1}(u+v)\,\mathrm{d}u\,\mathrm{d}v$$

作变换 $\alpha=u^2+v^2,\beta=2uv$,则

$$\alpha-\beta=(u-v)^2,\quad \alpha+\beta=(u+v)^2,\quad \alpha:\beta\to\infty,\quad \beta:0\to\infty$$

由雅克比行列式,有

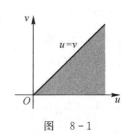

图 8-1

$$\left| \frac{\partial(u,v)}{\partial(\alpha,\beta)} \right| = \begin{vmatrix} \dfrac{\partial u}{\partial \alpha} & \dfrac{\partial u}{\partial \beta} \\ \dfrac{\partial v}{\partial \alpha} & \dfrac{\partial v}{\partial \beta} \end{vmatrix} = \frac{1}{\begin{vmatrix} \dfrac{\partial \alpha}{\partial u} & \dfrac{\partial \alpha}{\partial v} \\ \dfrac{\partial \beta}{\partial u} & \dfrac{\partial \beta}{\partial v} \end{vmatrix}} = \frac{1}{\begin{vmatrix} 2u & 2v \\ 2v & 2u \end{vmatrix}} = $$

$$\frac{1}{4|u^2 - v^2|} = \frac{1}{4\sqrt{(\alpha+\beta)(\alpha-\beta)}} = \frac{1}{4\sqrt{\alpha^2 - \beta^2}}$$

$$\Gamma(z)\Gamma\left(z + \frac{1}{2}\right) = 4\int_0^\infty \int_v^\infty e^{-(u^2+v^2)} (uv)^{2z-1}(u+v)\,\mathrm{d}u\,\mathrm{d}v = $$

$$4\int_0^\infty \int_v^\infty e^{-\alpha} \left(\frac{\beta}{2}\right)^{2z-1} \sqrt{\alpha+\beta} \,\frac{1}{4\sqrt{\alpha^2-\beta^2}}\,\mathrm{d}\alpha\,\mathrm{d}\beta = $$

$$4\int_0^\infty \int_v^\infty e^{-\alpha} \left(\frac{\beta}{2}\right)^{2z-1} \frac{1}{4\sqrt{\alpha-\beta}}\,\mathrm{d}\alpha\,\mathrm{d}\beta$$

令 $\gamma = \alpha - \beta$,则 $\mathrm{d}\gamma = \mathrm{d}\alpha$,$\gamma : 0 \to \infty$,有

$$\Gamma(z)\Gamma\left(z + \frac{1}{2}\right) = 4\int_0^\infty \int_v^\infty e^{-\alpha} \left(\frac{\beta}{2}\right)^{2z-1} \frac{1}{4\sqrt{\alpha-\beta}}\,\mathrm{d}\alpha\,\mathrm{d}\beta = $$

$$4\int_0^\infty \int_v^\infty e^{-(\gamma+\beta)} \left(\frac{\beta}{2}\right)^{2z-1} \frac{1}{4\sqrt{\gamma}}\,\mathrm{d}\gamma\,\mathrm{d}\beta = $$

$$2^{-(2z-1)}\int_0^\infty e^{-\beta}\beta^{2z-1}\,\mathrm{d}\beta \int_0^\infty e^{-\gamma}\gamma^{\frac{1}{2}-1}\,\mathrm{d}\gamma = $$

$$2^{-(2z-1)}\Gamma(2z)\Gamma(1/2) = 2^{-(2z-1)}\Gamma(2z)\sqrt{\pi}$$

故
$$\Gamma(2z) = 2^{2z-1}\pi^{-\frac{1}{2}}\Gamma(z)\Gamma\left(z + \frac{1}{2}\right)$$

(5) 斯特林公式。

Γ 函数的渐进展开:$|z| \to \infty$,$|\arg z| < \pi$ 时,有

$$\Gamma(z) \sim z^{z-\frac{1}{2}}e^{-z}\sqrt{2\pi}\left(1 + \frac{1}{12z} + \frac{1}{288z^2} - \frac{139}{51\,840z^3} - \frac{571}{2\,488\,320z^4} + \cdots\right)$$

$$\ln\Gamma(z) \sim \left(z - \frac{1}{2}\right)\ln z - z + \frac{1}{2}\ln 2\pi + \frac{1}{12z} - \frac{1}{360z^3} + \frac{1}{1\,260z^5} - \frac{1}{1\,680z^7} + \cdots$$

物理中常用到:$\ln n! \sim n\ln n - n$。

例 8.1 求积分 $\begin{cases} \displaystyle\int_0^\infty x^{a-1}e^{-x\cos\theta}\cos(x\sin\theta)\,\mathrm{d}x \\ \displaystyle\int_0^\infty x^{a-1}e^{-x\cos\theta}\sin(x\sin\theta)\,\mathrm{d}x \end{cases}$, $-\dfrac{\pi}{2} < \theta < \dfrac{\pi}{2}$。

解
$$\int_0^\infty x^{a-1}e^{-x\cos\theta}\cos(x\sin\theta)\,\mathrm{d}x + i\int_0^\infty x^{a-1}e^{-x\cos\theta}\sin(x\sin\theta)\,\mathrm{d}x = $$

$$\int_0^\infty x^{a-1}e^{-x\cos\theta}e^{ix\sin\theta}\,\mathrm{d}x = \int_0^\infty x^{a-1}e^{-x\cos\theta+ix\sin\theta}\,\mathrm{d}x = $$

$$\int_0^\infty x^{a-1}e^{-x[\cos(-\theta)+ix\sin(-\theta)]}\,\mathrm{d}x$$

令 $b = \cos(-\theta) + i\sin(-\theta)$,则

$$\int_0^\infty x^{a-1} e^{-x\cos\theta} \cos(x\sin\theta)\,dx + i\int_0^\infty x^{a-1} e^{-x\cos\theta} \sin(x\sin\theta)\,dx = \int_0^\infty x^{a-1} e^{-bx}\,dx =$$

$$\int_0^\infty \frac{(bx)^{a-1} e^{-bx} d(bx)}{b^a} = \frac{\Gamma(\alpha)}{b^a} = \frac{\Gamma(\alpha)}{[\cos(-\theta) + i\sin(-\theta)]^a} =$$

$$\Gamma(\alpha)\,[\cos(-\theta) - i\sin(-\theta)]^a = \Gamma(\alpha)(\cos\alpha\theta + i\sin\alpha\theta)$$

故

$$\begin{cases} \displaystyle\int_0^\infty x^{a-1} e^{-x\cos\theta} \cos(x\sin\theta)\,dx = \Gamma(\alpha)\cos\alpha\theta \\ \displaystyle\int_0^\infty x^{a-1} e^{-x\cos\theta} \sin(x\sin\theta)\,dx = \Gamma(\alpha)\sin\alpha\theta \end{cases}, \quad -\frac{\pi}{2} < \theta < \frac{\pi}{2}$$

例 8.2 求证 $\displaystyle\int_0^\infty e^{-r^2} r^p\,dr = \frac{1}{2}\Gamma\left(\frac{p+1}{2}\right)$。

证明
$$\frac{1}{2}\Gamma\left(\frac{p+1}{2}\right) = \frac{1}{2}\int_0^\infty e^{-t} t^{\frac{p+1}{2}-1}\,dt = \frac{1}{2}\int_0^\infty e^{-t} t^{\frac{p-1}{2}}\,dt$$

令 $\sqrt{t} = r$,则 $t = r^2$, $dt = 2r\,dr$,当 $t:0\to\infty$ 时, $r:0\to\infty$,得

$$\frac{1}{2}\Gamma\left(\frac{p+1}{2}\right) = \frac{1}{2}\int_0^\infty e^{-r^2} r^{p-1} 2r\,dr = \int_0^\infty e^{-r^2} r^p\,dr$$

例 8.3 求积分 $\displaystyle\int_0^\infty x^6 e^{-2x}\,dx$。

解 令 $2x = t$,则 $x = \frac{1}{2}t$, $dx = \frac{1}{2}dt$。

$$\int_0^\infty x^6 e^{-2x}\,dx = \frac{1}{2^6}\int_0^\infty t^6 e^{-t} \frac{1}{2}dt = \frac{1}{2^7}\int_0^\infty e^{-t} t^6\,dt = \frac{1}{2^7}\Gamma(7) = \frac{6!}{2^7} = \frac{45}{8}$$

例 8.4 求积分 $\displaystyle\int_0^\infty x^5 e^{-x^2}\,dx$。

解 令 $x^2 = t$,则 $dx = \frac{dt}{2x} = \frac{dt}{2\sqrt{t}}$。

$$\int_0^\infty x^5 e^{-x^2}\,dx = \int_0^\infty t^{\frac{5}{2}} e^{-t} \frac{1}{2\sqrt{t}}dt = \frac{1}{2}\int_0^\infty t^2 e^{-t}\,dt = \frac{1}{2}\Gamma(3) = \frac{2!}{2} = 1$$

例 8.5 将 $(1+\gamma)(2+\gamma)(3+\gamma)\cdots(n+\gamma) = (1+\gamma)_n$ 用 Γ 函数表示。

解 因为 $\Gamma(z+1) = z\Gamma(z)$,即

$$1+\gamma = \frac{\Gamma(2+\gamma)}{\Gamma(1+\gamma)}, 2+\gamma = \frac{\Gamma(3+\gamma)}{\Gamma(2+\gamma)}, \cdots, n+\gamma = \frac{\Gamma(n+1+\gamma)}{\Gamma(n+\gamma)}$$

所以

$$(1+\gamma)(2+\gamma)(3+\gamma)\cdots(n+\gamma) = \frac{\Gamma(n+1+\gamma)}{\Gamma(1+\gamma)}$$

例 8.6 将 $[n(n-1)-\nu(1+\nu)][(n-1)(n-2)-\nu(1+\nu)]\cdots[0-\nu(1+\nu)]$ 用 Γ 函数表示。

解 $n(n-1)-\nu(1+\nu) = n^2 - n - \nu - \nu^2 = (n^2 - \nu^2) - (n+\nu) = (n+\nu)(n-\nu-1)$

$$[n(n-1)-\nu(1+\nu)][(n-1)(n-2)-\nu(1+\nu)]\cdots[0-\nu(1+\nu)] =$$

$$[(n+\nu)(n-\nu-1)][(n-1+\nu)(n-1-\nu-1)]\cdots[(1+\nu)(1-\nu-1)] =$$

$$\left[(n+\nu)(n-1+\nu)\cdots(1+\nu)\right]\left[(n-\nu-1)(n-1-\nu-1)\cdots(1-\nu-1)\right]=$$

$$\frac{\Gamma(n+\nu+1)}{\Gamma(1+\nu)}\frac{\Gamma(n-\nu)}{\Gamma(-\nu)}$$

因为 $\Gamma(z)\Gamma(1-z)=\dfrac{\pi}{\sin\pi z}$,即

$$\Gamma(-\nu)\Gamma(1+\nu)=\frac{\pi}{\sin\pi(-\nu)}$$

$$\Gamma(n-\nu)\Gamma(1-n+\nu)=\frac{\pi}{\sin\pi(n-\nu)}=\frac{\pi}{(-1)^{n}\sin\pi(-\nu)}$$

$$\frac{\Gamma(-\nu)\Gamma(1+\nu)}{\Gamma(n-\nu)}=(-1)^{n}\Gamma(1-n+\nu)$$

所以

$$\left[n(n-1)-\nu(1+\nu)\right]\left[(n-1)(n-2)-\nu(1+\nu)\right]\cdots\left[0-\nu(1+\nu)\right]=$$

$$\frac{\Gamma(n+\nu+1)}{\Gamma(1+\nu)}\frac{\Gamma(n-\nu)}{\Gamma(-\nu)}=(-1)^{n}\frac{\Gamma(n+\nu+1)}{\Gamma(\nu-n+1)}$$

例 8.7   计算积分 $\begin{cases}\displaystyle\int_{0}^{\infty}x^{-\alpha}\sin x\,\mathrm{d}x\,,&0<\alpha<2\\[2mm]\displaystyle\int_{0}^{\infty}x^{-\alpha}\cos x\,\mathrm{d}x\,,&0<\alpha<1\end{cases}$。

解 $\displaystyle\int_{0}^{\infty}x^{-\alpha}\cos x\,\mathrm{d}x+\mathrm{i}\int_{0}^{\infty}x^{-\alpha}\sin x\,\mathrm{d}x=\int_{0}^{\infty}z^{-\alpha}\mathrm{e}^{\mathrm{i}z}\,\mathrm{d}z=\int_{0}^{\infty}\frac{(-\mathrm{i}z)^{(1-\alpha)-1}\mathrm{e}^{-(-\mathrm{i}z)}}{(-\mathrm{i})^{1-\alpha}}\mathrm{d}(-\mathrm{i}z)=$

$$\frac{\Gamma(1-\alpha)}{(-\mathrm{i})^{1-\alpha}}=\frac{\Gamma(1-\alpha)}{(\mathrm{e}^{-\frac{\pi}{2}\mathrm{i}})^{1-\alpha}}=\Gamma(1-\alpha)\mathrm{e}^{-\frac{(1-\alpha)}{2}\pi\mathrm{i}}=$$

$$\Gamma(1-\alpha)\left[\cos\left(\frac{\pi}{2}-\frac{\alpha}{2}\pi\right)+\mathrm{i}\sin\left(\frac{\pi}{2}-\frac{\alpha}{2}\pi\right)\right]=$$

$$\Gamma(1-\alpha)\left[\sin\frac{\alpha\pi}{2}+\mathrm{i}\cos\frac{\alpha\pi}{2}\right]$$

故

$$\begin{cases}\displaystyle\int_{0}^{\infty}x^{-\alpha}\sin x\,\mathrm{d}x=\Gamma(1-\alpha)\cos\frac{\alpha\pi}{2}\\[3mm]\displaystyle\int_{0}^{\infty}x^{-\alpha}\cos x\,\mathrm{d}x=\Gamma(1-\alpha)\sin\frac{\alpha\pi}{2}\end{cases}$$

8.2   Ψ 函 数

定义 8.2   Ψ 函数是 Γ 函数的对数微商

$$\Psi(z)=\frac{\mathrm{d}\ln\Gamma(z)}{\mathrm{d}z}=\frac{\Gamma'(z)}{\Gamma(z)}$$

性质

(1) $z=0,-1,-2,\cdots$ 都是 $\Psi(z)$ 的一阶极点,留数均为 -1,除这些点外,$\Psi(z)$ 在全平面解析。

(2)
$$\Psi(z+1)=\Psi(z)+\frac{1}{z}$$

$$\Psi(z+n)=\Psi(z)+\frac{1}{z}+\frac{1}{z+1}+\cdots+\frac{1}{z+n-1},\quad n=2,3,4,\cdots$$

(3)
$$\Psi(1-z)=\Psi(z)+\pi\cot(\pi z)$$

(4)
$$\Psi(z)-\Psi(-z)=-\frac{1}{z}-\pi\cot(\pi z)$$

(5)
$$\Psi(2z)=\frac{1}{2}\Psi(z)+\frac{1}{2}\Psi\left(z+\frac{1}{2}\right)+\ln 2$$

(6)
$$\Psi(z)\sim\ln z-\frac{1}{2z}-\frac{1}{12z^2}+\frac{1}{120z^4}-\frac{1}{252z^6}+\cdots,\quad z\to\infty\,|\arg z|<\pi$$

(7)
$$\lim_{n\to\infty}\left[\Psi(z+n)-\ln n\right]=0$$

特殊值:欧拉常数

$$\gamma=0.577\ 215\ 664\ 901\ 532\ 860\ 606\ 512\ 090\ 082\ 40\cdots$$

$$\Psi(1)=-\gamma, \qquad\qquad \Psi'(1)=\frac{\pi^2}{6}$$

$$\Psi\left(\frac{1}{2}\right)=-\gamma-2\ln 2, \qquad \Psi'\left(\frac{1}{2}\right)=\frac{\pi^2}{2}$$

$$\Psi\left(-\frac{1}{2}\right)=-\gamma-2\ln 2+2, \qquad \Psi'\left(-\frac{1}{2}\right)=\frac{\pi^2}{2}+4$$

$$\Psi\left(\frac{1}{4}\right)=-\gamma-\frac{\pi}{2}-3\ln 2, \qquad \Psi\left(\frac{3}{4}\right)=-\gamma+\frac{\pi}{2}-3\ln 2$$

$$\Psi\left(\frac{1}{3}\right)=-\gamma-\frac{\pi}{2\sqrt{3}}-\frac{3}{2}\ln 3, \qquad \Psi\left(\frac{2}{3}\right)=-\gamma+\frac{\pi}{2\sqrt{3}}-\frac{3}{2}\ln 3$$

利用 Ψ 函数,可求通项为有理式的无穷级数之和。无穷级数 $\sum\limits_{n=0}^{\infty}u_n=\sum\limits_{n=0}^{\infty}\frac{p(n)}{d(n)}$,$p(n)$,$d(n)$ 为 n 的多项式,且 $d(n)$ 为 n 的 m 次多项式。$d(n)$ 的全部零点为 u_n 的一阶极点,则 $u_n=\frac{p(n)}{d(n)}=\sum\limits_{k=1}^{m}\frac{a_k}{n+\alpha_k}$(部分分式)。必须有 $\lim\limits_{n\to\infty}u_n=\lim\limits_{n\to\infty}nu_n=0$,即 $\sum\limits_{k=1}^{m}a_k=0$,以保证 u_n 收敛。则有

$$\sum_{n=0}^{N}u_n=\sum_{n=0}^{N}\sum_{k=1}^{m}\frac{a_k}{n+\alpha_k}=\sum_{k=1}^{m}a_k\left(\frac{1}{\alpha_k}+\frac{1}{1+\alpha_k}+\frac{1}{2+\alpha_k}+\cdots+\frac{1}{N-1+\alpha_k}+\frac{1}{N+\alpha_k}\right)=$$

$$\sum_{k=1}^{m}a_k\left[\Psi(\alpha_k+N+1)-\Psi(\alpha_k)\right]= \qquad\qquad [性质(2)]$$

$$\sum_{k=1}^{m}a_k\left[\Psi(\alpha_k+N+1)-\ln(N+1)-\Psi(\alpha_k)\right]$$

$$(\sum_{k=1}^{m}a_k=0,\text{以保证}\ u_n\ \text{收敛},\sum_{k=1}^{m}a_k\ln(N+1)=0)$$

当 $n \to \infty$ 时,有

$$\sum_{n=0}^{\infty} u_n = \lim_{n \to \infty} \sum_{k=1}^{m} a_k \left[\Psi(\alpha_k + N + 1) - \ln(N+1) \right] - \sum_{k=1}^{m} a_k \Psi(\alpha_k) =$$

$$- \sum_{k=1}^{m} a_k \Psi(\alpha_k) \qquad \left[性质(2) \right]$$

$$\sum_{n=0}^{\infty} u_n = - \sum_{k=1}^{m} a_k \Psi(\alpha_k), \quad u_n = \sum_{k=1}^{m} \frac{a_k}{n + \alpha_k}$$

例 8.8　求无穷级数 $\displaystyle\sum_{n=0}^{\infty} \frac{1}{n^2 + a^2}$ 之和,其中 $a > 0$。

解　$\displaystyle\sum_{n=0}^{\infty} \frac{1}{n^2 + a^2} = \frac{i}{2a} \sum_{n=0}^{\infty} \left(\frac{1}{n + ia} - \frac{1}{n - ia} \right) = -\frac{i}{2a} \left[\Psi(ia) - \Psi(-ia) \right] =$

$$-\frac{i}{2a} \left[-\frac{1}{ia} - \pi \cot(i\pi a) \right] = \frac{1}{2a^2} + \frac{i\pi}{2a} \cot(i\pi a) \qquad \left[性质(4) \right]$$

例 8.9　求无穷级数 $\displaystyle\sum_{n=0}^{\infty} \frac{1}{(3n+1)(3n+2)(3n+3)}$ 之和。

解　$\displaystyle f(n) = \frac{1}{(3n+1)(3n+2)(3n+3)} = \frac{\operatorname{res} f\left(-\frac{1}{3}\right)}{3n+1} + \frac{\operatorname{res} f\left(-\frac{2}{3}\right)}{3n+2} + \frac{\operatorname{res} f(-1)}{3n+3}$

$$\operatorname{res} f\left(-\frac{1}{3}\right) = \frac{1}{(3n+2)(3n+3)} \bigg|_{n=-\frac{1}{3}} = \frac{1}{2}$$

$$\operatorname{res} f\left(-\frac{2}{3}\right) = \frac{1}{(3n+1)(3n+3)} \bigg|_{n=-\frac{2}{3}} = -1$$

$$\operatorname{res} f(-1) = \frac{1}{(3n+1)(3n+2)} \bigg|_{n=-1} = \frac{1}{2}$$

$$\frac{1}{(3n+1)(3n+2)(3n+3)} = \frac{1}{6} \times \frac{1}{n + \frac{1}{3}} - \frac{1}{3} \times \frac{1}{n + \frac{2}{3}} + \frac{1}{6} \times \frac{1}{n+1}$$

$$\sum_{n=0}^{\infty} \frac{1}{(3n+1)(3n+2)(3n+3)} = -\frac{1}{6} \left[\Psi\left(\frac{1}{3}\right) - 2\Psi\left(\frac{2}{3}\right) + \Psi(1) \right]$$

其中

$$\Psi\left(\frac{1}{3}\right) = -\gamma - \frac{\pi}{2\sqrt{3}} - \frac{3}{2}\ln 3, \quad \Psi\left(\frac{2}{3}\right) = -\gamma + \frac{\pi}{2\sqrt{3}} - \frac{3}{2}\ln 3, \quad \Psi(1) = -\gamma$$

故得

$$\sum_{n=0}^{\infty} \frac{1}{(3n+1)(3n+2)(3n+3)} =$$

$$-\frac{1}{6} \left[\left(-\gamma - \frac{\pi}{2\sqrt{3}} - \frac{3}{2}\ln 3 \right) - 2\left(-\gamma + \frac{\pi}{2\sqrt{3}} - \frac{3}{2}\ln 3 \right) - \gamma \right] = \frac{1}{4} \left(\frac{\pi}{\sqrt{3}} - \ln 3 \right)$$

8.3 B 函 数

定义 8.3 $B(p,q) = \int_0^1 t^{p-1}(1-t)^{q-1}dt, \mathrm{Re}\,p > 0, \mathrm{Re}\,q > 0$,称为第一类欧拉积分。

若 $t = \sin^2\theta$,则 B 函数的另一表达式为 $B(p,q) = 2\int_0^{\frac{\pi}{2}}(\sin\theta)^{2p-1}(\cos\theta)^{2q-1}d\theta$,B 函数可以用 Γ 函数表示:$B(p,q) = \dfrac{\Gamma(p)\Gamma(q)}{\Gamma(p+q)}$。

证明 $\Gamma(p) = \int_0^\infty \mathrm{e}^{-t}t^{p-1}dt, \mathrm{Re}\,p > 0; \Gamma(q) = \int_0^\infty \mathrm{e}^{-t}t^{q-1}dt, \mathrm{Re}\,q > 0$。

$$t \to x^2 : \Gamma(p) = \int_0^\infty \mathrm{e}^{-x^2}x^{2p-2}dx^2 = 2\int_0^\infty \mathrm{e}^{-x^2}x^{2p-1}dx$$

$$t \to y^2 : \Gamma(q) = 2\int_0^\infty \mathrm{e}^{-y^2}y^{2q-1}dy$$

$$\Gamma(p)\Gamma(q) = 4\int_0^\infty\int_0^\infty \mathrm{e}^{-(x^2+y^2)}x^{2p-1}y^{2q-1}dx\,dy$$

令 $x = r\sin\theta, y = r\cos\theta$,有

$$\Gamma(p)\Gamma(q) = 4\int_0^\infty\int_0^{\frac{\pi}{2}} \mathrm{e}^{-r^2}(r\sin\theta)^{2p-1}(r\cos\theta)^{2q-1}r\,dr\,d\theta =$$

$$\int_0^\infty \mathrm{e}^{-r^2}(r^2)^{(p+q)-1}dr^2 \cdot 2\int_0^{\frac{\pi}{2}}(\sin\theta)^{2p-1}(\cos\theta)^{2q-1}d\theta =$$

$$\Gamma(p+q) \cdot 2\int_0^{\frac{\pi}{2}}(\sin^2\theta)^{p-1}(1-\sin^2\theta)^{q-1}\sin\theta\cos\theta\,d\theta =$$

$$\Gamma(p+q)\int_0^{\frac{\pi}{2}}(\sin^2\theta)^{p-1}(1-\sin^2\theta)^{q-1}d(\sin^2\theta) =$$

$$\Gamma(p+q)B(p,q)$$

即
$$B(p,q) = \frac{\Gamma(p)\Gamma(q)}{\Gamma(p+q)}$$

补充证明:
$$B(z,1-z) = \frac{\Gamma(z)\Gamma(1-z)}{\Gamma(1)} = \Gamma(z)\Gamma(1-z)$$

$$B(z,1-z) = \int_0^1 t^{z-1}(1-t)^{-z}dt$$

$x = \dfrac{t}{1-t}, t = \dfrac{x}{1+x}$:

$$B(z,1-z) = \int_0^1 t^{z-1}(1-t)^{-z}dt = \int_0^1\left(\frac{t}{1-t}\right)^{z-1}(1-t)^{-1}dt =$$

$$\int_0^\infty x^{z-1}\frac{1}{1+x}dx = \int_0^\infty \frac{x^{z-1}}{1+x}dx = \frac{\pi}{\sin\pi z}$$

所以

$$\Gamma(z)\Gamma(1-z) = \frac{\pi}{\sin\pi z}$$

第9章 拉普拉斯变换

积分变换：A 类函数中的函数 $f(x)$ 通过可逆积分 $F(p) = \int k(x,p) f(x) \mathrm{d}x$，成为 B 类函数中的函数 $F(p)$。$f(x)$ 是 $F(p)$ 的原函数，$F(p)$ 是 $f(x)$ 的像函数，$k(x,p)$ 为积分变换核。

拉普拉斯变换是一种在数学和物理及工程技术中广泛应用的积分变换。

9.1   拉普拉斯变换的定义

定义 9.1 $f(t) \Rightarrow F(p) : F(p) = \int_0^\infty \mathrm{e}^{-pt} f(t) \mathrm{d}t$。其中 $t > 0$ 为实数，$p = s + \mathrm{i}\sigma$ 是复数。$F(p)$ 称为 $f(t)$ 的拉普拉斯变换式(简称拉氏变换)。e^{-pt} 是拉普拉斯变换核。

说明：约定 $f(t)$ 为 $f(t)\eta(t)$，$\eta(t) = \begin{cases} 1, & t \geq 0 \\ 0, & t < 0 \end{cases}$ 称为亥维赛的单位阶跃函数。即当 $t < 0$ 时，$f(t) = 0$。

拉普拉斯变换可以简写为：$F(p) = \mathscr{L}[f(t)]$，$f(t) = \mathscr{L}^{-1}[F(p)]$。$f(t)$ 是 $F(p)$ 的原函数，$F(p)$ 是 $f(t)$ 的像函数。

例 9.1   求 $\mathscr{L}(1)$。

解
$$\mathscr{L}(1) = \int_0^\infty \mathrm{e}^{-pt} \mathrm{d}t = -\frac{1}{p} \int_0^\infty \mathrm{e}^{-pt} \mathrm{d}(-pt) = -\frac{1}{p} \mathrm{e}^{-pt} \Big|_0^\infty =$$
$$0 - \left(-\frac{1}{p} \right) = \frac{1}{p}, \quad \mathrm{Re}\, p > 0$$

例 9.2   求 $\mathscr{L}(\mathrm{e}^{at})$。

解
$$\mathscr{L}(\mathrm{e}^{at}) = \int_0^\infty \mathrm{e}^{-pt} \mathrm{e}^{at} \mathrm{d}t = \int_0^\infty \mathrm{e}^{-(p-a)t} \mathrm{d}t = -\frac{1}{p-a} \int_0^\infty \mathrm{e}^{-(p-a)t} \mathrm{d}[-(p-a)t] =$$
$$-\frac{1}{p-a} \mathrm{e}^{-(p-a)t} \Big|_0^\infty = 0 - \left(-\frac{1}{p-a} \right) = \frac{1}{p-a}, \quad \mathrm{Re}\, p > \mathrm{Re}\, a$$

例 9.3   求 $\mathscr{L}(\sin\omega t)$，$\omega$ 为常数。

解
$$\mathscr{L}(\sin\omega t) = \int_0^\infty \sin\omega t\, \mathrm{e}^{-pt} \mathrm{d}t = \frac{1}{2\mathrm{i}} \int_0^\infty (\mathrm{e}^{\mathrm{i}\omega t} - \mathrm{e}^{-\mathrm{i}\omega t}) \mathrm{e}^{-pt} \mathrm{d}t =$$
$$\frac{1}{2\mathrm{i}} \int_0^\infty \mathrm{e}^{-(p-\mathrm{i}\omega)t} \mathrm{d}t - \frac{1}{2\mathrm{i}} \int_0^\infty \mathrm{e}^{-(p+\mathrm{i}\omega)t} \mathrm{d}t = \frac{1}{2\mathrm{i}} \left[\mathrm{e}^{-(p-\mathrm{i}\omega)t} \Big|_0^\infty - \mathrm{e}^{-(p+\mathrm{i}\omega)t} \Big|_0^\infty \right] =$$

$$\frac{1}{2i}\left(\frac{1}{p-i\omega}-\frac{1}{p+i\omega}\right)=\frac{\omega}{p^2+\omega^2},\quad \text{Re}p>0$$

以上例题说明核是 e^{-pt}，使相当广泛的拉普拉斯变换都存在，拉普拉斯变换存在的条件也就是积分 $\int_0^\infty f(t)e^{-pt}dt$ 收敛的条件。绝大多数的实际问题中 $f(t)$ 都能满足下述条件(拉普拉斯变换存在的充分条件)：

(1) $f(t)$ 在 $t\in[0,\infty)$ 上除第一类间断点外都是连续的，且有连续导数，在任何有限区间内这种间断点的数目是有限的。

(2) $f(t)$ 为有限的增长指数，即存在 $M>0$ 和 $s'>0$，使对任意 t，$|f(t)|<Me^{s't}$ 成立。可知，若 s' 存在则不唯一，比 s' 大的任何正数也符合要求，记 s' 的下界为 s_0，称为收敛横标。

9.2   拉普拉斯变换的基本性质

1.线性

若 $\mathscr{L}[f_1(t)]=F_1(p)$，$\mathscr{L}[f_2(t)]=F_2(p)$，则 $\mathscr{L}[\alpha_1 f_1(t)+\alpha_2 f_2(t)]=\alpha_1 F_1(p)+\alpha_2 F_2(p)$。

可推得

$$\mathscr{L}[\sin\omega t]=\mathscr{L}\left[\frac{e^{i\omega t}-e^{-i\omega t}}{2i}\right]=\frac{1}{2i}(\mathscr{L}[e^{i\omega t}]-\mathscr{L}[e^{-i\omega t}])=$$

$$\frac{1}{2i}\left(\frac{1}{p-i\omega}-\frac{1}{p+i\omega}\right)=\frac{\omega}{p^2+\omega^2}$$

$$\mathscr{L}[\cos\omega t]=\mathscr{L}\left[\frac{e^{i\omega t}+e^{-i\omega t}}{2}\right]=\frac{1}{2}(\mathscr{L}[e^{i\omega t}]+\mathscr{L}[e^{-i\omega t}])=$$

$$\frac{1}{2}\left(\frac{1}{p-i\omega}+\frac{1}{p+i\omega}\right)=\frac{p}{p^2+\omega^2}$$

2.解析性

若 $f(t)$ 满足拉普拉斯变换存在的充分条件，则 $|e^{-pt}f(t)|<Me^{-(s-s_0)t}$，$s=\text{Re}p$，当 $s-s_0\geqslant\delta>0$ 时，$|e^{-pt}f(t)|<Me^{-\delta t}$，而积分 $\int_0^\infty Me^{-\delta t}dt$ 收敛，故 $\int_0^\infty f(t)e^{-pt}dt$ 在 $\text{Re}p\geqslant s_0+\delta$ 上一致收敛，因而在 $\text{Re}p>s_0$ 的半平面内代表一个解析函数。即 $F(p)$ 在 $\text{Re}p>s_0$ 内解析。

解析性可用来确定 $F(p)$ 的收敛横标。

3.收敛性

若 $f(t)$ 满足拉普拉斯变换的充分条件，则 $F(p)\to 0$(当 $\text{Re}p=s\to\infty$)。

证明

$$|F(p)|=\int_0^\infty|f(t)e^{-pt}|dt\leqslant M\int_0^\infty e^{(s-s_0)t}dt=\frac{M}{s-s_0}$$

故当 $\text{Re}p=s\to\infty$ 时，$F(p)=0$，即 $\lim_{\text{Re}p\to\infty}F(p)=0$，可推知 $\lim_{\text{Im}p\to\infty}F(p)=0$。

4.微分性

若 $f(t)$，$f'(t)$ 均满足拉普拉斯变换的充分条件，$\mathscr{L}[f(t)]=F(p)$，则因为

$$\int_0^\infty f'(t)e^{-pt}dt = f(t)e^{-pt}\Big|_0^\infty + p\int_0^\infty f(t)e^{-pt}dt$$

所以

$$\mathscr{L}[f'(t)] = pF(p) - f(0)$$

可推知

$$\mathscr{L}[f''(t)] = p^2 F(p) - pf(0) - f'(0)$$

$$\mathscr{L}[f'''(t)] = p^3 F(p) - p^2 f(0) - pf'(0) - f''(0)$$

$$\cdots\cdots$$

$$\mathscr{L}[f^{(n)}(t)] = p^n F(p) - p^{n-1}f(0) - p^{n-2}f'(0) - \cdots - pf^{(n-2)}(0) - f^{(n-1)}(0)$$

上式成立,只须 $f(t),f'(t),\cdots,f^{(n)}(t)$ 都满足拉氏变换存在的充分条件。

拉氏变换是求解微分方程的一种重要方法。

例9.4　如图9-1所示,LR 串联电路,K 合上前电路中没有电流,求 K 合上后电路中的电流。

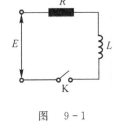

图　9-1

解　基尔霍夫定律。

第一定律:会合在节点上的电流代数和为零(流入为正),即

$$\sum_{k=1}^n I_k = 0$$

第二定律:沿任一闭合回路的电势增量的代数和为零(顺时针方向为正),即

$$\sum_{k=1}^n I_k R_k = \sum_{k=1}^n E_k$$

由基尔霍夫定律知

$$L\frac{di}{dt} + Ri = E, \quad i(0) = 0$$

设 $\mathscr{L}[i(t)] = I(p)$,则

$$\mathscr{L}\left[\frac{di}{dt}\right] = pI(p) - i(0) = pI(p)$$

对微分方程作拉氏变换,有

$$LpI(p) + RI(p) = \frac{E}{p}$$

$$I(p) = \frac{E}{p}\frac{1}{Lp+R} = \frac{E}{R}\left(\frac{1}{p} - \frac{L}{Lp+R}\right)$$

作拉氏反演:$i(t) = \dfrac{E}{R}(1 - e^{-\frac{R}{L}t})$。

5.积分性

若 $f(t)$ 满足拉普拉斯变换的充分条件,则

$$\left|\int_0^t f(\tau)d\tau\right| \leqslant \int_0^t |f(\tau)|d\tau \leqslant \int_0^t Me^{s_0\tau}d\tau = \frac{M}{s_0}(e^{s_0 t} - 1)$$

即 $\int_0^t f(\tau)d\tau$ 的拉氏变换也存在,$\mathscr{L}\left[\int_0^t f(\tau)d\tau\right] = \dfrac{F(p)}{p}$。

证明　因为　　　$\mathscr{L}[f(t)] = F(p), \quad \dfrac{d}{dt}\int_0^t f(\tau)d\tau = f(t)$

对微分方程作拉氏变换，有 $\mathscr{L}\left[\dfrac{\mathrm{d}}{\mathrm{d}t}\displaystyle\int_0^t f(\tau)\mathrm{d}\tau\right]=\mathscr{L}[f(t)]$

由微分性可知

$$p\mathscr{L}\left[\int_0^t f(\tau)\mathrm{d}\tau\right]-\frac{\mathrm{d}}{\mathrm{d}t}\int_0^t f(\tau)\mathrm{d}\tau\Bigg|_{t=0}=\mathscr{L}[f(t)]$$

$$p\mathscr{L}\left[\int_0^t f(\tau)\mathrm{d}\tau\right]-0=F(p)$$

$$\mathscr{L}\left[\int_0^t f(\tau)\mathrm{d}\tau\right]=\frac{F(p)}{p}$$

例 9.5 如图 9-2 所示，求 LC 串联电路的电流 $i(t)$。

解 由基尔霍夫定律知

$$\frac{q}{C}=L\frac{\mathrm{d}i}{\mathrm{d}t},\quad q=-\int_0^t i(\tau)\mathrm{d}\tau+q_0$$

则有 $L\dfrac{\mathrm{d}i}{\mathrm{d}t}+\dfrac{1}{C}\displaystyle\int_0^t i(\tau)\mathrm{d}\tau=\dfrac{q_0}{C}$

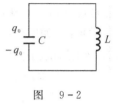

图 9-2

若 $\mathscr{L}[i(t)]=I(p)$，则对微分方程作拉氏变换，有

$$LpI(p)+\frac{1}{C}\frac{I(p)}{p}=\frac{q_0}{C}\frac{1}{p}$$

可知 $I(p)=\dfrac{q_0}{LCp^2+1}$。

对 $I(p)$ 部分分式，再求拉氏反演。由拉氏变换的线性可知

$$i(t)=\frac{q_0}{\sqrt{LC}}\sin\frac{t}{\sqrt{LC}}$$

6.位移性

若 $f(t)$ 满足拉普拉斯变换的充分条件，$\mathscr{L}[f(t)]=F(p)$，则 $\mathscr{L}[e^{ct}f(t)]=F(p-c)$，其中 $\mathrm{Re}\,p>s_0+c$。

证明 $\mathscr{L}[e^{ct}f(t)]=\displaystyle\int_0^\infty e^{ct}f(t)e^{-pt}\mathrm{d}t=\int_0^\infty f(t)e^{-(p-c)t}\mathrm{d}t=F(p-c),\quad \mathrm{Re}\,p>s_0+c$

7.延迟性

若 $f(t)$ 满足拉普拉斯变换的充分条件，$\mathscr{L}[f(t)]=F(p)$，则 $\mathscr{L}[f(t-a)]=e^{-ap}F(p)$，$a>0$。

证明 $\mathscr{L}[f(t-a)]=\displaystyle\int_a^\infty f(t-a)e^{-pt}\mathrm{d}t=$ （注意积分下限）

$\displaystyle\int_0^\infty f(u)e^{-p(u+a)}\mathrm{d}u=$ （$u=t-a$）

$e^{-ap}\displaystyle\int_0^\infty f(u)e^{-pu}\mathrm{d}u=e^{-ap}F(p)$

8.相似性

若 $f(t)$ 满足拉普拉斯变换的充分条件，$\mathscr{L}[f(t)]=F(p)$，则 $\mathscr{L}[f(ct)]=\dfrac{1}{c}F\left(\dfrac{p}{c}\right)$。

证明
$$\mathscr{L}[f(ct)] = \int_0^\infty f(ct) e^{-pt} dt = \int_0^\infty f(\xi) e^{-\frac{p}{c}\xi} \frac{1}{c} d\xi = \frac{1}{c} F\left(\frac{p}{c}\right) \quad (\xi = ct)$$

例 9.6 求 $\mathscr{L}\left[\sin\left(t - \frac{2}{3}\pi\right)\right]$。

解 由拉氏变换的延迟性可知
$$\mathscr{L}\left[\sin\left(t - \frac{2}{3}\pi\right)\right] = e^{-\frac{2}{3}\pi p} \mathscr{L}[\sin t] = e^{-\frac{2}{3}\pi p} \frac{1}{p^2 + 1}$$

例 9.7 求 $\mathscr{L}[\cos(kt)]$。

解
$$\mathscr{L}[\cos(kt)] = \mathscr{L}\left[\frac{1}{k} \frac{d}{dt} \sin(kt)\right] = \frac{1}{k}\{p\mathscr{L}[\sin(kt)] - \sin(0)\} =$$
$$\frac{1}{k} p \frac{k}{p^2 + k^2} = \frac{p}{p^2 + k^2}$$

例 9.8 求 $\mathscr{L}[t^n]$，$n = 0, 1, 2, \cdots$。

解 $t^n = n \int_0^t \tau^{n-1} d\tau$，由拉氏变换的积分性可知
$$\mathscr{L}[t^n] = \mathscr{L}\left[n \int_0^t \tau^{n-1} d\tau\right] = n \frac{1}{p} \mathscr{L}[t^{n-1}]$$
$$\mathscr{L}[t^{n-1}] = (n-1) \frac{1}{p} \mathscr{L}[t^{n-2}]$$
$$\cdots\cdots$$
$$\mathscr{L}[t] = \frac{1}{p} \mathscr{L}[1]$$

从而有
$$\mathscr{L}[t^n] = n(n-1)(n-2)\cdots 1 \times \frac{1}{p^n} \times \mathscr{L}[1] = \frac{n!}{p^n} \mathscr{L}[1], \quad \mathscr{L}[1] = \frac{1}{p}$$

故
$$\mathscr{L}[t^n] = n(n-1)(n-2)\cdots 1 \times \frac{1}{p^n} \times \mathscr{L}[1] = \frac{n!}{p^{n+1}}$$

例 9.9 求 $\mathscr{L}[e^{\lambda t} \sin\omega t]$，$\lambda > 0, \omega > 0$。

解
$$\mathscr{L}[\sin\omega t] = \frac{\omega}{p^2 + \omega^2} = F(p)$$

由拉氏变换的位移性可知
$$\mathscr{L}[e^{\lambda t} \sin\omega t] = F(p - \lambda) = \frac{\omega}{(p-\lambda)^2 + \omega^2}$$

例 9.10 $f(t) = \begin{cases} e^t, & 0 < t < 1 \\ 0, & t > 1 \end{cases}$，求 $\mathscr{L}[f(t)]$。

解
$$\mathscr{L}[f(t)] = \int_0^1 e^t e^{-pt} dt = \int_0^1 e^{-(p-1)t} dt = -\frac{1}{p-1} e^{-(p-1)t} \bigg|_0^1 =$$
$$-\frac{e^{1-p}}{p-1} + \frac{1}{p-1} = \frac{1 - e^{1-p}}{p-1}$$

例 9.11 设 $f(t)$ 是周期为 T 的周期函数，$\mathscr{L}[f(t)]$ 存在，求 $\mathscr{L}[f(t)]$。

解
$$\mathcal{L}[f(t)] = \int_0^\infty f(t)e^{-pt}\,\mathrm{d}t = \int_0^T f(t)e^{-pt}\,\mathrm{d}t + \int_T^{2T} f(t)e^{-pt}\,\mathrm{d}t + \cdots +$$

$$\int_{nT}^{(n+1)T} f(t)e^{-pt}\,\mathrm{d}t + \cdots = \sum_{n=0}^\infty \int_{nT}^{(n+1)T} f(t)e^{-pt}\,\mathrm{d}t$$

令 $t = \tau + nT, \tau = t - nT, \mathrm{d}\tau = \mathrm{d}t$

$$\mathcal{L}[f(t)] = \sum_{n=0}^\infty \int_{nT}^{(n+1)T} f(t)e^{-pt}\,\mathrm{d}t = \sum_{n=0}^\infty \int_0^T f(\tau+nT)e^{-p(\tau+nT)}\,\mathrm{d}\tau =$$

$$\sum_{n=0}^\infty e^{-pnT} \int_0^T f(\tau)e^{-p\tau}\,\mathrm{d}\tau$$

$\int_0^T f(\tau)e^{-p\tau}\,\mathrm{d}\tau$ 是 $f(t)$ 在第一个周期上的拉氏变换。

$$\mathcal{L}[f(t)] = H_1(P)\sum_{n=0}^\infty e^{-pnT}$$

因为
$$\frac{1}{1-z} = \sum_{n=0}^\infty z^n, \quad |z| < 1$$

$$\frac{1}{1-e^{-pT}} = \sum_{n=0}^\infty e^{-pnT}, \quad |e^{-pt}| < 1, \quad |e^{pt}| > 1$$

所以
$$\mathcal{L}[f(t)] = \frac{H_1(P)}{1-e^{-pT}}$$

例 9.12 求如图 9-3 所示方波的拉普拉斯变换。

解 方波的周期为 $2c$,则

$$\varphi(t) = \begin{cases} 1, & 2nc < t < (2n+1)c \\ -1, & (2n+1)c < t < (2n+2)c \end{cases}, \quad n = 0,1,2,\cdots$$

$$\mathcal{L}[\varphi(t)] = \frac{H_1(P)}{1-e^{-2cp}}$$

$$H_1(P) = \int_0^c e^{-pt}\,\mathrm{d}t + \int_c^{2c} -e^{-pt}\,\mathrm{d}t = -\frac{1}{p}e^{-pt}\Big|_0^c + \frac{1}{p}e^{-pt}\Big|_c^{2c} =$$

$$-\frac{1}{p}e^{-cp} + \frac{1}{p} + \frac{1}{p}e^{-2cp} - \frac{1}{p}e^{-cp} =$$

$$\frac{1}{p}(1 - 2e^{-cp} + e^{-2cp}) = \frac{1}{p}(1-e^{-cp})^2$$

$$\mathcal{L}[\varphi(t)] = \frac{1}{p}\frac{(1-e^{-cp})^2}{1-e^{-2cp}} = \frac{1}{p}\frac{(1-e^{-cp})^2}{(1-e^{-cp})(1+e^{-cp})} = \frac{1}{p}\frac{1-e^{-cp}}{1+e^{-cp}} =$$

$$\frac{1}{p}\frac{e^{cp/2}-e^{-cp/2}}{e^{cp/2}+e^{-cp/2}} = \frac{1}{p}\tan\frac{cp}{2}$$

例 9.13 求 $\mathcal{L}[|\sin t|]$。

解 如图 9-4 所示,周期为 π,$f(t) = |\sin t|$。

$$\mathcal{L}[f(t)] = \frac{H_1(P)}{1-e^{-\pi p}}$$

$$H_1(P) = \int_0^\pi \sin t\, e^{-pt}\,dt = \frac{1}{2i}\left(\int_0^\pi e^{it} e^{-pt}\,dt - \int_0^\pi e^{-it} e^{-pt}\,dt\right) =$$

$$\frac{1}{2i}\left(-\frac{e^{-(p-i)t}}{p-i}\Big|_0^\pi + \frac{e^{-(p+i)t}}{p+i}\Big|_0^\pi\right) =$$

$$\frac{1}{2i}\left(-\frac{e^{-(p-i)\pi}}{p-i} + \frac{1}{p-i} + \frac{e^{-(p+i)\pi}}{p+i} - \frac{1}{p+i}\right) =$$

$$\frac{1}{2i}\left[\frac{2i}{p^2+1} + e^{-\pi p}\left(\frac{e^{-i\pi}}{p+i} - \frac{e^{i\pi}}{p-i}\right)\right] =$$

$$\frac{1}{p^2+1} + \frac{e^{-\pi p}}{2i}\left(-\frac{1}{p+i} + \frac{1}{p-i}\right) = \frac{1+e^{-\pi p}}{p^2+1}$$

$$\mathscr{L}[\,|\sin t|\,] = \frac{1}{p^2+1}\frac{1+e^{-\pi p}}{1-e^{-\pi p}} = \frac{1}{p^2+1}\frac{e^{\pi/2} - e^{-\pi/2}}{e^{\pi/2} + e^{-\pi/2}} = \frac{1}{p^2+1}\cot\frac{\pi p}{2}$$

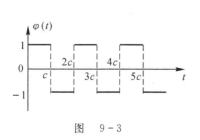

图　9-3

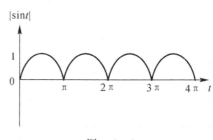

图　9-4

9.3　拉普拉斯变换的反演

反演的唯一性问题　原函数为连续函数,拉普拉斯反演具有唯一性.原函数不连续,拉普拉斯反演不唯一。

证明　设 $\mathscr{L}[f_1(t)] = F(p)$，$\mathscr{L}[f_2(t)] = F(p)$，令 $g(t) \equiv f_1(t) - f_2(t)$，则

若 $g(t)$ 是连续函数，$\mathscr{L}[g(t)] = 0$ 时，$g(t) \equiv 0$，拉普拉斯反演有唯一性。

若 $g(t)$ 不连续，$g(t)$ 可以不恒为 0，$f_1(t) \neq f_2(t)$，拉普拉斯反演不唯一。

9.3.1　像函数的导数的反演

$f(t)$ 满足拉普拉斯存在的充分条件，$\mathscr{L}[f(t)] = F(p)$，则 $F(p)$ 在 $\mathrm{Re}\, p \geqslant s_1 > s_0$ 的半平面上解析，则

$$F^{(n)}(p) = \frac{d^n}{dp^n}\int_0^\infty f(t) e^{-pt}\,dt = \int_0^\infty (-t)^n f(t) e^{-pt}\,dt$$

即

$$\mathscr{L}^{-1}[F^{(n)}(p)] = (-t)^n f(t)$$

可推知

$$\mathscr{L}^{-1}\left[\frac{1}{p^2}\right] = \mathscr{L}^{-1}\left[-\frac{d}{dp}\frac{1}{p}\right] = t, \quad \mathscr{L}^{-1}\left[\frac{1}{p^3}\right] = \mathscr{L}^{-1}\left[\frac{1}{2}\frac{d^2}{dp^2}\frac{1}{p}\right] = \frac{1}{2}t^2$$

因此有理函数 $F(p)$ 总可以通过部分分式求反演。

例 9.14 求 $\mathscr{L}^{-1}\left[\dfrac{a^3}{p\,(p+a)^3}\right]$。

解 部分分式：$\dfrac{a^3}{p\,(p+a)^3}=\dfrac{A}{(p+a)^3}+\dfrac{B}{(p+a)^2}+\dfrac{C}{p+a}+\dfrac{D}{p}$

$$
\begin{cases}
A=\text{res}\left[\dfrac{a^3}{p(p+a)},-a\right]=(p+a)\left.\dfrac{a^3}{p(p+a)}\right|_{p=-a}=-a^2 \\[3mm]
B=\text{res}\left[\dfrac{a^3}{p\,(p+a)^2},-a\right]=\left[(p+a)^2\dfrac{a^3}{p\,(p+a)^2}\right]'\Bigg|_{p=-a}=-a \\[3mm]
C=\text{res}\left[\dfrac{a^3}{p\,(p+a)^3},-a\right]=\dfrac{1}{2!}\left[(p+a)^3\dfrac{a^3}{p\,(p+a)^3}\right]''\Bigg|_{p=-a}=-1 \\[3mm]
D=\text{res}\left[\dfrac{a^3}{p\,(p+a)^3},0\right]=p\left.\dfrac{a^3}{p\,(p+a)^3}\right|_{p=0}=1
\end{cases}
$$

$$\frac{a^3}{p\,(p+a)^3}=\frac{-a^2}{(p+a)^3}+\frac{-a}{(p+a)^2}+\frac{-1}{p+a}+\frac{1}{p}$$

因为

$$\mathscr{L}^{-1}\left[\frac{1}{p}\right]=1,\quad \mathscr{L}^{-1}\left[\frac{1}{p+a}\right]=\mathscr{L}^{-1}\left[\frac{1}{p-(-a)}\right]=e^{-at}\mathscr{L}^{-1}\left[\frac{1}{p}\right]=e^{-at}$$

$$\mathscr{L}^{-1}\left[\frac{1}{(p+a)^2}\right]=\mathscr{L}^{-1}\left[\frac{1}{[p-(-a)]^2}\right]=e^{-at}\mathscr{L}^{-1}\left[\frac{1}{p^2}\right]=e^{-at}\mathscr{L}^{-1}\left[-\frac{\mathrm{d}}{\mathrm{d}p}\frac{1}{p}\right]=$$

$$-e^{-at}(-t)\mathscr{L}^{-1}\left[\frac{1}{p}\right]=t\,e^{-at}$$

所以

$$\mathscr{L}^{-1}\left[\frac{1}{(p+a)^3}\right]=e^{-at}\mathscr{L}^{-1}\left[\frac{1}{p^3}\right]=e^{-at}\mathscr{L}^{-1}\left[\frac{1}{2}\frac{\mathrm{d}^2}{\mathrm{d}p^2}\frac{1}{p}\right]=\frac{1}{2}e^{-at}(-t)^2\mathscr{L}^{-1}\left[\frac{1}{p}\right]=\frac{1}{2}t^2e^{-at}$$

例 9.15 求 $\dfrac{1}{p^3(p+\alpha)}$ 的原函数。

解 部分分式：$\dfrac{1}{p^3(p+\alpha)}=\dfrac{A}{p^3}+\dfrac{B}{p^2}+\dfrac{C}{p}+\dfrac{D}{p+\alpha}$

$$
\begin{cases}
A=\text{res}\left[\dfrac{1}{p(p+\alpha)},0\right]=p\left.\dfrac{1}{p(p+\alpha)}\right|_{p=0}=\dfrac{1}{\alpha} \\[3mm]
B=\text{res}\left[\dfrac{1}{p^2(p+\alpha)},0\right]=\left[p^2\dfrac{1}{p^2(p+\alpha)}\right]'\Bigg|_{p=0}=-\dfrac{1}{\alpha^2} \\[3mm]
C=\text{res}\left[\dfrac{1}{p^3(p+\alpha)},0\right]=\dfrac{1}{2!}\left[p^3\dfrac{1}{p^3(p+\alpha)}\right]''\Bigg|_{p=0}=\dfrac{1}{\alpha^3} \\[3mm]
D=\text{res}\left[\dfrac{1}{p^3(p+\alpha)},-\alpha\right]=(p-\alpha)\left.\dfrac{1}{p^3(p+\alpha)}\right|_{p=-\alpha}=-\dfrac{1}{\alpha^3}
\end{cases}
$$

$$\frac{1}{p^3(p+\alpha)}=\frac{1}{\alpha}\frac{1}{p^3}-\frac{1}{\alpha^2}\frac{1}{p^2}+\frac{1}{\alpha^3}\frac{1}{p}-\frac{1}{\alpha^3}\frac{1}{p+\alpha}$$

$$\mathscr{L}^{-1}\left[\frac{1}{p^3(p+\alpha)}\right]=\frac{1}{\alpha}\mathscr{L}^{-1}\left[\frac{1}{p^3}\right]-\frac{1}{\alpha^2}\mathscr{L}^{-1}\left[\frac{1}{p^2}\right]+\frac{1}{\alpha^3}\mathscr{L}^{-1}\left[\frac{1}{p}\right]-\frac{1}{\alpha^3}\mathscr{L}^{-1}\left[\frac{1}{p+\alpha}\right]=$$

$$\frac{1}{2\alpha}t^2 - \frac{1}{\alpha^2}t + \frac{1}{\alpha^3} - \frac{1}{\alpha^3}\mathrm{e}^{-\alpha t}$$

例 9.16　求 $\mathscr{L}^{-1}\left[\dfrac{\omega}{p(p^2+\bar{\omega}^2)}\right]$。

解　部分分式：

$$\frac{\omega}{p(p^2+\omega^2)} = \frac{A}{p} + \frac{B}{p+\mathrm{i}\omega} + \frac{C}{p-\mathrm{i}\omega}$$

$$\begin{cases} A = \operatorname{res}\left[\dfrac{\omega}{p(p^2+\omega^2)}, 0\right] = p\,\dfrac{\omega}{p(p^2+\omega^2)}\bigg|_{p=0} = \dfrac{1}{\omega} \\[3mm] B = \operatorname{res}\left[\dfrac{\omega}{p(p^2+\omega^2)}, -\mathrm{i}\omega\right] = (p+\mathrm{i}\omega)\,\dfrac{\omega}{p(p^2+\omega^2)}\bigg|_{p=-\mathrm{i}\omega} = \dfrac{\omega}{p(p-\mathrm{i}\omega)}\bigg|_{p=-\mathrm{i}\omega} = -\dfrac{1}{2\omega} \\[3mm] C = \operatorname{res}\left[\dfrac{\omega}{p(p^2+\omega^2)}, \mathrm{i}\omega\right] = (p-\mathrm{i}\omega)\,\dfrac{\omega}{p(p^2+\omega^2)}\bigg|_{p=\mathrm{i}\omega} = \dfrac{\omega}{p(p+\mathrm{i}\omega)}\bigg|_{p=\mathrm{i}\omega} = -\dfrac{1}{2\omega} \end{cases}$$

$$\frac{\omega}{p(p^2+\omega^2)} = \frac{1}{2\omega}\left(\frac{2}{p} - \frac{1}{p+\mathrm{i}\omega} - \frac{1}{p-\mathrm{i}\omega}\right)$$

因为

$$\mathscr{L}^{-1}\left[\frac{1}{p}\right] = 1, \quad \mathscr{L}^{-1}\left[\frac{1}{p+\mathrm{i}\omega}\right] = \mathscr{L}^{-1}\left[\frac{1}{p-(-\mathrm{i}\omega)}\right] = \mathrm{e}^{-\mathrm{i}\omega t}\mathscr{L}^{-1}\left[\frac{1}{p}\right] = \mathrm{e}^{-\mathrm{i}\omega t}$$

$$\mathscr{L}^{-1}\left[\frac{1}{p-\mathrm{i}\omega}\right] = \mathrm{e}^{\mathrm{i}\omega t}\mathscr{L}^{-1}\left[\frac{1}{p}\right] = \mathrm{e}^{\mathrm{i}\omega t}$$

所以

$$\mathscr{L}^{-1}\left[\frac{\omega}{p(p^2+\omega^2)}\right] = \frac{1}{2\omega}(2 - \mathrm{e}^{-\mathrm{i}\omega t} - \mathrm{e}^{\mathrm{i}\omega t}) = \frac{1}{2\omega}(2 - 2\cos\omega t) = \frac{1}{\omega}(1 - \cos\omega t)$$

例 9.17　求 $\mathscr{L}^{-1}\left[\dfrac{4p-1}{(p^2+p)(4p^2-1)}\right]$。

解　部分分式：

$$\frac{4p-1}{(p^2+p)(4p^2-1)} = \frac{A}{p} + \frac{B}{p+1} + \frac{C}{2p+1} + \frac{D}{2p-1}$$

$$\begin{cases} A = \operatorname{res}f(0) = \lim_{p\to 0}\dfrac{4p-1}{(p+1)(4p^2-1)} = 1 \\[3mm] B = \operatorname{res}f(-1) = \lim_{p\to -1}\dfrac{4p-1}{p(4p^2-1)} = \dfrac{5}{3} \\[3mm] C = \operatorname{res}f\left(-\dfrac{1}{2}\right) = \lim_{p\to -\frac{1}{2}}\dfrac{4p-1}{p(p+1)(2p-1)} = -6 \\[3mm] D = \operatorname{res}f\left(\dfrac{1}{2}\right) = \lim_{p\to \frac{1}{2}}\dfrac{4p-1}{p(p+1)(2p+1)} = \dfrac{2}{3} \end{cases}$$

$$\frac{4p-1}{(p^2+p)(4p^2-1)} = \frac{1}{p} + \frac{5}{3}\frac{1}{p+1} - \frac{6}{2p+1} + \frac{2}{3}\frac{1}{2p-1}$$

因为

$$\mathscr{L}^{-1}\left[\frac{1}{p}\right] = 1, \quad \mathscr{L}^{-1}\left[\frac{1}{p+1}\right] = \mathscr{L}^{-1}\left[\frac{1}{p-(-1)}\right] = \mathrm{e}^{-t}\mathscr{L}^{-1}\left[\frac{1}{p}\right] = \mathrm{e}^{-t}$$

$$\mathscr{L}^{-1}\left[\frac{1}{p+1/2}\right] = \mathscr{L}^{-1}\left[\frac{1}{p-(-1/2)}\right] = \mathrm{e}^{-t/2}\mathscr{L}^{-1}\left[\frac{1}{p}\right] = \mathrm{e}^{-t/2}$$

$$\mathscr{L}^{-1}\left[\frac{1}{p-1/2}\right]=\mathrm{e}^{t/2}\mathscr{L}^{-1}\left[\frac{1}{p}\right]=\mathrm{e}^{t/2}$$

所以

$$\mathscr{L}^{-1}\left[\frac{4p-1}{(p^2+p)(4p^2-1)}\right]=\mathscr{L}^{-1}\left[\frac{1}{p}\right]+\frac{5}{3}\mathscr{L}^{-1}\left[\frac{1}{p+1}\right]-$$

$$3\mathscr{L}^{-1}\left[\frac{1}{p+1/2}\right]+\frac{1}{3}\mathscr{L}^{-1}\left[\frac{1}{p-1/2}\right]=$$

$$1+\frac{5}{3}\mathrm{e}^{-t}-3\mathrm{e}^{-t/2}+\frac{1}{3}\mathrm{e}^{t/2}$$

例 9.18 求 $\mathscr{L}^{-1}\left[\dfrac{p^2+\omega^2}{(p^2-\omega^2)^2}\right]$。

解

$$\mathscr{L}^{-1}\left[\frac{p^2+\omega^2}{(p^2-\omega^2)^2}\right]=\mathscr{L}^{-1}\left[\frac{1}{2(p-\omega)^2}+\frac{1}{2(p+\omega)^2}\right]=$$

$$\frac{1}{2}\mathscr{L}^{-1}\left[\frac{1}{(p-\omega)^2}\right]+\frac{1}{2}\mathscr{L}^{-1}\left[\frac{1}{(p+\omega)^2}\right]=$$

$$\frac{1}{2}\mathscr{L}^{-1}\left[-\frac{\mathrm{d}}{\mathrm{d}p}\frac{1}{p-\omega}\right]+\frac{1}{2}\mathscr{L}^{-1}\left[-\frac{\mathrm{d}}{\mathrm{d}p}\frac{1}{p+\omega}\right]=$$

$$\frac{1}{2}t\mathscr{L}^{-1}\left[\frac{1}{p-\omega}\right]+\frac{1}{2}t\mathscr{L}^{-1}\left[\frac{1}{p+\omega}\right]=$$

$$\frac{t}{2}\mathrm{e}^{\omega t}+\frac{t}{2}\mathrm{e}^{-\omega t}$$

例 9.19 求 $\mathscr{L}^{-1}\left[\dfrac{\mathrm{e}^{-\tau p}}{p^2}\right],\tau>0$。

解 延迟性:

$$\mathscr{L}[f(t-a)]=\mathrm{e}^{-ap}\mathscr{L}[f(t)]$$

$$\mathscr{L}^{-1}\left[\frac{1}{p^2}\right]=\mathscr{L}^{-1}\left[-\frac{\mathrm{d}}{\mathrm{d}p}\frac{1}{p}\right]=-(-t)\mathscr{L}^{-1}\left[\frac{1}{p}\right]=t=f(t)$$

$$\mathscr{L}^{-1}\left[\frac{\mathrm{e}^{-\tau p}}{p^2}\right]=f(t-\tau)=t-\tau$$

9.3.2 像函数的积分的反演

若 $G(p)=\displaystyle\int_p^\infty F(q)\mathrm{d}q$ 存在,且 $t\to 0$ 时, $\left|\dfrac{f(t)}{t}\right|$ 有界,则 $\mathscr{L}^{-1}\left[\displaystyle\int_p^\infty F(q)\mathrm{d}q\right]=\dfrac{f(t)}{t}$。

证明 设 $G(p)=\mathscr{L}[g(t)]$,因为

$$G'(p)=-F(p), \quad \mathscr{L}^{-1}[G'(p)]=\mathscr{L}^{-1}[-F(p)] \quad (两边同时作反演)$$

所以 $-tg(t)=-f(t)$ (像函数的导数的反演)

即

$$g(t)=\frac{f(t)}{t}, \quad G(p)=\mathscr{L}\left[\frac{f(t)}{t}\right]$$

故

$$\int_p^\infty F(q)\mathrm{d}q=\mathscr{L}\left[\frac{f(t)}{t}\right]=\int_0^\infty \frac{f(t)}{t}\mathrm{e}^{-pt}\mathrm{d}t$$

当 $p=0$ 时,$\displaystyle\int_0^\infty F(q)\mathrm{d}q=\int_0^\infty\frac{f(t)}{t}\mathrm{d}t$,可利用 $\displaystyle\int_0^\infty F(p)\mathrm{d}p=\int_0^\infty\frac{f(t)}{t}\mathrm{d}t$ 计算 $\dfrac{f(t)}{t}$ 型积分。

例 9.20　用积分变换的方法计算曾用留数定理计算过的积分 $\int_0^\infty \dfrac{\sin t}{t}\mathrm{d}t$。

解
$$\mathscr{L}[\sin t]=\frac{1}{p^2+1}$$

$$\int_0^\infty \frac{\sin t}{t}\mathrm{d}t=\int_0^\infty \frac{1}{p^2+1}\mathrm{d}p=\frac{1}{2\mathrm{i}}\int_0^\infty \frac{1}{p-\mathrm{i}}\mathrm{d}p-\frac{1}{2\mathrm{i}}\int_0^\infty \frac{1}{p+\mathrm{i}}\mathrm{d}p=$$

$$\frac{1}{2\mathrm{i}}\left[\ln(p-\mathrm{i})-\ln(p+\mathrm{i})\right]_0^\infty=\frac{1}{2\mathrm{i}}\left[\ln(-\mathrm{i})-\ln\mathrm{i}\right]=$$

$$\frac{1}{2\mathrm{i}}\left(\mathrm{i}\frac{3\pi}{2}-\mathrm{i}\frac{\pi}{2}\right)=\frac{\pi}{2}$$

例 9.21　计算积分 $\int_0^\infty \dfrac{\cos at-\cos bt}{t}\mathrm{d}t$。

解
$$\mathscr{L}[\cos\omega t]=\frac{p}{p^2+\omega^2}$$

$$\int_0^\infty \frac{\cos at-\cos bt}{t}\mathrm{d}t=\int_0^\infty \left(\frac{p}{p^2+a^2}-\frac{p}{p^2+b^2}\right)\mathrm{d}p=\frac{1}{2}\ln\frac{p^2+a^2}{p^2+b^2}\bigg|_0^\infty=$$

$$-\frac{1}{2}\ln\frac{a^2}{b^2}\bigg|=\ln b-\ln a,\quad a>0,b>0$$

9.3.3　像函数在无穷点解析的情形

将 $F(p)$ 由半平面 $\mathrm{Re}\,p>s_0$（单值地）解析延拓到 $p=\infty$ 在内的一定区域内，且在 $p=\infty$ 解析，则 $F(p)$ 在无穷点的泰勒展开为 $F(p)=\sum\limits_{n=1}^{\infty}c_n p^{-n}$，不含 $n=0$ 项是由于 $F(p)$ 满足拉普拉斯变换存在的充分条件（$\mathrm{Re}\,p\to\infty$，$F(p)\to 0$）。对级数逐项求反演，有

$$\mathscr{L}^{-1}\left[\frac{1}{p^n}\right]=(-1)^{n-1}\frac{1}{(n-1)!}\mathscr{L}^{-1}\left[\frac{\mathrm{d}^{n-1}}{\mathrm{d}p^{n-1}}\left(\frac{1}{p}\right)\right]=$$

$$(-1)^{n-1}\frac{1}{(n-1)!}(-t)^{n-1}\times 1=\frac{1}{(n-1)!}t^{n-1}$$

其中用到拉普拉斯变换的像函数的导数的反演：$\mathscr{L}^{-1}\left[F^{(n)}(p)\right]=(-t)^n f(t)$。

因此有 $f(t)=\sum\limits_{n=0}^{\infty}\dfrac{c_{n+1}}{n!}t^n$，其合法的条件是：级数收敛。

证明　（合法性）作圆周 $C_R:|p|=R$，圆周外无 $F(p)$ 的奇点。

由泰勒展开系数公式：$a_k=\dfrac{1}{2\pi\mathrm{i}}\oint_C \dfrac{f(\xi)}{(\xi-a)^{k+1}}\mathrm{d}\xi$，可知 $c_n=\dfrac{1}{2\pi\mathrm{i}}\oint_{C_R}F(P)p^{n-1}\mathrm{d}p$。

当 $|p|>R$ 时（$p=\infty$ 是 $F(p)$ 的零点），有

$$|F(p)|\leqslant\int_0^\infty |f(t)\mathrm{e}^{-pt}|\mathrm{d}t<M\int_0^\infty |\mathrm{e}^{-pt}|\mathrm{d}t=M\int_0^\infty \mathrm{e}^{-st}\mathrm{d}t=-\frac{M}{s\mathrm{e}^{st}}\bigg|_0^\infty=\frac{M}{s}<\frac{M}{R}$$

$$|c_n|\leqslant\frac{1}{2\pi\mathrm{i}}\oint_{C_R}|F(P)p^{n-1}|\mathrm{d}p<\frac{1}{2\pi\mathrm{i}}\oint_{C_R}\frac{M}{R}|p^{n-1}|\mathrm{d}p$$

得
$$|c_n|<MR^{n-1}$$

即 $\left| \sum\limits_{n=0}^{\infty} c_{n+1} \dfrac{t^n}{n!} \right| \leqslant \sum\limits_{n=0}^{\infty} \dfrac{|c_{n+1}|}{n!} |t|^n < M \sum\limits_{n=0}^{\infty} \dfrac{1}{n!} R^n |t|^n = M e^{R|t|}$ $\left(\sum \dfrac{z^n}{n!} = e^z \right)$

$f(t)$ 具有有限的增长指数，故级数收敛。

9.3.4 卷积定理

定义 9.2 设函数 $f_1(t)$ 和 $f_2(t)$ 在 $t \geqslant 0$ 时连续，则由积分 $\int_0^t f_1(\tau) f_2(t-\tau) \mathrm{d}\tau$ 所确定的函数 $h(t)$ 称为 $f_1(t)$ 和 $f_2(t)$ 的卷积，记作 $f_1(t) * f_2(t)$。

$$f_1(t) * f_2(t) = \int_0^t f_1(\tau) f_2(t-\tau) \mathrm{d}\tau, \quad t > 0$$

卷积的基本性质

(1) 交换律：$f_1(t) * f_2(t) = f_2(t) * f_1(t)$。

证明 $f_1(t) * f_2(t) = \int_0^t f_1(\tau) f_2(t-\tau) \mathrm{d}\tau = -\int_t^0 f_1(t-u) f_2(u) \mathrm{d}u =$ （令 $u = t - \tau$）

$$\int_0^t f_2(u) f_1(t-u) \mathrm{d}u = f_2(t) * f_1(t)$$

(2) 结合律：$f_1(t) * [f_2(t) * f_3(t)] = [f_1(t) * f_2(t)] * f_3(t)$。

证明 $$f_2(t) * f_3(t) = \int_0^t f_2(\tau) f_3(t-\tau) \mathrm{d}\tau$$

左边 $= f_1(t) * [f_2(t) * f_3(t)] = f_1(t) * g(t) = \int_0^t f_1(\lambda) g(t-\lambda) \mathrm{d}\lambda =$

$$\int_0^t f_1(\lambda) \mathrm{d}\lambda \int_0^{t-\lambda} f_2(\tau) f_3(t-\lambda-\tau) \mathrm{d}\tau$$

$$f_1(t) * f_2(t) = \int_0^t f_1(\lambda) f_2(t-\lambda) \mathrm{d}\lambda$$

右边 $= f_1(t) * f_2(t) * f_3(t) = \int_0^t \left[\int_0^\tau f_1(\lambda) f_2(\tau-\lambda) \mathrm{d}\lambda \right] f_3(t-\tau) \mathrm{d}\tau =$

$$\int_0^t f_3(t-\tau) \mathrm{d}\tau \int_0^\tau f_1(\lambda) f_2(\tau-\lambda) \mathrm{d}\lambda =$$

$$\iint\limits_D f_1(\lambda) f_2(\tau-\lambda) f_3(t-\tau) \mathrm{d}\lambda \mathrm{d}\tau =$$

$$\int_0^t f_1(\lambda) \mathrm{d}\lambda \int_\lambda^t f_2(\tau-\lambda) f_3(t-\tau) \mathrm{d}\tau$$

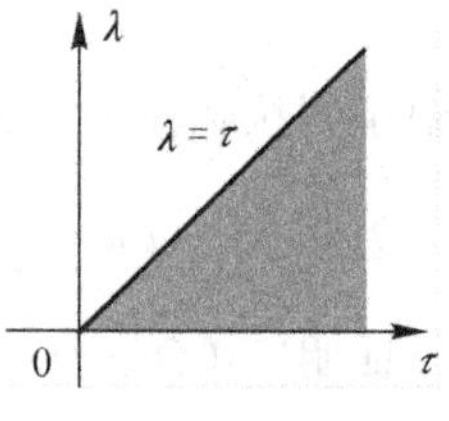

图 9-5

如图 9-5 所示，令 $u = \tau - \lambda$，则

右边 $= \int_0^t f_1(\lambda) \mathrm{d}\lambda \int_\lambda^t f_2(\tau-\lambda) f_3(t-\tau) \mathrm{d}\tau =$

$$\int_0^t f_1(\lambda) \mathrm{d}\lambda \int_0^{t-\lambda} f_2(u) f_3(t-\lambda-u) \mathrm{d}u$$

故左边 = 右边。

(3) 分配律：$f_1(t) * [f_2(t) + f_3(t)] = f_1(t) * f_2(t) + f_1(t) * f_3(t)$。

证明
$$左边 = \int_0^t f_1(\tau)\left[f_2(t-\tau)+f_3(t-\tau)\right]\mathrm{d}\tau =$$

$$\int_0^t f_1(\tau)f_2(t-\tau)\mathrm{d}\tau + \int_0^t f_1(\tau)f_3(t-\tau)\mathrm{d}\tau = 右边$$

定理 9.1　（卷积定理）若 $\mathscr{L}[f_1(t)]=F_1(p)$，$\mathscr{L}[f_2(t)]=F_2(p)$，则

$$\mathscr{L}[f_1(t)*f_2(t)]=F_1(p)F_2(p)=\mathscr{L}[f_1(t)]\mathscr{L}[f_2(t)]$$

即
$$F_1(p)F_2(p)=\mathscr{L}\left[\int_0^t f_1(\tau)f_2(t-\tau)\mathrm{d}\tau\right]$$

$$\mathscr{L}^{-1}[F_1(p)F_2(p)]=\int_0^t f_1(\tau)f_2(t-\tau)\mathrm{d}\tau$$

证明
$$F_1(p)F_2(p)=\int_0^\infty f_1(\tau)\mathrm{e}^{-p\tau}\mathrm{d}\tau\int_0^\infty f_2(\gamma)\mathrm{e}^{-p\gamma}\mathrm{d}\gamma =$$

$$\int_0^\infty f_1(\tau)\mathrm{d}\tau\int_0^\infty f_2(\gamma)\mathrm{e}^{-p(\tau+\gamma)}\mathrm{d}\gamma =$$

$$\int_0^\infty f_1(\tau)\mathrm{d}\tau\int_\tau^\infty f_2(t-\tau)\mathrm{e}^{-pt}\mathrm{d}t = \quad (令\ t=\tau+\gamma)$$

$$\int_0^\infty \mathrm{e}^{-pt}\mathrm{d}t\int_0^t f_1(\tau)f_2(t-\tau)\mathrm{d}\tau = \quad (改变积分次序)$$

$$\mathscr{L}\left[\int_0^t f_1(\tau)f_2(t-\tau)\mathrm{d}\tau\right]$$

例 9.22　如图 9-6 所示，在 LR 串联电路中加一方形脉冲

电压：$E(t)=\begin{cases} E_0, & 0\leqslant t\leqslant T \\ 0, & t>T \end{cases}$，求 $i(t)$，$i(0)=0$。

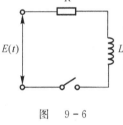

图　9-6

解　列方程 $\begin{cases} L\dfrac{\mathrm{d}i}{\mathrm{d}t}+Ri=E(t) \\ i(0)=0 \end{cases}$

$$\mathscr{L}[i(t)]=I(p), \quad \mathscr{L}[E(t)]=E(p), \quad \mathscr{L}\left[\frac{\mathrm{d}i}{\mathrm{d}t}\right]=pI(p)-i(0)=pI(p)$$

对微分方程作拉氏变换，可得
$$LpI(p)+RI(p)=E(p)$$

$$I(p)=\frac{1}{Lp+R}E(p)$$

因为
$$\mathscr{L}^{-1}\left[\frac{1}{Lp+R}\right]=\frac{1}{L}\mathscr{L}^{-1}\left[\frac{1}{p+R/L}\right]=\frac{1}{L}\mathrm{e}^{-\frac{R}{L}t}\mathscr{L}^{-1}\left[\frac{1}{p}\right]=\frac{1}{L}\mathrm{e}^{-\frac{R}{L}t}$$

$$i(t)=\mathscr{L}^{-1}[I(p)]=\mathscr{L}^{-1}\left[\frac{1}{Lp+R}E(p)\right]=\mathscr{L}^{-1}\left[\frac{1}{Lp+R}\right]*E(t)$$

所以
$$i(t)=\int_0^t E(\tau)\frac{1}{L}\mathrm{e}^{-(t-\tau)R/L}\mathrm{d}\tau=\frac{1}{L}\mathrm{e}^{-Rt/L}\int_0^t E(\tau)\mathrm{e}^{R\tau/L}\mathrm{d}\tau=$$

$$\begin{cases} \dfrac{1}{L}e^{-Rt/L}\displaystyle\int_0^t E_0 e^{R\tau/L}\,d\tau, & 0\leqslant t\leqslant T \\[2mm] \dfrac{1}{L}e^{-Rt/L}\left(\displaystyle\int_0^T E_0 e^{R\tau/L}\,d\tau+\int_T^t 0\,dt\right), & t>T \end{cases}=$$

$$\begin{cases} \dfrac{E_0}{R}(1-e^{-Rt/L}), & 0\leqslant t\leqslant T \\[2mm] \dfrac{E_0}{R}(e^{RT/L}-1)e^{-Rt/L}, & t>T \end{cases}$$

例 9.23 $y(t)=a\sin t-2\displaystyle\int_0^t y(\tau)\cos(t-\tau)\,d\tau$，求 $y(t)$。

解
$$\mathscr{L}[y(t)]=\frac{a}{p^2+1}-2\mathscr{L}[y(t)]\frac{p}{p^2+1}$$
$$\mathscr{L}[y(t)]=\frac{a}{p^2+1}-\mathscr{L}[y(t)]\frac{2p}{p^2+1}$$
$$(p^2+1)\mathscr{L}[y(t)]=a-2p\mathscr{L}[y(t)]$$
$$(p+1)^2\mathscr{L}[y(t)]=a$$
$$\mathscr{L}[y(t)]=\frac{a}{(p+1)^2}$$
$$y(t)=\mathscr{L}^{-1}\left[\frac{a}{(p+1)^2}\right]=a\mathscr{L}^{-1}\left[\frac{1}{[p-(-1)]^2}\right]=a e^{-t}\mathscr{L}^{-1}\left[\frac{1}{p^2}\right]=$$
$$a e^{-t}\mathscr{L}^{-1}\left[-\frac{d}{dp}\frac{1}{p}\right]=a e^{-t}[-(-t)]\mathscr{L}^{-1}\left[\frac{1}{p}\right]=at e^{-t}$$

例 9.24 $f(t)+2\displaystyle\int_0^t f(\tau)\cos(t-\tau)\,d\tau=9e^{2t}$，求 $f(t)$。

解
$$\mathscr{L}[f(t)]+2\mathscr{L}[f(t)]\frac{p}{p^2+1}=\frac{9}{p-2}$$
$$\mathscr{L}[f(t)]=\frac{9(p^2+1)}{(p+1)^2(p-2)}=\frac{A}{p+1}+\frac{B}{(p+1)^2}+\frac{C}{p-2}$$
$$\begin{cases} A=\text{res}\left[\dfrac{9(p^2+1)}{(p+1)^2(p-2)},-1\right]=\left[(p+1)^2\dfrac{9(p^2+1)}{(p+1)^2(p-2)}\right]'\bigg|_{p=-1}= \\[3mm] \quad\dfrac{18p(p-2)-9(p^2+1)}{(p-2)^2}\bigg|_{p=-1}=4 \\[3mm] B=\text{res}\left[\dfrac{9(p^2+1)}{(p+1)(p-2)},-1\right]=\left[(p+1)\dfrac{9(p^2+1)}{(p+1)(p-2)}\right]_{p=-1}=-6 \\[3mm] C=\text{res}\left[\dfrac{9(p^2+1)}{(p+1)^2(p-2)},2\right]=\left[(p-2)\dfrac{9(p^2+1)}{(p+1)^2(p-2)}\right]_{p=2}=5 \end{cases}$$
$$\mathscr{L}[f(t)]=\frac{9(p^2+1)}{(p+1)^2(p-2)}=\frac{4}{p+1}-\frac{6}{(p+1)^2}+\frac{5}{p-2}$$
$$f(t)=4\mathscr{L}^{-1}\left[\frac{1}{p+1}\right]-6\mathscr{L}^{-1}\left[\frac{1}{(p+1)^2}\right]+5\mathscr{L}^{-1}\left[\frac{1}{p-2}\right]=$$

$$4\mathscr{L}^{-1}\left[\frac{1}{p-(-1)}\right]-6\mathscr{L}^{-1}\left[\frac{1}{[p-(-1)]^2}\right]+5\mathrm{e}^{2t}\mathscr{L}^{-1}\left[\frac{1}{p}\right]=$$

$$4\mathrm{e}^{-t}\mathscr{L}^{-1}\left[\frac{1}{p}\right]-6\mathrm{e}^{-t}\mathscr{L}^{-1}\left[\frac{1}{p^2}\right]+5\mathrm{e}^{2t}=$$

$$4\mathrm{e}^{-t}-6\mathrm{e}^{-t}\mathscr{L}^{-1}\left[-\frac{\mathrm{d}}{\mathrm{d}p}\frac{1}{p}\right]+5\mathrm{e}^{2t}=$$

$$4\mathrm{e}^{-t}-6\mathrm{e}^{-t}t+5\mathrm{e}^{2t}$$

例 9.25　交流 LR 电路的方程为 $\begin{cases}L\dfrac{\mathrm{d}}{\mathrm{d}t}i(t)+Ri(t)=E_0\sin\omega t\\ i(0)=0\end{cases}$，求 $i(t)$。

解　对方程作拉氏变换，有

$$\mathscr{L}[i(t)]=I(p),\quad \mathscr{L}\left[\frac{\mathrm{d}i}{\mathrm{d}t}\right]=pI(p)-i(0)=pI(p),\quad \mathscr{L}[\sin\omega t]=\frac{\omega}{p^2+\omega^2}$$

$$LpI(p)+RI(p)=E_0\frac{\omega}{p^2+\omega^2}$$

$$I(p)=E_0\frac{\omega}{p^2+\omega^2}\frac{1}{Lp+R}=\frac{E_0}{L}\frac{\omega}{p^2+\omega^2}\frac{1}{p+R/L}$$

$$i(t)=\mathscr{L}^{-1}[I(p)]=\frac{E_0}{L}\mathscr{L}^{-1}\left[\frac{\omega}{p^2+\omega^2}\right]\mathscr{L}^{-1}\left[\frac{1}{p+R/L}\right]=$$

$$\frac{E_0}{L}\int_0^t\sin\omega\tau\,\mathrm{e}^{-R(t-\tau)/L}\mathrm{d}\tau=$$

$$\frac{E_0}{L}\left\{\mathrm{e}^{-Rt/L}\left[\mathrm{e}^{R\tau/L}\frac{(R/L)\sin\omega\tau-\omega\cos\omega\tau}{(R/L)^2+\omega^2}\right]_0^t\right\}=$$

$$\frac{E_0}{L}\frac{(R/L)\sin\omega t-\omega\cos\omega t}{(R/L)^2+\omega^2}+\frac{E_0}{L}\frac{\omega\,\mathrm{e}^{-Rt/L}}{(R/L)^2+\omega^2}$$

$$i(t)=\frac{E_0}{R^2+L^2\omega^2}(R\sin\omega t-\omega L\cos\omega t)+\frac{E_0\omega L}{R^2+L^2\omega^2}\mathrm{e}^{-Rt/L}$$

电流函数＝稳定振荡部分＋衰减部分

例 9.26　质量为 m，劲度系数为 k 的弹簧振子在外力 F_0 作用下的运动方程为

$$\begin{cases}m\ddot{x}(t)+kx(t)=F_0\\ x(0)=0\\ \dot{x}(0)=0\end{cases}$$

求 $x(t)$。

解　对方程作拉氏变换，有

$$\mathscr{L}[x(t)]=X(p),\quad \mathscr{L}[\ddot{x}(t)]=p^2X(p)-p\dot{x}(0)-x(0)=p^2X(p)$$

$$mp^2X(p)+kX(p)=\frac{F_0}{p}$$

$$X(p)=\frac{F_0}{m}\frac{1}{p(p^2+k/m)}=\frac{F_0}{m}\frac{1}{p(p^2+\omega^2)}\quad(\omega=\sqrt{k/m})$$

$$x(t) = \mathscr{L}^{-1}[X(p)] = \frac{F_0}{m} \int_0^t \frac{1}{\omega} \sin\omega(t-\tau) d\tau =$$

$$\frac{F_0}{m} \frac{1}{\omega^2} \cos\omega(t-\tau) \Big|_0^t = \frac{F_0}{m\omega^2}(1 - \cos\omega t)$$

$$x(t) = \frac{F_0}{k} \left(1 - \cos\sqrt{\frac{k}{m}} t \right)$$

9.4   普遍反演公式

若函数 $F(p) = F(s + ia)$ 在区域 $\mathrm{Re} p > s_0$ 内满足

（1）$F(p)$ 解析；

（2）当 $|p| \to \infty$ 时，$F(p)$ 一致地趋于 0；

（3）对于所有的 $\mathrm{Re} p = s > s_0$，沿直线 $L: \mathrm{Re} p = s$ 的无穷积分 $\int_{s-i\infty}^{s+i\infty} |F(p)| d\sigma (s > s_0)$ 收敛。

则对于 $\mathrm{Re} p = s > s_0$，$F(p)$ 的原函数为 $f(t) = \frac{1}{2\pi i} \int_{s-i\infty}^{s+i\infty} F(p) e^{pt} dp$. 此公式称为 Mellin 反演公式。

例 9.27   用 Mellin 公式求 $F(p) = \dfrac{1}{(p^2 + \omega^2)^2}$ $(\omega > 0)$ 的原函数。

解 $$f(t) = \frac{1}{2\pi i} \int_{s-i\infty}^{s+i\infty} \frac{1}{(p^2 + \omega^2)^2} e^{pt} dp$$

$F(p)$ 的奇点都在虚轴上，故取 $s > 0$ 即可，取如图 9-7 所示的围道。因为

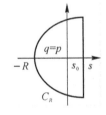

图　9-7

$$\lim_{R \to \infty} \frac{1}{(p^2 + \omega^2)^2} = 0$$

由推广的约当引理断定

$$\lim_{R \to \infty} \int_{C_R} \frac{1}{(p^2 + \omega^2)^2} e^{pt} dt = 0, \quad \frac{\pi}{2} < \arg z < \frac{3\pi}{2}$$

由留数定理可知

$$f(t) = \frac{1}{2\pi i} \int_{s-i\infty}^{s+i\infty} \frac{1}{(p^2 + \omega^2)^2} e^{pt} dp = \sum_{\text{全平面}} \mathrm{res} \left[\frac{1}{(p^2 + \omega^2)^2} e^{pt} \right]$$

有两个二阶极点 $p = \pm i\omega$，则

$$\mathrm{res} f(\pm i\omega) = \frac{d}{dp} \left[(p \mp i\omega)^2 \frac{e^{pt}}{(p^2 + \omega^2)^2} \right]_{p = \pm i\omega} =$$

$$\frac{t e^{pt}(p^2 + \omega^2)^2 - e^{pt} 2(p \pm i\omega)}{(p \pm i\omega)^2} \Bigg|_{p = \pm i\omega}$$

$$f(t) = \left\{ \left[\frac{t}{(p + i\omega)^2} - \frac{2}{(p + i\omega)^3} \right] e^{pt} \right\}_{p = i\omega} + \left\{ \left[\frac{t}{(p - i\omega)^2} - \frac{2}{(p - i\omega)^3} \right] e^{pt} \right\}_{p = -i\omega} =$$

$$\left(\frac{t}{-4\omega^2}-\frac{2}{-8\mathrm{i}\omega^3}\right)\mathrm{e}^{\mathrm{i}\omega t}+\left(\frac{t}{-4\omega^2}-\frac{2}{8\mathrm{i}\omega^3}\right)\mathrm{e}^{-\mathrm{i}\omega t}=$$

$$-\frac{t}{4\omega^2}(\mathrm{e}^{\mathrm{i}\omega t}+\mathrm{e}^{-\mathrm{i}\omega t})+\frac{1}{4\mathrm{i}\omega^3}(\mathrm{e}^{\mathrm{i}\omega t}-\mathrm{e}^{-\mathrm{i}\omega t})=$$

$$-\frac{t}{2\omega^2}\cos\omega t+\frac{1}{2\omega^3}\sin\omega t=\frac{1}{2\omega^3}(\sin\omega t-\omega t\cos\omega t)$$

例 9.28 用 Mellin 公式求 $F(p)=\dfrac{1}{\sqrt{p}}\mathrm{e}^{-\alpha\sqrt{p}}\ (\alpha>0)$ 的原函数。

解
$$f(t)=\frac{1}{2\pi\mathrm{i}}\int_{s-\mathrm{i}\infty}^{s+\mathrm{i}\infty}\frac{1}{\sqrt{p}}\mathrm{e}^{-\alpha\sqrt{p}\,t}\,\mathrm{e}^{pt}\,\mathrm{d}p$$

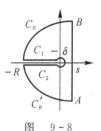

图 9 - 8

积分路径 $L:\mathrm{Re}\,p=s>0$ 是右半平面上的一条平行于虚轴的无穷直线,被积函数为多值函数,$p=0$ 和 $p=\infty$ 是支点,积分围道如图 9-8 所示,围道内无奇点,则

$$\oint_C\frac{1}{\sqrt{p}}\mathrm{e}^{-\alpha\sqrt{p}}\,\mathrm{e}^{pt}\,\mathrm{d}p=\int_A^B\frac{1}{\sqrt{p}}\mathrm{e}^{-\alpha\sqrt{p}}\,\mathrm{e}^{pt}\,\mathrm{d}p+\int_{C_R}\frac{1}{\sqrt{p}}\mathrm{e}^{-\alpha\sqrt{p}}\,\mathrm{e}^{pt}\,\mathrm{d}p+$$

$$\int_{C_1}\frac{1}{\sqrt{p}}\mathrm{e}^{-\alpha\sqrt{p}}\,\mathrm{e}^{pt}\,\mathrm{d}p+\int_{C_\delta}\frac{1}{\sqrt{p}}\mathrm{e}^{-\alpha\sqrt{p}}\,\mathrm{e}^{pt}\,\mathrm{d}p+$$

$$\int_{C_2}\frac{1}{\sqrt{p}}\mathrm{e}^{-\alpha\sqrt{p}}\,\mathrm{e}^{pt}\,\mathrm{d}p+\int_{C_R'}\frac{1}{\sqrt{p}}\mathrm{e}^{-\alpha\sqrt{p}}\,\mathrm{e}^{pt}\,\mathrm{d}p=0 \qquad (9.1)$$

由推广的约当引理可知

$$\frac{\mathrm{e}^{-\alpha\sqrt{p}}}{\sqrt{p}}\xrightarrow{\ p\to\infty\ }0\ \Rightarrow\ \left.\begin{array}{l}\lim\limits_{R\to\infty}\int_{C_R}\dfrac{1}{\sqrt{p}}\mathrm{e}^{-\alpha\sqrt{p}}\,\mathrm{e}^{pt}\,\mathrm{d}p=0\\[3mm]\lim\limits_{R\to\infty}\int_{C_R'}\dfrac{1}{\sqrt{p}}\mathrm{e}^{-\alpha\sqrt{p}}\,\mathrm{e}^{pt}\,\mathrm{d}p=0\end{array}\right\} \qquad (9.2)$$

根据引理 3.1 有

$$p\frac{\mathrm{e}^{-\alpha\sqrt{p}}}{\sqrt{p}}\mathrm{e}^{pt}\xrightarrow{\ p\to0\ }0\ \Rightarrow\ \lim_{\delta\to0}\int_{C_\delta}\frac{1}{\sqrt{p}}\mathrm{e}^{-\alpha\sqrt{p}}\,\mathrm{e}^{pt}\,\mathrm{d}p=0 \qquad (9.3)$$

在 C_1 和 C_2 上,$\arg p=\pm\pi$,分别令 $p=r\mathrm{e}^{\pm\mathrm{i}\pi}$ 得到

$$\int_{C_1}\frac{1}{\sqrt{p}}\mathrm{e}^{-\alpha\sqrt{p}}\,\mathrm{e}^{pt}\,\mathrm{d}p=\int_R^\delta\frac{1}{\sqrt{r}\,\mathrm{i}}\mathrm{e}^{-\mathrm{i}\alpha\sqrt{r}}\,\mathrm{e}^{-rt}\,\mathrm{d}(-r)=\int_\delta^R\frac{1}{\sqrt{r}\,\mathrm{i}}\mathrm{e}^{-\mathrm{i}\alpha\sqrt{r}}\,\mathrm{e}^{-rt}\,\mathrm{d}r=$$

$$-\mathrm{i}\int_\delta^R\frac{1}{\sqrt{r}}\mathrm{e}^{-\mathrm{i}\alpha\sqrt{r}}\,\mathrm{e}^{-rt}\,\mathrm{d}r \qquad (9.4)$$

$$\int_{C_2}\frac{1}{\sqrt{p}}\mathrm{e}^{-\alpha\sqrt{p}}\,\mathrm{e}^{pt}\,\mathrm{d}p=\int_\delta^R\frac{1}{\sqrt{r}\,(-\mathrm{i})}\mathrm{e}^{\mathrm{i}\alpha\sqrt{r}}\,\mathrm{e}^{-rt}\,\mathrm{d}(-r)=-\mathrm{i}\int_\delta^R\frac{1}{\sqrt{r}}\mathrm{e}^{\mathrm{i}\alpha\sqrt{r}}\,\mathrm{e}^{-rt}\,\mathrm{d}r \qquad (9.5)$$

将式(9.2)～式(9.5)代入式(9.1),可得

$$\int_A^B\frac{1}{\sqrt{p}}\mathrm{e}^{-\alpha\sqrt{p}}\,\mathrm{e}^{pt}\,\mathrm{d}p=\mathrm{i}\int_\delta^R\frac{1}{\sqrt{r}}(\mathrm{e}^{-\mathrm{i}\alpha\sqrt{r}}+\mathrm{e}^{\mathrm{i}\alpha\sqrt{r}})\,\mathrm{e}^{-rt}\,\mathrm{d}r$$

当 $R\to\infty,\delta\to0$ 时,有

$$f(t) = \mathcal{L}^{-1}\left[\frac{1}{\sqrt{p}}\mathrm{e}^{-\alpha\sqrt{p}\,t}\right] = \frac{1}{2\pi\mathrm{i}}\mathrm{i}\int_0^\infty \frac{1}{\sqrt{r}}\left(\mathrm{e}^{-\mathrm{i}\alpha\sqrt{r}} + \mathrm{e}^{\mathrm{i}\alpha\sqrt{r}}\right)\mathrm{e}^{-rt}\,\mathrm{d}r$$

令 $x = \sqrt{r}$，有

$$f(t) = \frac{1}{2\pi}\int_0^\infty \frac{1}{x}\left(\mathrm{e}^{-\mathrm{i}\alpha x} + \mathrm{e}^{\mathrm{i}\alpha x}\right)\mathrm{e}^{-x^2 t}\,\mathrm{d}x^2 = \frac{1}{\pi}\int_0^\infty \left(\mathrm{e}^{-\mathrm{i}\alpha x} + \mathrm{e}^{\mathrm{i}\alpha x}\right)\mathrm{e}^{-x^2 t}\,\mathrm{d}x =$$

$$\frac{2}{\pi}\int_0^\infty \cos\alpha x\,\mathrm{e}^{-x^2 t}\,\mathrm{d}x$$

根据含参量的反常积分的解析性(第 4 章 4.4 节)，有

$$\int_0^\infty \mathrm{e}^{-t^2}\cos 2zt\,\mathrm{d}t = \frac{1}{2}\sqrt{\pi}\,\mathrm{e}^{-z^2}$$

因而

$$f(t) = \frac{2}{\pi}\int_0^\infty \cos\alpha x\,\mathrm{e}^{-x^2 t}\,\mathrm{d}x = \frac{2}{\pi}\int_0^\infty \mathrm{e}^{-(x\sqrt{t})^2}\cos\left(2\frac{\alpha}{2\sqrt{t}}x\sqrt{t}\right)\frac{1}{\sqrt{t}}\,\mathrm{d}(x\sqrt{t}) =$$

$$\frac{2}{\pi}\times\frac{1}{\sqrt{t}}\times\frac{1}{2}\sqrt{\pi}\times\mathrm{e}^{-(\alpha/2\sqrt{t})^2} = \frac{1}{\sqrt{\pi t}}\mathrm{e}^{-\alpha^2/4t}$$

即

$$f(t) = \frac{1}{\sqrt{\pi t}}\mathrm{e}^{-\alpha^2/4t}$$

还可以得到公式

$$\mathcal{L}^{-1}\left[\frac{1}{\sqrt{p}}F(\sqrt{p})\right] = \frac{1}{\sqrt{\pi t}}\int_0^\infty f(\tau)\mathrm{e}^{-\tau^2/4t}\,\mathrm{d}\tau$$

证明 对上式右边作拉氏变换，并交换积分次序，有

$$\int_0^\infty \left[\frac{1}{\sqrt{\pi t}}\int_0^\infty f(\tau)\mathrm{e}^{-\tau^2/4t}\,\mathrm{d}\tau\right]\mathrm{e}^{-pt}\,\mathrm{d}t = \int_0^\infty f(\tau)\left(\int_0^\infty \frac{1}{\sqrt{\pi t}}\mathrm{e}^{-\tau^2/4t}\mathrm{e}^{-pt}\,\mathrm{d}t\right)\mathrm{d}\tau =$$

$$\int_0^\infty f(\tau)\frac{1}{\sqrt{p}}\mathrm{e}^{-\tau\sqrt{p}}\,\mathrm{d}\tau =$$

$$\frac{1}{\sqrt{p}}F(\sqrt{p})$$

第 10 章 δ 函 数

δ 函数由物理学家狄拉克首先引进。讨论物理学中的一切点量:质点、点电荷、瞬时力、脉冲等。

定义 10.1 δ 函数是指具有以下性质的函数:

(1) $\delta(x) = \begin{cases} 0, & x \neq 0 \\ \infty, & x = 0 \end{cases}$;

(2) $\displaystyle\int_{-\infty}^{\infty} \delta(x)\mathrm{d}x = 1$。

物理意义:集中的量的密度函数。

把 δ 函数看作弱收敛函数的弱极限。

(1) 以一维举例讨论:如图 10-1 所示,设在无穷直线上 $-\dfrac{l}{2} < x <$

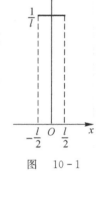

图 10-1

$\dfrac{l}{2}$ 区间内有均匀的电荷分布,总电量为一个单位,在区间外无电荷,则电荷密度函数为

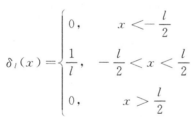

$$\delta_l(x) = \begin{cases} 0, & x < -\dfrac{l}{2} \\[2mm] \dfrac{1}{l}, & -\dfrac{l}{2} < x < \dfrac{l}{2} \\[2mm] 0, & x > \dfrac{l}{2} \end{cases}$$

若 $f(x)$ 在 $\left(-\dfrac{l}{2}, \dfrac{l}{2}\right)$ 内连续,由中值定理有

$$\int_{-\infty}^{+\infty} f(x)\delta_l(x)\mathrm{d}x = \int_{-\frac{l}{2}}^{\frac{l}{2}} f(x)\frac{1}{l}\mathrm{d}x = \frac{1}{l}f(\xi)\left[\frac{l}{2} - \left(-\frac{l}{2}\right)\right] = f(\xi), \quad -\frac{l}{2} \leqslant \xi \leqslant \frac{l}{2}$$

对于 $a < -\dfrac{l}{2}, b > \dfrac{l}{2}$,有

$$\int_a^b f(x)\delta_l(x)\mathrm{d}x = f(\xi), \quad -\frac{1}{2} \leqslant \xi \leqslant \frac{1}{2}$$

当 $l \to 0$ 时,得到点电荷的密度函数为

$$\delta(x) = \lim_{l \to 0} \delta_l(x) = \begin{cases} 0, & x < 0 \\ \infty, & x = 0 \\ 0, & x > 0 \end{cases}$$

对于任意 $f(x)$ 在 $x = 0$ 处连续,有

$$\int_{-\infty}^{+\infty} f(x)\delta(x)\mathrm{d}x = f(0), \quad a < 0, b > 0$$

或者

$$\int_a^b f(x)\delta(x)\mathrm{d}x = f(0)$$

$\delta(x) = \begin{cases} 0, & x \neq 0 \\ \infty, & x = 0 \end{cases}$ 表示的是任意阶可微函数的极限,通常情况下没有意义,只在积分运算中才有意义,积分

$$\int_{-\infty}^{+\infty} f(x)\delta(x)\mathrm{d}x = f(0) \xrightarrow{\quad f(x) = 1 \quad} \int_{-\infty}^{+\infty} \delta(x)\mathrm{d}x = 1$$

应理解为 $\int_{-\infty}^{+\infty} f(x)\delta(x)\mathrm{d}x = \lim_{l \to 0} \int_{-\infty}^{+\infty} f(x)\delta_l(x)\mathrm{d}x$。

从数学角度看,δ 函数的引入简化了先对函数序列进行微积分计算,后取极限的过程. 对于任意一个在 $x = 0$ 点连续并且有连续导数的函数 $f(x)$,有

$$\int_{-\infty}^{+\infty} f(x)\delta'(x)\mathrm{d}x = f(x)\delta(x)\Big|_{-\infty}^{+\infty} - \int_{-\infty}^{+\infty} f'(x)\delta(x)\mathrm{d}x = -f'(0)$$

有关 δ 函数的等式应该在积分意义下理解。

$$x\delta(x) = 0, \qquad\qquad\qquad \int_{-\infty}^{+\infty} f(x)x\delta(x)\mathrm{d}x = 0$$

$$\delta(-x) = \delta(x), \qquad\qquad \int_{-\infty}^{+\infty} f(x)\delta(-x)\mathrm{d}x = \int_{-\infty}^{+\infty} f(x)\delta(x)\mathrm{d}x$$

$$\delta'(-x) = \delta'(x), \qquad\qquad \int_{-\infty}^{+\infty} f(x)\delta'(-x)\mathrm{d}x = \int_{-\infty}^{+\infty} f(x)\delta'(x)\mathrm{d}x$$

$$\delta(ax) = \frac{1}{|a|}\delta(x), \qquad\quad \int_{-\infty}^{+\infty} f(x)\delta(ax)\mathrm{d}x = \int_{-\infty}^{+\infty} f(x)\left[\frac{1}{|a|}\delta(x)\right]\mathrm{d}x$$

$$g(x)\delta(x) = g(0)\delta(x), \qquad \int_{-\infty}^{+\infty} f(x)g(x)\delta(x)\mathrm{d}x = \int_{-\infty}^{+\infty} f(x)\left[g(0)\delta(x)\right]\mathrm{d}x$$

令 $\int_{-\infty}^x \delta(x)\mathrm{d}x \equiv \eta(x) = \begin{cases} 1, & x > 0 \\ 0, & x < 0 \end{cases}$,两边微商,得

$$\delta(x) = \frac{\mathrm{d}\eta(x)}{\mathrm{d}x}$$

因为 $\int_{-\infty}^{+\infty} \delta(x)\mathrm{e}^{-ikx}\mathrm{d}x = 1$,傅里叶反演,得 $\delta(x) = \frac{1}{2\pi}\int_{-\infty}^{+\infty} \mathrm{e}^{ikx}\mathrm{d}x$,拉普拉斯变换

$$\mathscr{L}[\delta(t - t_0)] = \int_0^\infty \delta(t - t_0)\mathrm{e}^{-pt}\mathrm{d}t = \mathrm{e}^{-pt_0}, \quad t_0 > 0$$

以上是一维情况下的 δ 函数。

(2) 二维:(x_0, y_0) 处有一个单位点电荷,密度分布函数为

$$\delta(x - x_0)\delta(y - y_0) \text{——线电荷}$$

(3) 三维:(x_0, y_0, z_0) 处有一个单位点电荷,密度分布函数为

$$\delta(x-x_0)\delta(y-y_0)\delta(z-z_0) \text{——面电荷}$$

例 求证：$\mathbf{\nabla}^2\dfrac{1}{r}=-4\pi\delta(r)$，其中$\mathbf{\nabla}^2\equiv\dfrac{\partial^2}{\partial x^2}+\dfrac{\partial^2}{\partial y^2}+\dfrac{\partial^2}{\partial z^2}$为拉普拉斯算符，则

$$r=|\boldsymbol{r}|=\sqrt{x^2+y^2+z^2},\quad \delta(\boldsymbol{r})=\delta(x)\delta(y)\delta(z)$$

证明 要证明$\mathbf{\nabla}^2\dfrac{1}{r}=-4\pi\delta(r)$，就是要证明积分意义下

$$\iiint_V \mathbf{\nabla}^2\frac{1}{r}\mathrm{d}x\mathrm{d}y\mathrm{d}z=\begin{cases}0,&r=0\notin V\\-4\pi,&r=0\in V\end{cases}$$

当$r\neq 0$时，有

$$\frac{\partial^2}{\partial x^2}\frac{1}{\sqrt{x^2+y^2+z^2}}=\frac{3x^2-(x^2+y^2+z^2)}{(x^2+y^2+z^2)^{5/2}}$$

$$\frac{\partial^2}{\partial y^2}\frac{1}{\sqrt{x^2+y^2+z^2}}=\frac{3y^2-(x^2+y^2+z^2)}{(x^2+y^2+z^2)^{5/2}}$$

$$\frac{\partial^2}{\partial z^2}\frac{1}{\sqrt{x^2+y^2+z^2}}=\frac{3z^2-(x^2+y^2+z^2)}{(x^2+y^2+z^2)^{5/2}}$$

三式相加，可得$\mathbf{\nabla}^2\dfrac{1}{r}=0,r\neq 0$。

当$r=0$时，$\dfrac{1}{r}$不可导，将V取为整个三维空间

$$\iiint_V \mathbf{\nabla}^2\frac{1}{r}\mathrm{d}x\mathrm{d}y\mathrm{d}z=\lim_{a\to 0}\iiint_V \mathbf{\nabla}^2\frac{1}{\sqrt{r^2+a^2}}\mathrm{d}x\mathrm{d}y\mathrm{d}z=$$

$$-\lim_{a\to 0}\iiint_V \frac{3a^2}{(r^2+a^2)^{5/2}}r^2\mathrm{d}r\sin\theta\mathrm{d}\theta\mathrm{d}\varphi=$$

$$-12\pi\lim_{a\to 0}\int_0^\infty \frac{a^2}{(r^2+a^2)^{5/2}}r^2\mathrm{d}r$$

令$r=a\tan\alpha$，上式积分与a无关。

$$\iiint_V \mathbf{\nabla}^2\frac{1}{r}\mathrm{d}x\mathrm{d}y\mathrm{d}z=-12\pi\int_0^\infty \frac{a^2}{(a^2\tan^2\alpha+a^2)^{5/2}}(a\tan\alpha)^2\mathrm{d}(a\tan\alpha)=$$

$$-12\pi\int_0^{\frac{\pi}{2}}\sin^2\alpha\cos\alpha\,\mathrm{d}\alpha=$$

$$-12\pi\times\frac{1}{3}\sin^3\alpha\Big|_0^{\frac{\pi}{2}}=$$

$$-4\pi$$

可知$\mathbf{\nabla}^2\dfrac{1}{r}=-4\pi,r=0$。

第二部分 数学物理方程

第 11 章　数学物理方程和定解条件

利用数学工具对一个具体物理现象的研究包括两个方面：

(1)问题的提出——数学描述。

(2)问题的解决——求解过程。

其一般过程如图 11－1 所示。通常物理问题导出的方程有：偏微分方程和积分方程。

数学物理方程＝来自物理问题的偏微分方程(二阶线性偏微分方程)。例如：

(1)静电势和引力势满足的拉普拉斯方程。

(2)波的传播所满足的波动方程。

(3)热传导问题和扩散问题中的热传导方程。

(4)描写电磁场运动变化的麦克斯韦方程组。

(5)作为微观物质运动基本规律的薛定谔方程和狄拉克方程。

用数理方程研究物理问题的步骤：

(1)导出或写出定解问题：建立数理方程和确定定解条件。

(2)求解定解问题。

(3)讨论解的适定性(存在性、唯一性、稳定性)，作物理解释。

其中，数理方程的建立方法是：

(1)将所研究的系统中的一小部分分割出来。

(2)根据物理学的规律，用数学语言表达这个规律(牛顿第二定律、能量守恒定律等)。

(3)化简整理。

而定解条件涉及：

(1)初始条件：物理过程初始状态的数学表达式(t 的 n 阶偏微分方程需要 $n-1$ 个初始条件，才能确立一个特解)。

(2)边界条件：物理过程边界状况的数学表达。

(3)衔接条件：不同介质组成的系统，在两种不同介质的交界处需要给定的条件。

一般地，定解问题的求解方法有：①行波法；②分离变量法；③积分变换法；④格林函数法；⑤保角变换法；⑥变分法。

三类定解问题：

(1)方程＋初始条件＝初值问题。

(2)方程＋边界条件＝边值问题。

（3）方程＋初始条件＋边界条件＝混合问题。

以下导出常见的几个数学物理方程。

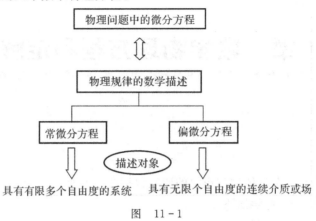

图　11-1

11.1　弦的横振动方程

物理问题：完全柔软的均匀弦，沿水平直线绷紧后以某种方式激发，在铅直平面内作小振动，求弦的横振动方程。

取弦的平衡位置为 x 轴，两端分别为 $x=0$ 和 $x=l$，设 $u(x,t)$ 为弦上一点 x 在时刻 t 的横向位移。如图 11-2 所示，弦上一小段 $\mathrm{d}x$ 两端 x 和 $x+\mathrm{d}x$ 处受到弹性力 F 的作用。

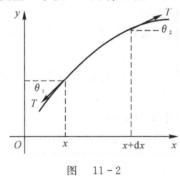

图　11-2

因为弦完全柔软，所以 $F=T$：切向应力，无法向力。$\mathrm{d}x$ 足够小，可视为质点，它在 x 方向及垂直方向上的动力学方程为

$$(T\cos\theta)_{x+\mathrm{d}x}-(T\cos\theta)_x=0 \tag{11.1}$$

$$(T\sin\theta)_{x+\mathrm{d}x}-(T\sin\theta)_x=\mathrm{d}m\,\frac{\partial^2 u}{\partial t^2} \quad（牛顿第二定律，忽略了重力的作用）\tag{11.2}$$

又知 $\tan\theta_1=\left.\dfrac{\partial u}{\partial x}\right|_x$，$\tan\theta_2=\left.\dfrac{\partial u}{\partial x}\right|_{x+\mathrm{d}x}$，均匀弦 $\Leftrightarrow \mathrm{d}m=\rho\mathrm{d}x$。小振动：弦两端的位移之差 $u(x+\mathrm{d}x,t)-u(x,t)$ 与 $\mathrm{d}x$ 相比是一个小量，即 $\left|\dfrac{\partial u}{\partial x}\right|\ll 1$，因此，在准确到 $\dfrac{\partial u}{\partial x}$ 的一级项的条

件下,有

$$\sin\theta \approx \tan\theta = \frac{\partial u}{\partial x} \quad \left(\text{略去了}\frac{\partial u}{\partial x}\text{的三级项}\right)$$

$$\cos\theta \approx 1 \quad \left(\text{略去了}\frac{\partial u}{\partial x}\text{的二级项}\right)$$

方程(11.2)变为

$$T_{x+dx} - T_x = 0 \quad \Rightarrow \quad T_{x+dx} = T_x \quad \text{(弦中各点张力相等,}T\text{不随}x\text{变化)}$$

方程(11.2)化为

$$\rho dx \frac{\partial^2 u}{\partial t^2} = T\left[\left(\frac{\partial u}{\partial x}\right)_{x+dx} - \left(\frac{\partial u}{\partial x}\right)_x\right] = T\frac{\partial^2 u}{\partial x^2}dx \quad \Rightarrow \quad \rho\frac{\partial^2 u}{\partial t^2} - T\frac{\partial^2 u}{\partial x^2} = 0$$

令 $a = \sqrt{\frac{T}{\rho}}$,则

$$\frac{\partial^2 u}{\partial t^2} - a^2\frac{\partial^2 u}{\partial x^2} = 0 \quad \text{—— 弦的横振动方程}$$

其中,a 为弦的振动传播速度。

可以证明:在小振动条件下,张力 T 与时间 t 无关。

如图 11-3 所示,一小段弦的伸长可表示为

$$ds - dx = \sqrt{du^2 + dx^2} - dx = \left[\sqrt{1 + \left(\frac{\partial u}{\partial x}\right)^2} - 1\right]dx = o\left[\left(\frac{\partial u}{\partial x}\right)^2\right]$$

因为弦的总长度不随时间变化,由胡克定律知,引起弦长度变化的应力 T 不随时间变化,前面已证 T 不随 x 变化,则 T 是一个恒量。

当弦在横向上受到外力作用时,有

$$\rho dx \frac{\partial^2 u}{\partial t^2} = T\frac{\partial^2 u}{\partial x^2}dx + f dx$$

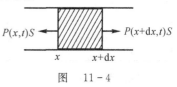

图　11-3

其中,f 为单位长度上所受的外力。

故

$$\frac{\partial^2 u}{\partial t^2} - a^2\frac{\partial^2 u}{\partial x^2} = \frac{f}{\rho}$$

其中,非齐次项 $\frac{f}{\rho}$ 是单位质量所受的外力。

11.2　杆的纵振动方程

一根均匀细杆沿杆长方向作小振动,假设在垂直杆长方向的任一截面上各点的振动情况(即位移)完全相同,并且不考虑在垂直方向上相应发生的形变。

如图 11-4 所示,取杆长方向为 x 轴方向,垂直于杆长方向的截面均用它的平衡位置 x 标记。在任一时刻 t,此截面相对于平衡位置的位移为 $u(x,t)$,对于杆的一小段 $(x,x+dx)$ 通过两端截面所受到的弹性力分别为 $P(x,$

$t)S$ 和 $P(x+\mathrm{d}x,t)S$。其中 $P(x,t)$ 为 x 处的截面在时刻 t 时,单位面积所受的弹性力。

由牛顿第二定律可知

$$\mathrm{d}m\,\frac{\partial^2 u}{\partial t^2}=[P(x+\mathrm{d}x,t)-P(x,t)]S$$

若杆的密度为 ρ,则

$$\mathrm{d}m=\rho\,\mathrm{d}xS$$

$$\rho\,\mathrm{d}xS\,\frac{\partial^2 u}{\partial t^2}=[P(x+\mathrm{d}x,t)-P(x,t)]S$$

$$\rho\,\frac{\partial^2 u}{\partial t^2}=\frac{\partial P}{\partial x}$$

略去杆长方向的形变,根据胡克定律,有

$$P=E\,\frac{\partial u}{\partial x}$$

其中,E 是杆的弹性模量,是物质常数。

$$\rho\,\frac{\partial^2 u}{\partial t^2}-E\,\frac{\partial^2 u}{\partial x^2}=0$$

令 $a=\sqrt{\dfrac{E}{\rho}}$,则

$$\frac{\partial^2 u}{\partial t^2}-a^2\,\frac{\partial^2 u}{\partial x^2}=0 \quad\text{——}\ \text{杆的纵振动方程}$$

杆的纵振动与弦的横振动机理不完全相同,偏微分方程形式完全一样。

波动方程为

$$\frac{\partial^2 u}{\partial t^2}-a^2\,\nabla^2 u=0$$

$\nabla^2=\dfrac{\partial^2}{\partial x^2}+\dfrac{\partial^2}{\partial y^2}+\dfrac{\partial^2}{\partial z^2}$ 是拉普拉斯算符。

11.3　热传导方程

推导热传导方程的方法与前面完全相同。不同之处:具体的物理规律不同。波动方程遵循的是牛顿第二定律和胡克定律,而热传导方程遵循的是能量守恒定律和热传导的傅里叶定律。

热传导的傅里叶定律　设 $u(x,y,z,t)$ 表示连续介质内空间坐标为 (x,y,z) 点在时刻 t 的温度,若介质内存在温度差,而温度变化不大时,则热流密度 $\boldsymbol{q}$ 与温度梯度 ∇u 成正比,比例系数 k 称为热导率,k 的大小与介质材料和温度有关,若温度变化不大时,k 近似地与温度 u 无关,则

$$\boldsymbol{q}=-k\,\nabla u$$

负号表示热流方向与温度变化方向相反,即热量由高温流向低温。

1.均匀各向同性介质中的热传导方程

如图 11-5 所示,介质内部的一个长方体微元,建立坐标系使坐标面与长方体表面重

合。从时刻 t 到时刻 $t+\mathrm{d}t$,沿 x 轴方向流入长方体微元的热量为

$$\big[(q_x)_x - (q_x)_{x+\mathrm{d}x}\big]\mathrm{d}y\,\mathrm{d}z\,\mathrm{d}t = \left[-\left(k\,\frac{\partial u}{\partial x}\right)_x + \left(k\,\frac{\partial u}{\partial x}\right)_{x+\mathrm{d}x}\right]\mathrm{d}y\,\mathrm{d}z\,\mathrm{d}t = k\,\frac{\partial^2 u}{\partial x^2}\mathrm{d}x\,\mathrm{d}y\,\mathrm{d}z\,\mathrm{d}t$$

同理,在 $\mathrm{d}t$ 时间内沿 y,z 方向流入体积微元的热量分别为

$$\big[(q_y)_y - (q_y)_{y+\mathrm{d}y}\big]\mathrm{d}x\,\mathrm{d}z\,\mathrm{d}t = \left[-\left(k\,\frac{\partial u}{\partial y}\right)_y + \left(k\,\frac{\partial u}{\partial y}\right)_{y+\mathrm{d}y}\right]\mathrm{d}x\,\mathrm{d}z\,\mathrm{d}t = k\,\frac{\partial^2 u}{\partial y^2}\mathrm{d}x\,\mathrm{d}y\,\mathrm{d}z\,\mathrm{d}t$$

$$\big[(q_z)_z - (q_z)_{z+\mathrm{d}z}\big]\mathrm{d}x\,\mathrm{d}y\,\mathrm{d}t = \left[-\left(k\,\frac{\partial u}{\partial z}\right)_z + \left(k\,\frac{\partial u}{\partial z}\right)_{z+\mathrm{d}z}\right]\mathrm{d}x\,\mathrm{d}y\,\mathrm{d}t = k\,\frac{\partial^2 u}{\partial z^2}\mathrm{d}x\,\mathrm{d}y\,\mathrm{d}z\,\mathrm{d}t$$

流入体积微元的净热量为

$$k\left(\frac{\partial^2 u}{\partial x^2} + \frac{\partial^2 u}{\partial y^2} + \frac{\partial^2 u}{\partial z^2}\right)\mathrm{d}x\,\mathrm{d}y\,\mathrm{d}z\,\mathrm{d}t$$

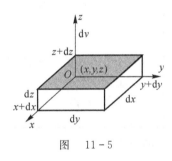

图　11-5

(1) 若体积微元内没有其他热源或消耗,由能量守恒定律可知:净流入的热量等于介质在此时间内温度升高所需的热量,即

$$k\left(\frac{\partial^2 u}{\partial x^2} + \frac{\partial^2 u}{\partial y^2} + \frac{\partial^2 u}{\partial z^2}\right)\mathrm{d}x\,\mathrm{d}y\,\mathrm{d}z\,\mathrm{d}t = \rho\,\mathrm{d}x\,\mathrm{d}y\,\mathrm{d}z\,c\,\mathrm{d}u$$

$$k\,\nabla^2 u = \rho c\,\frac{\partial u}{\partial t}$$

$$\frac{\partial u}{\partial t} - \frac{k}{\rho c}\,\nabla^2 u = 0$$

其中,ρ 为介质密度,c 为比热容。

令 $\kappa = \dfrac{k}{\rho c}$,则

$$\frac{\partial u}{\partial t} - \kappa\,\nabla^2 u = 0$$

其中,κ 为温度传导率。

(2) 若体积微元内有热量产生(化学反应、电流通过等),单位时间内单位体积中产生的热量为 $F(x,y,z,t)$,则有

$$k\left(\frac{\partial^2 u}{\partial x^2} + \frac{\partial^2 u}{\partial y^2} + \frac{\partial^2 u}{\partial z^2}\right)\mathrm{d}x\,\mathrm{d}y\,\mathrm{d}z\,\mathrm{d}t + F(x,y,z,t)\mathrm{d}x\,\mathrm{d}y\,\mathrm{d}z\,\mathrm{d}t = \rho\,\mathrm{d}x\,\mathrm{d}y\,\mathrm{d}z\,c\,\mathrm{d}u$$

$$k\,\nabla^2 u + F(x,y,z,t) = \rho c\,\frac{\partial u}{\partial t}$$

$$\frac{\partial u}{\partial t} - \frac{k}{\rho c}\,\nabla^2 u = \frac{F(x,y,z,t)}{\rho c} \equiv f(x,y,z,t)$$

令 $\kappa = \dfrac{k}{\rho c}$,则

$$\frac{\partial u}{\partial t} - \kappa\,\nabla^2 u = f(x,y,z,t)$$

2.其他介质中的热传导方程

若介质不均匀,热导率 k 与坐标有关,则

$$\left[(q_x)_x - (q_x)_{x+\mathrm{d}x}\right]\mathrm{d}y\,\mathrm{d}z\,\mathrm{d}t = \left[-\left(k\,\frac{\partial u}{\partial x}\right)_x + \left(k\,\frac{\partial u}{\partial x}\right)_{x+\mathrm{d}x}\right]\mathrm{d}y\,\mathrm{d}z\,\mathrm{d}t \neq k\,\frac{\partial^2 u}{\partial x^2}\mathrm{d}x\,\mathrm{d}y\,\mathrm{d}z\,\mathrm{d}t$$

热传导方程变为

$$\rho c\,\frac{\partial u}{\partial t} - \boldsymbol{\nabla}\,(k\,\boldsymbol{\nabla}\,u) = F(x,y,z,t)$$

令 $j = \rho c u$（热流强度），则上式变为

$$\frac{\partial j}{\partial t} - \boldsymbol{\nabla}\,\boldsymbol{q} = F(x,y,z,t) \qquad \text{——连续性方程}$$

对于各向异性的介质，热导率 k 与坐标方向 x,y,z 相关，傅里叶定律变为

$$\boldsymbol{q} = -\boldsymbol{k}\,\boldsymbol{\cdot}\,\boldsymbol{\nabla}\,u$$

$\boldsymbol{k}$ 是 3×3 矩阵，则热传导方程为

$$\rho c\,\frac{\partial u}{\partial t} - \boldsymbol{\nabla}\,(\boldsymbol{k}\,\boldsymbol{\nabla}\,u) = F(x,y,z,t)$$

从分子运动的层面看，温度的高低表征了物质分子热运动的剧烈程度。分子热运动的不平衡通过碰撞交换能量，宏观上就表现为热量的传递。

同样地，若物质的内部浓度不均匀，通过分子运动发生物质交换，宏观上就表现为分子的扩散。热传导与扩散的这种微观机理上的相似性，决定了扩散方程与热传导方程具有相同的形式

$$\frac{\partial u}{\partial t} - D\,\boldsymbol{\nabla}^2 u = f(x,y,z,t)$$

其中，$u(x,y,z,t)$ 代表分子浓度，D 是扩散系数，$f(x,y,z,t)$ 是单位时间内在单位体积中该种分子的产率。

例 11.1　在弦的横振动问题中，若弦受到一个与速率成正比的阻力，试导出弦的阻尼振动方程。

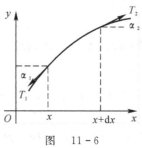

图　11 - 6

解　设位移函数为 $u(x,t)$，依题意，单位长弦受到的阻力为 $b\,\dfrac{\partial u}{\partial t}$，如图 11 - 6 所示，弦中任意一小段 $\mathrm{d}x$ 在振动过程中的受力情况为

纵向（水平方向）　　　　$T_2\cos\alpha_2 - T_1\cos\alpha_1$

横向（竖直方向）　　　　$T_2\sin\alpha_2 - T_1\sin\alpha_1 - b\,\dfrac{\partial u}{\partial t}\bigg|_{x\sim x+\mathrm{d}x}\mathrm{d}x$

因为弦在作横振动，所以由牛顿第二定律有

$$T_2 \cos \alpha_2 - T_1 \cos \alpha_1 = 0$$

$$T_2 \sin \alpha_2 - T_1 \sin \alpha_1 - b \frac{\partial u}{\partial t}\bigg|_{x \sim x+\mathrm{d}x} \mathrm{d}x = \rho\,\mathrm{d}x \frac{\partial^2 u}{\partial t^2}\bigg|_{x \sim x+\mathrm{d}x}$$

在小振动条件下,运动方程化简为

$$T_1 = T_2 \equiv T$$

$$T_2 \frac{\partial u}{\partial x}\bigg|_{x+\mathrm{d}x} - T_1 \frac{\partial u}{\partial x}\bigg|_x - b \frac{\partial u}{\partial t}\bigg|_{x \sim x+\mathrm{d}x}\mathrm{d}x = \rho\,\mathrm{d}x \frac{\partial^2 u}{\partial t^2}\bigg|_{x \sim x+\mathrm{d}x}$$

即

$$T \frac{\partial^2 u}{\partial x^2}\mathrm{d}x - b \frac{\partial u}{\partial t}\bigg|_{x \sim x+\mathrm{d}x}\mathrm{d}x = \rho\,\mathrm{d}x \frac{\partial^2 u}{\partial t^2}\bigg|_{x \sim x+\mathrm{d}x}$$

$$T \frac{\partial^2 u}{\partial x^2} - b \frac{\partial u}{\partial t} = \rho \frac{\partial^2 u}{\partial t^2}$$

$$\frac{\partial^2 u}{\partial t^2} - \frac{T}{\rho} \frac{\partial^2 u}{\partial x^2} + \frac{b}{\rho} \frac{\partial u}{\partial t} = 0$$

故弦的阻尼横振动方程为

$$\frac{\partial^2 u}{\partial t^2} - a^2 \frac{\partial^2 u}{\partial x^2} + c \frac{\partial u}{\partial t} = 0 \quad \left(a = \sqrt{\frac{T}{\rho}}, \quad c = \frac{b}{\rho}\right)$$

例 11.2　设扩散物质的源强(即单位时间内单位体积所产生的扩散物质)为 $F(x, y, z, t)$,试导出扩散方程。

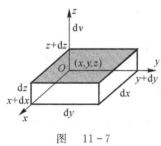

图　11－7

解　设粒子的浓度为 $u(x, y, z, t)$,考虑 $\mathrm{d}t$ 时间内 $\mathrm{d}v$ 中的粒子流动情况,如图 11-7 所示,由扩散定律知,流入的净粒子数为

x 方向:　　　　　　$[q_x(x, t) - q_x(x + \mathrm{d}x, t)]\mathrm{d}y\,\mathrm{d}z\,\mathrm{d}t$

y 方向:　　　　　　$[q_y(y, t) - q_y(y + \mathrm{d}y, t)]\mathrm{d}x\,\mathrm{d}z\,\mathrm{d}t$

z 方向:　　　　　　$[q_z(z, t) - q_z(z + \mathrm{d}z, t)]\mathrm{d}x\,\mathrm{d}y\,\mathrm{d}t$

源强产生的粒子数: $F(x, y, z, t)\mathrm{d}x\,\mathrm{d}y\,\mathrm{d}z\,\mathrm{d}t$。由质量守恒得

$$[q_x(x, t) - q_x(x + \mathrm{d}x, t)]\mathrm{d}y\,\mathrm{d}z\,\mathrm{d}t + [q_y(y, t) - q_y(y + \mathrm{d}y, t)]\mathrm{d}x\,\mathrm{d}z\,\mathrm{d}t +$$
$$[q_z(z, t) - q_z(z + \mathrm{d}z, t)]\mathrm{d}x\,\mathrm{d}y\,\mathrm{d}t + F(x, y, z, t)\mathrm{d}x\,\mathrm{d}y\,\mathrm{d}z\,\mathrm{d}t =$$
$$[u(x, y, z, t + \mathrm{d}t) - u(x, y, z, t)]\mathrm{d}x\,\mathrm{d}y\,\mathrm{d}z$$

两边同除以 $\mathrm{d}x\,\mathrm{d}y\,\mathrm{d}z\,\mathrm{d}t$ 得

$$\frac{\partial q}{\partial x} + \frac{\partial q}{\partial y} + \frac{\partial q}{\partial z} + F(x, y, z, t) = \frac{\partial u}{\partial t}$$

扩散定律 单位时间通过单位截面的粒子数与浓度梯度成正比。

$$q = -D\,\nabla u$$

负号表示扩散方向与浓度变化方向相反,即粒子由高浓度向低浓度扩散,即

$$\frac{\partial}{\partial x}\left(D\,\frac{\partial u}{\partial x}\right)+\frac{\partial}{\partial y}\left(D\,\frac{\partial u}{\partial y}\right)+\frac{\partial}{\partial z}\left(D\,\frac{\partial u}{\partial z}\right)+F(x,y,z,t)=\frac{\partial u}{\partial t}$$

若 D 为均匀的,即与 (x,y,z) 无关,则 $D\nabla^2 u+F(x,y,z,t)=\dfrac{\partial u}{\partial t}$,即

$$\frac{\partial u}{\partial t}-D\,\nabla^2 u=F(x,y,z,t)$$

例 11.3 试推导一均质细圆锥杆的纵振动方程。

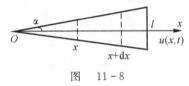

图 11 - 8

解 如图 11-8 所示,设杆做纵振动的位移函数为 $u(x,t)$,杆的弹性模量为 E,体密度为 ρ,在 x 处的横截面积为 $S(x)$,dx 做纵振动时的运动方程为

纵向(水平方向)

$$E\left[S(x)\frac{\partial u}{\partial x}\right]_{x+dx}-E\left[S(x)\frac{\partial u}{\partial x}\right]_{x}=\rho S(x)\,dx\,\frac{\partial^2 u}{\partial t^2}$$

两边同除以 dx,有

$$E\frac{\partial}{\partial x}\left[S(x)\frac{\partial u}{\partial x}\right]=\rho S(x)\frac{\partial^2 u}{\partial t^2}$$

将 $S(x)=\pi r^2=\pi(x\tan\alpha)^2$ 代入上式,可得

$$E\frac{\partial}{\partial x}\left[\pi(x\tan\alpha)^2\frac{\partial u}{\partial x}\right]=\rho\pi(x\tan\alpha)^2\frac{\partial^2 u}{\partial t^2}$$

约去 π 和 $\tan\alpha$,化简整理得

$$E\frac{\partial}{\partial x}\left(x^2\frac{\partial u}{\partial x}\right)=\rho x^2\frac{\partial^2 u}{\partial t^2}$$

令 $a^2=\dfrac{E}{\rho}$,则

$$\frac{\partial^2 u}{\partial t^2}-\frac{a^2}{x^2}\frac{\partial}{\partial x}\left(x^2\frac{\partial u}{\partial x}\right)=0$$

例 11.4 长为 l 的均质柔软轻绳,一段固定在竖直轴上,绳子以角速度 ω 转动.试导出此绳相对于水平线的横振动方程。

解 此绳为柔软轻绳,可视为忽略掉质量的弦,如图 11-9 所示,设绳的平衡位置为水平线,位移函数为 $u(x,t)$,绳的线密度为 ρ,类似弦的横振动分析,dx 做横振动时的运动方程为

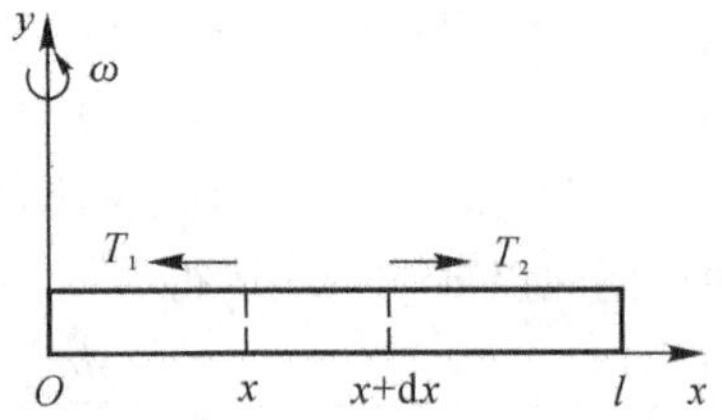

横向(竖直方向)

图 11 - 9

$$T_2 \frac{\partial u}{\partial x}\bigg|_{x+dx} - T_1 \frac{\partial u}{\partial x}\bigg|_x = \rho \, dx \frac{\partial^2 u}{\partial t^2}$$

即

$$T(x) \frac{\partial u}{\partial x}\bigg|_{x+dx} - T(x) \frac{\partial u}{\partial x}\bigg|_x = \rho \, dx \frac{\partial^2 u}{\partial t^2}$$

此绳以角速度 ω 转动,绳上任意一处 x 的张力,由 x 到 l 这段绳的惯性离心力所提供,得

$$T(x) = \int_x^l \omega^2 x \rho \, dx = \frac{1}{2} \rho \omega^2 (l^2 - x^2) \quad (\text{离心力} = \text{向心力} = m\omega^2 r)$$

方程可化为

$$\left[\frac{1}{2} \rho \omega^2 (l^2 - x^2) \frac{\partial u}{\partial x} \right]_{x+dx} - \left[\frac{1}{2} \rho \omega^2 (l^2 - x^2) \frac{\partial u}{\partial x} \right]_{x+dx} = \rho \, dx \frac{\partial^2 u}{\partial t^2}$$

两端同除以 $\rho \, dx$,则

$$\frac{1}{2} \omega^2 \frac{\partial}{\partial x} \left[(l^2 - x^2) \frac{\partial u}{\partial x} \right] = \frac{\partial^2 u}{\partial t^2}$$

即

$$\frac{\partial^2 u}{\partial t^2} - \frac{1}{2} \omega^2 \frac{\partial}{\partial x} \left[(l^2 - x^2) \frac{\partial u}{\partial x} \right] = 0$$

11.4 稳 定 问 题

一般方程和稳定态方程的类型见表 11 - 1。

表 11 - 1 一般方程和稳定态方程的类型

一般情况		稳定态	
热传导方程 (扩散方程)	$\dfrac{\partial u}{\partial t} - \kappa \nabla^2 u = f$	u 不随 t 变化 $\nabla^2 u = -\dfrac{f}{\kappa}$	泊松方程
		$f = 0 : \nabla^2 u = 0$	
波动方程	静电场电势 $\nabla^2 u = -\dfrac{\rho}{\varepsilon_0}$	$\rho = 0 : \nabla^2 u = 0$	拉普拉斯方程
	$\dfrac{\partial^2 u}{\partial t^2} - a^2 \nabla^2 u = 0$	$u(x,y,z,t) = v(x,y,z,t) e^{i\omega t}$ 即 u 随 t 周期的变化 $\nabla^2 v + k^2 v = 0$ $k = \omega/a$ 为波数	亥姆霍兹方程

物理方程对应的数学方程见表 11 - 2。

表 11 - 2　物理方程对应的数学方程

物理	数学
波动方程	双曲型方程
热传导方程	抛物型方程
泊松方程	椭圆型方程
拉普拉斯方程	

以上三类方程的求解将是接下来的学习重点。

11.5　边界条件与初始条件

偏微分方程 $\dfrac{\partial^2 u(x,y)}{\partial x^2}=0$ 的通解是：$u(x,y)=C_1(y)+xC_2(y)$，C_1 与 C_2 是 y 的任意函数，可见解并不唯一。

要描述一个具有确定解的物理问题，数学上要构成一个定解问题：方程 ＋ 定解条件。定解条件：初始条件、边界条件、连接条件。

定义 11.1　初始条件：完全描述物理问题的研究对象在初始时刻时，其内部及边界上任意一点的状况。边界条件：完全描述物理问题的研究对象的边界上各点在任一时刻的状况。① 第一类边界条件：边界上各点的函数值 —— $u|_\Sigma$；② 第二类边界条件：边界上各点函数的法向微商值 —— $\dfrac{\partial u}{\partial n}\bigg|_\Sigma$；③ 第三类边界条件：$u|_\Sigma$ 与 $\dfrac{\partial u}{\partial n}\bigg|_\Sigma$ 的线性关系。

例 11.5　热传导方程 $\dfrac{\partial u}{\partial t}-\kappa\nabla^2 u=0$，试列出其定解条件。

解　初始条件：
$$u|_{t=0}=\varphi(x,y,z),(x,y,z)\in\overline{V}\quad（初始时刻各点的温度）$$
边界条件：

(1) $u|_\Sigma=\varphi(\Sigma,t)$　（边界上各点的温度）。

(2) $\dfrac{\partial u}{\partial n}\bigg|_\Sigma=\dfrac{1}{k}\varphi(\Sigma,t)$　（单位时间内通过单位面积的边界流入的热量为 $\varphi(\Sigma,t)$）。

$\dfrac{\partial}{\partial n}$：法向微商，梯度矢量在外法线上的投影。若边界绝热，则 $\varphi=0$，有 $\dfrac{\partial u}{\partial n}\bigg|_\Sigma=0$。

(3) $-k\dfrac{\partial u}{\partial n}\bigg|_\Sigma=h(u|_\Sigma-u_0)$　（介质通过边界按牛顿冷却定律散热）。

牛顿冷却定律：单位时间通过单位面积表面与外界交换的热量正比于介质表面温度 $u|_\Sigma$ 与外界温度 u_0 之差，h 为比例系数。

例 11.6　长为 l 的均匀细杆，$x=0$ 端固定，另一端受到沿杆长方向的力 F，若撤去 F 的瞬间为 $t=0$ 时刻，求 $t>0$ 的杆的纵振动的定解条件。

解　边界条件：

$$u(x,t)\big|_{x=0}=0$$

$$\frac{\partial u}{\partial x}\bigg|_{x=l}=0 \quad (t>0\text{无外力作用,即无应变})$$

初始条件：

$$E\frac{\partial u}{\partial x}\bigg|_{t=0}=\frac{F}{S} \quad (\text{胡克定律})$$

$$u\big|_{t=0}=\int_0^x\frac{\partial u}{\partial x}\mathrm{d}x=\int_0^x\frac{F}{ES}\mathrm{d}x=\frac{F}{ES}x$$

$$\frac{\partial u}{\partial t}\bigg|_{t=0}=0$$

式中:S 为横截面积,E 为弹性模量。

例 11.7　长为 l,$x=0$ 端固定的均匀细杆,处于静止状态中,当 $t=0$ 时,一个沿着杆长方向的力 F 加在杆的另一端上,求当 $t>0$ 时杆上各点位移的定解条件。

解　边界条件：

$$u(x,t)\big|_{x=0}=0$$

$$\frac{\partial u}{\partial x}\bigg|_{x=l}=\frac{F}{ES} \quad (\text{胡克定律})$$

其中,S 为横截面积,E 为弹性模量。

初始条件：

$$u\big|_{t=0}=0$$

$$\frac{\partial u}{\partial t}\bigg|_{t=0}=0$$

例 11.8　长为 l 的均匀杆的导热问题：

(1) 杆的两端温度保持零度；

(2) 杆的两端均绝热；

(3) 杆的一端恒温零度,另一端绝热；

试写出三种情况下的边界条件。

解　设 $u(x,t)$ 为杆的温度函数,

(1) $u\big|_{x=0}=0$,　$u\big|_{x=l}=0$。

(2) 杆长方向的热量流动由傅里叶定律知,热流密度 $q=-k\dfrac{\partial u}{\partial x}$,两端绝热,即无热量流动,因此

$$\frac{\partial u}{\partial x}\bigg|_{x=0}=0,\quad \frac{\partial u}{\partial x}\bigg|_{x=l}=0$$

(3)　　$u\big|_{x=0}=0$,　$\dfrac{\partial u}{\partial x}\bigg|_{x=l}=0$　或　$\dfrac{\partial u}{\partial x}\bigg|_{x=0}=0$,　$u\big|_{x=l}=0$

以上均为齐次边界条件。

11.6   内部界面上的连接条件

定义 11.2   若微分方程成立的空间区域的内部出现结构上的跃变,所补充的相关条件称为连接条件或衔接条件。

例 11.9   试列出两种不同材料连接成的弦的连接条件。

解   对于第一段弦

$$\frac{\partial^2 u_1(x,t)}{\partial t^2} - a_1^2 \frac{\partial^2 u_1(x,t)}{\partial x^2} = 0$$

对于第二段弦

$$\frac{\partial^2 u_2(x,t)}{\partial t^2} - a_2^2 \frac{\partial^2 u_2(x,t)}{\partial x^2} = 0$$

设跃变严格地发生于一点,且连接非常牢固光滑。连接点 x_0 处的连接条件为

$$u_1(x,t)\big|_{x=x_0-\varepsilon} = u_2(x,t)\big|_{x=x_0+\varepsilon} \quad (位移相等)$$

$$\frac{\partial u_1(x,t)}{\partial x}\bigg|_{x=x_0-\varepsilon} = \frac{\partial u_2(x,t)}{\partial x}\bigg|_{x=x_0+\varepsilon} \quad (张力相等)$$

例 11.10   如图 11-10 所示,长为 l 的弦,在 x_0 处挂有质量为 m 的小球,试推导弦作横振动时 x_0 处的连接条件。

解 $u(x,t) = \begin{cases} u_1(x,t), & 0 \leqslant x \leqslant x_0, \quad t \geqslant 0 \\ u_2(x,t), & x_0 \leqslant x \leqslant l, \quad t \geqslant 0 \end{cases}$

可知 $u_1(x_0,t) = u_2(x_0,t)$

受力分析后,由牛顿定律可知,在 x_0 处,有

纵向:$T_1 \cos\theta_1 - T_2 \cos\theta_2 = 0$;

横向:$T_1 \sin\theta_1 + T_2 \sin\theta_2 - mg = m\dfrac{\partial^2 u}{\partial t^2}\bigg|_{x=x_0}$。

设小球引起的 θ_1, θ_2 很小,则

$$\cos\theta_1 \approx \cos\theta_2 \approx 1$$

$$\sin\theta_1 \approx \tan\theta_1 = -\frac{\partial u_1}{\partial x}\bigg|_{x=x_0-\varepsilon}, \quad \sin\theta_2 \approx \tan\theta_2 = \frac{\partial u_2}{\partial x}\bigg|_{x=x_0+\varepsilon}$$

因此有 $T_1 = T_2 \equiv T$。

$$T\left(\frac{\partial u_2}{\partial x}\bigg|_{x=x_0+\varepsilon} - \frac{\partial u_1}{\partial x}\bigg|_{x=x_0-\varepsilon}\right) = m\left(\frac{\partial^2 u}{\partial t^2}\bigg|_{x=x_0} + g\right)$$

连接条件为

$$\begin{cases} u_1(x_0,t) = u_2(x_0,t) \\ \dfrac{\partial u_2}{\partial x}\bigg|_{x_0+\varepsilon} - \dfrac{\partial u_1}{\partial x}\bigg|_{x_0-\varepsilon} = \dfrac{m}{T}\left(\dfrac{\partial^2 u}{\partial t^2}\bigg|_{x_0} + g\right) \end{cases}$$

例 11.11   均匀弦的某一点 x_0 上受到有限大小的力 $f(t)$,沿 u 轴负向,试列出弦的连接条件。

解   连接条件为

$$u(x,t)\big|_{x=x_0-\varepsilon}=u(x,t)\big|_{x=x_0+\varepsilon} \quad \text{(位移相等)}$$

$$T\left[\frac{\partial u(x,t)}{\partial x}\bigg|_{x=x_0+\varepsilon}-\frac{\partial u(x,t)}{\partial x}\bigg|_{x=x_0-\varepsilon}\right]=f(t) \quad \text{(张力与外力平衡)}$$

若此外力 $f(t)$ 由重物 M 提供,且重物与弦同步发生运动,两者之间无相对位移,则上式变为

$$T\left[\frac{\partial u(x,t)}{\partial x}\bigg|_{x=x_0+\varepsilon}-\frac{\partial u(x,t)}{\partial x}\bigg|_{x=x_0-\varepsilon}\right]=Mg+M\frac{\partial^2 u(x,t)}{\partial t^2}\bigg|_{x=x_0}$$

例 11.12　试列出两种电介质的界面 Σ' 上的电势的连接条件。

解　连接条件

$$u_1\big|_{\Sigma'}=u_2\big|_{\Sigma'} \quad \text{(电势连续)}$$

$$\varepsilon_1\frac{\partial u_1}{\partial n}\bigg|_{\Sigma'}=\varepsilon_2\frac{\partial u_2}{\partial n}\bigg|_{\Sigma'} \quad \text{(电位移矢量的法向分量连续)}$$

例 11.13　弹性杆原长为 l,一端固定,另一端被拉离平衡到位置 b 而静止,试导出在外力 $F(t)$ 作用下杆的定解问题。

解　如图 11-11 所示,设杆长方向为 x 轴,位移函数为 $u(x,t)$,单位质量受到的外力为 $f(t)$。弹性杆的纵振动所满足的方程为

$$\frac{\partial^2 u}{\partial t^2}-a^2\frac{\partial^2 u}{\partial x^2}=f(t)$$

初始条件: $u\big|_{t=0}=\dfrac{b}{l}x$, $\dfrac{\partial u}{\partial t}\bigg|_{t=0}=0$;

边界条件: $u\big|_{x=0}=0$, $E\dfrac{\partial u}{\partial x}\bigg|_{x=l}=\dfrac{F(t)}{S}$。

例 11.14　长为 l 的均匀弦,两端固定,弦中张力为 T,在 x_0 处以横向力 F 拉弦(见图 11-12),达到稳定后放手任其振动,若视振动为小振动,试写出定解问题。

解　数理方程: $\dfrac{\partial^2 u}{\partial t^2}-a^2\dfrac{\partial^2 u}{\partial x^2}=0$;

边界条件: $u\big|_{x=0}=0$, $u\big|_{x=l}=0$;

初始条件: $u\big|_{t=0}=\begin{cases}\dfrac{h}{x_0}x, & 0\leqslant x\leqslant x_0 \\[2mm] \dfrac{h}{l-x_0}(l-x), & x_0\leqslant x\leqslant l\end{cases}$, $\dfrac{\partial u}{\partial t}\bigg|_{t=0}=0$。

$t>0$,F 已撤去,故无需连接条件。

在 x_0 的左、右两边,弦中的张力分别为 T_1 和 T_2,$t=0$ 时刻的受力分析。

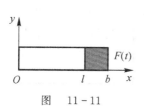

图　11-11

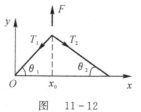

图　11-12

竖直方向:$F - T_1 \sin\theta_1 - T_2 \sin\theta_2 = 0$；

水平方向:$T_2 \cos\theta_2 - T_1 \cos\theta_1 = 0$。

在小振动条件下:

$$\sin\theta_1 \approx \tan\theta_1 = \frac{h}{x_0}, \quad \sin\theta_2 \approx \tan\theta_2 = \frac{h}{l - x_0}$$

$$\cos\theta_1 \approx \cos\theta_2 \approx 1 \Rightarrow T_1 = T_2 \equiv T$$

可知

$$h = \frac{F x_0 (l - x_0)}{Tl}$$

初始条件:$u\big|_{t=0} = \begin{cases} \dfrac{F(l - x_0)}{Tl} x, & 0 \leqslant x \leqslant x_0 \\ \dfrac{F x_0}{Tl}(l - x), & x_0 \leqslant x \leqslant l \end{cases}$, $\dfrac{\partial u}{\partial t}\bigg|_{t=0} = 0$。

例 11.15 长为 l 的柱形管,一端封闭一端开放,管外空气中含有某种浓度为 u_0 的气体向管内扩散,试写出该扩散问题的定解问题。

解 如图 11-13 所示,设管长方向为 x 轴,浓度函数为 $u(x, t)$,$x = 0$ 端封闭,$x = l$ 端开放,管的横截面积为 S。由扩散定律知: $\mathrm{d}t$ 时间内流入微元 $\mathrm{d}v = S\mathrm{d}x$ 内的气体分子满足的方程为

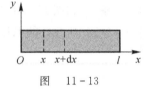

图 11-13

$$(q\big|_{x+\mathrm{d}x} - q\big|_x) S\mathrm{d}t = (u\big|_{t+\mathrm{d}t} - u\big|_t) S\mathrm{d}x$$

$$\left(\frac{\partial u}{\partial x}\bigg|_{x+\mathrm{d}x} - \frac{\partial u}{\partial x}\bigg|_x\right) DS\mathrm{d}t = (u\big|_{t+\mathrm{d}t} - u\big|_t) S\mathrm{d}x$$

两边同除 $S\mathrm{d}x\,\mathrm{d}t$,得

$$\frac{\partial^2 u}{\partial x^2} D = \frac{\partial u}{\partial t}$$

该扩散问题满足的方程为

$$\frac{\partial u}{\partial t} - D\frac{\partial^2 u}{\partial x^2} = 0$$

边界条件:$\dfrac{\partial u}{\partial x}\bigg|_{x=0} = 0, \quad u\big|_{x=l} = u_0$；

初始条件:$u\big|_{t=0} = 0$。

11.7 定解问题的适定性

定义 11.3 (解的适定性)① 存在性:定解问题有解;② 唯一性:定解问题的解是唯一的;③ 稳定性:定解问题中已知条件有微小改变时,解也只有微小改变。

具备解的适定性所必须满足的条件:对实际问题的物理抽象是合理的;初始条件完全确定地描写了初始时刻体系内部以及边界上任意一点的状况;边界条件完全而确定地描写了边界上任意一点在 $t \geqslant 0$ 时的状况。

例 11.16 有界空间内的热传导问题。

解

$$\begin{cases} \dfrac{\partial u}{\partial t} - \kappa\,\nabla^2 u = f(x,y,z,t), \quad (x,y,z)\in V, t>0 \\ u\big|_\Sigma = \mu(\Sigma,t), \quad t\geqslant 0 \quad (\text{边界条件}) \\ u\big|_{t=0} = \varphi(x,y,z), \quad (x,y,z)\in V \quad (\text{初始条件}) \end{cases}$$

其中，$f(x,y,z,t)$，$\mu(\Sigma,t)$，$\varphi(x,y,z)$ 均为连续函数。

此定解问题的解 $u(x,y,z,t)$ 应当满足：

(1) 是 $(x,y,z)\in V, t\geqslant 0$ 内的连续函数；

(2) 在 $(x,y,z)\in V, t>0$ 内，$\dfrac{\partial^2 u}{\partial x^2}, \dfrac{\partial^2 u}{\partial y^2}, \dfrac{\partial^2 u}{\partial z^2}, \dfrac{\partial u}{\partial t}$，存在且连续；

(3) 满足热传导方程；

(4) 满足边界条件；

(5) 满足初始条件。

第 12 章　分离变量法

定解问题最常用的解法 —— 分离变量法。

核心思想：将未知函数按多个单元函数分开

$$U(x,y,z,t)=X(x)Y(y)Z(z)T(t)$$

分离变量法可以实现：偏微分方程 ⇒ 若干常微分方程。

求解常微分方程的基本步骤：特解 → 线性无关的特解叠加出通解 → 用定解条件定出叠加系数。

一阶线性偏微分方程的求解，转化为一阶线性常微分方程的求解。

通过分离变量使二阶及高阶偏微分方程进行变量分离后，难以定出待定系数。

而分离变量法是先找出满足方程及一部分定解问题的全部特解，然后再用另一部分定解条件定出叠加系数。

12.1　两端固定弦的自由振动

长为 l 两端固定的弦，发生自由振动的方程及定解条件为

$$\begin{cases} \dfrac{\partial^2 U}{\partial t^2}-a^2\dfrac{\partial^2 U}{\partial x^2}=0, & 0<x<l, & t>0 \\[2mm] U\big|_{x=0}=0, & U\big|_{x=l}=0, & t>0 \\[2mm] U\big|_{t=0}=\varphi(x), & \dfrac{\partial U}{\partial t}\bigg|_{t=0}=\psi(x), & 0\leqslant x\leqslant l \end{cases}$$

方程和边界条件是齐次的，初始条件为非齐次的。

(1) 第一步：分离变量，令

$$U(x,t)=X(x)T(t)$$

代入方程 $\dfrac{\partial^2 U}{\partial t^2}-a^2\dfrac{\partial^2 U}{\partial x^2}=0$，得

$$X(x)T''(t)-a^2X''(x)T(t)=0$$

移项，两端同除以 $X(x)T(t)$，有

$$\frac{1}{a^2}\frac{T''(t)}{T(t)}=\frac{X''(x)}{X(x)}\equiv-\lambda$$

与 x 无关的函数＝与 t 无关的函数 ≡ 与 x,t 均无关的常数，可知

$$T''(t) + \lambda a^2 T(t) = 0, \quad X''(x) + \lambda X(x) = 0$$

一维波动方程 ⇒ 两个常微分方程。

选取相应的齐次定解条件,与其中一个常微分方程构成本征值问题。

将 $U(x,t) = X(x)T(t)$ 代入边界条件 $U|_{x=0} = 0, U|_{x=l} = 0$,得

$$X(0)T(t) = 0, \quad X(l)T(t) = 0$$

因为 $T(t) \neq 0$,所以 $X(0) = 0, X(l) = 0$,即

$$\begin{cases} X''(x) + \lambda X(x) = 0 \\ X(0) = 0 \\ X(l) = 0 \end{cases}$$

$X(x)$ 的常微分方程的定解问题称为本征值问题:① 常微分方程含有一个待定常数 λ; ② 定解条件是一对齐次边界条件。

既满足齐次常微分方程,又满足齐次边界条件的非零解 $X(x)$,称为本征函数,相应的 λ 值称为本征值。

(2) 第二步:求解本征值。

当 $\lambda = 0$ 时,方程 $X''(x) + \lambda X(x) = 0$ 为 $X''(x) = 0$,其通解为 $X(x) = Ax + B$。

由边界条件 $X(0) = 0, X(l) = 0$ 知,$A = B = 0$,即 $X(x) = 0$。因此,$\lambda = 0$ 不是本征值。

当 $\lambda \neq 0$ 时,常微分方程的通解是

$$X(x) = A \sin \sqrt{\lambda} x + B \cos \sqrt{\lambda} x$$

由边界条件 $X(0) = 0, X(l) = 0$ 知,$B = 0, A \sin \sqrt{\lambda} l = 0$。

因为 $A \neq 0$,所以 $\sqrt{\lambda} l = n\pi$,即

$$\lambda_n = \left(\frac{n\pi}{l}\right)^2, \quad n = 1, 2, 3, \cdots$$

相应的本征函数为

$$X_n(x) = \sin \frac{n\pi}{l} x \quad (取 \, A = 1)$$

(3) 第三步:求特解,并进一步叠加出一般解。

将 λ_n 代入方程 $T''(t) + \lambda a^2 T(t) = 0$,得

$$T_n(t) = C_n \sin \frac{n\pi}{l} at + D_n \cos \frac{n\pi}{l} at$$

可知满足偏微分方程和边界条件的特解为

$$U_n(x,t) = X_n(x)T_n(t) = \left(C_n \sin \frac{n\pi}{l} at + D_n \cos \frac{n\pi}{l} at\right) \sin \frac{n\pi}{l} x, \quad n = 1, 2, 3, \cdots$$

$n \to \infty$,特解有无穷多个,将特解叠加,只要保证级数收敛可得一般解。

$$U(x,t) = \sum_{n=1}^{\infty} \left(C_n \sin \frac{n\pi}{l} at + D_n \cos \frac{n\pi}{l} at\right) \sin \frac{n\pi}{l} x$$

一般解既满足偏微分方程又满足边界条件,因而不同于通解。

将一般解代入初始条件,得

$$U|_{t=0} = U(x,0) = \sum_{n=1}^{\infty} D_n \sin \frac{n\pi}{l} x = \varphi(x)$$

$$\left.\frac{\partial U}{\partial t}\right|_{t=0} = \sum_{n=1}^{\infty}\left(C_n \frac{n\pi a}{l}\cos\frac{n\pi}{l}at - D_n \frac{n\pi a}{l}\sin\frac{n\pi}{l}at\right)\sin\frac{n\pi}{l}x\Big|_{t=0} = \sum_{n=1}^{\infty}C_n\frac{n\pi a}{l}\sin\frac{n\pi}{l}x = \psi(x)$$

（4）第四步：利用本征函数的正交性定出叠加系数。

本征函数的正交性

$$\int_0^l X_n(x)X_m(x)\mathrm{d}x = 0, \quad n \neq m$$

对于 $\sum\limits_{n=1}^{\infty}D_n\sin\dfrac{n\pi}{l}x = \varphi(x)$，两端同乘以 $\sin\dfrac{m\pi}{l}x$，并积分，得

$$\int_0^l \varphi(x)\sin\frac{m\pi}{l}x\,\mathrm{d}x = \int_0^l \sum_{n=1}^{\infty}D_n\sin\frac{n\pi}{l}x\sin\frac{m\pi}{l}x\,\mathrm{d}x = \sum_{n=1}^{\infty}D_n\int_0^l\sin\frac{n\pi}{l}x\sin\frac{m\pi}{l}x\,\mathrm{d}x$$

定义 12.1　本征函数的模方

$$\parallel X_n(x)\parallel^2 = \int_0^l X_n^2(x)\mathrm{d}x = \int_0^l \sin^2\sqrt{\lambda}x\,\mathrm{d}x = \frac{l}{2}$$

故
$$D_n = \frac{2}{l}\int_0^l \varphi(x)\sin\frac{n\pi}{l}x\,\mathrm{d}x$$

同理，对于 $\sum\limits_{n=1}^{\infty}C_n\dfrac{n\pi a}{l}\sin\dfrac{n\pi}{l}x = \psi(x)$，两端同乘以 $\sin\dfrac{m\pi}{l}x$，并逐项积分可得

$$C_n = \frac{2}{n\pi a}\int_0^l \psi(x)\sin\frac{n\pi}{l}x\,\mathrm{d}x$$

由以上讨论可知该定解问题的解为

$$U(x,t) = \sum_{n=1}^{\infty}\left[\frac{2}{n\pi a}\int_0^l \psi(x)\sin\frac{n\pi}{l}x\,\mathrm{d}x \cdot \sin\frac{n\pi}{l}at + \frac{2}{l}\int_0^l \varphi(x)\sin\frac{n\pi}{l}x\,\mathrm{d}x \cdot \cos\frac{n\pi}{l}at\right]\sin\frac{n\pi}{l}x$$

对于任一时刻 t，有界弦的总能量是动能 + 势能，即

$$E(t) = \frac{1}{2}\int_0^l \rho\left(\frac{\partial u}{\partial t}\right)^2\mathrm{d}x + \frac{1}{2}\int_0^l T\left(\frac{\partial u}{\partial x}\right)^2\mathrm{d}x$$

将一般解

$$U(x,t) = \sum_{n=1}^{\infty}\left(C_n\sin\frac{n\pi}{l}at + D_n\cos\frac{n\pi}{l}at\right)\sin\frac{n\pi}{l}x$$

代入 $E(t)$，并利用正交性，得

$$E(t) = \frac{m\pi^2 a^2}{4l^2}\sum_{n=1}^{\infty}n^2\left(|C_n|^2 + |D_n|^2\right)$$

显然与 t 无关，即弦的总能量守恒。

分离变量法求解偏微分方程的基本步骤：

（1）分离变量（齐次条件）；

（2）求解本征值；

（3）求出所有特解，叠加出一般解；

（4）利用本征函数正交性定出叠加系数。

验证：

（1）解函数是否满足偏微分方程 —— 级数解的收敛性（是否可以逐项求偏商）；

（2）解函数是否满足边界条件 —— 级数解的和函数是否连续；

（3）定叠加系数时,逐项积分是否合法。

例 12.1　求如下定解问题的一般解

$$\begin{cases} \dfrac{\partial^2 U}{\partial t^2} - a^2 \dfrac{\partial^2 U}{\partial x^2} = 0, & 0 < x < \pi, \quad t > 0 \\[2mm] U\big|_{x=0} = 0, \quad U\big|_{x=\pi} = 0 \quad （边界条件） \\[2mm] U\big|_{t=0} = 3\sin x, \quad \dfrac{\partial U}{\partial t}\bigg|_{t=0} = 0 \quad （初始条件） \end{cases}$$

解　第一步　令 $U(x,t) = X(x)T(t)$,代入方程 $\dfrac{\partial^2 U}{\partial t^2} - a^2 \dfrac{\partial^2 U}{\partial x^2} = 0$,得

$$X(x)T''(t) - a^2 X''(x)T(t) = 0$$

移项,两端同除以 $X(x)T(t)$,有

$$\frac{1}{a^2} \frac{T''(t)}{T(t)} = \frac{X''(x)}{X(x)} \equiv -\lambda$$

可知

$$T''(t) + \lambda a^2 T(t) = 0, \quad X''(x) + \lambda X(x) = 0$$

将 $U(x,t) = X(x)T(t)$ 代入边界条件,得 $X(0)T(t) = 0, X(\pi)T(t) = 0. T(t) \neq 0$,即 $X(0) = 0, X(\pi) = 0$。故有本征值问题为

$$\begin{cases} X''(x) + \lambda X(x) = 0 \\ X(0) = 0 \\ X(\pi) = 0 \end{cases}$$

第二步　当 $\lambda = 0$ 时,方程 $X''(x) + \lambda X(x) = 0$ 为 $X''(x) = 0$,其通解为 $X(x) = Ax + B$。由边界条件 $X(0) = 0, X(\pi) = 0$ 知,$A = B = 0$,即 $X(x) = 0$。因此,$\lambda = 0$ 不是本征值。

当 $\lambda \neq 0$ 时,常微分方程的通解是 $X(x) = A\sin\sqrt{\lambda}\,x + B\cos\sqrt{\lambda}\,x$。因为 $X(0) = X(\pi) = 0$,即

$$\begin{cases} B = 0 \\ A\sin\sqrt{\lambda}\,\pi + B\cos\sqrt{\lambda}\,\pi = 0 \end{cases} \Rightarrow \sqrt{\lambda}\,\pi = n\pi$$

所以

$$\lambda_n = n^2, \quad n = 1, 2, 3, \cdots$$

得本征函数为

$$X_n(x) = \sin nx$$

第三步　将 λ_n 代入方程 $T''(t) + \lambda a^2 T(t) = 0$ 得 $T''(t) + (na)^2 T(t) = 0$。

$$T_n(t) = C_n \sin nat + D_n \cos nat$$

故满足偏微分方程的特解为

$$U_n(x,t) = X_n(x)T_n(t) = (C_n \sin nat + D_n \cos nat)\sin nx$$

一般解为

$$U(x,t) = \sum_{n=1}^{\infty} (C_n \sin nat + D_n \cos nat)\sin nx$$

第四步　按照已推出的系数公式可知

$$C_n = \frac{2}{n\pi a} \int_0^l \psi(x) \sin\frac{n\pi}{l}x \,\mathrm{d}x = \frac{2}{n\pi a} \int_0^\pi 0 \cdot \sin nx \,\mathrm{d}x = 0$$

$$D_n = \frac{2}{l} \int_0^l \varphi(x) \sin\frac{n\pi}{l}x \,\mathrm{d}x = \frac{2}{\pi} \int_0^\pi \varphi(x) \sin nx \,\mathrm{d}x = \frac{1}{2} \times \frac{2}{\pi} \int_{-\pi}^\pi \varphi(x) \sin nx \,\mathrm{d}x$$

因为 $\varphi(x)=3\sin x$，由三角函数正交性知，当 $n\neq 1$ 时，$D_n=0$，则

$$D_1=\frac{1}{\pi}\int_{-\pi}^{\pi}3\sin^2 x\,\mathrm{d}x=\frac{3}{\pi}\int_{-\pi}^{\pi}\frac{1-\cos 2x}{2}\mathrm{d}x=\frac{3}{\pi}\left(\pi-\frac{1}{2}\int_{-\pi}^{\pi}\cos 2x\,\mathrm{d}x\right)=3$$

所以 $$U(x,t)=3\cos at\sin x$$

或者将一般解直接代入初始条件

$$U\big|_{t=0}=\sum_{n=1}^{\infty}D_n\sin nx=3\sin x\Rightarrow\begin{cases}D_n=0,&n\neq 1\\ D_1=3\end{cases}$$

$$\frac{\partial U}{\partial t}\bigg|_{t=0}=\sum_{n=1}^{\infty}(C_n na\cos nat-D_n na\sin nat)\sin nx\bigg|_{t=0}=\sum_{n=1}^{\infty}C_n na\sin nx=0\Rightarrow C_n=0$$

故 $$U(x,t)=3\cos at\sin x$$

即 $$U(x,t)=3\sin\left(at+\frac{\pi}{2}\right)\sin x$$

其中，$3\sin x$ 为各点的振幅分布，$\sin\left(at+\frac{\pi}{2}\right)$ 为相位因子，a 为角频率，与初始条件无关，称

为固有频率或本征频率；波数为 1（x 的系数）；初相位为 $\frac{\pi}{2}$，由初始条件决定。

分离变量法的先决条件：

（1）本征值问题有解；

（2）定解问题的解一定可以按照本征函数展开 —— 本征函数的全体是完备的；

（3）本征函数一定具有正交性。

例 12.2 求扩散场的定解问题

$$\begin{cases}\dfrac{\partial U}{\partial t}-D\dfrac{\partial^2 U}{\partial x^2}=0,&0<x<\pi,\ t>0\\[2mm]U\big|_{x=0}=U\big|_{x=\pi}=0\\[2mm]U\big|_{t=0}=\sin x+2\sin 3x\end{cases}$$

解 （1）分离变量：令 $U(x,t)=X(x)T(t)$，方程化为 $X(x)T'(t)=Dx''(x)T(t)$，则

$$\frac{T'(t)}{DT(t)}=\frac{X''(x)}{X(x)}\equiv-\lambda$$

$$\begin{cases}X''(x)+\lambda X(x)=0,&X(0)=X(\pi)=0\\ T'(t)+\lambda DT(t)=0\end{cases}$$

（2）求本征值问题：

$$\begin{cases}X''(x)+\lambda X(x)=0\\ X(0)=X(\pi)=0\end{cases}$$

$$\begin{cases}X(x)=A_0 x+B_0,&\lambda=0\\ X(x)=A\sin\sqrt{\lambda}x+B\cos\sqrt{\lambda}x,&\lambda\neq 0\end{cases}$$

$$\begin{cases}X(x)=0,&\lambda=0\\ X(x)=A\sin nx,&\lambda\neq 0,\ n=1,2,3,\cdots\end{cases}$$

由边界条件可知，$\lambda=0$ 不是本征值，$\lambda_n=n^2$ 是本征值，本征函数为 $X_n(x)=\sin nx$。

（3）求一般解：将 $\lambda_n=n^2$ 代入 $T'(t)+D\lambda T(t)=0$ 得，$T'(t)+Dn^2 T(t)=0$，其通解为

$$T_n(t) = C_n e^{-n^2 dt}$$

满足扩散方程的特解是

$$U_n(x,t) = X_n(x) T_n(t) = C_n e^{-n^2 dt} \sin nx$$

故一般解为

$$U(x,t) = \sum_{n=1}^{\infty} U_n(x,t) = \sum_{n=1}^{\infty} C_n e^{-n^2 dt} \sin nx$$

(4)定系数:将一般解代入初始条件$U\big|_{t=0} = \sin x + 2\sin 3x$,有

$$\sum_{n=1}^{\infty} C_n \sin nx = \sin x + 2\sin 3x$$

比较两边 $\sin nx$ 及系数,得

$$\begin{cases} a_1 = 1 \\ a_3 = 2 \\ a_n = 0, \quad n \neq 1,3 \end{cases}$$

可知定解问题的一般解为

$$U(x,t) = e^{-dt} \sin x + 2 e^{-9dt} \sin 3x$$

扩散场的浓度是一个随空间和时间连续变化的物理量。

12.2　分离变量法的物理诠释

(1)特解:

$$U_n(x,t) = \left(C_n \sin \frac{n\pi}{l} at + D_n \cos \frac{n\pi}{l} at \right) \sin \frac{n\pi}{l} x, \quad n = 1,2,3,\cdots$$

令 $C_n = A_n \cos \delta_n, D_n = A_n \sin \delta_n$,则

$$U_n(x,t) = A_n \sin(\omega_n t + \delta_n) \sin k_n x, \quad \omega_n = \frac{n\pi}{l} a, \quad k_n = \frac{n\pi}{l}$$

$U_n(x,t)$ 是一个驻波,$\sin(\omega_n t + \delta_n)$ 表示相位因子,ω_n 是驻波的角频率,与初始条件无关,称为固有频率或本征频率,k_n 为波数(单位长度上波的周期数),δ_n 是初位相,由初始条件决定。

(2)波节:
$$k_n x = m\pi$$

$$x = \frac{m\pi}{k_n} = \frac{m}{n} l \quad (\text{在 } m = 0,1,2,\cdots,n-1 \text{ 的各点上,振幅} \equiv 0)$$

共有 $n+1$ 个波节(含两个端点)。

(3)波峰:
$$k_n x = \left(m + \frac{1}{2} \right) \pi$$

$$x = \left(m + \frac{1}{2} \right) \frac{l}{n} \quad (\text{在 } m = 0,1,2,\cdots,n-1 \text{ 的各点上,振幅} \equiv \max)$$

共有 n 个波峰。

这种解法也称为驻波法。

(4)基频:固有频率中的最小值。

$$\omega_1 = \frac{\pi}{l}a \quad\text{—— 决定音调} \quad \left(a = \sqrt{\frac{T}{\rho}},\text{材料一定,改变张力 }T\right)$$

(5) 倍频: $\qquad \omega_n = n\omega_1, \quad n = 2,3,\cdots$

基频和倍频的叠加系数 $\{C_n\},\{D_n\}$ 的相对大小 —— 频谱分布。

$$\sum_{n=1}^{\infty} n^2 (\mid C_n\mid^2 + \mid D_n\mid^2) \propto E(t) \quad\text{—— 声强}$$

12.3　矩形区域内的稳定问题

齐次的波动方程和热传导方程:

一维情况:$\dfrac{\partial^2 U}{\partial t^2} - a^2 \dfrac{\partial^2 U}{\partial x^2} = 0, \dfrac{\partial U}{\partial t} - \kappa \dfrac{\partial^2 U}{\partial x^2} = 0$;

二维情况:$\dfrac{\partial^2 U}{\partial t^2} - a^2 \left(\dfrac{\partial^2 U}{\partial x^2} + \dfrac{\partial^2 U}{\partial y^2}\right) = 0, \dfrac{\partial U}{\partial t} - \kappa \left(\dfrac{\partial^2 U}{\partial x^2} + \dfrac{\partial^2 U}{\partial y^2}\right) = 0$;

三维情况:$\dfrac{\partial^2 U}{\partial t^2} - a^2 \left(\dfrac{\partial^2 U}{\partial x^2} + \dfrac{\partial^2 U}{\partial y^2} + \dfrac{\partial^2 U}{\partial z^2}\right) = 0, \dfrac{\partial U}{\partial t} - \kappa \left(\dfrac{\partial^2 U}{\partial x^2} + \dfrac{\partial^2 U}{\partial y^2} + \dfrac{\partial^2 U}{\partial z^2}\right) = 0$。

在稳定态,U 与 t 无关,波动方程和热传导方程 $\Rightarrow$ 拉普拉斯方程:$\mathbf{\nabla}^2 U = 0$。

二维情况下的稳定问题(平面直角坐标)—— 矩形区域内的稳定问题。

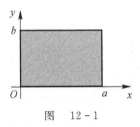

图　12 - 1

如图 12 - 1 所示,设有定解问题

$$\begin{cases} \dfrac{\partial^2 U}{\partial x^2} + \dfrac{\partial^2 U}{\partial y^2} = 0, & 0 < x < a, \quad 0 < y < b \\[2mm] U\mid_{x=0} = 0, \quad \left.\dfrac{\partial U}{\partial x}\right|_{x=a} = 0, \quad 0 \leqslant y \leqslant b \\[2mm] U\mid_{y=0} = f(x), \quad \left.\dfrac{\partial U}{\partial y}\right|_{y=b} = 0, \quad 0 \leqslant x \leqslant a \end{cases} \left.\vphantom{\begin{cases}1\\2\\3\end{cases}}\right\}\text{边界条件}$$

(1) 令 $U(x,y) = X(x)Y(y)$,代入方程 $\dfrac{\partial^2 U}{\partial x^2} + \dfrac{\partial^2 U}{\partial y^2} = 0$,得 $\dfrac{X''(x)}{X(x)} = -\dfrac{Y''(y)}{Y(y)} \equiv -\lambda$,即

$$X''(x) + \lambda X(x) = 0, \quad Y''(y) - \lambda Y(y) = 0$$

将 $U(x,y) = X(x)Y(y)$ 代入一对齐次边界条件 $U\mid_{x=0} = 0, \left.\dfrac{\partial U}{\partial x}\right|_{x=a} = 0$,有 $X(0) = 0$,

$X'(a) = 0$。

构成本征值问题

$$\begin{cases} X''(x) + \lambda X(x) = 0 \\ X(0) = 0 \\ X'(a) = 0 \end{cases}$$

（2）方程 $X''(x) + \lambda X(x) = 0$ 的通解为

$$X(x) = \begin{cases} A_0 x + B_0, & \lambda = 0 \\ A\sin\sqrt{\lambda}\,x + B\cos\sqrt{\lambda}\,x, & \lambda \neq 0 \end{cases}$$

由边界条件 $X(0) = 0, X'(a) = 0$ 知

$$\begin{cases} A_0 = B_0 = 0, & \lambda = 0 \\ A\sqrt{\lambda}\cos\sqrt{\lambda}\,x = 0, & B = 0, \quad \lambda \neq 0 \end{cases} \Rightarrow \quad \text{本征值 } \lambda_n = \left(\frac{2n+1}{2a}\pi\right)^2$$

$$X(x) = \begin{cases} 0, & \lambda = 0, \quad \text{非本征函数} \\ \sin\dfrac{2n+1}{2a}\pi x, & n = 0, \pm 1, \pm 2, \cdots \end{cases}$$

本征函数 $X_n(x) = \sin\dfrac{2n+1}{2a}\pi x, \quad n = 0, \pm 1, \pm 2, \cdots$

（3）由 $Y''(y) - \lambda Y(y) = 0$ 可求出

$$Y_n(y) = C_n\sinh\frac{2n+1}{2a}\pi y + D_n\cosh\frac{2n+1}{2a}\pi y$$

定解问题的特解为

$$U_n(x,y) = X_n(x)Y_n(y) = \left(C_n\sinh\frac{2n+1}{2a}\pi y + D_n\cosh\frac{2n+1}{2a}\pi y\right)\sin\frac{2n+1}{2a}\pi x$$

一般解为

$$U(x,y) = \sum_{n=0}^{\infty}U_n(x,y) = \sum_{n=0}^{\infty}\left(C_n\sinh\frac{2n+1}{2a}\pi y + D_n\cosh\frac{2n+1}{2a}\pi y\right)\sin\frac{2n+1}{2a}\pi x$$

（4）将一般解代入一对非齐次条件 $U\big|_{y=0} = f(x), \dfrac{\partial U}{\partial y}\Big|_{y=b} = 0$，有

$$U\big|_{y=0} = \sum_{n=0}^{\infty}D_n\sin\frac{2n+1}{2a}\pi x = f(x)$$

$$\frac{\partial U}{\partial y}\Big|_{y=b} = \sum_{n=0}^{\infty}\frac{2n+1}{2a}\pi\left(C_n\cosh\frac{2n+1}{2a}\pi b + D_n\sinh\frac{2n+1}{2a}\pi b\right)\sin\frac{2n+1}{2a}\pi x = 0$$

定义函数 $\delta_{nm} = \begin{cases} 1, & n = m \\ 0, & n \neq m \end{cases}$，由正交性 $\int_0^a\left(\sin\dfrac{2n+1}{2\pi}\pi x \cdot \sin\dfrac{2m+1}{2\pi}\pi x\right)\mathrm{d}x = \dfrac{a}{2}\delta_{nm}$

可知

$$\begin{cases} D_n = \dfrac{2}{a}\int_0^a f(x)\sin\dfrac{2n+1}{2a}\pi x\,\mathrm{d}x \\ C_n\cosh\dfrac{2n+1}{2a}\pi b + D_n\sinh\dfrac{2n+1}{2a}\pi b = 0 \end{cases} \Rightarrow \quad C_n = -D_n\tanh\frac{2n+1}{2a}\pi b$$

故

$$U(x,y) = \sum_{n=0}^{\infty}\left(C_n\sinh\frac{2n+1}{2a}\pi y + D_n\cosh\frac{2n+1}{2a}\pi y\right)\sin\frac{2n+1}{2a}\pi x =$$

$$\sum_{n=0}^{\infty} \left(-D_n \tanh \frac{2n+1}{2a}\pi b \sinh \frac{2n+1}{2a}\pi y + D_n \cosh \frac{2n+1}{2a}\pi y \right) \sin \frac{2n+1}{2a}\pi x =$$

$$\sum_{n=0}^{\infty} \left(-\tanh \frac{2n+1}{2a}\pi b \sinh \frac{2n+1}{2a}\pi y + \cosh \frac{2n+1}{2a}\pi y \right) \left(\frac{2}{a}\int_0^a f(x) \sin \frac{2n+1}{2a}\pi x \, \mathrm{d}x \right) \cdot$$

$$\sin \frac{2n+1}{2a}\pi x$$

可见,对于稳定问题(与 t 无关),采用一对齐次边界条件构成本征值问题,用另一对齐次边界条件定系数。

例 12.3 均匀薄板 $0 < x < a, 0 < y < \infty$,边界上温度为 $U|_{x=0} = U|_{x=a} = 0$, $U|_{y=0} = U_0$, $\lim\limits_{y\to\infty} U = 0$,求解板的稳定温度分布。

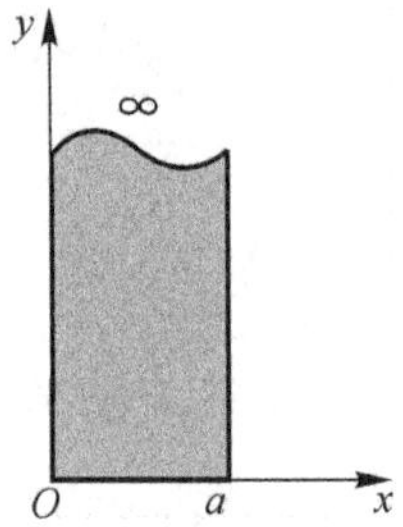

解 定解问题为

$$\begin{cases} \dfrac{\partial^2 U}{\partial x^2} + \dfrac{\partial^2 U}{\partial y^2} = 0 \\ U|_{x=0} = U|_{x=a} = 0 \\ U|_{y=0} = U_0, \quad U|_{y\to\infty} = 0 \end{cases}$$

图 12-2

(1) 令 $U(x,y) = X(x)Y(y)$,则方程化为

$$X''(x)Y(y) + X(x)Y''(y) = 0$$

两边同除以 $X(x)Y(y)$,得

$$\frac{X''(x)}{X(x)} + \frac{Y''(y)}{Y(y)} = 0$$

令 $\dfrac{X''(x)}{X(x)} = -\dfrac{Y''(y)}{Y(y)} \equiv -\mu$,则

$$\begin{cases} X''(x) + \mu X(x) = 0 \\ Y''(y) - \mu Y(y) = 0 \end{cases}$$

由边界条件 $U|_{x=0} = U|_{x=a} = 0$ 知,$X(0) = X(a) = 0$。

(2) $\begin{cases} X''(x) + \mu X(x) = 0 \\ X(0) = X(a) = 0 \end{cases} \Rightarrow \begin{cases} \mu = -\dfrac{n^2\pi^2}{a^2} \\ X_n(x) = \sin \dfrac{n\pi x}{a} \end{cases}$, $\quad n = 1,2,3,\cdots$

(3) $Y''(y) - \left(-\dfrac{n^2\pi^2}{a^2} \right) Y(y) = 0 \Rightarrow y_n(y) = C_n \mathrm{e}^{\frac{n\pi}{a}y} + D_n \mathrm{e}^{-\frac{n\pi}{a}y}$

$$U_n(x,y) = (C_n \mathrm{e}^{\frac{n\pi}{a}y} + D_n \mathrm{e}^{-\frac{n\pi}{a}y}) \sin \frac{n\pi}{a}x$$

$$U(x,y) = \sum_{n=1}^{\infty} (C_n \mathrm{e}^{\frac{n\pi}{a}y} + D_n \mathrm{e}^{-\frac{n\pi}{a}y}) \sin \frac{n\pi}{a}x$$

(4) 将一般解代入 y 的边界条件,有

$$\begin{cases} U|_{y=0} = \sum_{n=1}^{\infty} (C_n + D_n) \sin \dfrac{n\pi}{a}x = U_0 \\ U|_{y\to\infty} = \sum_{n=1}^{\infty} (C_n \mathrm{e}^{\infty} + D_n \mathrm{e}^{-\infty}) \sin \dfrac{n\pi}{a}x = 0 \Rightarrow C_n = 0 \end{cases} \Rightarrow \sum_{n=1}^{\infty} D_n \sin \frac{n\pi}{a}x = U_0$$

利用正交性知

$$D_n = \frac{2}{a}\int_0^a U_0 \sin\frac{n\pi}{a}x\,\mathrm{d}x = \frac{2U_0}{n\pi}\left(-\cos\frac{n\pi}{a}x\right)\Big|_0^a = \begin{cases} \dfrac{4U_0}{(2k+1)\pi}, & n=2k+1 \\[2mm] 0, & n=2k \end{cases}, \quad k=0,1,2,\cdots$$

$$U(x,y) = \frac{4U_0}{\pi}\sum_{k=0}^{\infty}\frac{1}{2k+1}\mathrm{e}^{-\frac{(2k+1)\pi}{a}y}\sin\frac{(2k+1)\pi}{a}x$$

12.4　多于两个自变量的定解问题

以矩形介质的热传导问题为例,假设介质四周绝热,定解问题为

$$\frac{\partial U}{\partial t} - \kappa\left(\frac{\partial^2 U}{\partial x^2} + \frac{\partial^2 U}{\partial y^2}\right) = 0, \quad 0<x<a, \quad 0<y<b, \quad t>0$$

$$\begin{cases} \dfrac{\partial U}{\partial x}\Big|_{x=0} = \dfrac{\partial U}{\partial x}\Big|_{x=a} = 0, & 0\leqslant y\leqslant b, \quad t\geqslant 0 \\[3mm] \dfrac{\partial U}{\partial y}\Big|_{y=0} = \dfrac{\partial U}{\partial y}\Big|_{y=b} = 0, & 0\leqslant x\leqslant a, \quad t\geqslant 0 \end{cases} \qquad \text{(边界条件)}$$

$$U\big|_{t=0} = \varphi(x,y), \quad 0\leqslant x\leqslant a, \quad 0\leqslant y\leqslant b \quad \text{(初始条件)}$$

(1) 令 $U(x,t)=X(x)Y(y)T(t)$ 代入方程,得

$$X(x)Y(y)T'(t) - \kappa\left[X''(x)Y(y)T(t) + X(x)Y''(y)T(t)\right] = 0$$

两边同除以 $X(x)Y(y)T(t)$ 得 $\dfrac{T'(t)}{T(t)} - \kappa\left[\dfrac{X''(x)}{X(x)} + \dfrac{Y''(y)}{Y(y)}\right] = 0$,即

$$\frac{X''(x)}{X(x)} + \frac{Y''(y)}{Y(y)} - \frac{1}{\kappa}\frac{T'(t)}{T(t)} = 0$$

令 $\dfrac{X''(x)}{X(x)} = -\mu, \dfrac{Y''(y)}{Y(y)} = -\gamma, \dfrac{1}{\kappa}\dfrac{T'(t)}{T(t)} = -\lambda$,则

$$\begin{cases} X''(x) + \mu X(x) = 0 \\ Y''(y) + \gamma Y(y) = 0 \\ T'(t) + \lambda\kappa T(t) = 0 \end{cases}$$

相当于引入常数 $\mu + \gamma - \lambda = 0$,对边界条件分离变量可得

$$X'(0) = 0, \quad X'(a) = 0$$
$$Y'(0) = 0, \quad Y'(b) = 0$$

得到 $X(x)$ 和 $Y(y)$ 的两个本征值问题。

(2) 求解 $X(x)$ 和 $Y(y)$ 的两个本征值问题

$$\begin{cases} X''(x) + \mu X(x) = 0 \\ X'(0) = 0 \\ X'(a) = 0 \end{cases} \Rightarrow \begin{cases} A_0 x + B_0, & \mu = 0 \\ A\sin\sqrt{\mu}\,x + B\cos\sqrt{\mu}\,x, & \mu \neq 0 \\ A_0 = 0, \quad B_0 \text{ 任意}, \quad \mu = 0 \\ A = 0, \quad B \neq 0, \quad \sin\sqrt{\mu}\,a = 0, \quad \mu \neq 0 \end{cases}$$

本征值:$\mu_n = \left(\dfrac{n\pi}{a}\right)^2, \quad n = 0,1,2,3,\cdots;$

本征函数：$X_n(x) = \cos\dfrac{n\pi}{a}x$。

$$\begin{cases} Y''(y) + \gamma Y(y) = 0 \\ Y'(0) = 0 \\ Y'(b) = 0 \end{cases} \Rightarrow \begin{cases} A_0 y + B_0, & \mu = 0 \\ A\sin\sqrt{\gamma}\,y + B\cos\sqrt{\gamma}\,y, & \mu \neq 0 \\ A_0 = 0, \quad B_0 \text{ 任意}, \quad \gamma = 0 \\ A = 0, \quad B \neq 0, \quad \sin\sqrt{\gamma}\,b = 0, \quad \gamma \neq 0 \end{cases}$$

本征值：$\gamma_m = \left(\dfrac{m\pi}{b}\right)^2$，$m = 0,1,2,3,\cdots$；

本征函数：$Y_n(y) = \cos\dfrac{m\pi}{b}y$。

（3）$T'(t) + \lambda\kappa T(t) = 0$ 的通解为 $T_{nm}(t) = A_{nm}\mathrm{e}^{-\lambda_{nm}\kappa t}$，其中，$\lambda_{nm} = \mu_n + \gamma_m = \left(\dfrac{n\pi}{a}\right)^2 + \left(\dfrac{m\pi}{b}\right)^2$。

特解为

$$U_{nm}(x,y,t) = A_{nm}\cos\frac{n\pi}{a}x\cos\frac{m\pi}{b}y\exp\left\{-\left[\left(\frac{n\pi}{a}\right)^2 + \left(\frac{m\pi}{b}\right)^2\right]\kappa t\right\}$$

一般解为

$$U(x,y,t) = \sum_{n=0}^{\infty}\sum_{m=0}^{\infty} A_{nm}\cos\frac{n\pi}{a}x\cos\frac{m\pi}{b}y\exp\left\{-\left[\left(\frac{n\pi}{a}\right)^2 + \left(\frac{m\pi}{b}\right)^2\right]\kappa t\right\}$$

（4）代入初始条件 $U\big|_{t=0} = \varphi(x,y)$，得

$$\sum_{n=0}^{\infty}\sum_{m=0}^{\infty} A_{nm}\cos\frac{n\pi}{a}x\cos\frac{m\pi}{b}y = \varphi(x,y)$$

当 $n \neq 0, m \neq 0$ 时，两边同乘以 $\cos\dfrac{n\pi}{a}x\cos\dfrac{m\pi}{b}y$，积分后，由正交性可知

$$A_{nm}\int_0^a\left(\cos\frac{n\pi}{a}x\right)^2\mathrm{d}x\int_0^b\left(\cos\frac{m\pi}{b}y\right)^2\mathrm{d}y = \int_0^a\int_0^b\varphi(x,y)\cos\frac{n\pi}{a}x\cos\frac{m\pi}{b}y\,\mathrm{d}x\,\mathrm{d}y$$

$$A_{nm}\frac{a}{2}\frac{b}{2} = \int_0^a\int_0^b\varphi(x,y)\cos\frac{n\pi}{a}x\cos\frac{m\pi}{b}y\,\mathrm{d}x\,\mathrm{d}y$$

即

$$A_{nm} = \frac{4}{ab}\int_0^a\int_0^b\varphi(x,y)\cos\frac{n\pi}{a}x\cos\frac{m\pi}{b}y\,\mathrm{d}x\,\mathrm{d}y$$

当 $n \neq 0, m = 0$ 时，初始条件变为 $\sum_{n=0}^{\infty} A_{n0}\cos\dfrac{n\pi}{a}x = \varphi(x,y)$，两边同乘以 $\cos\dfrac{n\pi}{a}x$ 积分后，由正交性可知

$$A_{n0}\frac{a}{2} = \int_0^a\varphi(x,y)\cos\frac{n\pi}{a}x\,\mathrm{d}x$$

即

$$A_{n0} = \frac{2}{a}\int_0^a\varphi(x,y)\cos\frac{n\pi}{a}x\,\mathrm{d}x$$

当 $n = 0, m \neq 0$ 时，初始条件变为 $\sum_{m=0}^{\infty} A_{0m}\cos\dfrac{m\pi}{b}y = \varphi(x,y)$，两边同乘以 $\cos\dfrac{m\pi}{b}y$ 积分

后,由正交性可知

$$A_{0m}\frac{b}{2}=\int_0^b\varphi(x,y)\cos\frac{m\pi}{b}y\mathrm{d}y$$

即

$$A_{0m}=\frac{2}{b}\int_0^b\varphi(x,y)\cos\frac{m\pi}{b}y\mathrm{d}y$$

当 $n=m=0$ 时,由初始条件直接可知 $A_{00}=\varphi(x,y)$。

利用 δ 函数的性质将以上 4 种情况合并为

$$A_{nm}=\frac{4}{ab}\frac{1}{(1+\delta_{n0})(1+\delta_{m0})}\int_0^a\int_0^b\varphi(x,y)\cos\frac{n\pi}{a}x\cos\frac{m\pi}{b}y\mathrm{d}x\mathrm{d}y$$

$$U(x,y,t)=\sum_{n=0}^{\infty}\sum_{m=0}^{\infty}A_{nm}\cos\frac{n\pi}{a}x\cos\frac{m\pi}{b}y\exp\left\{-\left[\left(\frac{n\pi}{a}\right)^2+\left(\frac{m\pi}{b}\right)^2\right]\kappa t\right\}$$

12.5　两端固定弦的受迫振动

以两端固定弦的受迫振动为例,求解非齐次方程的分离变量法如下。

纯粹由外力引起的两端固定弦的受迫振动,弦的初始位移和初速度均为零。定解问题为

$$\begin{cases}\dfrac{\partial^2 U}{\partial t^2}-a^2\dfrac{\partial^2 U}{\partial x^2}=f(x,t),\quad 0<x<l,\quad t>0\\[2mm]U|_{x=0}=U|_{x=l}=0,\quad t\geqslant 0\quad(\text{边界条件})\\[2mm]U|_{t=0}=0,\quad \dfrac{\partial U}{\partial t}\Big|_{t=0}=0,\quad 0\leqslant x\leqslant l\quad(\text{初始条件})\end{cases}$$

处理方法有两种:方程齐次化法和本征函数展开法。

1.方程齐次化法

方程齐次化法:边界条件保持齐次,而将方程齐次化。其适用于非齐次项 $f(x,t)$ 的形式简单,通常为单变量函数 $g(x)$ 或 $g(t)$。

(1)先求出非齐次方程的一个特解 $v(x,t)$,即

$$\frac{\partial^2 v}{\partial t^2}-a^2\frac{\partial^2 v}{\partial x^2}=f(x,t)$$

设 $U(x,t)=v(x,t)+w(x,t)$,代入原方程,有

$$\frac{\partial^2 v}{\partial t^2}+\frac{\partial^2 w}{\partial t^2}-a^2\frac{\partial^2 v}{\partial x^2}-a^2\frac{\partial^2 w}{\partial x^2}=f(x,t)$$

可知,$w(x,t)$ 是相应齐次方程的解为

$$\frac{\partial^2 w}{\partial t^2}-a^2\frac{\partial^2 w}{\partial x^2}=0$$

(2)使用分离变量法。

前提条件:$w(0,t)=0,w(l,t)=0$。

$$\begin{cases}U|_{x=0}=v|_{x=0}+w|_{x=0}=0\\U|_{x=l}=v|_{x=l}+w|_{x=l}=0\end{cases}\Rightarrow\begin{cases}v|_{x=0}=0\\v|_{x=l}=0\end{cases}$$

即 $v(x,t)$ 同时满足非齐次方程和齐次边界条件。

对于 $w(x,t)$ 的定解问题

$$\begin{cases} \dfrac{\partial^2 w}{\partial t^2} - a^2 \dfrac{\partial^2 w}{\partial x^2} = 0 \\ w\big|_{x=0} = 0, \quad w\big|_{x=l} = 0 \\ w\big|_{t=0} = -v\big|_{t=0}, \quad \dfrac{\partial w}{\partial t}\bigg|_{t=0} = -\dfrac{\partial v}{\partial t}\bigg|_{t=0} \end{cases}$$

$w(x,t)$ 的一般解为

$$w(x,t) = \sum_{n=1}^{\infty} \left(C_n \sin \frac{n\pi}{l}at + D_n \cos \frac{n\pi}{l}at \right) \sin \frac{n\pi}{l}x$$

$U(x,t)$ 的一般解为

$$U(x,t) = v(x,t) + \sum_{n=1}^{\infty} \left(C_n \sin \frac{n\pi}{l}at + D_n \cos \frac{n\pi}{l}at \right) \sin \frac{n\pi}{l}x$$

代入初始条件有

$$U\big|_{t=0} = v\big|_{t=0} + \sum_{n=1}^{\infty} D_n \sin \frac{n\pi}{l}x = 0$$

$$\frac{\partial U}{\partial t}\bigg|_{t=0} = \frac{\partial v}{\partial t}\bigg|_{t=0} + \sum_{n=1}^{\infty} C_n \frac{n\pi}{l} \sin \frac{n\pi}{l}x = 0$$

即

$$\sum_{n=1}^{\infty} D_n \sin \frac{n\pi}{l}x = -v(x,t)\big|_{t=0}, \quad \sum_{n=1}^{\infty} C_n \frac{n\pi}{l} \sin \frac{n\pi}{l}x = -\frac{\partial v(x,t)}{\partial t}\bigg|_{t=0}$$

由正交性定出系数为

$$C_n = -\frac{2}{n\pi a} \int_0^l \left[\frac{\partial v(x,t)}{\partial t}\bigg|_{t=0} \sin \frac{n\pi}{l}x \right] \mathrm{d}x, \quad D_n = -\frac{2}{l} \int_0^l v(x,0) \sin \frac{n\pi}{l}x \, \mathrm{d}x$$

方程齐次化法的适用范围：非齐次方程齐次化时,必须保持原有的边界条件不变;非齐次项 $f(x,t)$ 的形式较简单;初始条件可以是非齐次的。

例 12.4 求定解问题

$$\begin{cases} \dfrac{\partial^2 U}{\partial t^2} - a^2 \dfrac{\partial^2 U}{\partial x^2} = f(x), \quad 0 < x < l, \quad t > 0 \\ U\big|_{x=0} = U\big|_{x=l} = 0, \quad t \geqslant 0 \quad (\text{边界条件}) \\ U\big|_{t=0} = 0, \quad \dfrac{\partial U}{\partial t}\bigg|_{t=0} = 0, \quad 0 \leqslant x \leqslant l \quad (\text{初始条件}) \end{cases}$$

解 因为非齐次项为 $f(x)$,所以设 $U(x,t) = v(x) + w(x,t)$。$v(x)$ 是方程的特解,代入方程,得

$$v''(x) = -\frac{1}{a^2} f(x)$$

且 $v(0)=0, v(x)=0$,可求出 $v(x)$。而 $w(x,t)$ 则满足定解问题

$$\begin{cases} \dfrac{\partial^2 w}{\partial t^2} - a^2 \dfrac{\partial^2 w}{\partial x^2} = 0, \quad 0 < x < l, \quad t > 0 \\ w\big|_{x=0} = 0, \quad w\big|_{x=l} = 0, \quad t \geqslant 0 \quad \text{(边界条件)} \\ w\big|_{t=0} = -v(x), \quad \dfrac{\partial w}{\partial t}\bigg|_{t=0} = 0, \quad 0 \leqslant x \leqslant l \quad \text{(初始条件)} \end{cases}$$

关于 $U(x,t)$ 的非齐次方程的定解问题 $\Rightarrow$ 关于 $w(x,t)$ 的齐次方程的定解问题。

按照齐次方程定解问题的分离变量法求解步骤即可求出 $w(x,t)$ 的一般解,故得

$$U(x,t) = v(x) + w(x,t)$$

例 12.5 长为 π,两端固定的弦,在单位质量上受力 $\sin x$ 的作用下由静止状态从水平位置开始做小振动,求其横振动的定解问题。

解 定解问题为

$$\begin{cases} \dfrac{\partial^2 U}{\partial t^2} - a^2 \dfrac{\partial^2 U}{\partial x^2} = \sin x, \quad 0 < x < \pi, \quad t > 0 \\ U\big|_{x=0} = U\big|_{x=\pi} = 0, \quad t \geqslant 0 \quad \text{(边界条件)} \\ U\big|_{t=0} = 0, \quad \dfrac{\partial U}{\partial t}\bigg|_{t=0} = 0, \quad 0 \leqslant x \leqslant \pi \quad \text{(初始条件)} \end{cases}$$

令 $U(x,t) = v(x) + w(x,t)$,代入定解问题,得

$$\begin{cases} \dfrac{\partial^2 w}{\partial t^2} - a^2 \left(\dfrac{\partial^2 v}{\partial x^2} + \dfrac{\partial^2 w}{\partial x^2} \right) = \sin x, \quad 0 < x < \pi, \quad t > 0 \\ (v+w)\big|_{x=0} = 0, \quad (v+w)\big|_{x=\pi} = 0, \quad t \geqslant 0 \\ (v+w)\big|_{t=0} = 0, \quad \dfrac{\partial w}{\partial t}\bigg|_{t=0} = 0, \quad 0 \leqslant x \leqslant \pi \end{cases}$$

视 $v(x)$ 为原方程的特解:$\begin{cases} -a^2 v''(x) = \sin x \\ v(0) = 0, \quad v(\pi) = 0 \end{cases}$,从而有

$$v''(x) = -\frac{1}{a^2} \sin x, \quad v'(x) = -\frac{1}{a^2}(-\cos x + A), \quad v(x) = -\frac{1}{a^2}(-\sin x + Ax + B)$$

因为 $v(0) = 0$,所以 $B = 0$。又因为 $v(\pi) = 0$,所以 $-\dfrac{1}{a^2} A\pi = 0$,即 $A = 0$,故 $v(x) = \dfrac{\sin x}{a^2}$。则 $w(x,t)$ 满足的定解问题为

$$\begin{cases} \dfrac{\partial^2 w}{\partial t^2} - a^2 \dfrac{\partial^2 w}{\partial x^2} = 0, \quad 0 < x < \pi, \quad t > 0 \\ w\big|_{x=0} = 0, \quad w\big|_{x=\pi} = 0, \quad t \geqslant 0 \\ w\big|_{t=0} = -\dfrac{\sin x}{a^2}, \quad \dfrac{\partial w}{\partial t}\bigg|_{t=0} = 0, \quad 0 \leqslant x \leqslant \pi \end{cases}$$

由分离变量法可得 $w(x,t) = X(x)T(t)$,代入 $w(x,t)$ 的定解问题,得

$$\frac{X''(x)}{X(x)} = \frac{1}{a^2} \frac{T''(t)}{T(t)} \equiv -\lambda$$

$$\begin{cases} X''(x)+\lambda X(x)=0, \quad X(0)=0, \quad X(\pi)=0 \\ T''(t)+a^2\lambda T(t)=0 \end{cases} \Rightarrow \begin{cases} \lambda_n=n^2, \quad n=1,2,3,\cdots \\ X_n(x)=\sin nx \end{cases}$$

$$T''(t)+(an)^2 T(t)=0$$

$$T_n(t)=C_n \sin nat + D_n \cos nat$$

$$w_n(x,t)=(C_n \sin nat + D_n \cos nat)\sin nx$$

$$w(x,t)=\sum_{n=1}^{\infty}(C_n \sin nat + D_n \cos nat)\sin nx$$

将 $w(x,t)$ 的一般解代入 $w(x,t)$ 的初始条件，有

$$\begin{cases} w\big|_{t=0}=\sum_{n=1}^{\infty}D_n \sin nx = -\dfrac{\sin x}{a^2} \\ \dfrac{\partial w}{\partial t}\Big|_{t=0}=\sum_{n=1}^{\infty}C_n na \sin nx = 0 \end{cases} \Rightarrow \begin{cases} D_1=-\dfrac{1}{a^2} \\ D_n=0, \quad n \neq 1 \end{cases}$$

$$\Rightarrow C_n=0$$

因而有

$$w(x,t)=-\dfrac{\cos at}{a^2}\sin x$$

故

$$U(x,t)=\dfrac{\sin x}{a^2}-\dfrac{\cos at}{a^2}\sin x=\dfrac{\sin x}{a^2}(1-\cos at)$$

例 12.6 求解定解问题

$$\begin{cases} \dfrac{\partial^2 U}{\partial t^2}-a^2\dfrac{\partial^2 U}{\partial x^2}=A_0 \sin \omega t, \quad 0<x<l, \quad t>0 \\ U\big|_{x=0}=U\big|_{x=l}=0, \quad t\geqslant 0 \quad \text{（边界条件）} \\ U\big|_{t=0}=0, \quad \dfrac{\partial U}{\partial t}\Big|_{t=0}=0, \quad 0\leqslant x\leqslant l \quad \text{（初始条件）} \end{cases}$$

其中，a,A_0,ω 均为已知常数。

解 令 $U(x,t)=v(x,t)+w(x,t)$，代入定解问题

$$\begin{cases} \dfrac{\partial^2 v}{\partial t^2}+\dfrac{\partial^2 w}{\partial t^2}-a^2\Big(\dfrac{\partial^2 v}{\partial x^2}+\dfrac{\partial^2 w}{\partial x^2}\Big)=A_0 \sin \omega t, \quad 0<x<l, \quad t>0 \\ (v+w)\big|_{x=0}=0, \quad (v+w)\big|_{x=l}=0, \quad t\geqslant 0 \\ (v+w)\big|_{t=0}=0, \quad \dfrac{\partial(v+w)}{\partial t}\Big|_{t=0}=0, \quad 0\leqslant x\leqslant l \end{cases}$$

视 $v(x,t)$ 为原方程的特解，考虑到非齐次项，取 $v(x,t)=f(x)\sin \omega t$，特解 $v(x,t)$ 不可以为 $v(t)$，必须保证边界条件的齐次性不改变。

将 $v(x,t)=f(x)\sin \omega t$ 代入原方程 $-f(x)\omega^2 \sin \omega t - a^2 f''(x)\sin \omega t=A_0 \sin \omega t$，得

$$\begin{cases} f''(x)+\dfrac{\omega^2}{a^2}f(x)=-\dfrac{A_0}{a^2} \\ f(0)=0, \quad f(l)=0 \end{cases} \Rightarrow \begin{cases} f(x)=-\dfrac{A_0}{\omega^2}+A\sin\dfrac{\omega}{a}x+B\cos\dfrac{\omega}{a}x \\ B=\dfrac{A_0}{\omega^2}, \quad A=\dfrac{A_0}{\omega^2}\tan\dfrac{\omega l}{2a} \end{cases}$$

因此

$$f(x) = -\frac{A_0}{\omega^2}\left[\left(1 - \cos\frac{\omega}{a}x\right) - \tan\frac{\omega l}{2a}\sin\frac{\omega}{a}x\right] = -\frac{A_0}{\omega^2}\left\{1 - \frac{\cos\left[\frac{\omega}{a}\left(x - \frac{l}{2}\right)\right]}{\cos\frac{\omega l}{2a}}\right\}$$

则特解 $v(x,t)$ 为

$$v(x,t) = -\frac{A_0}{\omega^2}\left\{1 - \frac{\cos\left[\frac{\omega}{a}\left(x - \frac{l}{2}\right)\right]}{\cos\frac{\omega l}{2a}}\right\}\sin\omega t$$

而 $w(x,t)$ 满足的定解问题为

$$\begin{cases} \dfrac{\partial^2 w}{\partial t^2} - a^2\dfrac{\partial^2 w}{\partial x^2} = 0, & 0 < x < l, \quad t > 0 \\ w\big|_{x=0} = 0, \quad w\big|_{x=l} = 0, \quad t \geqslant 0 \\ w\big|_{t=0} = 0, \quad \dfrac{\partial w}{\partial t}\bigg|_{t=0} = -\omega f(x), \quad 0 \leqslant x \leqslant l \end{cases}$$

按照齐次方程的分离变量法可求出

$$w(x,t) = \sum_{n=1}^{\infty}\left(C_n\sin\frac{n\pi}{l}at + D_n\cos\frac{n\pi}{l}at\right)\sin\frac{n\pi}{l}x$$

由初始条件定出

$$w\big|_{t=0} = \sum_{n=1}^{\infty}D_n\sin\frac{n\pi}{l}x = 0, \quad \Rightarrow \quad D_n = 0$$

$$\frac{\partial w}{\partial t}\bigg|_{t=0} = \sum_{n=1}^{\infty}C_n\frac{n\pi a}{l}\sin\frac{n\pi}{l}x = -\omega f(x)$$

由正交性知

$$C_n = -\frac{\omega}{n\pi a}\int_0^l f(x)\sin\frac{n\pi}{l}x\,\mathrm{d}x = -\frac{2A_0\omega l^3}{\pi^2 a}\frac{1-(-1)^n}{n^2}\frac{1}{(n\pi a)^2 - (\omega l)^2}$$

即 n 为奇数时 C_n 不为零,则

$$w(x,t) = \sum_{n=1}^{\infty}\left(C_n\sin\frac{n\pi}{l}at + D_n\cos\frac{n\pi}{l}at\right)\sin\frac{n\pi}{l}x$$

$$w(x,t) = -\frac{4A_0\omega l^3}{\pi^2 a}\sum_{k=0}^{\infty}\frac{1}{(2k+1)^2}\frac{1}{[(2k+1)\pi a]^2 - (\omega l)^2}\sin\frac{2k+1}{l}\pi x\sin\frac{2k+1}{l}\pi at$$

$$U(x,t) = f(x)\sin\omega t + w(x,t) = -\frac{A_0}{\omega^2}\left[\frac{1 - \cos\dfrac{\omega(x-l/2)}{a}}{\cos\dfrac{\omega l}{2a}}\right]\sin\omega t -$$

$$\frac{4A_0\omega l^3}{\pi^2 a}\sum_{k=0}^{\infty}\frac{1}{(2k+1)^2}\frac{1}{[(2k+1)\pi a]^2 - (\omega l)^2}\sin\frac{2k+1}{l}\pi x\sin\frac{2k+1}{l}\pi at$$

例 12.7　长为 π,两端固定的弦,在单位质量上受力 $\sin t$ 的作用下由静止状态从水平位置开始做小振动,求其横振动的定解问题。

解 定解问题为

$$\begin{cases} \dfrac{\partial^2 U}{\partial t^2} - a^2 \dfrac{\partial^2 U}{\partial x^2} = \sin t, & 0 < x < \pi, \quad t > 0 \\ U\big|_{x=0} = U\big|_{x=\pi} = 0, \quad t \geqslant 0 \quad \text{(边界条件)} \\ U\big|_{t=0} = 0, \quad \dfrac{\partial U}{\partial t}\Big|_{t=0} = 0, \quad 0 \leqslant x \leqslant \pi \quad \text{(初始条件)} \end{cases}$$

令 $U(x,t) = v(x,t) + w(x,t)$，代入定解问题，得

$$\begin{cases} \dfrac{\partial^2 v}{\partial t^2} + \dfrac{\partial^2 w}{\partial t^2} - a^2\left(\dfrac{\partial^2 v}{\partial x^2} + \dfrac{\partial^2 w}{\partial x^2}\right) = \sin t, & 0 < x < \pi, \quad t > 0 \\ (v+w)\big|_{x=0} = 0, \quad (v+w)\big|_{x=\pi} = 0, \quad t \geqslant 0 \\ (v+w)\big|_{t=0} = 0, \quad \dfrac{\partial(v+w)}{\partial t}\Big|_{t=0} = 0, \quad 0 \leqslant x \leqslant \pi \end{cases}$$

特解 $v(x,t)$ 不可以为 $v(t)$，必须保证边界条件的齐次性不改变。视 $v(x,t)$ 为原方程的特解，考虑到非齐次项，取 $v(x,t) = f(x)\sin t$，代入原方程，得

$$-f(x)\sin t - a^2 f''(x)\sin t = \sin t$$

$$\begin{cases} f''(x) + \dfrac{1}{a^2} f(x) = -\dfrac{1}{a^2} \\ f(0) = 0, \quad f(l) = 0 \end{cases} \Rightarrow \begin{cases} f(x) = -1 + A\sin\dfrac{x}{a} + B\cos\dfrac{x}{a} \\ B = 1, \quad A = \dfrac{1 - \cos\dfrac{\pi}{a}}{\sin\dfrac{\pi}{a}} = \tan\dfrac{\pi}{2a} \end{cases}$$

故

$$f(x) = -1 + \tan\dfrac{\pi}{2a}\sin\dfrac{x}{a} + \cos\dfrac{x}{a}$$

则特解 $v(x,t)$ 为

$$v(x,t) = \left(\tan\dfrac{\pi}{2a}\sin\dfrac{x}{a} + \cos\dfrac{x}{a} - 1\right)\sin t$$

而 $w(x,t)$ 满足的定解问题为

$$\begin{cases} \dfrac{\partial^2 w}{\partial t^2} - a^2 \dfrac{\partial^2 w}{\partial x^2} = 0, & 0 < x < \pi, \quad t > 0 \\ w\big|_{x=0} = 0, \quad w\big|_{x=\pi} = 0, \quad t \geqslant 0 \\ w\big|_{t=0} = 0, \quad \dfrac{\partial w}{\partial t}\Big|_{t=0} = -\dfrac{\partial v}{\partial t}\Big|_{t=0} = 1 - \cos\dfrac{x}{a} - \tan\dfrac{\pi}{2a}\sin\dfrac{x}{a}, \quad 0 \leqslant x \leqslant \pi \end{cases}$$

按照齐次方程的分离变量法可求出

$$w(x,t) = \sum_{n=1}^{\infty} (C_n \sin nat + D_n \cos nat)\sin nx$$

由初始条件定出

$$w\big|_{t=0} = \sum_{n=1}^{\infty} D_n \sin nx = 0 \quad \Rightarrow \quad D_n = 0$$

$$\dfrac{\partial w}{\partial t}\Big|_{t=0} = \sum_{n=1}^{\infty} C_n na \sin nx = 1 - \cos\dfrac{x}{a} - \tan\dfrac{\pi}{2a}\sin\dfrac{x}{a}$$

由正交性知

$$C_n = \frac{2}{n\pi a} \int_0^\pi \left(1 - \cos\frac{x}{a} - \tan\frac{\pi}{2a}\sin\frac{x}{a}\right) \sin nx \,\mathrm{d}x =$$

$$\frac{2}{n\pi a} \int_0^\pi \left(1 - \frac{\cos\frac{\pi}{2a}\cos\frac{x}{a} + \sin\frac{\pi}{2a}\sin\frac{x}{a}}{\cos\frac{\pi}{2a}}\right) \sin nx \,\mathrm{d}x =$$

$$\frac{2}{n\pi a} \int_0^\pi \left(1 - \frac{\cos\frac{2x-\pi}{2a}}{\cos\frac{\pi}{2a}}\right) \sin nx \,\mathrm{d}x =$$

$$\frac{2}{n\pi a} \int_0^\pi \sin nx \,\mathrm{d}x - \frac{2}{n\pi a} \frac{1}{\cos\frac{\pi}{2a}} \int_0^\pi \cos\frac{2x-\pi}{2a} \sin nx \,\mathrm{d}x$$

$$\int_0^\pi \sin nx \,\mathrm{d}x = \frac{-\cos nx}{n} \Big|_0^\pi = \frac{1-(-1)^n}{n}$$

$$\int_0^\pi \sin nx \cos\frac{2x-\pi}{2a} \,\mathrm{d}x = \frac{1}{2}\int_0^\pi \left[\sin\left(nx + \frac{x}{a} - \frac{\pi}{2a}\right) + \sin\left(nx - \frac{x}{a} + \frac{\pi}{2a}\right)\right]\mathrm{d}x =$$

$$\frac{1}{2}\int_0^\pi \left\{\sin\left[\left(n + \frac{1}{a}\right)x - \frac{\pi}{2a}\right] + \sin\left[\left(n - \frac{1}{a}\right)x + \frac{\pi}{2a}\right]\right\}\mathrm{d}x =$$

$$\frac{1}{2}\frac{1}{n+1/a}\left[-\cos\left(nx + \frac{x}{a} - \frac{\pi}{2a}\right)\right]_0^\pi +$$

$$\frac{1}{2}\frac{1}{n-1/a}\left[-\cos\left(nx - \frac{x}{a} + \frac{\pi}{2a}\right)\right]_0^\pi =$$

$$\frac{1}{2}\frac{1}{n+1/a}\left[-\cos\left(n\pi + \frac{\pi}{2a}\right) + \cos\frac{\pi}{2a}\right] +$$

$$\frac{1}{2}\frac{1}{n-1/a}\left[-\cos\left(n\pi - \frac{\pi}{2a}\right) + \cos\frac{\pi}{2a}\right] =$$

$$\frac{1}{2}\frac{1}{n+1/a}\left[\cos\frac{\pi}{2a} - (-1)^n\cos\frac{\pi}{2a}\right] +$$

$$\frac{1}{2}\frac{1}{n-1/a}\left[\cos\frac{\pi}{2a} - (-1)^n\cos\frac{\pi}{2a}\right] =$$

$$\frac{1}{2}\cos\frac{\pi}{2a}\left[1-(-1)^n\right]\left(\frac{1}{n+1/a} + \frac{1}{n-1/a}\right)$$

$$C_n = \frac{2}{n\pi a}\left[(-1)^n - 1\right]\frac{1}{n} - \frac{1}{n\pi a}\left[1-(-1)^n\right]\left(\frac{1}{n+1/a} + \frac{1}{n-1/a}\right) =$$

$$\frac{1}{n\pi a}\left[1-(-1)^n\right]\left(\frac{2}{n} - \frac{1}{n+1/a} - \frac{1}{n-1/a}\right) =$$

$$\frac{1}{n\pi a}\left[1-(-1)^n\right]\left[-\frac{2}{n(n^2a^2-1)}\right] =$$

$$\frac{1}{\pi a}\frac{1-(-1)^n}{n}\left(-\frac{2}{n^2a^2-1}\right)$$

即当 n 为偶数时,C_n 为零;当 n 为奇数时,有

$$C_n = -\frac{4}{\pi a (2k+1)} \frac{1}{(2k+1)^2 a^2 - 1}$$

$$w(x,t) = -\sum_{k=0}^{\infty} \frac{4}{\pi a (2k+1)^2} \frac{1}{(2k+1)^2 a^2 - 1} \sin(2k+1)at \sin(2k+1)x$$

$$U(x,t) = \sin t\left(\tan\frac{\pi}{2a}\sin\frac{x}{a} + \cos\frac{x}{a} - 1\right) - \sum_{k=0}^{\infty} \frac{4}{\pi a (2k+1)^2} \frac{\sin(2k+1)at \sin(2k+1)x}{[(2k+1)a]^2 - 1}$$

2.本征函数展开法

本征函数展开法:按相应齐次问题本征函数作展开。

当方程的非齐次项 $f(x,t)$ 形式复杂,很难求出特解 $v(x,t)$ 时,寻找一组完备的本征函数

$$\{X_n(x), \quad n = 1,2,3,\cdots\}$$

将 $U(x,t)$ 和 $f(x,t)$ 均按本征函数展开,有

$$U(x,t) = \sum_{n=1}^{\infty} T_n(t) X_n(x)$$

$$f(x,t) = \sum_{n=1}^{\infty} g_n(t) X_n(x)$$

只要求出 $T_n(t)$,就可知 $U(x,t)$ 了。

求解思路:非齐次偏微分方程定解问题 $\xrightarrow{\text{引入本征函数展开的试探解}}$ 非齐次常微分方程定解问题。

例如,纯粹由外力引起的两端固定弦的受迫振动,弦的初始位移和初速度均为零。定解问题为

$$\begin{cases} \dfrac{\partial^2 U}{\partial t^2} - a^2 \dfrac{\partial^2 U}{\partial x^2} = f(x,t), & 0 < x < l, \quad t > 0 \\ U\big|_{x=0} = U\big|_{x=l} = 0, & t \geqslant 0 \text{(边界条件)} \\ U\big|_{t=0} = 0, \quad \dfrac{\partial U}{\partial t}\Big|_{t=0} = 0, & 0 \leqslant x \leqslant l \quad \text{(初始条件)} \end{cases}$$

其中,a 和 $f(x,t)$ 已知。

(1) 先求出相应齐次方程定解问题的本征函数 $\{X_n(x), n = 1,2,3,\cdots\}$。

$$\begin{cases} \dfrac{\partial^2 U}{\partial t^2} - a^2 \dfrac{\partial^2 U}{\partial x^2} = 0, & 0 < x < l, \quad t > 0 \\ U\big|_{x=0} = U\big|_{x=l} = 0, & t \geqslant 0 \quad \text{(边界条件)} \\ U\big|_{t=0} = 0, \quad \dfrac{\partial U}{\partial t}\Big|_{t=0} = 0, & 0 \leqslant x \leqslant l \quad \text{(初始条件)} \end{cases} \Rightarrow \begin{cases} \lambda_n \\ X_n(x) \end{cases}$$

(2) 按照本征函数作展开,并代入原方程。设 $U(x,t) = \sum\limits_{n=1}^{\infty} T_n(t) X_n(x)$,$f(x,t) = \sum\limits_{n=1}^{\infty} g_n(t) X_n(x)$,由本征函数的正交性可知,$f(x,t)$ 的展开系数 $g_n(t)$ 为

$$g_n(t) = \frac{2}{l} \int_0^l f(x,t) X_n(x) \, \mathrm{d}x$$

代入原方程，得

$$\sum_{n=1}^\infty T''_n(t) X_n(x) - a^2 \sum_{n=1}^\infty T_n(t) X''_n(x) = \sum_{n=1}^\infty g_n(t) X_n(x)$$

又知 $X''_n(x) = -\lambda_n X_n(x)$，则

$$\sum_{n=1}^\infty T''_n(t) X_n(x) + a^2 \sum_{n=1}^\infty T_n(t) \lambda_n X_n(x) = \sum_{n=1}^\infty g_n(t) X_n(x)$$

结合正交性可知，$T''_n(t) + \lambda_n a^2 T_n(t) = g_n(t)$，将 $U(x,t) = \sum_{n=1}^\infty T_n(t) X_n(x)$ 代入初始

条件为：$U\big|_{t=0} = 0, \dfrac{\partial U}{\partial t}\bigg|_{t=0} = 0$，得 $T_n(0) = 0, T'_n(0) = 0$。

非齐次常微分方程定解问题为

$$\begin{cases} T''_n(t) + \lambda_n a^2 T_n(t) = g_n(t) \\ T_n(0) = 0, \quad T'_n(0) = 0 \end{cases}$$

（3）求解非齐次常微分方程定解问题。

采用积分变换法求解，对方程两边同时作拉普拉斯变换

$$p^2 F(p) + \lambda_n a^2 F(p) = \mathscr{L}[g_n(t)] \quad \Rightarrow \quad F(p) = \frac{1}{p^2 + \lambda_n a^2} \mathscr{L}[g_n(t)]$$

其中用到

$$\mathscr{L}[f''(t)] = p^2 F(p) - p f(0) - f'(0), \quad \mathscr{L}[\sin(kt)] = \frac{k}{p^2 + k^2}$$

再求反演，由卷积定理可知

$$T_n(t) = \frac{1}{\sqrt{\lambda_n} a} \int_0^t g_n(\tau) \sin \sqrt{\lambda_n} a(t - \tau) \, \mathrm{d}\tau$$

故

$$U(x,t) = \sum_{n=1}^\infty T_n(t) X_n(x) = \sum_{n=1}^\infty \frac{1}{\sqrt{\lambda_n} a} \left[\int_0^t g_n(\tau) \sin \sqrt{\lambda_n} a(t - \tau) \, \mathrm{d}\tau \right] X_n(x)$$

例 12.8　长为 l 两端固定的弦，在单位长度上受横向力 $g(x)\sin\omega t$ 的作用下做小振动，已知弦的初始位移和速度分别为 $\varphi(x)$ 和 $\psi(x)$，求其横振动的规律。

解　定解问题为

$$\begin{cases} \dfrac{\partial^2 U}{\partial t^2} - a^2 \dfrac{\partial^2 U}{\partial x^2} = g(x)\sin\omega t, \quad 0 < x < l, \quad t > 0 \\ U\big|_{x=0} = U\big|_{x=l} = 0, \quad t \geqslant 0 \quad \text{（边界条件）} \\ U\big|_{t=0} = \varphi(x), \quad \dfrac{\partial U}{\partial t}\bigg|_{t=0} = \psi(x), \quad 0 \leqslant x \leqslant l \quad \text{（初始条件）} \end{cases} \tag{12.1}$$

令 $U(x,t) = v(x,t) + w(x,t)$，代入定解问题式（12.1），有

$$\begin{cases} \dfrac{\partial^2 v}{\partial t^2} + \dfrac{\partial^2 w}{\partial t^2} - a^2 \left(\dfrac{\partial^2 v}{\partial x^2} + \dfrac{\partial^2 w}{\partial x^2} \right) = g(x)\sin \omega t, & 0 < x < l, \quad t > 0 \\ (v+w)\big|_{x=0} = 0, \quad (v+w)\big|_{x=l} = 0, \quad t \geqslant 0 \\ (v+w)\big|_{t=0} = \varphi(x), \quad \dfrac{\partial(v+w)}{\partial t}\bigg|_{t=0} = \psi(x), \quad 0 \leqslant x \leqslant l \end{cases}$$

即

$$\begin{cases} \dfrac{\partial^2 w}{\partial t^2} - a^2 \dfrac{\partial^2 w}{\partial x^2} = 0, & 0 < x < l, \quad t > 0 \\ w\big|_{x=0} = 0, \quad w\big|_{x=l} = 0, \quad t \geqslant 0 \\ w\big|_{t=0} = \varphi(x), \quad \dfrac{\partial w}{\partial t}\bigg|_{t=0} = \psi(x), \quad 0 \leqslant x \leqslant l \end{cases} \tag{12.2}$$

$$\begin{cases} \dfrac{\partial^2 v}{\partial t^2} - a^2 \dfrac{\partial^2 v}{\partial x^2} = g(x)\sin \omega t, & 0 < x < l, \quad t > 0 \\ v\big|_{x=0} = 0, \quad v\big|_{x=l} = 0, \quad t \geqslant 0 \\ v\big|_{t=0} = 0, \quad \dfrac{\partial v}{\partial t}\bigg|_{t=0} = 0, \quad 0 \leqslant x \leqslant l \end{cases} \tag{12.3}$$

定解问题式(12.2)的特解为

$$w(x,t) = \sum_{n=1}^{\infty} \left(C_n \sin \frac{n\pi}{l}at + D_n \cos \frac{n\pi}{l}at \right) \sin \frac{n\pi}{l}x$$

其中

$$C_n = \frac{2}{n\pi a} \int_0^l \psi(x) \sin \frac{n\pi}{l}x \, dx, \quad D_n = \frac{2}{l} \int_0^l \varphi(x) \sin \frac{n\pi}{l}x \, dx$$

将 $v(x,t)$ 按本征函数展开,令 $v(x,t) = \sum_{n=1}^{\infty} T_n(t) \sin \frac{n\pi}{l}x$,将非齐次项按本征函数展开有

$$g(x)\sin \omega t = \sum_{n=1}^{\infty} f_n(t) \sin \frac{n\pi}{l}x$$

由正交性可知

$$f_n(t) = \int_0^l g(x) \sin \omega t \sin \frac{n\pi}{l}x \, dx$$

则定解问题式(12.3)的方程化为

$$\sum_{n=1}^{\infty} T''_n(t) \sin \frac{n\pi}{l}x - a^2 \sum_{n=1}^{\infty} T_n(t) \frac{n\pi}{l} \frac{n\pi}{l} \left(-\sin \frac{n\pi}{l}x \right) = \sum_{n=1}^{\infty} f_n(t) \sin \frac{n\pi}{l}x$$

由正交性可知

$$T''_n(t) + \left(\frac{n\pi a}{l} \right)^2 T_n(t) = f_n(t)$$

相应的初始条件为 $T_n(0) = 0, T'_n(0) = 0$,即

$$\begin{cases} T''_n(t) + \left(\dfrac{n\pi a}{l} \right)^2 T_n(t) = f_n(t) \\ T_n(0) = 0, \quad T'_n(0) = 0 \end{cases} \tag{12.4}$$

对定解问题式(12.4)的方程两边作拉氏变换,有

$$p^2 F_n(p) - p T_n(0) - T'_n(0) + \left(\frac{n\pi a}{l}\right)^2 F_n(p) = \mathscr{L}\left[f_n(t)\right]$$

$$p^2 F_n(p) + \left(\frac{n\pi a}{l}\right)^2 F_n(p) = \mathscr{L}\left[f_n(t)\right]$$

$$F_n(p) = \frac{\mathscr{L}\left[f_n(t)\right]}{p^2 + \left(\frac{n\pi a}{l}\right)^2} = \mathscr{L}\left[f_n(t)\right] \mathscr{L}\left[\sin(n\pi at/l)\right] \frac{l}{n\pi a}$$

由卷积定理知

$$T_n(t) = \frac{l}{n\pi a}\int_0^t f_n(t-\tau)\sin\left(\frac{n\pi a\tau}{l}\right)\mathrm{d}\tau =$$

$$\frac{l}{n\pi a}\int_0^t \left(\int_0^l g(x)\sin\omega(t-\tau)\sin\frac{n\pi}{l}x\,\mathrm{d}x\right)\sin\left(\frac{n\pi a\tau}{l}\right)\mathrm{d}\tau =$$

$$\frac{l}{n\pi a}\int_0^t \sin\omega(t-\tau)\sin\frac{n\pi a}{l}\tau\,\mathrm{d}\tau \int_0^l g(x)\sin\frac{n\pi}{l}x\,\mathrm{d}x =$$

$$\frac{2}{n\pi a}\frac{\omega\sin\frac{n\pi a}{l}t - \frac{n\pi a}{l}\sin\omega t}{\omega^2 - \left(\frac{n\pi a}{l}\right)^2}\int_0^l g(x)\sin\frac{n\pi}{l}x\,\mathrm{d}x$$

$$v(x,t) = \frac{2}{\pi a}\sum_{n=1}^\infty \frac{\omega\sin\frac{n\pi a}{l}t - \frac{n\pi a}{l}\sin\omega t}{n\left[\omega^2 - \left(\frac{n\pi a}{l}\right)^2\right]}\left(\int_0^l g(x)\sin\frac{n\pi}{l}x\,\mathrm{d}x\right)\sin\frac{n\pi}{l}x$$

$$U(x,t) = v(x,t) + w(x,t) = \frac{2}{\pi a}\sum_{n=1}^\infty \frac{\omega\sin\frac{n\pi a}{l}t - \frac{n\pi a}{l}\sin\omega t}{n\left[\omega^2 - \left(\frac{n\pi a}{l}\right)^2\right]}\left(\int_0^l g(x)\sin\frac{n\pi}{l}x\,\mathrm{d}x\right)$$

$$\sin\frac{n\pi}{l}x + \sum_{n=1}^\infty\left(C_n\sin\frac{n\pi a}{l}t + D_n\cos\frac{n\pi a}{l}t\right)\sin\frac{n\pi}{l}x$$

其中

$$C_n = \frac{2}{n\pi a}\int_0^l \psi(x)\sin\frac{n\pi}{l}x\,\mathrm{d}x, \quad D_n = \frac{2}{l}\int_0^l \varphi(x)\sin\frac{n\pi}{l}x\,\mathrm{d}x$$

12.6　非齐次边界条件的齐次化

仍以一维波动方程为例。为突出非齐次边界条件的处理,假定方程和初始条件是齐次的。

$$\begin{cases} \dfrac{\partial^2 U}{\partial t^2} - a^2\dfrac{\partial^2 U}{\partial x^2} = 0, \quad 0 < x < l, \quad t > 0 \\ U\big|_{x=0} = \mu(t), \quad U\big|_{x=l} = \nu(t), \quad t \geqslant 0 \quad \text{(边界条件)} \\ U\big|_{t=0} = 0, \quad \dfrac{\partial U}{\partial t}\bigg|_{t=0} = 0, \quad 0 \leqslant x \leqslant l \quad \text{(初始条件)} \end{cases}$$

处理方法:非齐次边界条件定解问题 $\xrightarrow{\text{寻找一个特解}}$ 齐次边界条件非齐次偏微分方程定解问题。

1.边界条件的齐次化

例 12.9   求定解问题

$$\begin{cases} \dfrac{\partial U}{\partial t} - \kappa \dfrac{\partial^2 U}{\partial x^2} = 0, & 0 < x < l, \quad t > 0 \\ U\big|_{x=0} = A\sin \omega t, \quad U\big|_{x=l} = 0, \quad t \geqslant 0 & \text{(边界条件)} \\ U\big|_{t=0} = 0, \quad 0 \leqslant x \leqslant l & \text{(初始条件)} \end{cases}$$

解   考虑到非齐次边界条件的具体形式,令 $v(x,t) = C_1 x + C_2$,由边界条件知

$$v\big|_{x=0} = C_2 = A\sin \omega t$$

$$v_{x=l} = C_1 l + C_2 = C_1 l + A\sin \omega t \quad \Rightarrow \quad C_1 = -\frac{A\sin \omega t}{l}$$

得

$$v(x,t) = -\frac{A\sin \omega t}{l} x + A\sin \omega t = A\left(1 - \frac{x}{l}\right)\sin \omega t$$

令 $U(x,t) = A\left(1 - \dfrac{x}{l}\right)\sin \omega t + w(x,t)$,代入原定解问题得

$$\begin{cases} A\omega\left(1 - \dfrac{x}{l}\right)\cos \omega t + \dfrac{\partial w}{\partial t} - \kappa \dfrac{\partial^2 w}{\partial x^2} = 0, & 0 < x < l, \quad t > 0 \\ A\sin \omega t + w\big|_{x=0} = A\sin \omega t, \quad w\big|_{x=l} = 0, \quad t \geqslant 0 \\ w\big|_{t=0} = 0, \quad 0 \leqslant x \leqslant l \end{cases}$$

则 $w(x,t)$ 满足的定解问题为

$$\begin{cases} \dfrac{\partial w}{\partial t} - \kappa \dfrac{\partial^2 w}{\partial x^2} = -A\omega\left(1 - \dfrac{x}{l}\right)\cos \omega t, & 0 < x < l, \quad t > 0 \\ w\big|_{x=0} = 0, \quad w\big|_{x=l} = 0, \quad t \geqslant 0 \\ w\big|_{t=0} = 0, \quad 0 \leqslant x \leqslant l \end{cases}$$

将 $w(x,t)$ 和方程的非齐次项按本征函数展开,有

$$w(x,t) = \sum_{n=1}^{\infty} T_n(t)\sin \frac{n\pi}{l}x$$

$$-A\omega\left(1 - \frac{x}{l}\right)\cos \omega t = \sum_{n=1}^{\infty} g_n(t)\sin \frac{n\pi}{l}x$$

$$g_n(t) = -A\omega\cos \omega t \frac{2}{l}\int_0^l \left(1 - \frac{x}{l}\right)\sin \frac{n\pi}{l}x\,\mathrm{d}x =$$

$$-A\omega\cos \omega t \frac{2}{l}\left(-\frac{l}{n\pi}\cos \frac{n\pi}{l}x\,\bigg|_0^l + \frac{1}{n\pi}x\cos \frac{n\pi}{l}x\,\bigg|_0^l - \frac{l}{n^2\pi^2}\sin \frac{n\pi}{l}x\,\bigg|_0^l\right) =$$

$$-A\omega\cos \omega t \frac{2}{l}\left\{-\frac{l}{n\pi}[(-1)^n - 1] + \frac{l}{n\pi}(-1)^n\right\} = -A\omega\cos \omega t \frac{2}{l}\cdot\frac{l}{n\pi} =$$

$$-A\omega\cos \omega t \frac{2}{n\pi}$$

将 $w(x,t)$ 和非齐次项的展开式代入 $w(x,t)$ 满足的定解问题,有

$$\begin{cases} \displaystyle\sum_{n=1}^{\infty} T'_n(t)\sin\frac{n\pi}{l}x - \kappa\sum_{n=1}^{\infty} T_n(t)\left(\frac{n\pi}{l}\right)^2\left(-\sin\frac{n\pi}{l}x\right) = -\frac{2A\omega}{\pi}\sum_{n=1}^{\infty}\frac{\cos\omega t}{n}\sin\frac{n\pi}{l}x \\ T_n(0)=0 \end{cases}$$

由正交性可知,$w(x,t)$ 满足的定解问题化简为 $T_n(t)$ 的定解问题

$$\begin{cases} T'_n(t) + \kappa\left(\frac{n\pi}{l}\right)^2 T_n(t) = -\dfrac{2A\omega}{n\pi}\cos\omega t \\ T_n(0)=0 \end{cases}$$

采用积分变换法求解,做拉普拉斯变换,得

$$pF(p) - T_n(0) + \kappa\left(\frac{n\pi}{l}\right)^2 F(p) = \mathscr{L}\left[-\frac{2A\omega}{n\pi}\cos\omega t\right] \quad\Rightarrow$$

$$F(p) = \frac{\mathscr{L}\left[-\dfrac{2A\omega}{n\pi}\cos\omega t\right]}{p + \kappa\left(\dfrac{n\pi}{l}\right)^2}\frac{1}{p+\kappa\left(\dfrac{n\pi}{l}\right)^2} = \mathscr{L}\left[\exp\left[-\kappa\left(\frac{n\pi}{l}\right)^2 t\right]\right]$$

其中,$T_n(t) = -\dfrac{2A\omega}{n\pi}\displaystyle\int_0^t \cos\omega(t-\tau)\exp\left[-\kappa\left(\frac{n\pi}{l}\right)^2\tau\right]\mathrm{d}\tau =$

$$\frac{2A\omega l^2}{\kappa^2(n\pi)^4 + \omega^2 l^4}$$

$$\frac{1}{n\pi}\left\{\kappa(n\pi)^2\exp\left[-\kappa\left(\frac{n\pi}{l}\right)^2\tau\right] - \kappa(n\pi)^2\cos\omega t - \omega l^2\sin\omega t\right\}$$

$$U(x,t) = A\left(1-\frac{x}{l}\right)\sin\omega t + \sum_{n=1}^{\infty} T_n(t)\sin\frac{n\pi}{l}x$$

2. 方程和边界条件同时齐次化

例 12.10　求定解问题:一端固定、另一端做周期运动的弦的振动问题。

$$\begin{cases} \dfrac{\partial^2 U}{\partial t^2} - a^2\dfrac{\partial^2 U}{\partial x^2} = 0, & 0<x<l, \quad t>0 \\ U\big|_{x=0}=0, \quad \dfrac{\partial U}{\partial x}\Big|_{x=l} = A\sin\omega t, \quad t\geqslant 0 \quad \text{(边界条件)} \\ U\big|_{t=0}=0, \quad \dfrac{\partial U}{\partial t}\Big|_{t=0} = 0, \quad 0\leqslant x\leqslant l \quad \text{(初始条件)} \end{cases}$$

解　设 $U(x,t) = v(x,t) + w(x,t)$,代入定解问题,得

$$\begin{cases} \dfrac{\partial^2 v}{\partial t^2} + \dfrac{\partial^2 w}{\partial t^2} - a^2\dfrac{\partial^2 v}{\partial x^2} - a^2\dfrac{\partial^2 w}{\partial x^2} = 0, & 0<x<l, \quad t>0 \\ (v+w)\big|_{x=0}=0, \quad \dfrac{\partial(v+w)}{\partial x}\Big|_{x=l} = A\sin\omega t, \quad t\geqslant 0 \\ (v+w)\big|_{t=0}=0, \quad \dfrac{\partial(v+w)}{\partial t}\Big|_{t=0} = 0, \quad 0\leqslant x\leqslant l \end{cases}$$

视 $v(x,t)$ 为原方程的特解,考虑到非齐次项,取 $v(x,t)=f(x)\sin\omega t$,将 $v(x,t)$ 代入

原方程和边界条件,得

$$\begin{cases} -\omega^2 f(x)\sin \omega t - a^2 f''(x)\sin \omega t = 0, & 0 < x < l, \quad t > 0 \\ f(0)\sin \omega t \big|_{x=0} = 0, \quad f'(l)\sin \omega t \big|_{x=l} = A\sin \omega t, & t \geqslant 0 \end{cases}$$

$$\begin{cases} f''(x) = \dfrac{\omega^2}{a^2} f(x), & 0 < x < l, \quad t > 0 \\ f(0)\big|_{x=0} = 0, \quad f'(l)\big|_{x=l} = A, & t \geqslant 0 \end{cases}$$

$$f(x) = \frac{Aa}{\omega} \frac{1}{\cos \dfrac{\omega l}{a}} \sin \frac{\omega}{a} x$$

$$v(x,t) = \frac{Aa}{\omega} \frac{1}{\cos \dfrac{\omega l}{a}} \sin \frac{\omega}{a} x \sin \omega t$$

可知 $w(x,t)$ 所满足的定解问题为

$$\begin{cases} \dfrac{\partial^2 w}{\partial t^2} - a^2 \dfrac{\partial^2 w}{\partial x^2} = 0, & 0 < x < l, \quad t > 0 \\ w\big|_{x=0} = 0, \quad \dfrac{\partial w}{\partial x}\bigg|_{x=l} = 0, & t \geqslant 0 \\ w\big|_{t=0} = 0, \quad \dfrac{\partial w}{\partial t}\bigg|_{t=0} = -\dfrac{Aa}{\cos \dfrac{\omega l}{a}} \sin \dfrac{\omega}{a} x, & 0 \leqslant x \leqslant l \end{cases}$$

分离变量,将 $w(x,t) = X(x)T(t)$ 代入 $w(x,t)$ 的方程

$$X(x)T''(t) - a^2 X''(x)T(t) = 0$$

即

$$\frac{X''(x)}{X(x)} = \frac{1}{a^2} \frac{T''(t)}{T(t)} \equiv -\lambda$$

当 $\lambda = 0$ 时,方程 $X''(x) + \lambda X(x) = 0$ 为 $X''(x) = 0$,方程的通解为 $X(x) = Ax + B$。由边界条件 $X(0) = 0, X(l) = 0$ 知,$A = B = 0$ 即 $X(x) = 0$。因此,$\lambda = 0$ 不是本征值。

当 $\lambda \neq 0$ 时,常微分方程的通解是 $X(x) = A\sin \sqrt{\lambda} x + B\cos \sqrt{\lambda} x$,由边界条件 $X(0) = 0, X'(l) = 0$ 知,$B = 0, A\sqrt{\lambda} \cos \sqrt{\lambda} l = 0$。

因为 $A \neq 0$,所以 $\sqrt{\lambda} l = \dfrac{2n+1}{2}\pi$,即 $\lambda_n = \left(\dfrac{2n+1}{2l}\pi\right)^2$ $(n = 1, 2, 3, \cdots)$ 相应的本征函数为

$$X_n(x) = \sin \frac{2n+1}{2l}\pi x, \quad A = 1$$

将 λ_n 代入方程 $T''(t) + \lambda a^2 T(t) = 0$,得

$$T_n(t) = C_n \sin \frac{2n+1}{2l}\pi at + D_n \cos \frac{2n+1}{2l}\pi at$$

可知 $w(x,t)$ 的一般解为

$$w(x,t) = \sum_{n=1}^{\infty} \left(C_n \sin \frac{2n+1}{2l}\pi at + D_n \cos \frac{2n+1}{2l}\pi at \right) \sin \frac{2n+1}{2l}\pi x$$

由 $w(x,t)$ 的初始条件知

$$w\big|_{t=0} = \sum_{n=1}^{\infty} D_n \sin \frac{2n+1}{2l}\pi x = 0 \quad \Rightarrow \quad D_n = 0$$

$$\frac{\partial w}{\partial t}\bigg|_{t=0} = \sum_{n=1}^{\infty} C_n \sin \frac{2n+1}{2l}\pi x = -\frac{Aa}{\cos \dfrac{\omega l}{a}} \sin \frac{\omega}{a}x \quad \Rightarrow$$

$$C_n = -\frac{4A}{\cos \dfrac{\omega l}{a}} \frac{1}{2n+1} \int_0^l \sin \frac{\omega}{a}x \sin \frac{2n+1}{2l}\pi x \, \mathrm{d}x = (-1)^n \frac{16A\omega l^2 a}{(2n+1)\pi\{(\omega l)^2 - [(2n+1)\pi a]^2\}}$$

$$w(x,t) = \sum_{n=1}^{\infty} (-1)^2 \frac{16A\omega l^2 a}{(2n+1)\pi\{(\omega l)^2 - [(2n+1)\pi a]^2\}} \sin \frac{2n+1}{2l}\pi at \cdot \sin \frac{2n+1}{2l}\pi x$$

$$v(x,t) = \frac{Aa}{\omega} \frac{1}{\cos \dfrac{\omega l}{a}} \sin \frac{\omega}{a}x \sin \omega t$$

故

$$U(x,t) = v(x,t) + w(x,t) = \frac{Aa}{\omega} \frac{1}{\cos \dfrac{\omega l}{a}} \sin \frac{\omega}{a}x \sin \omega t +$$

$$\sum_{n=1}^{\infty} (-1)^2 \frac{16A\omega l^2 a}{(2n+1)\pi\{(\omega l)^2 - [(2n+1)\pi a]^2\}} \sin \frac{2n+1}{2l}\pi at \sin \frac{2n+1}{2l}\pi x$$

例 12.11　有一长为 l 侧面绝热而初始温度为零度的均匀细杆,它的一端保持温度始终为零度,而另一端温度随时间直线上升,求杆的温度分布。

解　设杆长方向为 x 轴,$x = l$ 端保持温度始终为零度,$x = 0$ 端温度随时间直线上升,比例系数为常数 c,则定解问题为

$$\begin{cases} \dfrac{\partial U}{\partial t} - \kappa \dfrac{\partial^2 U}{\partial x^2} = 0, & 0 < x < l, \quad t > 0 \\[2mm] U\big|_{x=0} = ct, \quad U\big|_{x=l} = 0, & t \geqslant 0 \quad \text{（边界条件）} \\[2mm] U\big|_{t=0} = 0, & 0 \leqslant x \leqslant l \quad \text{（初始条件）} \end{cases}$$

令 $U(x,t) = v(x,t) + w(x,t)$,代入定解问题

$$\begin{cases} \dfrac{\partial v}{\partial t} + \dfrac{\partial w}{\partial t} - \kappa\left(\dfrac{\partial^2 v}{\partial x^2} + \dfrac{\partial^2 w}{\partial x^2}\right) = 0, & 0 < x < l, \quad t > 0 \\[2mm] (v+w)\big|_{x=0} = ct, \quad (v+w)\big|_{x=l} = 0, & t \geqslant 0 \\[2mm] (v+w)\big|_{t=0} = 0, & 0 \leqslant x \leqslant l \end{cases}$$

视 $v(x,t)$ 为原方程的特解,考虑到非齐次边界条件,取 $v(x,t) = Ax + B$,将 $v(x,t)$ 代入原定解问题的边界条件,得

$$v\big|_{x=0} = B = ct$$

$$v\big|_{x=l} = Al + B = 0 \quad \Rightarrow \quad A = -\frac{ct}{l}$$

可知

$$v(x,t) = -\frac{ct}{l}x + ct = \frac{ct}{l}(l - x)$$

原定解问题化为 $w(x,t)$ 满足的定解问题为

$$\begin{cases} \dfrac{\partial w}{\partial t} - \kappa \dfrac{\partial^2 w}{\partial x^2} = -\dfrac{c}{l}(l-x), & 0 < x < l, \quad t > 0 \\ w\big|_{x=0} = 0, \quad w\big|_{x=l} = 0, & t \geqslant 0 \\ w\big|_{t=0} = 0, & 0 \leqslant x \leqslant l \end{cases}$$

将 $w(x,t)$ 和非齐次项按相应齐次方程的本征函数展开为

$$w(x,t) = \sum_{n=1}^{\infty} T_n(t) \sin\frac{n\pi}{l}x$$

$$-\frac{c}{l}(l-x) = \sum_{n=1}^{\infty} g_n(t)\sin\frac{n\pi}{l}x$$

$$g_n(t) = -\frac{2}{l}\int_0^l \frac{c}{l}(l-x)\sin\frac{n\pi}{l}x\,\mathrm{d}x = \frac{2c}{l^2}\int_0^l(x-l)\sin\frac{n\pi}{l}x\,\mathrm{d}x =$$

$$\frac{2c}{l^2}\left(-\frac{l}{n\pi}x\cos\frac{n\pi}{l}x\Big|_0^l + \frac{l}{n\pi}\sin\frac{n\pi}{l}x\Big|_0^l + \frac{l^2}{n\pi}\cos\frac{n\pi}{l}x\Big|_0^l\right) =$$

$$\frac{2c}{l^2}\left(-\frac{l^2}{n\pi}\cos n\pi + \frac{l^2}{n\pi}\cos n\pi - \frac{l^2}{n\pi}\right) = -\frac{2c}{n\pi}$$

则有

$$\begin{cases} \sum_{n=1}^{\infty} T'_n(t)\sin\frac{n\pi}{l}x - \kappa\sum_{n=1}^{\infty}T_n(t)\left(\frac{n\pi}{l}\right)^2\left(-\sin\frac{n\pi}{l}x\right) = -\frac{2c}{\pi}\sum_{n=1}^{\infty}\frac{1}{n}\sin\frac{n\pi}{l}x \\ T_n(0) = 0 \end{cases}$$

由正交性知

$$\begin{cases} T'_n(t) + \kappa\left(\frac{n\pi}{l}\right)^2 T_n(t) = -\frac{2c}{n\pi} \\ T_n(0) = 0 \end{cases}$$

一阶常微分方程 $y' + p(x)y = q(x)$ 的通解为

$$y(x) = \mathrm{e}^{-\int p(x)\mathrm{d}x}\left(\int q(x)\mathrm{e}^{\int p(x)\mathrm{d}x}\mathrm{d}x + A\right)$$

故得

$$T_n(t) = \mathrm{e}^{-\left(\frac{n\pi}{l}\right)^2\kappa t}\left[-\int\frac{2c}{n\pi}\mathrm{e}^{\left(\frac{n\pi}{l}\right)^2\kappa t}\mathrm{d}t + A\right] = \mathrm{e}^{-\left(\frac{n\pi}{l}\right)^2\kappa t}\left[-\frac{2cl^2}{n^3\pi^3\kappa}\mathrm{e}^{\left(\frac{n\pi}{l}\right)^2\kappa t} + A\right] =$$

$$-\frac{2cl^2}{n^3\pi^3\kappa} + A\mathrm{e}^{-\left(\frac{n\pi}{l}\right)^2\kappa t}$$

$$T_n(0) = -\frac{2cl^2}{n^3\pi^3\kappa} + A = 0 \quad \Rightarrow \quad A = \frac{2cl^2}{n^3\pi^3\kappa}$$

$$T_n(t) = \frac{2cl^2}{n^3\pi^3\kappa}\left[\mathrm{e}^{-\left(\frac{n\pi}{l}\right)^2\kappa t} - 1\right]$$

$$w(x,t) = \sum_{n=1}^{\infty}\frac{2cl^2}{n^3\pi^3\kappa}\left[\mathrm{e}^{-\left(\frac{n\pi}{l}\right)^2\kappa t} - 1\right]\sin\frac{n\pi}{l}x$$

$$U(x,t) = v(x,t) + w(x,t) = \frac{ct}{l}(l-x) + \sum_{n=1}^{\infty}\frac{2cl^2}{n^3\pi^3\kappa}\left[\mathrm{e}^{-\left(\frac{n\pi}{l}\right)^2\kappa t} - 1\right]\sin\frac{n\pi}{l}x$$

例 12.12　试求定解问题

$$\begin{cases} \dfrac{\partial U}{\partial t} - a^2 \dfrac{\partial^2 U}{\partial x^2} = 0, & 0 < x < l, \quad t > 0 \\[2mm] \dfrac{\partial U}{\partial x}\bigg|_{x=0} = P(t), \quad \dfrac{\partial U}{\partial x}\bigg|_{x=l} = Q(t), \quad t \geqslant 0 \quad (\text{边界条件}) \\[2mm] U\big|_{t=0} = \varphi(x), \quad \dfrac{\partial U}{\partial t}\bigg|_{t=0} = \psi(x), \quad 0 \leqslant x \leqslant l \quad (\text{初始条件}) \end{cases}$$

解　所给非齐次边界条件为第二类边界条件,令 $U(x,t) = v(x,t) + w(x,t)$,代入定解问题,得

$$\begin{cases} \dfrac{\partial^2 v}{\partial t^2} + \dfrac{\partial^2 w}{\partial t^2} - a^2\left(\dfrac{\partial^2 v}{\partial x^2} + \dfrac{\partial^2 w}{\partial x^2}\right) = 0, & 0 < x < l, \quad t > 0 \\[2mm] \dfrac{\partial(v+w)}{\partial x}\bigg|_{x=0} = P(t), \quad \dfrac{\partial(v+w)}{\partial x}\bigg|_{x=l} = Q(t), \quad t \geqslant 0 \\[2mm] (v+w)\big|_{t=0} = \varphi(x), \quad \dfrac{\partial(v+w)}{\partial t}\bigg|_{t=0} = \psi(x), \quad 0 \leqslant x \leqslant l \end{cases}$$

视 $v(x,t)$ 为原方程的特解,取 $v(x,t) = Ax^2 + Bx$,将 $v(x,t) = Ax^2 + Bx$ 代入原定解问题的边界条件,得

$$\frac{\partial v}{\partial x}\bigg|_{x=0} = B = P(t)$$

$$\frac{\partial v}{\partial x}\bigg|_{x=l} = 2Al + B = Q(t) \quad \Rightarrow \quad A = -\frac{Q(t) - P(t)}{2l}$$

可知

$$v(x,t) = \frac{Q(t) - P(t)}{2l}x^2 + P(t)x$$

原定解问题可化为 $w(x,t)$ 满足的非齐次方程齐次边界条件的定解问题。按照前例对非齐次项做相应齐次方程的本征函数展开,求出 $w(x,t)$ 即可知 $u(x,t)$。

第13章 正交曲面坐标系

上一章在直角坐标系下介绍了分离变量法求解定解问题的方法,从中可以解决各类一维线性、矩形和长方体形状的介质的定解问题。当介质是圆柱或球形时,定解问题的求解必须在相应的正交曲面坐标系下完成。

13.1 正交曲面坐标系的定义

在正交曲面坐标系下求解定解问题的一般过程如图 13-1 所示。

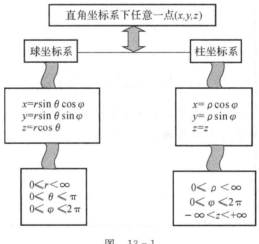

图 13-1

定义 13.1 (正交曲面坐标系)曲面坐标系$\{q_1,q_2,q_3\}$与直角坐标系的关系为

$$q_1 = \xi(x,y,z)$$

$$q_2 = \eta(x,y,z)$$

$$q_3 = \varepsilon(x,y,z)$$

其坐标面为 3 组曲面:$q_1 =$ 常数,$q_2 =$ 常数,$q_3 =$ 常数。对于任意 $a_0(q_1,q_2,q_3)$ 由通过该点的 3 个坐标面决定,q_1,q_2,q_3 相互独立 $\Rightarrow$ 雅克比行列式不为零,即

$$\frac{\partial(q_1,q_2,q_3)}{\partial(x,y,z)} \equiv \begin{vmatrix} \dfrac{\partial q_1}{\partial x} & \dfrac{\partial q_1}{\partial y} & \dfrac{\partial q_1}{\partial z} \\[2mm] \dfrac{\partial q_2}{\partial x} & \dfrac{\partial q_2}{\partial y} & \dfrac{\partial q_2}{\partial z} \\[2mm] \dfrac{\partial q_3}{\partial x} & \dfrac{\partial q_3}{\partial y} & \dfrac{\partial q_3}{\partial z} \end{vmatrix} \neq 0$$

若 q_1, q_2, q_3 总是互相垂直, 它就是正交曲面坐标系。

点 a_0 与其邻点的弧长: $ds = \sqrt{dx^2 + dy^2 + dz^2}$, 而

$$dx = \frac{\partial x}{\partial q_1}dq_1 + \frac{\partial x}{\partial q_2}dq_2 + \frac{\partial x}{\partial q_3}dq_3$$

$$dy = \frac{\partial y}{\partial q_1}dq_1 + \frac{\partial y}{\partial q_2}dq_2 + \frac{\partial y}{\partial q_3}dq_3$$

$$dz = \frac{\partial z}{\partial q_1}dq_1 + \frac{\partial z}{\partial q_2}dq_2 + \frac{\partial z}{\partial q_3}dq_3$$

因此

$$ds = \sqrt{(h_1 dq_1)^2 + (h_2 dq_2)^2 + (h_3 dq_3)^2 + \sum_{i \neq j} h_{ij} dq_i dq_j}$$

其中

$$h_{ij} = \frac{\partial^2 x}{\partial q_i \partial q_j} + \frac{\partial^2 y}{\partial q_i \partial q_j} + \frac{\partial^2 z}{\partial q_i \partial q_j} \quad (i \neq j)$$

$h_i = \sqrt{\left(\dfrac{\partial x}{\partial q_i}\right)^2 + \left(\dfrac{\partial y}{\partial q_i}\right)^2 + \left(\dfrac{\partial z}{\partial q_i}\right)^2}$ 是坐标轴的度规因子, 令 $ds = \sqrt{\sum\limits_{i,j=1,2,3} g_{ij} dq_i dq_j}$, 其

中 $g_{ij} = g_{ji} = \dfrac{\partial x^2}{\partial q_i \partial q_j} + \dfrac{\partial y^2}{\partial q_i \partial q_j} + \dfrac{\partial z^2}{\partial q_i \partial q_j}$ 。

若 $g_{ij} = g_{ii}\delta_{ij}$, 则 (q_1, q_2, q_3) 为正交曲面坐标系。

即

$$ds = \sqrt{(h_1 dq_1)^2 + (h_2 dq_2)^2 + (h_3 dq_3)^2} \quad 或 \quad h_{ij} = 0 \quad (i \neq j)$$

例 13.1　判断柱坐标系 $\begin{cases} x = \rho\cos\varphi \\ y = \rho\sin\varphi \\ z = z \end{cases}$ 是否为正交曲面坐标系。

解　　　　　　　　$q_1 = \rho, \quad q_2 = \varphi, \quad q_3 = z$

$ds^2 = \sum\limits_{i,j=1,2,3} g_{ij} dq_i dq_j = \left(\sum\limits_{i=1,2,3} \dfrac{\partial x}{\partial q_i} dq_i\right)^2 + \left(\sum\limits_{i=1,2,3} \dfrac{\partial y}{\partial q_i} dq_i\right)^2 + \left(\sum\limits_{i=1,2,3} \dfrac{\partial z}{\partial q_i} dq_i\right)^2 =$

$(\cos\varphi d\rho - \rho\sin\varphi d\varphi)^2 + (\sin\varphi d\rho + \rho\cos\varphi d\varphi)^2 + (dz)^2 =$

$\cos^2\varphi(d\rho)^2 - 2\rho\cos\varphi\sin\varphi d\rho d\varphi + \rho^2\sin^2\varphi(d\varphi)^2 +$

$\sin^2\varphi(d\rho)^2 + 2\rho\cos\varphi\sin\varphi d\rho d\varphi + \rho^2\cos^2\varphi(d\varphi)^2 + (dz)^2 =$

$(d\rho)^2 + \rho^2(d\varphi)^2 + (dz)^2$

$$g_{11} = 1, \quad g_{22} = \rho^2, \quad g_{33} = 1, \quad g_{ij(i \neq j)} = 0$$

故柱坐标系是正交曲面坐标系。

例 13.2　判断球坐标系 $\begin{cases} x = r\sin\theta\cos\varphi \\ y = r\sin\theta\sin\varphi \\ z = r\cos\theta \end{cases}$ 是否为正交曲面坐标系。

解　　　　　　　$q_1 = r, \quad q_2 = \theta, \quad q_3 = \varphi$

$\mathrm{d}s^2 = \sum_{i,j=1,2,3} g_{ij}\,\mathrm{d}q_i\,\mathrm{d}q_j = \left(\sum_{i=1,2,3} \dfrac{\partial x}{\partial q_i}\mathrm{d}q_i\right)^2 + \left(\sum_{i=1,2,3} \dfrac{\partial y}{\partial q_i}\mathrm{d}q_i\right)^2 + \left(\sum_{i=1,2,3} \dfrac{\partial z}{\partial q_i}\mathrm{d}q_i\right)^2 =$

$(\sin\theta\cos\varphi\,\mathrm{d}r + r\cos\theta\cos\varphi\,\mathrm{d}\theta - r\sin\theta\sin\varphi\,\mathrm{d}\varphi)^2 +$

$(\sin\theta\sin\varphi\,\mathrm{d}r + r\cos\theta\sin\varphi\,\mathrm{d}\theta + r\sin\theta\cos\varphi\,\mathrm{d}\varphi)^2 + (\cos\theta\,\mathrm{d}r - r\sin\theta\,\mathrm{d}\theta)^2 =$

$(\mathrm{d}r)^2 + r^2(\mathrm{d}\theta)^2 + r^2\sin^2\theta(\mathrm{d}\varphi)^2$

$$g_{11} = 1, \quad g_{22} = r^2, \quad g_{33} = r^2\sin^2\theta, \quad g_{ij(i\neq j)} = 0$$

因此,球坐标系是正交曲面坐标系。

正交曲面坐标系中的拉普拉斯算符

直角坐标系: $\mathbf{\nabla}^2 = \dfrac{\partial^2}{\partial x^2} + \dfrac{\partial^2}{\partial y^2} + \dfrac{\partial^2}{\partial z^2}$;

柱坐标系: $\mathbf{\nabla}^2 = \dfrac{1}{\rho}\dfrac{\partial}{\partial\rho}\left(\rho\dfrac{\partial}{\partial\rho}\right) + \dfrac{1}{\rho^2}\dfrac{\partial^2}{\partial\varphi^2} + \dfrac{\partial^2}{\partial z^2}$;

球坐标系: $\mathbf{\nabla}^2 = \dfrac{1}{r^2}\dfrac{\partial}{\partial r}\left(r^2\dfrac{\partial}{\partial r}\right) + \dfrac{1}{r^2\sin\theta}\dfrac{\partial}{\partial\theta}\left(\sin\theta\dfrac{\partial}{\partial\theta}\right) + \dfrac{1}{r^2\sin^2\theta}\dfrac{\partial^2}{\partial\varphi^2}$;

极坐标系: $\mathbf{\nabla}^2 = \dfrac{1}{\rho}\dfrac{\partial}{\partial\rho}\left(\rho\dfrac{\partial}{\partial\rho}\right) + \dfrac{1}{\rho^2}\dfrac{\partial^2}{\partial\varphi^2}$。

13.2　圆 形 区 域

圆形区域中的稳定问题

$$\begin{cases} \dfrac{\partial^2 u}{\partial x^2} + \dfrac{\partial^2 u}{\partial y^2} = 0, \quad x^2 + y^2 < a^2 \\ u\big|_{x^2+y^2=a^2} = f \quad \text{(边界条件)} \end{cases}$$

可采用分离变量法求解,但是在直角坐标系下无法将边界条件分离变量。

采用平面极坐标系

$$\begin{cases} \dfrac{1}{r}\dfrac{\partial}{\partial r}\left(r\dfrac{\partial u}{\partial r}\right) + \dfrac{1}{r^2}\dfrac{\partial^2 u}{\partial\varphi^2} = 0, \quad 0 < r < a, \quad 0 \leqslant \varphi \leqslant 2\pi \\ u\big|_{r=a} = f(\varphi) \quad \text{(边界条件)} \end{cases}$$

补充原点处的有界条件: $u(r,\varphi)\big|_{r=0}$ 有界。

补充周期性条件: $u(r,\varphi)\big|_{\varphi=0} = u(r,\varphi)\big|_{\varphi=2\pi}$, $\dfrac{\partial u}{\partial\varphi}\bigg|_{\varphi=0} = \dfrac{\partial u}{\partial\varphi}\bigg|_{\varphi=2\pi}$。

定解问题化为

$$\begin{cases} \dfrac{1}{r}\dfrac{\partial}{\partial r}\left(r\dfrac{\partial u}{\partial r}\right)+\dfrac{1}{r^2}\dfrac{\partial^2 u}{\partial \varphi^2}=0, & 0<r<a, \quad 0\leqslant\varphi\leqslant2\pi \\[2mm] u(r,\varphi)\big|_{\varphi=0}=u(r,\varphi)\big|_{\varphi=2\pi}, & 0<r<a \\[2mm] \dfrac{\partial u}{\partial r}\bigg|_{\varphi=0}=\dfrac{\partial u}{\partial r}\bigg|_{\varphi=2\pi}, & 0<r<a \\[2mm] u(r,\varphi)\big|_{r=0} \text{ 有界}, & 0<\varphi<2\pi \\[2mm] u(r,\varphi)\big|_{r=a}=f(\varphi), & 0<\varphi<2\pi \end{cases}$$

令 $u(r,\varphi)=R(r)\Phi(\varphi)$，分离变量，代入方程，得

$$\Phi\dfrac{1}{r}\dfrac{\mathrm{d}}{\mathrm{d}r}\left(r\dfrac{\mathrm{d}R}{\mathrm{d}r}\right)+R\dfrac{1}{r^2}\dfrac{\mathrm{d}^2\Phi}{\mathrm{d}\varphi^2}=0$$

两边同乘以 $\dfrac{r^2}{R\Phi}$，得

$$r\dfrac{\mathrm{d}}{\mathrm{d}r}\left(r\dfrac{\mathrm{d}R}{\mathrm{d}r}\right)\dfrac{1}{R}=-\dfrac{1}{\Phi}\dfrac{\mathrm{d}^2\Phi}{\mathrm{d}\varphi^2}\equiv\lambda$$

$$r\dfrac{\mathrm{d}}{\mathrm{d}r}\left(r\dfrac{\mathrm{d}R}{\mathrm{d}r}\right)-\lambda R=0 \tag{13.1}$$

$$\dfrac{\mathrm{d}^2\Phi}{\mathrm{d}\varphi^2}+\lambda\Phi=0 \tag{13.2}$$

将 $u(r,\varphi)=R(r)\Phi(\varphi)$ 代入周期性条件

$$u(r,\varphi)\big|_{\varphi=0}=u(r,\varphi)\big|_{\varphi=2\pi}, \quad \dfrac{\partial u}{\partial\varphi}\bigg|_{\varphi=0}=\dfrac{\partial u}{\partial\varphi}\bigg|_{\varphi=2\pi}$$

得 $\Phi(0)=\Phi(2\pi)$，$\Phi'(0)=\Phi'(2\pi)$，有本征值问题

$$\begin{cases} \dfrac{\mathrm{d}^2\Phi}{\mathrm{d}\varphi^2}+\lambda\Phi=0 \\[2mm] \Phi(0)=\Phi(2\pi) \\[2mm] \Phi'(0)=\Phi'(2\pi) \end{cases}$$

若 $\lambda=0$，可知 $\Phi(\varphi)=C_1\varphi+C_2$。由周期性条件知 $C_2=C_1\varphi+C_2\Rightarrow C_1=0$，$C_2$ 任意。本征函数为 $\Phi_0(\varphi)=1$。

若 $\lambda\neq0$，可知 $\Phi(\varphi)=A\sin\sqrt{\lambda}\varphi+B\cos\sqrt{\lambda}\varphi$。由周期性条件知

$$B=A\sin2\pi\sqrt{\lambda}+B\cos2\pi\sqrt{\lambda} \quad\Rightarrow\quad A\sin2\pi\sqrt{\lambda}+B(\cos2\pi\sqrt{\lambda}-1)=0$$

$$A=A\cos2\pi\sqrt{\lambda}-B\sin2\pi\sqrt{\lambda} \quad\Rightarrow\quad A(\cos2\pi\sqrt{\lambda}-1)-B\sin2\pi\sqrt{\lambda}=0$$

$$A,B \text{ 有非零解} \quad\Leftrightarrow\quad \begin{vmatrix} \sin2\pi\sqrt{\lambda} & \cos2\pi\sqrt{\lambda}-1 \\ \cos2\pi\sqrt{\lambda}-1 & -\sin2\pi\sqrt{\lambda} \end{vmatrix}=0$$

本征值 $\lambda_m=m^2(m=1,2,3,\cdots)$，相应的 A,B 为任意值。本征函数为

$$\Phi_{m1}(\varphi)=\sin m\varphi, \quad \Phi_{m2}(\varphi)=\cos m\varphi$$

因此，当 $\lambda=m^2(m=0,1,2,\cdots)$ 时，本征函数为 $\Phi_{m1}(\varphi)=\sin m\varphi$，$\Phi_{m2}(\varphi)=\cos m\varphi$。

对方程(13.1)作变换：令 $t=\ln r$，则 $\mathrm{d}t=\dfrac{1}{r}\mathrm{d}r$，$r\dfrac{\mathrm{d}}{\mathrm{d}r}=\dfrac{\mathrm{d}}{\mathrm{d}t}$。方程(13.1)化为 $\dfrac{\mathrm{d}^2R}{\mathrm{d}t^2}-\lambda R$

$=0$。

本征值 $\lambda_0 = 0$，本征函数为

$$R_0(r) = C_0 + D_0 t = C_0 + D_0 \ln r$$

本征值 $\lambda_m = m^2$，本征函数为

$$R_m(r) = C_m e^{mt} + D_m e^{-mt} = C_m r^m + D_m r^{-m}$$

定解问题的全部特解为

$$u_0(r,\varphi) = R_0(r)\Phi_0(\varphi) = C_0 + D_0 \ln r$$
$$u_{m1}(r,\varphi) = R_m(r)\Phi_{m1}(\varphi) = (C_{m1} r^m + D_{m1} r^{-m})\sin m\varphi$$
$$u_{m2}(r,\varphi) = R_m(r)\Phi_{m2}(\varphi) = (C_{m2} r^m + D_{m2} r^{-m})\cos m\varphi$$

一般解为

$$u(r,\varphi) = C_0 + D_0 \ln r + \sum_{m=1}^{\infty}(C_{m1} r^m + D_{m1} r^{-m})\sin m\varphi + \sum_{m=1}^{\infty}(C_{m2} r^m + D_{m2} r^{-m})\cos m\varphi$$

将一般解代入补充的有界条件

因为在 $r=0$ 处，$u(0,\varphi)$ 有界，所以 $\ln r$ 和 r^{-m} 项的系数为零，即 $D_0 = 0, D_{m1} = 0, D_{m2} = 0$，有

$$u(r,\varphi) = C_0 + \sum_{m=1}^{\infty}(C_{m1}\sin m\varphi + C_{m2}\cos m\varphi)r^m$$

再代入边界条件：$u(r,\varphi)\big|_{r=a} = f(\varphi)$，有

$$u(a,\varphi) = C_0 + \sum_{m=1}^{\infty}(C_{m1}\sin m\varphi + C_{m2}\cos m\varphi)a^m = f(\varphi)$$

利用本征函数的正交性及 $\int_0^{2\pi}\sin^2 m\varphi\,d\varphi = \pi$，$\int_0^{2\pi}\cos^2 m\varphi\,d\varphi = \pi$，可知

$$C_0 = \frac{1}{2\pi}\int_0^{2\pi} f(\varphi)\,d\varphi$$

$$C_{m1} = \frac{1}{a^m\pi}\int_0^{2\pi} f(\varphi)\sin m\varphi\,d\varphi$$

$$C_{m2} = \frac{1}{a^m\pi}\int_0^{2\pi} f(\varphi)\cos m\varphi\,d\varphi$$

13.3　亥姆霍兹方程在柱坐标系下的分离变量

三维空间的稳恒振动问题

$$\frac{\partial^2 u}{\partial t^2} - a^2 \nabla^2 u = 0$$

通常要求解的形式为

$$u(\boldsymbol{r},t) = v(\boldsymbol{r})e^{-i\omega t} \quad\text{——} T(t) \text{为随时间衰减的因子}$$
$$v(-i\omega)^2 e^{-i\omega t} - a^2 \nabla^2 v e^{-i\omega t} = 0$$

这样方程就化为

$$\nabla^2 v + k^2 v = 0, \quad k = \frac{\omega}{a} \quad\text{—— 亥姆霍兹方程}$$

在柱坐标系下,亥姆霍兹方程$\mathbf{\nabla}^2 v + k^2 v = 0$的具体形式为

$$\frac{1}{r}\frac{\partial}{\partial r}\left(r\frac{\partial v}{\partial r}\right) + \frac{1}{r^2}\frac{\partial^2 v}{\partial \varphi^2} + \frac{\partial^2 v}{\partial z^2} + k^2 v = 0$$

逐次分离变量,令$v(r,\varphi,z) = w(r,\varphi)Z(z)$,代入上式,有

$$Z\frac{1}{r}\frac{\partial}{\partial r}\left(r\frac{\partial w}{\partial r}\right) + Z\frac{1}{r^2}\frac{\partial^2 w}{\partial \varphi^2} + w\frac{\mathrm{d}^2 Z}{\mathrm{d}z^2} + k^2 wZ = 0$$

两边同除以wZ,得

$$\frac{1}{w}\frac{1}{r}\frac{\partial}{\partial r}\left(r\frac{\partial w}{\partial r}\right) + \frac{1}{w}\frac{1}{r^2}\frac{\partial^2 w}{\partial \varphi^2} + \frac{1}{Z}\frac{\mathrm{d}^2 Z}{\mathrm{d}z^2} + k^2 = 0$$

$$\frac{1}{w}\frac{1}{r}\frac{\partial}{\partial r}\left(r\frac{\partial w}{\partial r}\right) + \frac{1}{w}\frac{1}{r^2}\frac{\partial^2 w}{\partial \varphi^2} + k^2 = -\frac{1}{Z}\frac{\mathrm{d}^2 Z}{\mathrm{d}z^2} \equiv \lambda$$

$$\frac{1}{r}\frac{\partial}{\partial r}\left(r\frac{\partial w}{\partial r}\right) + \frac{1}{r^2}\frac{\partial^2 w}{\partial \varphi^2} + (k^2 - \lambda)w = 0, \qquad \frac{\mathrm{d}^2 Z}{\mathrm{d}z^2} + \lambda Z = 0$$

再次分离变量,令$w(r,\varphi) = R(r)\Phi(\varphi)$,代入方程$\dfrac{1}{r}\dfrac{\partial}{\partial r}\left(r\dfrac{\partial w}{\partial r}\right) + \dfrac{1}{r^2}\dfrac{\partial^2 w}{\partial \varphi^2} + (k^2 - \lambda)w = 0$,得

$$\Phi\frac{1}{r}\frac{\mathrm{d}}{\mathrm{d}r}\left(r\frac{\mathrm{d}R}{\mathrm{d}r}\right) + R\frac{1}{r^2}\frac{\mathrm{d}^2\Phi}{\mathrm{d}\varphi^2} + (k^2 - \lambda)R\Phi = 0$$

两边同乘以$\dfrac{r^2}{R\Phi}$,得

$$\frac{r^2}{R}\frac{1}{r}\frac{\mathrm{d}}{\mathrm{d}r}\left(r\frac{\mathrm{d}R}{\mathrm{d}r}\right) + r^2(k^2 - \lambda) = -\frac{1}{\Phi}\frac{\mathrm{d}^2\Phi}{\mathrm{d}\varphi^2} \equiv \mu$$

$$\frac{1}{r}\frac{\mathrm{d}}{\mathrm{d}r}\left(r\frac{\mathrm{d}R}{\mathrm{d}r}\right) + \left(k^2 - \lambda - \frac{\mu}{r^2}\right)R = 0, \qquad \frac{\mathrm{d}^2\Phi}{\mathrm{d}\varphi^2} + \mu\Phi = 0$$

小结　亥姆霍兹方程$\mathbf{\nabla}^2 v + k^2 v = 0$在柱坐标系下有

$$\frac{1}{r}\frac{\partial}{\partial r}\left(r\frac{\partial v}{\partial r}\right) + \frac{1}{r^2}\frac{\partial^2 v}{\partial \varphi^2} + \frac{\partial^2 v}{\partial z^2} + k^2 v = 0$$

进行分离变量,得到

$$\frac{\mathrm{d}^2 Z}{\mathrm{d}z^2} + \lambda Z = 0$$

$$\frac{\mathrm{d}^2\Phi}{\mathrm{d}\varphi^2} + \mu\Phi = 0$$

$$\frac{1}{r}\frac{\mathrm{d}}{\mathrm{d}r}\left(r\frac{\mathrm{d}R}{\mathrm{d}r}\right) + \left(k^2 - \lambda - \frac{\mu}{r^2}\right)R = 0 \text{ —— 贝塞尔方程}$$

13.4　亥姆霍兹方程在球坐标系下的分离变量

在球坐标系下,亥姆霍兹方程$\mathbf{\nabla}^2 v + k^2 v = 0$的具体形式为

$$\frac{1}{r^2}\frac{\partial}{\partial r}\left(r^2\frac{\partial v}{\partial r}\right) + \frac{1}{r^2\sin\theta}\frac{\partial}{\partial\theta}\left(\sin\theta\frac{\partial v}{\partial\theta}\right) + \frac{1}{r^2\sin^2\theta}\frac{\partial^2 v}{\partial\varphi^2} + k^2 v = 0$$

逐次分离变量,令 $v(r,\theta,\varphi)=R(r)S(\theta,\varphi)$,代入上式,有

$$S\,\frac{1}{r^2}\frac{\mathrm{d}}{\mathrm{d}r}\left(r^2\frac{\mathrm{d}R}{\mathrm{d}r}\right)+R\,\frac{1}{r^2\sin\theta}\frac{\partial}{\partial\theta}\left(\sin\theta\,\frac{\partial S}{\partial\theta}\right)+R\,\frac{1}{r^2\sin^2\theta}\frac{\partial^2 S}{\partial\varphi^2}+k^2RS=0$$

两边同乘以 $\dfrac{r^2}{RS}$,得

$$\frac{r^2}{R}\frac{1}{r^2}\frac{\mathrm{d}}{\mathrm{d}r}\left(r^2\frac{\mathrm{d}R}{\mathrm{d}r}\right)+\frac{r^2}{S}\frac{1}{r^2\sin\theta}\frac{\partial}{\partial\theta}\left(\sin\theta\,\frac{\partial S}{\partial\theta}\right)+\frac{r^2}{S}\frac{1}{r^2\sin^2\theta}\frac{\partial^2 S}{\partial\varphi^2}+k^2r^2=0$$

$$\frac{r^2}{R}\left[\frac{1}{r^2}\frac{\mathrm{d}}{\mathrm{d}r}\left(r^2\frac{\mathrm{d}R}{\mathrm{d}r}\right)+k^2R\right]=-\frac{1}{S}\left[\frac{1}{\sin\theta}\frac{\partial}{\partial\theta}\left(\sin\theta\,\frac{\partial S}{\partial\theta}\right)+\frac{1}{\sin^2\theta}\frac{\partial^2 S}{\partial\varphi^2}\right]\equiv\lambda$$

$$\frac{1}{r^2}\frac{\mathrm{d}}{\mathrm{d}r}\left(r^2\frac{\mathrm{d}R}{\mathrm{d}r}\right)+\left(k^2-\frac{\lambda}{r^2}\right)R=0 \tag{13.3}$$

$$\frac{1}{\sin\theta}\frac{\partial}{\partial\theta}\left(\sin\theta\,\frac{\partial S}{\partial\theta}\right)+\frac{1}{\sin^2\theta}\frac{\partial^2 S}{\partial\varphi^2}+\lambda S=0 \tag{13.4}$$

再次分离变量,令 $S(\theta,\varphi)=\Theta(\theta)\Phi(\varphi)$,代入方程(13.4),得

$$\Phi\,\frac{1}{\sin\theta}\frac{\mathrm{d}}{\mathrm{d}\theta}\left(\sin\theta\,\frac{\mathrm{d}\Theta}{\mathrm{d}\theta}\right)+\Theta\,\frac{1}{\sin^2\theta}\frac{\mathrm{d}^2\Phi}{\mathrm{d}\varphi^2}+\lambda\Theta\Phi=0$$

两边同乘以 $\dfrac{\sin^2\theta}{\Theta\Phi}$,得

$$\frac{\sin^2\theta}{\Theta}\frac{1}{\sin\theta}\frac{\mathrm{d}}{\mathrm{d}\theta}\left(\sin\theta\,\frac{\mathrm{d}\Theta}{\mathrm{d}\theta}\right)+\frac{\sin^2\theta}{\Phi}\frac{1}{\sin^2\theta}\frac{\mathrm{d}^2\Phi}{\mathrm{d}\varphi^2}+\lambda\,\sin^2\theta=0$$

即

$$\frac{\sin^2\theta}{\Theta}\left[\frac{1}{\sin\theta}\frac{\mathrm{d}}{\mathrm{d}\theta}\left(\sin\theta\,\frac{\mathrm{d}\Theta}{\mathrm{d}\theta}\right)+\lambda\Theta\right]=-\frac{1}{\Phi}\frac{\mathrm{d}^2\Phi}{\mathrm{d}\varphi^2}\equiv\mu$$

$$\frac{1}{\sin\theta}\frac{\mathrm{d}}{\mathrm{d}\theta}\left(\sin\theta\,\frac{\mathrm{d}\Theta}{\mathrm{d}\theta}\right)+\left(\lambda-\frac{\mu}{\sin^2\theta}\right)\Theta=0,\qquad\frac{\mathrm{d}^2\Phi}{\mathrm{d}\varphi^2}+\mu\Phi=0$$

小结　亥姆霍兹方程 $\mathbf{\nabla}^2 v+k^2 v=0$ 在球坐标系下有

$$\frac{1}{r^2}\frac{\partial}{\partial r}\left(r^2\frac{\partial v}{\partial r}\right)+\frac{1}{r^2\sin\theta}\frac{\partial}{\partial\theta}\left(\sin\theta\,\frac{\partial v}{\partial\theta}\right)+\frac{1}{r^2\sin^2\theta}\frac{\partial^2 v}{\partial\varphi^2}+k^2 v=0$$

进行分离变量,得

$$\frac{1}{r^2}\frac{\mathrm{d}}{\mathrm{d}r}\left(r^2\frac{\mathrm{d}R}{\mathrm{d}r}\right)+\left(k^2-\frac{\lambda}{r^2}\right)R=0$$

$$\frac{\mathrm{d}^2\Phi}{\mathrm{d}\varphi^2}+\mu\Phi=0$$

$$\frac{1}{\sin\theta}\frac{\mathrm{d}}{\mathrm{d}\theta}\left(\sin\theta\,\frac{\mathrm{d}\Theta}{\mathrm{d}\theta}\right)+\left(\lambda-\frac{\mu}{\sin^2\theta}\right)\Theta=0 \quad\text{——连带勒让德方程}$$

当整个定解问题在绕极轴转动任意角不变时,即 $u=u(r,\theta)$ 而与 φ 无关时,亥姆霍兹方程变为

$$\frac{1}{r^2}\frac{\partial}{\partial r}\left(r^2\frac{\partial v}{\partial r}\right)+\frac{1}{r^2\sin\theta}\frac{\partial}{\partial\theta}\left(\sin\theta\,\frac{\partial v}{\partial\theta}\right)+k^2 v=0$$

分离变量,令 $v(r,\theta,\varphi)=R(r)\Theta(\theta)$,代入上式,有

$$\Theta \frac{1}{r^2}\frac{\mathrm{d}}{\mathrm{d}r}\Big(r^2\frac{\mathrm{d}R}{\mathrm{d}r}\Big)+R\frac{1}{r^2\sin\theta}\frac{\mathrm{d}}{\mathrm{d}\theta}\Big(\sin\theta\frac{\mathrm{d}\Theta}{\mathrm{d}\theta}\Big)+k^2R\Theta=0$$

两边同乘以 $\dfrac{r^2}{R\Theta}$,得

$$\frac{r^2}{R}\frac{1}{r^2}\frac{\mathrm{d}}{\mathrm{d}r}\Big(r^2\frac{\mathrm{d}R}{\mathrm{d}r}\Big)+\frac{r^2}{\Theta}\frac{1}{r^2\sin\theta}\frac{\mathrm{d}}{\mathrm{d}\theta}\Big(\sin\theta\frac{\mathrm{d}\Theta}{\mathrm{d}\theta}\Big)+k^2r^2=0$$

即

$$\frac{r^2}{R}\Big[\frac{1}{r^2}\frac{\mathrm{d}}{\mathrm{d}r}\Big(r^2\frac{\mathrm{d}R}{\mathrm{d}r}\Big)+k^2R\Big]=-\frac{1}{\Theta}\frac{1}{\sin\theta}\frac{\mathrm{d}}{\mathrm{d}\theta}\Big(\sin\theta\frac{\mathrm{d}\Theta}{\mathrm{d}\theta}\Big)\equiv\lambda$$

$$\frac{1}{r^2}\frac{\mathrm{d}}{\mathrm{d}r}\Big(r^2\frac{\mathrm{d}R}{\mathrm{d}r}\Big)+\Big(k^2-\frac{\lambda}{r^2}\Big)R=0$$

$$\frac{1}{\sin\theta}\frac{\mathrm{d}}{\mathrm{d}\theta}\Big(\sin\theta\frac{\mathrm{d}\Theta}{\mathrm{d}\theta}\Big)+\lambda\Theta=0 \text{——勒让德方程}$$

第 14 章 球 函 数

连带勒让德方程

$$\frac{1}{\sin\theta}\frac{d}{d\theta}\left(\sin\theta\frac{d\Theta}{d\theta}\right)+\left(\lambda-\frac{\mu}{\sin^2\theta}\right)\Theta=0$$

勒让德方程

$$\frac{1}{\sin\theta}\frac{d}{d\theta}\left(\sin\theta\frac{d\Theta}{d\theta}\right)+\lambda\,\Theta=0$$

作变换：$x=\cos\theta$，$y(x)=\Theta(\theta)$，则

$$dx=-\sin\theta\,d\theta,\quad\frac{d}{d\theta}=-\sin\theta\frac{d}{dx},\quad\frac{d\Theta}{d\theta}=\frac{dy}{d\theta}=\frac{dy}{dx}\frac{dx}{d\theta}=-\sin\theta\frac{dy}{dx}$$

代入方程可得

$$\frac{1}{\sin\theta}\left(-\sin\theta\frac{d}{dx}\right)\left[\sin\theta(-\sin\theta)\frac{dy}{dx}\right]+\left(\lambda-\frac{\mu}{1-x^2}\right)y=0$$

$$\frac{1}{\sin\theta}\left(-\sin\theta\frac{d}{dx}\right)\left[\sin\theta(-\sin\theta)\frac{dy}{dx}\right]+\lambda y=0$$

则有

$$\frac{d}{dx}\left[(1-x^2)\frac{dy}{dx}\right]+\left(\lambda-\frac{\mu}{1-x^2}\right)y=0$$

$$\frac{d}{dx}\left[(1-x^2)\frac{dy}{dx}\right]+\lambda y=0$$

本章的学习任务就是来研究以上两个方程的解及其主要性质，以及在分离变量法求解定解问题时的综合应用。

14.1 勒让德方程的解

勒让德方程：$\dfrac{d}{dz}\left[(1-z^2)\dfrac{dw}{dz}\right]+\lambda w=0\ \Rightarrow\ (1-z^2)w''-2zw'+\lambda w=0$。

标准形式为

$$w''-\frac{2z}{1-z^2}w'+\frac{\lambda}{1-z^2}w=0$$

(1) $p(z)=-\dfrac{2z}{1-z^2}$，$q(z)=\dfrac{\lambda}{1-z^2}$，可知奇点 $z_0=\pm 1$，则

$$(z-z_0)p(z)=-(z-z_0)\frac{2z}{1-z^2}=\begin{cases}\dfrac{2z}{1+z},&z_0=1\\[2mm]\dfrac{2z}{z-1},&z_0=-1\end{cases}$$

$$(z-z_0)^2q(z)=(z-z_0)^2\frac{\lambda}{1-z^2}=\begin{cases}\dfrac{1-z}{1+z}\lambda,&z_0=1\\[2mm]\dfrac{1+z}{1-z}\lambda,&z_0=-1\end{cases}$$

$z_0=\pm1$ 是勒让德方程的正则奇点。

$$(2)\begin{cases}p(z)=-\dfrac{2z}{1-z^2}\\[2mm]q(z)=\dfrac{\lambda}{1-z^2}\end{cases}\xrightarrow{\ z=\frac{1}{t}\ }\begin{cases}p(1/t)=-\dfrac{2}{1-(1/t)^2}\dfrac{1}{t}=\dfrac{2t}{1-t^2}\\[2mm]q(1/t)=\dfrac{\lambda}{1-z^2}=\dfrac{\lambda}{1-(1/t)^2}=\dfrac{\lambda\,t^2}{t^2-1}\end{cases}$$

$$2-\frac{1}{t}p(1/t)=2-\frac{1}{t}\frac{2t}{1-t^2}=2-\frac{2}{1-t^2}=-\frac{2t^2}{1-t^2}$$

$$\frac{1}{t^2}q(1/t)=\frac{1}{t^2}\frac{\lambda\,t^2}{t^2-1}=\frac{\lambda}{t^2-1}$$

均在点 $t_0=0$ 解析，$z_0=\infty$ 是勒让德方程的正则奇点。

勒让德方程有 3 个正则奇点：$z_0=\pm1$，$z_0=\infty$。

1. 以常点为展开中心的级数解

$z=0$ 是常点，解在 $|z|<1$ 单位圆内解析，可展开为泰勒级数。在第 6 章 6.2 节中例 6.4 已求出两个线性无关特解为

$$w_1(z)=\sum_{n=0}^{\infty}\frac{2^{2n}}{(2n)!}\left(-\frac{l}{2}\right)_n\left(\frac{l+1}{2}\right)_n z^{2n}=\sum_{n=0}^{\infty}C_{2n}z^{2n}$$

$$w_2(z)=\sum_{n=0}^{\infty}\frac{2^{2n}}{(2n+1)!}\left(-\frac{l-1}{2}\right)_n\left(1+\frac{l}{2}\right)_n z^{2n+1}=\sum_{n=0}^{\infty}C_{2n+1}z^{2n+1}$$

其中，$l(l+1)=\lambda$。

对解的解析性的判断

$$(\eta)_0=1,\quad(\eta)_n=\eta(\eta+1)(\eta+2)\cdots(\eta+n-1)=\frac{\Gamma(\eta+n)}{\Gamma(\eta)}$$

斯特林公式为

$$\Gamma(z)\sim z^{z-\frac{1}{2}}\mathrm{e}^{-z}\sqrt{2\pi}\left(1+\frac{1}{12z}+\frac{1}{288z^2}-\frac{139}{51\,840z^3}-\frac{571}{2\,488\,320z^4}+\cdots\right)$$

推得

$$C_{2n}\propto\frac{1}{n},\quad C_{2n+1}\propto\frac{1}{n+1}$$

即

$$w_1(z)\propto\sum_{n=0}^{\infty}\frac{1}{n}z^{2n}=\ln\frac{1}{1-z^2},\quad w_2(z)\propto\sum_{n=0}^{\infty}\frac{1}{n+\dfrac{1}{2}}z^{2n+1}=\ln\frac{1+z}{1-z}$$

两个特解 $w_1(z)$ 和 $w_2(z)$ 在 $z=\pm1$ 处均对数发散。

将 $w_1(z)$ 和 $w_2(z)$ 解析延拓到由 $z_0=\infty$ 沿负实轴到 $z_0=\pm1$ 割开的复数平面上，支点

為 $z_0 = \infty$ 和 $z_0 = \pm 1$。

2. 以奇点为展开中心的级数解

在 $z=1$ 的邻域内求解，$z_0 = \pm 1$ 是正则奇点，$0 < |z-1| < 2$ 内有两个正则解。故设

$$w(z) = (z-1)^\rho \sum_{n=0}^{\infty} C_n (z-1)^n$$

$$p(z) = -\frac{2z}{1-z^2} = \frac{2z}{(z+1)(z-1)} = \frac{1}{z-1} \frac{2(z-1)+2}{z+1} = \frac{2}{z+1} + \frac{1}{z-1}\frac{2}{z+1}$$

$$\frac{2}{z+1} = \frac{1}{1 - \dfrac{-(z-1)}{2}} = \sum_{n=0}^{\infty} \left(-\frac{1}{2}\right)^n (z-1)^n$$

$$p(z) = \sum_{n=0}^{\infty} \left(-\frac{1}{2}\right)^n (z-1)^n + \sum_{n=0}^{\infty} \left(-\frac{1}{2}\right)^n (z-1)^{n-1} = \sum_{l=0}^{\infty} a_l (z-1)^{l-1}$$

$$q(z) = \frac{\lambda}{1-z^2} = -\frac{\lambda}{(z+1)(z-1)} = -\frac{\lambda}{z-1}\frac{1}{z+1}$$

$$\frac{1}{z+1} = \frac{1}{2}\frac{1}{1-\dfrac{-(z-1)}{2}} = \frac{1}{2}\sum_{n=0}^{\infty} \left(-\frac{1}{2}\right)^n (z-1)^n$$

$$q(z) = -\frac{\lambda}{z-1}\frac{1}{2}\sum_{n=0}^{\infty} \left(\frac{1}{2}\right)^n (z-1)^n = \sum_{n=0}^{\infty} \lambda \left(\frac{1}{2}\right)^{n+1} (z-1)^{n-1} = \sum_{l=0}^{\infty} b_l (z-1)^{l-2}$$

其中，$a_0 = 1, a_1 = 1 - \frac{1}{2} = \frac{1}{2}, a_2 = -\frac{1}{2} + \frac{1}{4} = -\frac{1}{4}, \cdots, a_l = \left(-\frac{1}{2}\right)^{l-1} + \left(-\frac{1}{2}\right)^l; b_0 = 0,$

$b_1 = -\frac{1}{2}\lambda, b_2 = \frac{1}{4}\lambda, \cdots, b_l = \lambda\left(-\frac{1}{2}\right)^l$。

将

$$w(z) = (z-1)^\rho \sum_{n=0}^{\infty} C_n (z-1)^n = \sum_{n=0}^{\infty} C_n (z-1)^{n+\rho}$$

$$p(z) = \sum_{l=0}^{\infty} a_l (z-1)^{l-1} = \sum_{l=0}^{\infty} \left[\left(-\frac{1}{2}\right)^{l-1} + \left(-\frac{1}{2}\right)^l\right](z-1)^{l-1}$$

$$q(z) = \sum_{l=0}^{\infty} b_l (z-1)^{l-2} = \sum_{n=0}^{\infty} \lambda\left(\frac{1}{2}\right)^{n+1}(z-1)^{n-1}$$

代入方程 $w'' - \frac{2z}{1-z^2}w' + \frac{\lambda}{1-z^2}w = 0$，可得指标方程和系数递推关系

$$\rho(\rho-1) + a_0\rho + b_0 = 0 \Rightarrow \rho(\rho-1) + \rho = 0 \Rightarrow \rho_1 = \rho_2 = 0$$

$$[(n+\rho)(n+\rho-1) + a_0(n+\rho) + b_0]C_n + \sum_{l=0}^{n-1}[a_{n-l}(l+\rho) + b_{n-l}]C_l = 0$$

$$[n(n-1)+n]C_n + \sum_{l=0}^{n-1}\left[\left(-\frac{1}{2}\right)^{n-l-1}l + \left(-\frac{1}{2}\right)^{n-l}l + \lambda\left(-\frac{1}{2}\right)^{n-l}\right]C_l = 0$$

$$[n(n-1)+n]C_n + \sum_{l=0}^{n-1}(\lambda-l)\left(-\frac{1}{2}\right)^{n-l}C_l = 0$$

得

$$C_n = -\frac{n(n-1)-\lambda}{2n^2}C_{n-1} = (-1)^2\frac{n(n-1)-\lambda}{2n^2}\frac{(n-1)(n-2)-\lambda}{2(n-1)^2}C_{n-2} =$$

$$(-1)^3\frac{n(n-1)-\lambda}{2n^2}\frac{(n-1)(n-2)-\lambda}{2(n-1)^2}\frac{(n-2)(n-3)-\lambda}{2(n-2)^2}C_{n-3} = \cdots =$$

$$(-1)^n\frac{n(n-1)-\lambda}{2n^2}\frac{(n-1)(n-2)-\lambda}{2(n-1)^2}\frac{(n-2)(n-3)-\lambda}{2(n-2)^2}\cdots\frac{1\times0-\lambda}{2\times1^2}C_0$$

$$C_n = \frac{1}{2^n(n!)^2}\frac{\Gamma(\nu+n+1)}{\Gamma(\nu-n+1)}C_0, \quad \lambda=\nu(\nu+1)$$

取 $C_0=1$，则勒让德方程在 $z=1$ 邻域内的第一解为

$$P_\nu(z) = \sum_{n=0}^\infty \frac{1}{(n!)^2}\frac{\Gamma(\nu+n+1)}{\Gamma(\nu-n+1)}\left(\frac{z-1}{2}\right)^n \quad\text{——} \nu \text{ 次第一类勒让德函数}$$

由于 $\rho_1=\rho_2=0$，勒让德方程在 $z=1$ 邻域内的第一解在圆域 $0<|z-1|<2$ 内解析，而第二解则一定含有对数项，$z=1$ 是它的一个支点。

$$w_2(z) = Aw_1(z)\int_z\frac{1}{[w_1(z)]^2}\exp\left[-\int_z p(\xi)d\xi\right]dz$$

第二解称为 ν 次第二类勒让德函数，定义为

$$Q_\nu(z) = \frac{1}{2}P_\nu(z)\left[\ln\frac{z+1}{z-1}-2\gamma-2\Psi(\nu+1)\right]+$$

$$\sum_{n=0}^\infty \frac{1}{(n!)^2}\frac{\Gamma(\nu+n+1)}{\Gamma(\nu-n+1)}\left(1+\frac{1}{2}+\frac{1}{3}+\cdots+\frac{1}{n}\right)\left(\frac{z-1}{2}\right)^n$$

γ 为欧拉数，$\Psi(z)$ 是 Γ 函数的对数微商，规定 $\text{Re }z>1$，$\text{Im }z=0$ 时，$\arg(z\pm1)=0$。

小结 勒让德方程 $(1-z^2)w''-2zw'+\lambda w=0$，以常点 $z=0$ 为展开中心的级数解为

$$w_1(z) = \sum_{n=0}^\infty \frac{2^{2n}}{(2n)!}\left(-\frac{l}{2}\right)_n\left(\frac{l+1}{2}\right)_n z^{2n} \propto \ln\frac{1}{1-z^2}$$

$$w_2(z) = \sum_{n=0}^\infty \frac{2^{2n}}{(2n+1)!}\left(-\frac{l-1}{2}\right)_n\left(1+\frac{l}{2}\right)_n z^{2n+1} \propto \ln\frac{1+z}{1-z}$$

均在 $z=\pm1$ 处对数发散。

以奇点 $z=1$ 为展开中心的级数解为

$$P_\nu(z) = \sum_{n=0}^\infty \frac{1}{(n!)^2}\frac{\Gamma(\nu+n+1)}{\Gamma(\nu-n+1)}\left(\frac{z-1}{2}\right)^n$$

$$Q_\nu(z) = \frac{1}{2}P_\nu(z)\left[\ln\frac{z+1}{z-1}-2\gamma-2\Psi(\nu+1)\right]+$$

$$\sum_{n=0}^\infty \frac{1}{(n!)^2}\frac{\Gamma(\nu+n+1)}{\Gamma(\nu-n+1)}\left(1+\frac{1}{2}+\frac{1}{3}+\cdots+\frac{1}{n}\right)\left(\frac{z-1}{2}\right)^n$$

14.2 勒让德多项式

球形区域内 $x^2+y^2+z^2<a^2$ 的拉普拉斯方程边值问题为

$$\begin{cases}\nabla^2 u=0, & x^2+y^2+z^2<a^2\\ u|_\Sigma=f(\Sigma) & \text{（边界条件）}\end{cases}$$

其中,Σ 为球面上的变点。

采用球坐标系,坐标原点为球心,边界条件的对称轴为极轴,故 u 与 φ 无关,$u=u(r,\theta)$,等价的定解问题为

$$\begin{cases} \dfrac{1}{r^2}\dfrac{\partial}{\partial r}\left(r^2\dfrac{\partial u}{\partial r}\right)+\dfrac{1}{r^2\sin\theta}\dfrac{\partial}{\partial\theta}\left(\sin\theta\dfrac{\partial u}{\partial\theta}\right)=0, & 0<r<a, \quad 0<\theta<\pi \\ u\big|_{\theta=0}\text{ 有界}, \quad u\big|_{\theta=\pi}\text{ 有界} \\ u\big|_{r=0}\text{ 有界}, \quad u\big|_{r=a}=f(\theta) \end{cases}$$

令 $u(r,\theta)=R(r)\Theta(\theta)$,代入方程,得

$$\frac{1}{r^2}\Theta\frac{d}{dr}\left(r^2\frac{dR}{dr}\right)+\frac{1}{r^2\sin\theta}R\frac{d}{d\theta}\left(\sin\theta\frac{d\Theta}{d\theta}\right)=0, \quad 0<r<a, \quad 0<\theta<\pi$$

两边同乘以 $\dfrac{r^2}{R\Theta}$,得

$$\frac{d}{dr}\left(r^2\frac{dR}{dr}\right)\frac{1}{R}+\frac{1}{\Theta}\frac{1}{\sin\theta}\frac{d}{d\theta}\left(\sin\theta\frac{d\Theta}{d\theta}\right)=0$$

即

$$\frac{d}{dr}\left(r^2\frac{dR}{dr}\right)\frac{1}{R}=-\frac{1}{\Theta}\frac{1}{\sin\theta}\frac{d}{d\theta}\left(\sin\theta\frac{d\Theta}{d\theta}\right)\equiv\lambda$$

得

$$\frac{d}{dr}\left(r^2\frac{dR}{dr}\right)-\lambda R=0, \quad \frac{1}{\sin\theta}\frac{d}{d\theta}\left(\sin\theta\frac{d\Theta}{d\theta}\right)+\lambda\Theta=0 \text{ —— 勒让德方程}$$

由 $u\big|_{\theta=0}$ 有界,$u\big|_{\theta=\pi}$ 有界,知 $\Theta(0)$ 有界,$\Theta(\pi)$ 有界,有本征值问题

$$\begin{cases} \dfrac{1}{\sin\theta}\dfrac{d}{d\theta}\left(\sin\theta\dfrac{d\Theta}{d\theta}\right)+\lambda\Theta=0 \\ \Theta(0)\text{ 和 }\Theta(\pi)\text{ 有界} \end{cases}$$

作变换:$x=\cos\theta$,$y(x)=\Theta(\theta)$,$\lambda=\nu(\nu+1)$,本征值问题化为

$$\begin{cases} \dfrac{d}{dx}\left[(1-x^2)\dfrac{dy}{dx}\right]+\lambda y=0 \\ y(\pm 1)\text{ 有界} \end{cases}$$

$y(x)$ 方程的通解为 $y(x)=C_1 P_\nu(x)+C_2 Q_\nu(x)$

$$P_\nu(z)=\sum_{n=0}^{\infty}\frac{1}{(n!)^2}\frac{\Gamma(\nu+n+1)}{\Gamma(\nu-n+1)}\left(\frac{z-1}{2}\right)^n$$

$$Q_\nu(z)=\frac{1}{2}P_\nu(z)\left[\ln\frac{z+1}{z-1}-2\gamma-2\Psi(\nu+1)\right]+$$

$$\sum_{n=0}^{\infty}\frac{1}{(n!)^2}\frac{\Gamma(\nu+n+1)}{\Gamma(\nu-n+1)}\left(1+\frac{1}{2}+\frac{1}{3}+\cdots+\frac{1}{n}\right)\left(\frac{z-1}{2}\right)^n$$

在 $x=1$ 处,$P_\nu(x)$ 解析,故有界,而 $Q_\nu(x)$ 发散,因为 $y(1)$ 有界,所以 $C_2=0$。

对于当 $C_1=1$,$x=-1$ 时,有

$$y(-1)=P_\nu(-1)=\sum_{n=0}^{\infty}\frac{(-1)^n}{(n!)^2}\frac{\Gamma(\nu+n+1)}{\Gamma(\nu-n+1)}=\frac{\sin(n-\nu)\pi}{\pi}\sum_{n=0}^{\infty}\frac{(-1)^n\Gamma(\nu+n+1)\Gamma(n-\nu)}{(n!)^2}$$

其中，$\Gamma(z)\Gamma(1-z)=\dfrac{\pi}{\sin \pi z}$。

$$y(-1)=\sum_{n=0}^{\infty}\frac{\sin (n-\nu)\pi}{\pi}\frac{(-1)^n\Gamma(\nu+n+1)\Gamma(n-\nu)}{(n!)^2}=$$

$$\sum_{n=0}^{\infty}\frac{(-1)^n\sin (-\nu\pi)}{\pi}\frac{(-1)^n\Gamma(\nu+n+1)\Gamma(n-\nu)}{(n!)^2}=$$

$$-\frac{\sin \nu\pi}{\pi}\sum_{n=0}^{\infty}\frac{\Gamma(\nu+n+1)\Gamma(n-\nu)}{(n!)^2}$$

当 $n\to\infty$ 时，有

$$\Gamma(\nu+n+1)\Gamma(n-\nu)\sim\Gamma(n+1)\Gamma(n)=n!(n-1)!$$

$$y(-1)=-\frac{\sin \nu\pi}{\pi}\sum_{n=0}^{\infty}\frac{\Gamma(\nu+n+1)\Gamma(n-\nu)}{(n!)^2}\sim\sum_{n=0}^{\infty}\frac{1}{n}$$

因为 $\sum_{n=0}^{\infty}\dfrac{1}{n}z^{2n}=\ln\dfrac{1}{1-z^2}$，所以 $\nu\neq$ 自然数，$y(-1)$ 发散。因此，对于一般的 ν 值，$P_\nu(x)$ 在 $x=-1$ 处发散，必须截断 $P_\nu(x)$，使本征值问题

$$\begin{cases}\dfrac{d}{dx}\left[(1-x^2)\dfrac{dy}{dx}\right]+\lambda y=0\\ y(\pm 1)\text{ 有界}\end{cases}$$

有非零解。

从 $P_\nu(x)$ 的具体形式看，只能 ν 为自然数。因此，本征值为 $\lambda_l=l(l+1)$，本征函数为

$$y_l(x)=P_l(x)=\sum_{n=0}^{l}\frac{1}{(n!)^2}\frac{(l+n)!}{(l-n)!}\left(\frac{x-1}{2}\right)^n$$

$$P_l(x)=\sum_{n=0}^{l}\frac{1}{(n!)^2}\frac{(l+n)!}{(l-n)!}\left(\frac{x-1}{2}\right)^n \quad\text{——}l\text{ 次勒让德多项式}$$

当 $x=1$，$P_l(1)=1$，$P_l(-1)=(-1)^l$ 时，低次的勒让德多项式为

$$P_0(x)=\sum_{n=0}^{0}\frac{1}{(n!)^2}\frac{(0+n)!}{(0-n)!}\left(\frac{x-1}{2}\right)^n=\frac{1}{(0!)^2}\frac{(0+0)!}{(0-0)!}\left(\frac{x-1}{2}\right)^0=1$$

$$P_1(x)=\sum_{n=0}^{1}\frac{1}{(n!)^2}\frac{(1+n)!}{(1-n)!}\left(\frac{x-1}{2}\right)^n=\frac{1}{(0!)^2}\frac{(1+0)!}{(1-0)!}\left(\frac{x-1}{2}\right)^0+$$

$$\frac{1}{(1!)^2}\frac{(1+1)!}{(1-1)!}\left(\frac{x-1}{2}\right)^1=1+(x-1)=x$$

$$P_2(x)=\sum_{n=0}^{2}\frac{1}{(n!)^2}\frac{(2+n)!}{(2-n)!}\left(\frac{x-1}{2}\right)^n=\frac{1}{(0!)^2}\frac{(2+0)!}{(2-0)!}\left(\frac{x-1}{2}\right)^0+$$

$$\frac{1}{(1!)^2}\frac{(2+1)!}{(2-1)!}\left(\frac{x-1}{2}\right)^1+\frac{1}{(2!)^2}\frac{(2+2)!}{(2-2)!}\left(\frac{x-1}{2}\right)^2=$$

$$1+3(x-1)+6\left(\frac{x-1}{2}\right)^2=\frac{1}{2}(3x^2-1)$$

......

14.3　勒让德多项式的微分表示(罗巨格公式)

$$P_l(x) = \frac{1}{2^l l!} \frac{d^l}{dx^l} (x^2 - 1)^l$$

证明　因为

$$(x^2 - 1)^l = (x - 1)^l (x + 1)^l = (x - 1)^l [2 + (x - 1)]^l =$$

$$(x - 1)^l \sum_{n=0}^{l} \frac{l!}{n!(l-n)!} 2^{l-n} (x - 1)^n = \sum_{n=0}^{l} \frac{l!}{n!(l-n)!} 2^{l-n} (x - 1)^{l+n}$$

所以

$$\frac{1}{2^l l!} \frac{d^l}{dx^l} (x^2 - 1)^l = \frac{1}{2^l l!} \frac{d^l}{dx^l} \sum_{n=0}^{l} \frac{l!}{n!(l-n)!} 2^{l-n} (x - 1)^{l+n} =$$

$$\frac{1}{2^l l!} \frac{d^l}{dx^l} \sum_{n=0}^{l} \frac{l!}{n!(l-n)!} 2^{l-n} (x - 1)^{l+n} =$$

$$\frac{d^l}{dx^l} \sum_{n=0}^{l} \frac{1}{n!(l-n)!} 2^{-n} (x - 1)^{l+n} =$$

$$\sum_{n=0}^{l} \frac{1}{n!(l-n)!} (l+n)(l+n-1)\cdots[l+n-(l-1)]\left(\frac{x-1}{2}\right)^n =$$

$$\sum_{n=0}^{l} \frac{1}{n!(l-n)!} \frac{(l+n)!}{n!} \left(\frac{x-1}{2}\right)^n =$$

$$\sum_{n=0}^{l} \frac{1}{(n!)^2} \frac{(l+n)!}{(l-n)!} \left(\frac{x-1}{2}\right)^n = P_l(x)$$

由罗巨格公式可知勒让德多项式的奇偶性

$$P_l(-x) = (-1)^l P_l(x)$$

$$P_l(-1) = (-1)^l$$

证明　罗巨格公式:$P_l(x) = \dfrac{1}{2^l l!} \dfrac{d^l}{dx^l} (x^2 - 1)^l$,则

$$P_l(-x) = \frac{1}{2^l l!} \frac{d^l}{d(-x)^l} (x^2 - 1)^l = \frac{1}{2^l l!} (-1)^l \frac{d^l}{dx^l} (x^2 - 1)^l =$$

$$(-1)^l \frac{1}{2^l l!} \frac{d^l}{dx^l} (x^2 - 1)^l = P_l(x)$$

由罗巨格公式可知,勒让德多项式在 $x = 0$ 处的表达,将 $(x^2 - 1)^l$ 展开并微商,得

$$\frac{d^l}{dx^l} (x^2 - 1)^l = \frac{d^l}{dx^l} \sum_{k=0}^{l} \frac{l!}{k!(l-k)!} (-1)^k x^{2l-2k}$$

$$P_l(x) = \frac{1}{2^l l!} \frac{d^l}{dx^l} (x^2 - 1)^l = \frac{1}{2^l l!} \frac{d^l}{dx^l} \sum_{k=0}^{l} \frac{l!}{k!(l-k)!} (-1)^k x^{2l-2k} =$$

$$\frac{1}{2^l l!} \sum_{k=0}^{l/2} \frac{l!}{k!(l-k)!} (-1)^k \frac{(2l-2k)!}{(l-2k)!} x^{l-2k} =$$

$$\sum_{k=0}^{l/2} (-1)^k \frac{(2l-2k)!}{2^l k!(l-k)!(l-2k)!} x^{l-2k}$$

$$P_{2n}(0) = \sum_{k=0}^{n} (-1)^k \frac{(4n-2k)!}{2^{2n}k!\,(2n-k)!\,(2n-2k)!} x^{2n-2k} =$$

$$(-1)^n \frac{(4n-2n)!}{2^{2n}n!\,(2n-n)!\,(2n-2n)!} = (-1)^n \frac{(2n)!}{2^{2n}n!\,n!}$$

$$P_{2n+1}(0) = \sum_{k=0}^{n} (-1)^k \frac{(4n+2-2k)!}{2^{2n}k!\,(2n+1-k)!\,(2n+1-2k)!} x^{2n+1-2k} = 0$$

$$P_{2n}(0) = (-1)^n \frac{(2n)!}{2^{2n}n!\,n!}$$

$$P_{2n+1}(0) = 0$$

例 14.1 计算积分 $\int_{-1}^{1} x^k P_l(x)\mathrm{d}x$（$k$，$l$ 为自然数）。

解 判断被积函数的奇偶性

$$\int_{-1}^{1} (-x)^k P_l(-x)\mathrm{d}x = \int_{-1}^{1} (-1)^k x^k (-1)^{\pm l} P_l(x)\mathrm{d}x = (-1)^{k\pm l}\int_{-1}^{1} x^k P_l(x)\mathrm{d}x$$

当 $k \pm l =$ 奇数时，$\int_{-1}^{1} x^k P_l(x)\mathrm{d}x = 0$ （奇函数）。

当 $k \pm l =$ 偶数时，

$$\int_{-1}^{1} x^k P_l(x)\mathrm{d}x = \frac{1}{2^l l!}\int_{-1}^{1} x^k \frac{\mathrm{d}^l}{\mathrm{d}x^l}(x^2-1)^l \mathrm{d}x = \frac{1}{2^l l!}\left[x^k \frac{\mathrm{d}^{l-1}}{\mathrm{d}x^{l-1}}(x^2-1)^l \right]_{-1}^{1} -$$

$$\frac{1}{2^l l!}\int_{-1}^{1} \frac{\mathrm{d}^{l-1}}{\mathrm{d}x^{l-1}}(x^2-1)^l \mathrm{d}(x^k) = \frac{1}{2^l l!}\int_{-1}^{1} (-1)\frac{\mathrm{d}x^k}{\mathrm{d}x}\frac{\mathrm{d}^{l-1}}{\mathrm{d}x^{l-1}}(x^2-1)^l \mathrm{d}x$$

重复分部积分 l 次，有

$$\int_{-1}^{1} x^k P_l(x)\mathrm{d}x = \frac{1}{2^l l!}\int_{-1}^{1} (-1)^l \frac{\mathrm{d}^l x^k}{\mathrm{d}x^l}(x^2-1)^l \mathrm{d}x$$

当 $k < l$ 时，$\dfrac{\mathrm{d}^l x^k}{\mathrm{d}x^l} = 0$，故 $\int_{-1}^{1} x^k P_l(x)\mathrm{d}x = 0$。

当 $k \geqslant l$ 时，令 $k = l + 2n$，则有

$$\int_{-1}^{1} x^{l+2n} P_l(x)\mathrm{d}x = \frac{1}{2^l l!}\int_{-1}^{1} (-1)^l \frac{\mathrm{d}^l x^{l+2n}}{\mathrm{d}x^l}(x^2-1)^l \mathrm{d}x = \frac{1}{2^l l!}\frac{(l+2n)!}{(2n)!}\int_{-1}^{1} x^{2n}(1-x^2)^l \mathrm{d}x$$

作变换 $x^2 = t$，利用 B 函数，有

$$\int_{-1}^{1} x^{l+2n} P_l(x)\mathrm{d}x = \frac{1}{2^l l!}\frac{(l+2n)!}{(2n)!}\int_{-1}^{1} x^{2n}(1-x^2)^l \mathrm{d}x =$$

$$\frac{1}{2^l l!}\frac{(l+2n)!}{(2n)!}\int_{0}^{1} x^{2n-1}(1-x^2)^l \mathrm{d}x^2 =$$

$$\frac{1}{2^l l!}\frac{(l+2n)!}{(2n)!}\int_{0}^{1} t^{n-1/2}(1-t)^l \mathrm{d}t$$

$$B(p,q) = \int_{0}^{1} t^{p-1}(1-t)^{q-1}\mathrm{d}t, \quad \mathrm{Re}\, p > 0, \quad \mathrm{Re}\, q > 0$$

$$B(p,q) = \frac{\Gamma(p)\Gamma(q)}{\Gamma(p+q)}$$

$$\int_{-1}^{1} x^{l+2n} P_l(x)\mathrm{d}x = \frac{1}{2^l l!}\frac{(l+2n)!}{(2n)!}B(n+1/2, l+1) =$$

$$\frac{1}{2^l l!} \frac{(l+2n)!}{(2n)!} \frac{\Gamma(n+1/2)\Gamma(l+1)}{\Gamma(n+l+1+1/2)} =$$

$$\frac{1}{2^l} \frac{(l+2n)!}{(2n)!} \frac{\Gamma(n+1/2)}{\Gamma(n+l+1+1/2)} = \qquad \left[\Gamma(2z) = 2^{2z-1}\pi^{-\frac{1}{2}}\Gamma(z)\Gamma\left(z+\frac{1}{2}\right)\right]$$

$$\frac{1}{2^l} \frac{(l+2n)!}{(2n)!} \frac{\Gamma(2n)}{2^{2n-1}\Gamma(n)} \frac{2^{2n+2l+1}\Gamma(n+l+1)}{\Gamma(2n+2l+2)} =$$

$$2^{l+2} \frac{(l+2n)!}{(2n)!} \frac{(2n-1)!}{(n-1)!} \frac{(n+l)!}{(2n+2l+1)!} =$$

$$2^{l+2} \frac{(l+2n)!}{(2n)} \frac{1}{(n-1)!} \frac{(n+l)!}{(2n+2l+1)!} = 2^{l+1} \frac{(l+2n)!}{n!} \frac{(l+n)!}{(2l+2n+1)!}$$

当 $k=l$，即 $n=0$ 时，得

$$\int_{-1}^{1} x^l P_l(x) dx = 2^{l+1} \frac{l! \ l!}{(2l+1)!}$$

例 14.2 $f(x)$ 为 k 次多项式，试证明当 $k < l$ 时，$\int_{-1}^{1} f(x)P_l(x)dx = 0$，即 $f(x)$ 与 $P_l(x)$ 在 $[-1,1]$ 上正交。

证明
$$\int_{-1}^{1} f(x)P_l(x)dx = \frac{1}{2^l l!} \int_{-1}^{1} f(x) \frac{d^l}{dx^l}(x^2-1)^l dx =$$

$$\frac{1}{2^l l!} \left[f(x) \frac{d^{l-1}}{dx^{l-1}}(x^2-1)^l \right]_{-1}^{1} -$$

$$\frac{1}{2^l l!} \int_{-1}^{1} \frac{d^{l-1}}{dx^{l-1}}(x^2-1)^l df(x) =$$

$$-\frac{1}{2^l l!} \int_{-1}^{1} f'(x) \frac{d^{l-1}}{dx^{l-1}}(x^2-1)^l dx =$$

$$(-1)^k \frac{1}{2^l l!} f^{(k)}(x) \left[\frac{d^{l-k-1}}{dx^{l-k-1}}(x^2-1)^l \right]_{-1}^{1} = 0$$

14.4 勒让德多项式的正交完备性

定理 14.1 （勒让德多项式的正交性）不同次数的勒让德多项式在区间 $[-1,1]$ 上正交。

$$\int_{-1}^{1} P_l(x)P_k(x)dx = 0, \quad l \neq k$$

$$\int_{-1}^{1} P_l^2(x)dx = \frac{2}{2l+1}, \quad l = k$$

证明 对于 $l \neq k$ 的情形，不妨设 $k < l$，有

$$\int_{-1}^{1} P_l(x)P_k(x)dx = \frac{1}{2^l l!} \int_{-1}^{1} P_k(x) \frac{d^l}{dx^l}(x^2-1)^l dx = \frac{1}{2^l l!} \int_{-1}^{1} P_k(x) d\left[\frac{d^{l-1}}{dx^{l-1}}(x^2-1)^l \right] =$$

$$\frac{1}{2^l l!} \left[P_k(x) \frac{d^{l-1}}{dx^{l-1}}(x^2-1)^l \right]_{-1}^{1} - \frac{1}{2^l l!} \int_{-1}^{1} \frac{dP_k(x)}{dx} \frac{d^{l-1}}{dx^{l-1}}(x^2-1)^l dx =$$

$$0 - \frac{1}{2^l l!} \int_{-1}^{1} \frac{dP_k(x)}{dx} \frac{d^{l-1}}{dx^{l-1}}(x^2-1)^l dx = \qquad (\text{继续分部积分，} k+1 \text{ 次后})$$

$$\frac{(-1)^{k+1}}{2^l l!}\int_{-1}^1 \frac{\mathrm{d}^{k+1}\mathrm{P}_k(x)}{\mathrm{d}x^{k+1}}\frac{\mathrm{d}^{l-k-1}}{\mathrm{d}x^{l-k-1}}(x^2-1)^l\mathrm{d}x=0 \qquad (\mathrm{P}_k^{(k+1)}(x)=0)$$

故

$$\int_{-1}^1 \mathrm{P}_l(x)\mathrm{P}_k(x)\mathrm{d}x=0,\quad l\neq k$$

当 $k=l$ 时,有

$$\int_{-1}^1 \mathrm{P}_l^2(x)\mathrm{d}x=\int_{-1}^1 \mathrm{P}_l(x)\sum_{n=0}^l \frac{1}{(n!)^2}\frac{(l+n)!}{(l-n)!}\left(\frac{x-1}{2}\right)^n\mathrm{d}x$$

$f(x)$ 为 $k(k<l)$ 次多项式,与 $\mathrm{P}_l(x)$ 在 $[-1,1]$ 上正交,即 $\int_{-1}^1 f(x)\mathrm{P}_l(x)\mathrm{d}x=0$。

$$\int_{-1}^1 \mathrm{P}_l^2(x)\mathrm{d}x=\int_{-1}^1 \mathrm{P}_l(x)\frac{1}{(l!)^2}\frac{(l+l)!}{(l-l)!}\frac{x^l}{2^l}\mathrm{d}x=\frac{(2l)!}{2^l(l!)^2}\int_{-1}^1 x^l\mathrm{P}_l(x)\mathrm{d}x=$$

$$\frac{(2l)!}{2^l(l!)^2}2^{l+1}\frac{l!\,l!}{(2l+1)!}=\frac{2}{2l+1}\qquad \left(\int_{-1}^1 x^l\mathrm{P}_l(x)\mathrm{d}x=2^{l+1}\frac{l!\,l!}{(2l+1)!}\right)$$

勒让德多项式的正交性

$$\int_{-1}^1 \mathrm{P}_l(x)\mathrm{P}_k(x)\mathrm{d}x=\begin{cases}0,& l\neq k\\ \dfrac{2}{2l+1},& l=k\end{cases}$$

$$\int_{-1}^1 \mathrm{P}_l(x)\mathrm{P}_k(x)\mathrm{d}x=\frac{2}{2l+1}\delta_{kl}$$

$$\int_0^\pi \mathrm{P}_l(\cos\theta)\mathrm{P}_k(\cos\theta)\sin\theta\mathrm{d}\theta=\frac{2}{2l+1}\delta_{kl}$$

定理 14.2 (勒让德多项式的完备性) 在区间 $[-1,1]$ 上的任意分段连续函数 $f(x)$ 可以展开为 $f(x)=\sum_{l=0}^\infty c_l\mathrm{P}_l(x)$,其中,$c_l=\dfrac{2l+1}{2}\int_{-1}^1 f(x)\mathrm{P}_l(x)\mathrm{d}x$。

例 14.3 将函数 $f(x)=x^3$ 按勒让德多项式展开。

解 令 $x^3=\sum_{l=0}^\infty c_l\mathrm{P}_l(x)$,由勒让德多项式的正交性可知

$$c_l=\frac{2l+1}{2}\int_{-1}^1 x^3\mathrm{P}_l(x)\mathrm{d}x$$

已经讨论过 $x^k\mathrm{P}_l(x)$,当 $k\pm l=$ 奇数时,$\int_{-1}^1 x^k\mathrm{P}_l(x)\mathrm{d}x=0$;当 $k<l$ 时,$\int_{-1}^1 x^k\mathrm{P}_l(x)\mathrm{d}x=0$。此处 $k=3$,即除了 c_1,c_3 外,其余 $c_l=0$。则 $x^3=c_1\mathrm{P}_1(x)+c_3\mathrm{P}_3(x)$:

$$\mathrm{P}_l(x)=\sum_{n=0}^l \frac{1}{(n!)^2}\frac{(l+n)!}{(l-n)!}\left(\frac{x-1}{2}\right)^n,\quad \mathrm{P}_1(x)=x,\quad \mathrm{P}_3(x)=\frac{1}{2}(5x^3-3x)$$

$$c_l=\frac{2l+1}{2}\int_{-1}^1 x^3\mathrm{P}_l(x)\mathrm{d}x$$

得

$$c_1=\frac{3}{2}\int_{-1}^1 x^4\mathrm{d}x=\frac{3}{2}\times\left.\frac{x^5}{5}\right|_{-1}^1=\frac{3}{5}$$

$$c_3 = \frac{7}{2}\int_{-1}^{1}x^3 \times \frac{1}{2}(5x^3 - 3x)\,\mathrm{d}x = \frac{7}{2}\int_{-1}^{1}\frac{5}{2}x^6\,\mathrm{d}x - \frac{7}{2}\int_{-1}^{1}\frac{3}{2}x^4\,\mathrm{d}x =$$

$$\frac{7}{2} \times \frac{5}{2} \times \frac{x^7}{7}\Big|_{-1}^{1} - \frac{7}{2} \times \frac{3}{2} \times \frac{x^5}{5}\Big|_{-1}^{1} = \frac{5}{2} - \frac{21}{10} = \frac{2}{5}$$

故
$$x^3 = \frac{3}{5}\mathrm{P}_1(x) + \frac{2}{5}\mathrm{P}_3(x)$$

定理 14.3 （勒让德多项式的完备性*）在区间 $[0,\pi]$ 上的任意分段连续函数 $f(\theta)$ 可以展开为 $f(\theta) = \sum_{l=0}^{\infty} c_l \mathrm{P}_l(\cos\theta)$，其中，$c_l = \frac{2l+1}{2}\int_{0}^{\pi} f(\theta)\mathrm{P}_l(\cos\theta)\sin\theta\,\mathrm{d}\theta$。

14.5 勒让德多项式的生成函数

一般地，特殊函数不是初等函数。是否会存在某个初等函数，它在某一点的邻域内的级数展开的系数是一族特殊函数呢？

定义 14.1 初等函数 $= \sum_{n}$ 特殊函数$(z-z_0)^n$，称该初等函数为这个特殊函数的生成函数（母函数）。

那么，勒让德多项式有没有生成函数？这就要从勒让德多项式的产生说起了。勒让德多项式是首先在势论中引进的。

设在极轴方向上 $(\theta=0)$ 距原点 r 处放有一个单位电荷，如图 14-1 所示，此点电荷在空间某点 (r',θ,φ) 的电势（显然与 φ 无关）为

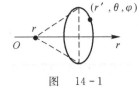

图 14-1

$$\frac{1}{\sqrt{r^2+r'^2-2rr'\cos\theta}} = \begin{cases} \dfrac{1}{r}\dfrac{1}{\sqrt{1-2xt+t^2}}, & t = \dfrac{r'}{r} \\[3mm] \dfrac{1}{r'}\dfrac{1}{\sqrt{1-2xt+t^2}}, & t = \dfrac{r}{r'} \end{cases}$$

其中 $x = \cos\theta$，并规定多值函数 $\dfrac{1}{\sqrt{1-2xt+t^2}}$ 的单值分支为 $\dfrac{1}{\sqrt{1-2xt+t^2}}\Big|_{t=0} = 1$，这样规定之后，在 $t=0$ 的邻域内 $\dfrac{1}{\sqrt{1-2xt+t^2}}$ 解析，则

$$|t| < |x \pm \sqrt{x^2-1}|$$

因而可以在 $t=0$ 的邻域内作泰勒展开

$$\frac{1}{\sqrt{1-2xt+t^2}} = \frac{1}{\sqrt{1-2t+t^2-2(x-1)t}} = \frac{1}{\sqrt{(1-t)^2-2(x-1)t}} =$$

$$\frac{1}{1-t}\frac{1}{\sqrt{1-\dfrac{2(x-1)t}{(1-t)^2}}}$$

$$f(z) = \frac{1}{\sqrt{1+z}} = \sum_{k=0}^{\infty}\frac{f^{(k)}(0)}{k!}z^k = \sum_{k=0}^{\infty}\frac{1}{k!}\left(-\frac{1}{2}\right)\left(-\frac{3}{2}\right)\cdots\left(\frac{1}{2}-k\right)z^k$$

$$\frac{1}{\sqrt{1-2xt+t^2}} = \frac{1}{1-t}\sum_{k=0}^{\infty}\frac{1}{k!}\left(-\frac{1}{2}\right)\left(-\frac{3}{2}\right)\cdots\left(\frac{1}{2}-k\right)\left[-\frac{2(x-1)t}{(1-t)^2}\right]^k =$$

$$\sum_{k=0}^{\infty}\frac{1}{k!}(-1)^k\frac{1}{2}\frac{3}{2}\cdots\left(k-\frac{1}{2}\right)(-1)^k 2^k\frac{(x-1)^k t^k}{(1-t)^{2k+1}} =$$

$$\sum_{k=0}^{\infty}\frac{1}{k!}\left[1\times 3\cdots(2k-1)\right]\frac{(x-1)^k t^k}{(1-t)^{2k+1}} =$$

$$\sum_{k=0}^{\infty}\frac{(2k)!}{k!\ 2^k k!}(x-1)^k t^k\frac{1}{(1-t)^{2k+1}}$$

$$\frac{1}{(1-t)^{2k+1}} = \frac{1}{(2k)!}\frac{\mathrm{d}^{2k}}{\mathrm{d}t^{2k}}\frac{1}{1-t} = \frac{1}{(2k)!}\frac{\mathrm{d}^{2k}}{\mathrm{d}t^{2k}}\sum_{n=0}^{\infty}t^n =$$

$$\frac{1}{(2k)!}\sum_{n=2k}^{\infty}n(n-1)\cdots(n-2k+1)t^{n-2k} = \frac{1}{(2k)!}\sum_{n=2k}^{\infty}\frac{n!}{(n-2k)!}t^{n-2k} =$$

$$\sum_{n=0}^{\infty}\frac{(2k+n)!}{n!\ (2k)!}t^n$$

$$\frac{1}{\sqrt{1-2xt+t^2}} = \sum_{k=0}^{\infty}\frac{(2k)!}{k!\ 2^k k!}(x-1)^k t^k\sum_{n=0}^{\infty}\frac{(2k+n)!}{n!\ (2k)!}t^n =$$

$$\sum_{k=0}^{\infty}\sum_{n=0}^{\infty}\frac{1}{k!\ 2^k k!}(x-1)^k\frac{(2k+n)!}{n!}t^{n+k} =$$

$$\sum_{l=0}^{\infty}\left[\sum_{k=0}^{l}\frac{1}{k!\ 2^k k!}(x-1)^k\frac{(2k+l-k)!}{(l-k)!}\right]t^l =$$

$$\sum_{l=0}^{\infty}\left[\sum_{k=0}^{l}\frac{1}{k!\ 2^k k!}(x-1)^k\frac{(k+l)!}{(l-k)!}\right]t^l =$$

$$\sum_{l=0}^{\infty}\left[\sum_{k=0}^{l}\frac{(l+k)!}{(l-k)!\ k!\ k!}\left(\frac{x-1}{2}\right)^k\right]t^l =$$

$$\frac{1}{\sqrt{1-2xt+t^2}} = \sum_{l=0}^{\infty}\mathrm{P}_l(x)t^l, \quad |t|<\left|x\pm\sqrt{x^2-1}\right|$$

称函数 $\dfrac{1}{\sqrt{1-2xt+t^2}}$ 为勒让德多项式的生成函数。

由生成函数可推出 $x=1$，则

$$\frac{1}{\sqrt{1-2t+t^2}} = \frac{1}{1-t} = \sum_{l=0}^{\infty}t^l = \sum_{l=0}^{\infty}\mathrm{P}_l(1)t^l, \quad \mathrm{P}_l(1)=1$$

也可知

$$\sum_{l=0}^{\infty}\mathrm{P}_l(x)t^l = \frac{1}{\sqrt{1-2xt+t^2}} = \frac{1}{\sqrt{1-2(-x)(-t)+(-t)^2}} = \sum_{l=0}^{\infty}\mathrm{P}_l(-x)(-t)^l =$$

$$\sum_{n=0}^{\infty}\mathrm{P}_l(-x)(-1)^l t^l$$

$$\mathrm{P}_l(-x)=(-1)^l\mathrm{P}_l(x)$$

14.6　勒让德多项式的递推关系

(1) 由生成函数 $\dfrac{1}{\sqrt{1-2xt+t^2}} = \sum\limits_{l=0}^{\infty} P_l(x)t^l$，两端对 t 微商，有

$$-\frac{1}{2}\frac{-2x+2t}{(1-2xt+t^2)^{3/2}} = \sum_{l=1}^{\infty} l P_l(x)t^{l-1}$$

$$\frac{x-t}{\sqrt{1-2xt+t^2}} = (1-2xt+t^2)\sum_{l=0}^{\infty}(l+1)P_{l+1}(x)t^l$$

$$(x-t)\sum_{l=0}^{\infty} P_l(x)t^l = (1-2xt+t^2)\sum_{l=0}^{\infty}(l+1)P_{l+1}(x)t^l$$

比较 t^l 的系数：$xP_l(x) - P_{l-1}(x) = (l+1)P_{l+1}(x) - 2xlP_l(x) + (l-1)P_{l-1}(x)$，整理后，得

$$(2l+1)xP_l(x) = (l+1)P_{l+1}(x) + lP_{l-1}(x) \qquad\text{——3 个邻次勒让德多项式的关系}$$

(2) 由生成函数：$\dfrac{1}{\sqrt{1-2xt+t^2}} = \sum\limits_{l=0}^{\infty} P_l(x)t^l$，两端对 x 微商，有

$$-\frac{1}{2}\frac{-2t}{(1-2xt+t^2)^{3/2}} = \sum_{l=0}^{\infty} P'_l(x)t^l$$

$$\frac{t}{\sqrt{1-2xt+t^2}} = (1-2xt+t^2)\sum_{l=0}^{\infty} P_l(x)t^l$$

$$t\sum_{l=0}^{\infty} P_l(x)t^l = (1-2xt+t^2)\sum_{l=0}^{\infty} P'_l(x)t^l$$

比较 t^{l+1} 的系数，得

$$P_l(x) = P'_{l+1}(x) - 2xP'_l(x) + P'_{l-1}(x) \qquad\text{—— 勒让德多项式与 3 个邻次导数的关系}$$

$$(2l+1)xP_l(x) = (l+1)P_{l+1}(x) + lP_{l-1}(x) \qquad\qquad (14.1)$$

$$P_l(x) = P'_{l+1}(x) - 2xP'_l(x) + P'_{l-1}(x) \qquad\qquad (14.2)$$

将式(14.1)对 x 求导与式(14.2)联立，有

$$\begin{cases} (2l+1)P_l(x) + (2l+1)xP'_l(x) = (l+1)P'_{l+1}(x) + lP'_{l-1}(x) \\ P_l(x) = P'_{l+1}(x) - 2xP'_l(x) + P'_{l-1}(x) \end{cases}$$

消去 $P'_{l-1}(x)$，得

$$(2l+1)P_l(x) + (2l+1)xP'_l(x) - lP_l(x) = (l+1)P'_{l+1}(x) - lP'_{l+1}(x) + 2xlP'_l(x)$$

$$P'_{l+1}(x) = xP'_l(x) + (l+1)P_l(x) \qquad\text{—— 勒让德多项式及其导数与邻次导数的关系}$$

消去 $P'_{l+1}(x)$，得

$$(2l+1)P_l(x) + (2l+1)xP'_l(x) - (l+1)P_l(x) = lP'_{l-1}(x) +$$
$$2x(l+1)P'_l(x) - (l+1)P'_{l-1}(x)$$

$$P'_{l-1}(x) = xP'_l(x) - lP_l(x) \qquad\text{—— 勒让德多项式及其导数与邻次导数的关系}\quad\Rightarrow$$

$$P_l(x) = \frac{1}{2l+1}\left[P'_{l+1}(x) - P'_{l-1}(x)\right] \qquad\text{—— 勒让德多项式与邻次导数的关系}$$

例 14.4 计算积分 $I = \int_{-1}^{1} x^2 P_l(x) P_{l+2}(x) dx$。

解 由勒让德多项式的递推关系可知：$(2l+1)xP_l(x) = (l+1)P_{l+1}(x) + lP_{l-1}(x)$。

$$xP_l(x) = \frac{l+1}{2l+1}P_{l+1}(x) + \frac{l}{2l+1}P_{l-1}(x), \quad xP_{l+2}(x) = \frac{l+3}{2l+5}P_{l+3}(x) + \frac{l+2}{2l+5}P_{l+1}(x)$$

$$I = \int_{-1}^{1} x^2 P_l(x) P_{l+2}(x) dx =$$

$$\int_{-1}^{1} \left[\frac{l+1}{2l+1}P_{l+1}(x) + \frac{l}{2l+1}P_{l-1}(x) \right] \left[\frac{l+3}{2l+5}P_{l+3}(x) + \frac{l+2}{2l+5}P_{l+1}(x) \right] dx =$$

$$\frac{(l+1)(l+2)}{(2l+1)(2l+5)} \int_{-1}^{1} P_{l+1}^2(x) dx = \frac{(l+1)(l+2)}{(2l+1)(2l+5)} \frac{2}{2(l+1)+1} =$$

$$\frac{2(l+1)(l+2)}{(2l+1)(2l+3)(2l+5)}$$

例 14.5 将函数 $f(x) = |x|$ 按勒让德多项式展开。

解 令 $|x| = \sum_{l=0}^{\infty} c_l P_l(x)$，由勒让德多项式的正交性可知

$$c_l = \frac{2l+1}{2} \int_{-1}^{1} |x| P_l(x) dx$$

因为 $f(x) = |x|$ 是偶函数，所以当 $l = 2n+1 (n = 0,1,2,\cdots)$ 时，$c_l = c_{2n+1} = 0$，则

$$c_{2n} = \frac{4n+1}{2} \int_{-1}^{1} |x| P_{2n}(x) dx = (4n+1) \int_{0}^{1} x P_{2n}(x) dx$$

$$P_l(x) = \frac{1}{2l+1}[P'_{l+1}(x) - P'_{l-1}(x)]$$

$$c_{2n} = (4n+1) \int_{0}^{1} x P_{2n}(x) dx = \int_{0}^{1} x [P'_{2n+1}(x) - P'_{2n-1}(x)] dx$$

$$c_{2n} = \int_{0}^{1} x P'_{2n+1}(x) dx - \int_{0}^{1} x P'_{2n-1}(x) dx =$$

$$x P_{2n+1}(x) \Big|_0^1 - \int_0^1 P_{2n+1}(x) dx - x P_{2n-1}(x) \Big|_0^1 + \int_0^1 P_{2n-1}(x) dx =$$

$$P_{2n+1}(1) - P_{2n-1}(1) + \int_0^1 P_{2n-1}(x) dx - \int_0^1 P_{2n+1}(x) dx =$$

$$\int_0^1 P_{2n-1}(x) dx - \int_0^1 P_{2n+1}(x) dx \qquad (P_l(1) = 1)$$

由 $P_l(x) = \frac{1}{2l+1}[P'_{l+1}(x) - P'_{l-1}(x)]$，可知

$$\int_0^1 P_{2n+1}(x) dx = \frac{1}{2(2n+1)+1} \int_0^1 [P'_{2n+1+1}(x) - P'_{2n+1-1}(x)] dx = \frac{1}{4n+3}[P_{2n+2}(x) - P_{2n}(x)]_0^1 =$$

$$\frac{1}{4n+3}[P_{2n}(0) - P_{2n+2}(0)] = \qquad \left[P_{2n}(0) = (-1)^n \frac{(2n)!}{2^{2n}n! \, n!} \right]$$

$$\frac{1}{4n+3} \left[\frac{(-1)^n (2n)!}{2^{2n}n! \, n!} - \frac{(-1)^{n+1}(2n+2)!}{2^{2n+2}(n+1)! \, (n+1)!} \right] =$$

$$\frac{1}{4n+3} \left[\frac{(-1)^n (2n)!}{2^{2n}n! \, n!} - \frac{(-1)^{n+1}(2n+2)!}{2^{2n+2}(n+1)! \, (n+1)!} \right] =$$

$$\frac{(-1)^n(2n+2)!}{2^{2n+2}\left[(n+1)!\right]^2}\frac{1}{4n+3}\left[\frac{2^2(n+1)^2}{(2n+1)(2n+2)}+1\right]=\frac{(-1)^n(2n+2)!}{2^{2n+2}\left[(n+1)!\right]^2}\frac{1}{2n+1}$$

将 n 换为 $n-1$,可知

$$\int_0^1 P_{2n-1}(x)\mathrm{d}x=\frac{(-1)^{n-1}(2n)!}{2^{2n}(n!)^2}\frac{1}{2n-1}$$

$$c_{2n}=\int_0^1 P_{2n-1}(x)\mathrm{d}x-\int_0^1 P_{2n+1}(x)\mathrm{d}x=$$

$$\frac{(-1)^{n-1}(2n)!}{2^{2n}(n!)^2}\frac{1}{2n-1}-\frac{(-1)^n(2n+2)!}{2^{2n+2}\left[(n+1)!\right]^2}\frac{1}{2n+1}=\frac{(-1)^{n-1}(2n)!(4n+1)}{2^{2n+1}(n!)^2(2n-1)(n+1)}$$

$$|x|=\sum_{n=0}^\infty\frac{(-1)^{n-1}(2n)!(4n+1)}{2^{2n+1}(n!)^2(2n-1)(n+1)}P_{2n}(x),\quad |x|<1$$

14.7 勒让德多项式应用举例

例 14.6 (均匀电场中的导体球)设在电场强度为 E_0 的均匀电场中放进一个半径为 a 的球,求球外任意一点的电势。

解 由静电学知识可知,导体球成为等势体,球面上分布有感生面电荷。球外任意一点的电势＝原均匀电场电势＋感生电荷电势。

因为球外无电荷,所以球外的电势满足拉普拉斯方程。采用球坐标系,坐标原点为球心,极轴方向为电场方向,由均匀电场和球体的对称性可知,感生电荷绕极轴不变,因而球外任意一点的电势与 φ 无关,则

$$u(r,\theta)=u_a(r,\theta)+u_e(r,\theta)$$

u_a 为均匀电场电势,u_e 为感生电荷电势,若坐标原点处的电势为 u_0,则

$$u_a(r,\theta)=-E_0 r\cos\theta+u_0$$

u_e 的定解问题为

$$\begin{cases}\dfrac{1}{r^2}\dfrac{\partial}{\partial r}\left(r^2\dfrac{\partial u_e}{\partial r}\right)+\dfrac{1}{r^2\sin\theta}\dfrac{\partial}{\partial\theta}\left(\sin\theta\dfrac{\partial u_e}{\partial\theta}\right)=0,\quad 0<r<\infty,\quad 0<\theta<\pi\\ u_e|_{\theta=0}\text{有界},\qquad\qquad\qquad\qquad u_e|_{\theta=\pi}\text{有界}\\ u_e|_{r=a}=E_0 a\cos\theta-u_0,\qquad\quad u_e|_{r\to\infty}=0\quad(\text{感生电荷只分布于球面})\end{cases}$$

令 $u_e=R(r)\Theta(\theta)$,分离变量得

$$\begin{cases}\dfrac{1}{\sin\theta}\dfrac{\mathrm{d}}{\mathrm{d}\theta}\left(\sin\theta\dfrac{\mathrm{d}\Theta}{\mathrm{d}\theta}\right)+\lambda\Theta=0,\quad\dfrac{\mathrm{d}}{\mathrm{d}r}\left(r^2\dfrac{\mathrm{d}R}{\mathrm{d}r}\right)-\lambda R=0\\ \Theta(0)\text{有界},\qquad\qquad\qquad\Theta(\pi)\text{有界}\end{cases}$$

该本征值问题在 14.2 节中讨论过,可知本征值 $\lambda=l(l+1)(l=0,1,2,\cdots)$,本征函数 $\Theta(\theta)=P_l(\cos\theta)$。作变换 $t=\ln r$,关于 $R(r)$ 的微分方程可化为

$$\frac{\mathrm{d}^2 R_l}{\mathrm{d}t^2}+\frac{\mathrm{d}R_l}{\mathrm{d}t}-l(l+1)R_l=0$$

$$R_l(r)=A_l\mathrm{e}^{lt}+B_l\mathrm{e}^{-(l+1)t}=A_l r^l+B_l r^{-l-1}$$

一般解为

$$u_e(r,\theta) = \sum_{l=0}^{\infty} (A_l r^l + B_l r^{-l-1}) P_l(\cos\theta)$$

因为 $u_e|_{r\to\infty} = 0$，所以 $A_l = 0$，则

$$u_e|_{r=a} = E_0 a\cos\theta - u_0$$

有

$$\sum_{l=0}^{\infty} B_l a^{-l-1} P_l(\cos\theta) = E_0 a P_1(\cos\theta) - u_0 P_0(\cos\theta)$$

得

$$B_0 = -u_0 a, \quad B_1 = E_0 a^3, \quad B_{l\geqslant 2} = 0$$

故

$$u_e(r,\theta) = -u_0\frac{a}{r} + \frac{E_0 a^3}{r^2}\cos\theta$$

u_e 反映出均匀电场中的接地球面上的感生电荷，相当于位于坐标原点的点电荷和电偶极子的叠加：$-4\pi\varepsilon_0 u_0 a + 4\pi\varepsilon_0 E_0 a^3$，故

$$u(r,\theta) = (-E_0 r\cos\theta + u_0) + \left(-u_0\frac{a}{r} + \frac{E_0 a^3}{r^2}\cos\theta\right) = u_0\left(1 - \frac{a}{r}\right) - E_0\left(1 - \frac{a^3}{r^2}\right)r\cos\theta$$

例 14.7 （均匀带电细圆环的静电势）设有一半径为 a，总电荷量为 Q 的带电细圆环，求其空间任意一点的静电势。

解 因为环外无电荷，所以环外各点的电势均满足拉普拉斯方程。采用球坐标系，环心为坐标原点，极轴方向垂直于圆环面，空间任意一点的电势与 φ 无关，$u = u(r,\theta)$，静电势 u 的定解问题为

$$\begin{cases} \dfrac{1}{r^2}\dfrac{\partial}{\partial r}\left(r^2\dfrac{\partial u}{\partial r}\right) + \dfrac{1}{r^2\sin\theta}\dfrac{\partial}{\partial\theta}\left(\sin\theta\dfrac{\partial u}{\partial\theta}\right) = -\dfrac{1}{\varepsilon_0}\rho(r,\theta), \quad 0 < r < \infty, \quad 0 < \theta < \pi \\ u|_{\theta=0} \text{ 有界}, \quad u|_{\theta=\pi} \text{ 有界} \\ u|_{r=0} \text{ 有界}, \quad u|_{r\to\infty} = 0 \end{cases}$$

其中，$\rho(r,\theta) = C\delta(r-a)\delta\left(\theta - \dfrac{\pi}{2}\right)$，是电荷密度分布函数，有

$$\iiint \rho(r,\theta)\mathrm{d}v = Q$$

$$\iiint C\delta(r-a)\delta\left(\theta - \frac{\pi}{2}\right)r^2\sin\theta\,\mathrm{d}r\mathrm{d}\theta\mathrm{d}\varphi = Q$$

$$C\int r^2\delta(r-a)\mathrm{d}r\int\sin\theta\delta\left(\theta - \frac{\pi}{2}\right)\mathrm{d}\theta\int\mathrm{d}\varphi = Q \quad \left(\int f(x)\delta(x)\mathrm{d}x = f(0)\right)$$

$$Ca^2\sin\frac{\pi}{2}2\pi = Q \quad \Rightarrow \quad C = \frac{Q}{2\pi a^2}$$

$$\rho(r,\theta) = \frac{Q}{2\pi a^2}\delta(r-a)\delta\left(\theta - \frac{\pi}{2}\right)$$

当 $r \neq a$ 时，$\delta(r-a) = 0$，$\rho(r,\theta) = 0$，方程退化为相应的齐次方程

$$\frac{1}{r^2}\frac{\partial}{\partial r}\left(r^2\frac{\partial u}{\partial r}\right) + \frac{1}{r^2\sin\theta}\frac{\partial}{\partial\theta}\left(\sin\theta\frac{\partial u}{\partial\theta}\right) = 0$$

一般解为

$$u(r,\theta) = \sum_{l=0}^{\infty}(A_l r^l + B_l r^{-l-1})P_l(\cos\theta)$$

边界条件：$u|_{r=0}$ 有界，$u|_{r\to\infty}=0$，可知

$$u(r,\theta)=\begin{cases}\displaystyle\sum_{l=0}^{\infty}A_l r^l P_l(\cos\theta), & r<a \\[4mm] \displaystyle\sum_{l=0}^{\infty}B_l r^{-l-1}P_l(\cos\theta), & r>a\end{cases}$$

将球面 $r=a$ 看作界面，界面上存在电荷分布 $\dfrac{Q}{2\pi a^2}\delta(r-a)\delta\left(\theta-\dfrac{\pi}{2}\right)$。定系数：

$$\frac{1}{r^2}\frac{\partial}{\partial r}\left(r^2\frac{\partial u}{\partial r}\right)+\frac{1}{r^2\sin\theta}\frac{\partial}{\partial\theta}\left(\sin\theta\frac{\partial u}{\partial\theta}\right)=-\frac{Q}{\varepsilon_0 2\pi a^2}\delta(r-a)\delta\left(\theta-\frac{\pi}{2}\right)$$

$$\frac{\partial}{\partial r}\left(r^2\frac{\partial u}{\partial r}\right)+\frac{1}{\sin\theta}\frac{\partial}{\partial\theta}\left(\sin\theta\frac{\partial u}{\partial\theta}\right)=-\frac{r^2 Q}{\varepsilon_0 2\pi a^2}\delta(r-a)\delta\left(\theta-\frac{\pi}{2}\right)$$

在界面处作 r 的积分

$$\left.r^2\frac{\partial u}{\partial r}\right|_{r=a-0}^{r=a+0}+\frac{1}{\sin\theta}\frac{\partial}{\partial\theta}\left(\sin\theta\frac{\partial u}{\partial\theta}\right)r\bigg|_{r=a-0}^{r=a+0}=-\frac{a^2 Q}{\varepsilon_0 2\pi a^2}\delta\left(\theta-\frac{\pi}{2}\right)$$

$$\left.\frac{\partial u}{\partial r}\right|_{r=a-0}^{r=a+0}=-\frac{Q}{\varepsilon_0 2\pi a^2}\delta\left(\theta-\frac{\pi}{2}\right)$$

故 $u(r,\theta)$ 的导数在球面 $r=a$ 上不连续。

对 δ 函数作勒让德多项式展开

$$\delta\left(\theta-\frac{\pi}{2}\right)=\sum_{l=0}^{\infty}\left[\frac{2l+1}{2}\int_0^{\pi}\delta\left(\theta-\frac{\pi}{2}\right)P_l(\cos\theta)\sin\theta\,d\theta\right]P_l(\cos\theta)=$$

$$\sum_{l=0}^{\infty}\left[\frac{2l+1}{2}P_l(0)\sin\frac{\pi}{2}\right]P_l(\cos\theta)=\sum_{l=0}^{\infty}\frac{2l+1}{2}P_l(0)P_l(\cos\theta)$$

$$\left.\frac{\partial u}{\partial r}\right|_{r=a-0}^{r=a+0}=-\frac{Q}{\varepsilon_0 2\pi a^2}\sum_{l=0}^{\infty}\frac{2l+1}{2}P_l(0)P_l(\cos\theta)$$

$$\frac{\partial}{\partial r}\sum_{l=0}^{\infty}B_l r^{-l-1}P_l(\cos\theta)\bigg|_{r=a+0}-\frac{\partial}{\partial r}\sum_{l=0}^{\infty}A_l r^l P_l(\cos\theta)\bigg|_{r=a-0}=-\frac{Q}{2\pi\varepsilon_0 a^2}\sum_{l=0}^{\infty}\frac{2l+1}{2}P_l(0)P_l(\cos\theta)$$

$$\sum_{l=0}^{\infty}B_l(-l-1)a^{-l-2}P_l(\cos\theta)-\sum_{l=1}^{\infty}A_l la^{l-1}P_l(\cos\theta)=-\frac{Q}{2\pi\varepsilon_0 a^2}\sum_{l=0}^{\infty}\frac{2l+1}{2}P_l(0)P_l(\cos\theta)$$

比较 $P_l(\cos\theta)$ 的系数，得

$$B_l(-l-1)a^{-l-2}-A_l la^{l-1}=-\frac{Q}{2\pi\varepsilon_0 a^2}\frac{2l+1}{2}P_l(0)$$

又知 δ 函数是间断函数的导数，则 $u(r,\theta)$ 在球面 $r=a$ 上连续，有

$$u(r,\theta)\bigg|_{r=a-0}^{r=a+0}=0\quad\Rightarrow\quad A_l a^l P_l(\cos\theta)=B_l a^{-l-1}P_l(\cos\theta)$$

$$\begin{cases}A_l la^{l+1}+B_l(l+1)a^{-l}=-\dfrac{(2l+1)Q}{4\pi\varepsilon_0}P_l(0) \\[4mm] A_l a^l=B_l a^{-l-1}\end{cases}\quad\Rightarrow\quad\begin{cases}A_l=-\dfrac{Q}{4\pi\varepsilon_0}a^{-l-1}P_l(0) \\[4mm] B_l=\dfrac{Q}{4\pi\varepsilon_0}a^l P_l(0)\end{cases}$$

又知

$$P_{2n}(0)=(-1)^n\frac{(2n)!}{2^{2n}n!\,n!},\quad P_{2n+1}(0)=0$$

故
$$A_{2l+1}=B_{2l+1}=0$$

$$A_{2l}=-\frac{Q}{4\pi\varepsilon_0}a^{-l-1}\mathrm{P}_{2l}(0),\quad B_{2l}=\frac{Q}{4\pi\varepsilon_0}a^l\mathrm{P}_{2l}(0)$$

代入 $u(r,\theta)=\begin{cases}\sum\limits_{l=0}^{\infty}A_lr^l\mathrm{P}_l(\cos\theta),& r<a\\[2mm]\sum\limits_{l=0}^{\infty}B_lr^{-l-1}\mathrm{P}_l(\cos\theta),& r>a\end{cases}$

得
$$u(r,\theta)=\begin{cases}\dfrac{Q}{4\pi\varepsilon_0}\dfrac{1}{a}\sum\limits_{l=0}^{\infty}\left(\dfrac{r}{a}\right)^{2l}\mathrm{P}_{2l}(0)\mathrm{P}_{2l}(\cos\theta),& r<a\\[4mm]\dfrac{Q}{4\pi\varepsilon_0}\dfrac{1}{a}\sum\limits_{l=0}^{\infty}\left(\dfrac{a}{r}\right)^{2l+1}\mathrm{P}_{2l}(0)\mathrm{P}_{2l}(\cos\theta),& r>a\end{cases}$$

偶次勒让德多项式反映了静电势对于圆环面的反射不变性：$u(r,\theta)=u(r,\pi-\theta)$。

例 14.8 有一内半径为 a，外半径为 $2a$ 的均匀球壳，内表面温度保持零度，外表面温度保持 u_0，求球壳的稳定温度分布。

解 因为球壳内无热源和热损失，所以球壳各点的温度均满足拉普拉斯方程。采用球坐标系，球心为坐标原点，由边界温度可知，空间任意一点的温度与 θ,φ 无关，$u=u(r)$，温度 u 的定解问题为
$$\begin{cases}\dfrac{1}{r^2}\dfrac{\mathrm{d}}{\mathrm{d}r}\left(r^2\dfrac{\mathrm{d}u}{\mathrm{d}r}\right)=0,& a<r<2a\\[2mm]u|_{r=a}=0,\quad u|_{r=2a}=u_0\end{cases}$$

解常微分方程 $\dfrac{\mathrm{d}^2u}{\mathrm{d}r^2}+\dfrac{2}{r}\dfrac{\mathrm{d}u}{\mathrm{d}r}=0$，得 $u(r)=C_1+\dfrac{C_2}{r}$，代入边界条件，得

$$\begin{cases}C_1+\dfrac{C_2}{a}=0\\[2mm]C_1+\dfrac{C_2}{2a}=u_0\end{cases}\Rightarrow\begin{cases}C_1=2u_0\\C_2=-2au_0\end{cases}\Rightarrow u(r)=2u_0\left(1-\dfrac{a}{r}\right)$$

例 14.9 求定解问题
$$\begin{cases}\mathbf{\nabla}^2u=0,& 0<r<a\\u|_{r=0}\text{ 有界}\\\left[\dfrac{\partial u}{\partial r}+hu\right]_{r=a}=\begin{cases}b\cos\theta,& 0\leqslant\theta\leqslant\pi/2\\0,& \pi/2<\theta\leqslant\pi\end{cases}\end{cases}$$

解 采用球坐标系，由边界条件可知，u 与 φ 无关，$u=u(r,\theta)$，u 的定解问题化为
$$\begin{cases}\dfrac{1}{r^2}\dfrac{\partial}{\partial r}\left(r^2\dfrac{\partial u}{\partial r}\right)+\dfrac{1}{r^2\sin\theta}\dfrac{\partial}{\partial\theta}\left(\sin\theta\dfrac{\partial u}{\partial\theta}\right)=0,& 0<r<a\\[2mm]u|_{r=0}\text{ 有界}\\\left[\dfrac{\partial u}{\partial r}+hu\right]\Big|_{r=a}=\begin{cases}b\cos\theta,& 0\leqslant\theta\leqslant\pi/2\\0,& \pi/2<\theta\leqslant\pi\end{cases}\end{cases}$$

令 $u=R(r)\Theta(\theta)$，分离变量得

$$\begin{cases} \dfrac{1}{\sin\theta}\dfrac{\mathrm{d}}{\mathrm{d}\theta}\left(\sin\theta\,\dfrac{\mathrm{d}\Theta}{\mathrm{d}\theta}\right)+\lambda\Theta=0, \quad \dfrac{\mathrm{d}}{\mathrm{d}r}\left(r^2\,\dfrac{\mathrm{d}R}{\mathrm{d}r}\right)-\lambda R=0 \\ \Theta(0)\ \text{有界}, \quad \Theta(\pi)\ \text{有界} \end{cases}$$

该本征值问题在 14.2 节中讨论过，可知本征值 $\lambda=l(l+1)\ (l=0,1,2,\cdots)$，本征函数 $\Theta(\theta)=\mathrm{P}_l(\cos\theta)$。作变换 $t=\ln r$，关于 $R(r)$ 的微分方程可化为

$$\frac{\mathrm{d}^2 R_l}{\mathrm{d}t^2}+\frac{\mathrm{d}r_l}{\mathrm{d}t}-l(l+1)R_l=0$$

$$R_l(r)=A_l\mathrm{e}^{lt}+B_l\mathrm{e}^{-(l+1)t}=A_l r^l+B_l r^{-l-1}$$

一般解为

$$u(r,\theta)=\sum_{l=0}^{\infty}(A_l r^l+B_l r^{-l-1})\mathrm{P}_l(\cos\theta)$$

代入边界条件 $u\,|_{r=0}$ 有界，得 $B_l=0$，$u(r,\theta)=\sum\limits_{l=0}^{\infty}A_l r^l\mathrm{P}_l(\cos\theta)$。

代入边界条件 $\left[\dfrac{\partial u}{\partial r}+hu\right]\Big|_{r=a}=\begin{cases} b\cos\theta, & 0\leqslant\theta\leqslant\dfrac{\pi}{2} \\ 0, & \dfrac{\pi}{2}<\theta\leqslant\pi \end{cases}$ 得

$$\sum_{l=1}^{\infty}A_l la^{l-1}\mathrm{P}_l(\cos\theta)+h\sum_{l=0}^{\infty}A_l a^l\mathrm{P}_l(\cos\theta)=\begin{cases} b\cos\theta, & 0\leqslant\theta\leqslant\dfrac{\pi}{2} \\ 0, & \dfrac{\pi}{2}<\theta\leqslant\pi \end{cases}$$

作变换 $\cos\theta=x$，即

$$\sum_{l=0}^{\infty}A_l\mathrm{P}_l(x)+h\sum_{l=0}^{\infty}A_l a^l\mathrm{P}_l(x)=\begin{cases} bx, & 0\leqslant x\leqslant1 \\ 0, & -1\leqslant x<0 \end{cases}$$

$$\sum_{l=0}^{\infty}A_l a^{l-1}(l+ha)\mathrm{P}_l(x)=\begin{cases} bx, & 0\leqslant x\leqslant1 \\ 0, & -1\leqslant x<0 \end{cases}$$

利用勒让德多项式的正交性定系数 A_l

$$\int_{-1}^{1}\sum_{l=1}^{\infty}A_l a^{l-1}(l+ha)\mathrm{P}_l(x)\mathrm{P}_k(x)\mathrm{d}x=\int_{0}^{1}bx\mathrm{P}_k(x)\mathrm{d}x+\int_{-1}^{0}0\cdot\mathrm{P}_k(x)\mathrm{d}x$$

$$A_l a^{l-1}(l+ha)\int_{-1}^{1}\mathrm{P}_l(x)\mathrm{P}_l(x)\mathrm{d}x=\int_{0}^{1}bx\mathrm{P}_l(x)\mathrm{d}x$$

$$A_l a^{l-1}(l+ha)\frac{2}{2l+1}=\int_{0}^{1}bx\mathrm{P}_l(x)\mathrm{d}x$$

$$A_l=\frac{(2l+1)b}{2a^{l-1}(l+ha)}\int_{0}^{1}x\mathrm{P}_l(x)\mathrm{d}x$$

当 $l=0$ 时，$\displaystyle\int_{0}^{1}x\mathrm{P}_l(x)\mathrm{d}x=\int_{0}^{1}x\mathrm{P}_0(x)\mathrm{d}x=\int_{0}^{1}x\mathrm{d}x=\frac{1}{2}\ \Rightarrow\ A_0=\dfrac{b}{4h}$

当 $l=2n+1$ 时，$\mathrm{P}_{2n+1}(x)$ 为奇函数，有

$$\int_{0}^{1}x\mathrm{P}_l(x)\mathrm{d}x=\int_{0}^{1}\mathrm{P}_1(x)\mathrm{P}_{2n+1}(x)\mathrm{d}x=\frac{1}{2}\int_{-1}^{1}\mathrm{P}_1(x)\mathrm{P}_{2n+1}(x)\mathrm{d}x=$$

$$\begin{cases} \dfrac{1}{2}\displaystyle\int_{-1}^{1} P_1^2(x)\,dx = \dfrac{1}{2}\times\dfrac{2}{2\times1+1}=\dfrac{1}{3}, & n=0 \\ 0, & n\neq0 \end{cases}$$

$$A_1 = \frac{b}{2(l+ha)}, \quad A_{2n+1}=0, \quad n=1,2,3\cdots$$

当 $l=2n$ 时, $n\neq0$,有

$$\int_0^1 x P_l(x)\,dx = \int_0^1 x P_{2n}(x)\,dx = \frac{1}{2\times2n+1}\int_0^1 \left[x P'_{2n+1}(x) - x P'_{2n-1}(x)\right]dx =$$

$$\frac{1}{4}\left[\int_0^1 P_{2n-1}(x)\,dx - \int_0^1 P_{2n+1}(x)\,dx\right] = \frac{(-1)^{n+1}(2n-2)!}{2^{2n}(n-1)!\,(n+1)!}$$

$$A_{2n} = \frac{(4n+1)b}{2a^{2n-1}(2n+ha)}\frac{(-1)^{n+1}(2n-2)!}{2^{2n}(n-1)!\,(n+1)!}, \quad n=1,2,3\cdots$$

$$u(r,\theta) = \sum_{l=0}^{\infty} A_l r^l P_l(\cos\theta) = \frac{b}{4h} + \frac{b}{2(1+ha)}r P_1(\cos\theta) +$$

$$\frac{ab}{2}\sum_{n=1}^{\infty}\frac{(-1)^{n+1}(4n+1)(2n-2)!}{(2n+ha)2^{2n}(n-1)!\,(n+1)!}\left(\frac{r}{a}\right)^{2n}P_{2n}(\cos\theta)$$

14.8 连带勒让德函数

连带勒让德方程的本征值问题

$$\begin{cases} \dfrac{d}{dx}\left[(1-x^2)\dfrac{dy}{dx}\right] + \left(\lambda - \dfrac{m^2}{1-x^2}\right)y = 0 \\ y(\pm1) \text{ 有界} \end{cases}$$

首先,解连带勒让德方程

$$\frac{d}{dz}\left[(1-z^2)\frac{dw}{dz}\right] + \left(\lambda - \frac{m^2}{1-z^2}\right)w = 0$$

方程的标准形式为

$$w'' + \frac{2z}{z^2-1}w' + \frac{1}{1-z^2}\left(\lambda - \frac{m^2}{1-z^2}\right)w = 0$$

$$p(z) = \frac{2z}{z^2-1}, \quad q(z) = \frac{1}{1-z^2}\left(\lambda - \frac{m^2}{1-z^2}\right) \quad \Rightarrow \quad z_0 = \pm1 \text{ 是方程的奇点}$$

$$\begin{cases} (z-1)p(z)\big|_{z=1} = \dfrac{2z}{z+1}\Big|_{z=1} = 1 \\ (z-1)^2 q(z)\big|_{z=1} = \dfrac{1-z}{1+z}\left(\lambda - \dfrac{m^2}{1-z^2}\right)\Big|_{z=1} = -\dfrac{m^2}{4} \end{cases} \Rightarrow z_0=1 \text{ 是方程的正则奇点}$$

$$\begin{cases} (z+1)p(z)\big|_{z=-1} = \dfrac{2z}{z-1}\Big|_{z=-1} = 1 \\ (z+1)^2 q(z)\big|_{z=-1} = \dfrac{1+z}{1-z}\left(\lambda - \dfrac{m^2}{1-z^2}\right)\Big|_{z=-1} = -\dfrac{m^2}{4} \end{cases} \Rightarrow z_0=-1 \text{ 是方程的正则奇点}$$

$$\begin{cases} \dfrac{2}{t} - \dfrac{1}{t^2} p\left(\dfrac{1}{t}\right) = \dfrac{2}{t} - \dfrac{1}{t^2} \dfrac{2/t}{(1/t)^2-1} = \dfrac{2}{t} - \dfrac{2}{t-t^3} = \dfrac{2}{t} \dfrac{t^2}{t^2-1} \\ \dfrac{1}{t^4} q\left(\dfrac{1}{t}\right) = \dfrac{1}{t^4} \dfrac{t^2}{1-t^2}\left(\lambda - \dfrac{t^2 m^2}{1-t^2}\right) = \dfrac{1}{t^2} \dfrac{1}{1-t^2}\left(\lambda - \dfrac{t^2 m^2}{1-t^2}\right) \end{cases} \Rightarrow \quad t=0 \ \text{即} \ z=\infty \ \text{是方程的奇点}$$

$$\begin{cases} t\left[\dfrac{2}{t} - \dfrac{1}{t^2} p\left(\dfrac{1}{t}\right)\right]_{t=0} = 2\dfrac{t^2}{t^2-1}\bigg|_{t=0} = 0 \\ t^2\left[\dfrac{1}{t^4} q\left(\dfrac{1}{t}\right)\right]_{t=0} = \dfrac{1}{1-t^2}\left(\lambda - \dfrac{t^2 m^2}{1-t^2}\right)_{t=0} = \lambda \end{cases} \Rightarrow \quad t=0,\text{即} \ z=\infty \ \text{是方程的正则奇点}$$

指标方程：$\rho(\rho-1) + a_0 \rho + b_0 = 0$。

$$\lim_{z \to z_0}(z-z_0)p(z) = a_0, \quad \lim_{z \to z_0}(z-z_0)^2 q(z) = b_0$$

$$z_0 = \pm 1, \quad a_0 = 1, \quad b_0 = -\dfrac{m^2}{4}, \quad \rho(\rho-1) + \rho - \dfrac{m^2}{4} = 0$$

可知 $z_0 = \pm 1$ 处的指标为 $\rho = \pm \dfrac{m}{2}$，设 $w(z) = (z^2-1)^{\frac{m}{2}} v(z)$，则

$$w' = \dfrac{m}{2}(z^2-1)^{\frac{m}{2}-1} 2zv + (z^2-1)^{\frac{m}{2}} v' = zm(z^2-1)^{\frac{m}{2}-1} v + (z^2-1)^{\frac{m}{2}} v'$$

$$w'' = m(z^2-1)^{\frac{m}{2}-1} v + zm\left(\dfrac{m}{2}-1\right)(z^2-1)^{\frac{m}{2}-2} 2zv + zm(z^2-1)^{\frac{m}{2}-1} v' +$$

$$\dfrac{m}{2}(z^2-1)^{\frac{m}{2}-1} 2zv' + (z^2-1)^{\frac{m}{2}} v'' = z^2 m(m-2)(z^2-1)^{\frac{m}{2}-2} v +$$

$$m(z^2-1)^{\frac{m}{2}-1} v + 2zm(z^2-1)^{\frac{m}{2}-1} v' + (z^2-1)^{\frac{m}{2}} v''$$

代入方程 $(z^2-1)w'' + 2zw' + \left(\dfrac{m^2}{1-z^2} - \lambda\right)w = 0$ 有

$$(z^2-1)w'' = z^2 m(m-2)(z^2-1)^{\frac{m}{2}-1} v + m(z^2-1)^{\frac{m}{2}} v + 2zm(z^2-1)^{\frac{m}{2}} v' + (z^2-1)^{\frac{m}{2}+1} v''$$

$$2zw' = 2z^2 m(z^2-1)^{\frac{m}{2}-1} v + 2z(z^2-1)^{\frac{m}{2}} v'$$

$$\left(\dfrac{m^2}{1-z^2} - \lambda\right)w = \left(\dfrac{m^2}{1-z^2} - \lambda\right)(z^2-1)^{\frac{m}{2}} v$$

得到

$$(z^2-1)^{\frac{m}{2}+1} v'' + 2z(m+1)(z^2-1)^{\frac{m}{2}} v' +$$

$$\left\{\left[z^2 m(m-2) + 2z^2 m\right](z^2-1)^{\frac{m}{2}-1} + \left(\dfrac{m^2}{1-z^2} - \lambda + m\right)(z^2-1)^{\frac{m}{2}}\right\} v = 0$$

约去 $(z^2-1)^{\frac{m}{2}}$，得

$$(z^2-1)v'' + 2z(m+1)v' + \left\{\left[z^2 m(m-2) + 2z^2 m\right](z^2-1)^{-1} + \left(\dfrac{m^2}{1-z^2} - \lambda + m\right)\right\} v = 0$$

其中，$\{\cdot\} = \dfrac{z^2 m^2}{z^2-1} - \dfrac{m^2}{z^2-1} - \lambda + m = m^2 - \lambda + m = m(m+1) - \lambda$。

得

$$(1-z^2)v'' - 2(m+1)zv' + \left[\lambda - m(m+1)\right]v = 0 \quad \text{——超球微分方程}$$

$$p(z)=\frac{2z(m+1)}{z^2-1}, \quad q(z)=\frac{\lambda-m(m+1)}{1-z^2} \quad \Rightarrow \quad z_0=\pm1 \text{ 是方程的奇点}$$

$$\begin{cases} (z-1)p(z)\big|_{z=1}=\dfrac{2z(m+1)}{z+1}\Big|_{z=1}=m+1 \\ (z-1)^2 q(z)\big|_{z=1}=\dfrac{1-z}{1+z}[\lambda-m(m+1)]\Big|_{z=1}=0 \end{cases} \Rightarrow z_0=1 \text{ 是方程的正则奇点}$$

$$\begin{cases} (z+1)p(z)\big|_{z=-1}=\dfrac{2z(m+1)}{z-1}\Big|_{z=-1}=0 \\ (z+1)^2 q(z)\big|_{z=-1}=\dfrac{1+z}{1-z}[\lambda-m(m+1)]\Big|_{z=-1}=0 \end{cases} \Rightarrow z_0=-1 \text{ 是方程的正则奇点}$$

指标方程：$\rho(\rho-1)+a_0\rho+b_0=0$。

$$\lim_{z\to z_0}(z-z_0)p(z)=a_0, \quad \lim_{z\to z_0}(z-z_0)^2 q(z)=b_0$$
$$z_0=\pm1, \quad a_0=m+1, \quad b_0=0, \quad \rho(\rho-1)+(m+1)\rho=0$$

可知 $z_0=\pm1$ 处的指标为 $\rho_1=0,\rho_2=-m$，代入 $v(z)=(z-z_0)^\rho\sum_{n=0}^\infty c_n(z-z_0)$，对应 $\rho_2=-m$ 的解在 $z=\pm1$ 点一定发散。

用数学归纳法可以证明：超球微分方程可以通过勒让德方程微商 m 次得到 $w^{(m)}(z)=v(z)$。

令 $\lambda=\nu(\nu+1)$ 可得连带勒让德方程的两个线性无关解为

$$P_\nu^m(z)=(z^2-1)^{\frac{m}{2}}\frac{d^m P_\nu(z)}{dz^m}, \quad Q_\nu^m(z)=(z^2-1)^{\frac{m}{2}}\frac{d^m Q_\nu(z)}{dz^m}$$

由 $P_\nu(z),Q_\nu(z)$ 可知，$P_\nu^m(z),Q_\nu^m(z)$ 是多值函数，支点为 ±1 和 ∞。从 $z=\infty$ 沿实轴到 $z=1$ 作割线，且 $|\arg(z\pm1)|<\pi$。

$P_\nu^m(z),Q_\nu^m(z)$ 在单值分支上解析，而在割线两侧不连续，这不是本征值问题的解。本征值问题的解是 $-1<x<1$ 上的解。

定义 14.2 （霍尔森定义）

$$P_\nu^m(x)\equiv i^m P_\nu^m(x+i0)\equiv i^{-m}P_\nu^m(x-i0)\equiv(-1)^m(1-x^2)^{\frac{m}{2}}\frac{d^m P_\nu(x)}{dx^m}$$

$$Q_\nu^m(x)\equiv\frac{(-1)^m}{2}[i^{-m}Q_\nu^m(x+i0)+i^m Q_\nu^m(x-i0)]\equiv(-1)^m(1-x^2)^{\frac{m}{2}}\frac{d^m Q_\nu(x)}{dx^m}$$

连带勒让德方程的通解为

$$y(x)=C_1 P_\nu^m(x)+C_2 Q_\nu^m(x)$$

连带勒让德方程的本征值问题要求 $y(\pm1)$ 有界。14.2 节中已讨论过：在 $x=1$ 处，$P_\nu(x)$ 有界，$Q_\nu(x)$ 对数发散。因此，在 $x=1$ 处，$(1-x^2)^{\frac{m}{2}}P_\nu^{(m)}(x)$ 也有界，而 $(1-x^2)^{\frac{m}{2}}Q_\nu^{(m)}(x)$ 对数发散。

$y(1)$ 有界 $\Rightarrow C_2=0$，对于一般的 ν 值，$P_\nu(x)$ 是无穷级数，在 $x=-1$ 处对数发散。

$y(-1)$ 有界 $\Rightarrow \nu\geq m$ 是自然数。因此，本征值 $\lambda_l=l(l+1)$，本征函数 $y_l(x)=P_l^m(x)\equiv(-1)^m(1-x^2)^{\frac{m}{2}}\frac{d^m P_l(x)}{dx^m}$，关联勒让德函数（$m$ 阶 l 次勒让德函数）$P_l^m(x)\equiv(-1)^m\cdot$

$(1-x^2)^{\frac{m}{2}}\dfrac{\mathrm{d}^m \mathrm{P}_l(x)}{\mathrm{d}x^m}$，即

$$\mathrm{P}_l^0(x)=(-1)^0(1-x^2)^{\frac{0}{2}}\mathrm{P}_l(x)=\mathrm{P}_l(x)$$

$$\mathrm{P}_1^1(x)=(-1)^1(1-x^2)^{\frac{1}{2}}\dfrac{\mathrm{d}\mathrm{P}_1(x)}{\mathrm{d}x}=-(1-x^2)^{\frac{1}{2}}=-\sin\theta$$

$$\mathrm{P}_2^1(x)=(-1)^1(1-x^2)^{\frac{1}{2}}\dfrac{\mathrm{d}\mathrm{P}_2(x)}{\mathrm{d}x}=-(1-x^2)^{\frac{1}{2}}\dfrac{\mathrm{d}}{\mathrm{d}x}\dfrac{1}{2}(3x^2-1)=-3x(1-x^2)=$$
$$-\dfrac{3}{2}\sin 2\theta$$

$$\mathrm{P}_2^2(x)=(-1)^2(1-x^2)^{\frac{2}{2}}\dfrac{\mathrm{d}^2\mathrm{P}_2(x)}{\mathrm{d}x^2}=(1-x^2)\dfrac{\mathrm{d}^2}{\mathrm{d}x^2}\dfrac{1}{2}(3x^2-1)=3(1-x^2)=$$
$$\dfrac{3}{2}(1-\cos 2\theta)$$

$\mathrm{P}_l^{-m}(x)$ 与 $\mathrm{P}_l^m(x)$ 线性相关，$\mathrm{P}_l^{-m}(x)=(-1)^m\dfrac{(l-m)!}{(l+m)!}\mathrm{P}_l^m(x)$。

定理 14.4 （连带勒让德函数的正交性）相同阶不同次的连带勒让德函数在区间$[-1,1]$上正交，即

$$\int_{-1}^1 \mathrm{P}_l^m(x)\mathrm{P}_k^m(x)\mathrm{d}x=0,\quad k\neq l$$

模方：
$$\int_{-1}^1 \mathrm{P}_l^m(x)\mathrm{P}_l^m(x)\mathrm{d}x=\dfrac{(l+m)!}{(l-m)!}\dfrac{2}{2l+1}$$

$$\int_{-1}^1 \mathrm{P}_l^m(x)\mathrm{P}_k^m(x)\mathrm{d}x=\dfrac{(l+m)!}{(l-m)!}\dfrac{2}{2l+1}\delta_{lk}$$

$$\int_0^\pi \mathrm{P}_l^m(\cos\theta)\mathrm{P}_k^m(\cos\theta)\sin\theta\mathrm{d}\theta=\dfrac{(l+m)!}{(l-m)!}\dfrac{2}{2l+1}\delta_{lk}$$

例 14.10 一均匀球体,球面温度为$(1+3\cos\theta)\sin\theta\cos\varphi$,求球内的稳定温度分布。

解 采用球坐标系,由边界条件可知,u 与 θ,φ 有关,$u=u(r,\theta,\varphi)$,u 的定解问题为

$$\begin{cases}\dfrac{1}{r^2}\dfrac{\partial}{\partial r}\left(r^2\dfrac{\partial u}{\partial r}\right)+\dfrac{1}{r^2\sin\theta}\dfrac{\partial}{\partial\theta}\left(\sin\theta\dfrac{\partial u}{\partial\theta}\right)+\dfrac{1}{r^2\sin^2\theta}\dfrac{\partial^2 u}{\partial\varphi^2}=0,\quad 0<r<a\\ u\big|_{r=a}=(1+3\cos\theta)\sin\theta\cos\varphi\end{cases}$$

令 $u(r,\theta,\varphi)=R(r)S(\theta,\varphi)$,分离变量得

$$S\dfrac{1}{r^2}\dfrac{\mathrm{d}}{\mathrm{d}r}\left(r^2\dfrac{\mathrm{d}R}{\mathrm{d}r}\right)+R\dfrac{1}{r^2\sin\theta}\dfrac{\partial}{\partial\theta}\left(\sin\theta\dfrac{\partial S}{\partial\theta}\right)+R\dfrac{1}{r^2\sin^2\theta}\dfrac{\partial^2 S}{\partial\varphi^2}=0$$

两边同乘以$\dfrac{r^2}{RS}$,得

$$\dfrac{1}{R}\dfrac{\mathrm{d}}{\mathrm{d}r}\left(r^2\dfrac{\mathrm{d}R}{\mathrm{d}r}\right)=-\dfrac{1}{S\sin\theta}\dfrac{\partial}{\partial\theta}\left(\sin\theta\dfrac{\partial S}{\partial\theta}\right)-\dfrac{1}{S\sin^2\theta}\dfrac{\partial^2 S}{\partial\varphi^2}\equiv\lambda$$

即

$$\dfrac{\mathrm{d}}{\mathrm{d}r}\left(r^2\dfrac{\mathrm{d}R}{\mathrm{d}r}\right)-\lambda R=0,\quad \dfrac{1}{\sin\theta}\dfrac{\partial}{\partial\theta}\left(\sin\theta\dfrac{\partial S}{\partial\theta}\right)+\dfrac{1}{\sin^2\theta}\dfrac{\partial^2 S}{\partial\varphi^2}+\lambda S=0$$

易知 $R_l(r) = r^l (\lambda = l(l+1), R(0)$ 有限$)$,令 $S(\theta, \varphi) = \Theta(\theta)\Phi(\varphi)$,继续分离变量得

$$\Phi \frac{1}{\sin\theta} \frac{\mathrm{d}}{\mathrm{d}\theta} \left(\sin\theta \frac{\mathrm{d}\Theta}{\mathrm{d}\theta} \right) + \Theta \frac{1}{\sin^2\theta} \frac{\mathrm{d}^2\Phi}{\mathrm{d}\varphi^2} + \lambda\Theta\Phi = 0$$

两边同乘以 $\dfrac{\sin^2\theta}{\Theta\Phi}$,得

$$\frac{\sin\theta}{\Theta} \frac{\mathrm{d}}{\mathrm{d}\theta} \left(\sin\theta \frac{\mathrm{d}\Theta}{\mathrm{d}\theta} \right) + \frac{1}{\Phi} \frac{\mathrm{d}^2\Phi}{\mathrm{d}\varphi^2} + \lambda \sin^2\theta = 0$$

$$-\frac{1}{\Phi} \frac{\mathrm{d}^2\Phi}{\mathrm{d}\varphi^2} = \frac{\sin^2\theta}{\Theta} \left[\frac{1}{\sin\theta} \frac{\mathrm{d}}{\mathrm{d}\theta} \left(\sin\theta \frac{\mathrm{d}\Theta}{\mathrm{d}\theta} \right) + \lambda\Theta \right] = \mu$$

$$\frac{1}{\sin\theta} \frac{\mathrm{d}}{\mathrm{d}\theta} \left(\sin\theta \frac{\mathrm{d}\Theta}{\mathrm{d}\theta} \right) + \left(\lambda - \frac{\mu}{\sin^2\theta} \right)\Theta = 0, \quad \Phi'' + \mu\Phi = 0$$

易知 $\Theta_l(\theta) = \mathrm{P}_l^m(\cos\theta)$ $(\Theta(0), \Theta(\pi)$ 有限$), m^2 = \mu$,

$$\Phi_l(\varphi) = A_l^m \cos m\varphi + B_l^m \sin m\varphi$$

一般解为

$$u(r, \theta, \varphi) = \sum_{l=0}^{\infty} \sum_{m=0}^{l} r^l (A_l^m \cos m\varphi + B_l^m \sin m\varphi) \mathrm{P}_l^m(\cos\theta)$$

$$u(a, \theta, \varphi) = \sum_{l=0}^{\infty} \sum_{m=0}^{l} a^l (A_l^m \cos m\varphi + B_l^m \sin m\varphi) \mathrm{P}_l^m(\cos\theta) = (1 + 3\cos\theta)\sin\theta\cos\varphi$$

对比两边 $\cos m\varphi$ 和 $\sin m\varphi$ 的系数,得

$$\sum_{l=0}^{\infty} a^l A_l^1 \mathrm{P}_l^1(\cos\theta) = \sin\theta + \frac{3}{2}\sin 2\theta = -\mathrm{P}_1^1(\cos\theta) - \mathrm{P}_2^1(\cos\theta)$$

$$a^l A_l^m \mathrm{P}_l^m(\cos\theta) = 0, \quad m \neq 1$$

$$a^l B_l^m \mathrm{P}_l^m(\cos\theta) = 0$$

$$\begin{cases} A_2^1 a^2 = -1 \\ A_1^1 a = -1 \end{cases} \Rightarrow \begin{cases} A_2^1 = -\dfrac{1}{a^2} \\ A_1^1 = -\dfrac{1}{a} \end{cases}$$

故

$$u(r, \theta, \varphi) = -\frac{r}{a}\cos\varphi \mathrm{P}_1^1(\cos\theta) - \frac{r^2}{a^2}\cos\varphi \mathrm{P}_2^1(\cos\theta) = \frac{r}{a}\cos\varphi\sin\theta + \frac{3r^2}{2a^2}\cos\varphi\sin 2\theta$$

14.9 球面调和函数

前文已经讨论过球内拉普拉斯方程的第一类边值问题的定解问题为

$$\begin{cases} \dfrac{1}{r^2} \dfrac{\partial}{\partial r}\left(r^2 \dfrac{\partial u}{\partial r} \right) + \dfrac{1}{r^2\sin\theta} \dfrac{\partial}{\partial\theta}\left(\sin\theta \dfrac{\partial u}{\partial\theta} \right) + \dfrac{1}{r^2\sin^2\theta} \dfrac{\partial^2 u}{\partial\varphi^2} = 0 \\[2mm] u\big|_{\theta=0} \text{ 有界}, \quad u\big|_{\theta=\pi} \\[2mm] u\big|_{\varphi=0} = u\big|_{\varphi=2\pi}, \quad \dfrac{\partial u}{\partial\varphi}\bigg|_{\varphi=0} = \dfrac{\partial u}{\partial\varphi}\bigg|_{\varphi=2\pi} \\[2mm] u\big|_{r=0} \text{ 有界}, \quad u\big|_{r=a} = f(\theta, \varphi) \end{cases}$$

令 $u(r,\theta,\varphi)=R(r)S(\theta,\varphi)$,分离变量得

$$\begin{cases} \dfrac{\mathrm{d}}{\mathrm{d}r}\left(r^2\,\dfrac{\mathrm{d}R}{\mathrm{d}r}\right)-\lambda R=0 \\[2mm] R(0)\ \text{有界} \end{cases}$$

$$\begin{cases} \dfrac{1}{\sin\theta}\,\dfrac{\partial}{\partial\theta}\left(\sin\theta\,\dfrac{\partial S}{\partial\theta}\right)+\dfrac{1}{\sin^2\theta}\,\dfrac{\partial^2 S}{\partial\varphi^2}+\lambda S=0 \\[2mm] S\big|_{\theta=0}\ \text{有界},\quad S\big|_{\theta=\pi}\ \text{有界} \\[2mm] S\big|_{\varphi=0}=S\big|_{\varphi=2\pi},\quad \dfrac{\partial S}{\partial\varphi}\bigg|_{\varphi=0}=\dfrac{\partial S}{\partial\varphi}\bigg|_{\varphi=2\pi} \end{cases}$$

其中

$$\frac{1}{\sin\theta}\,\frac{\partial}{\partial\theta}\left(\sin\theta\,\frac{\partial S}{\partial\theta}\right)+\frac{1}{\sin^2\theta}\,\frac{\partial^2 S}{\partial\varphi^2}+\lambda S=0 \quad\text{——球函数方程}$$

令 $S(\theta,\varphi)=\Theta(\theta)\Phi(\varphi)$,继续分离变量得

$$\begin{cases} \dfrac{1}{\sin\theta}\,\dfrac{\mathrm{d}}{\mathrm{d}\theta}\left(\sin\theta\,\dfrac{\mathrm{d}\Theta}{\mathrm{d}\theta}\right)+\left(\lambda-\dfrac{\mu}{\sin^2\theta}\right)\Theta=0 \\[2mm] \Theta(0)\ \text{有界},\quad \Theta(\pi)\ \text{有界} \end{cases} \Rightarrow \quad \Theta_l(\theta)=\mathrm{P}_l^m(\cos\theta)$$

$$\begin{cases} \Phi''+m\Phi=0 \\[2mm] \Phi(0)=\Phi(2\pi),\quad \Phi'(0)=\Phi'(2\pi) \end{cases} \Rightarrow \quad \Phi_l(\varphi)=A_l^m\cos m\varphi+B_l^m\sin m\varphi$$

球函数方程的本征值为 $\lambda_l=l(l+1),l=0,1,2,\cdots$ 对应一个 λ 有 $2l+1$ 个本征函数:

$$\left.\begin{array}{l} \mathrm{S}_{lm1}(\theta,\varphi)=\mathrm{P}_l^m(\cos\theta)\cos m\varphi,\quad m=0,1,2,\cdots,l \\[2mm] \mathrm{S}_{lm2}(\theta,\varphi)=\mathrm{P}_l^m(\cos\theta)\sin m\varphi,\quad m=1,2,3,\cdots,l \end{array}\right\} \quad\text{——球面调和函数(球谐函数)}$$

模方:

$$\int_0^\pi\int_0^{2\pi}\mathrm{S}_{lm1}^2(\theta,\varphi)\sin\theta\,\mathrm{d}\theta\,\mathrm{d}\varphi=\int_0^\pi[\mathrm{P}_l^m(\cos\theta)]^2\sin\theta\,\mathrm{d}\theta\int_0^{2\pi}\cos^2 m\varphi\,\mathrm{d}\varphi=$$

$$\frac{(l+m)!}{(l-m)!}\,\frac{2\pi}{2l+1}(1+\delta_{m0})$$

$$\int_0^\pi\int_0^{2\pi}\mathrm{S}_{lm2}^2(\theta,\varphi)\sin\theta\,\mathrm{d}\theta\,\mathrm{d}\varphi=\int_0^\pi[\mathrm{P}_l^m(\cos\theta)]^2\sin\theta\,\mathrm{d}\theta\int_0^{2\pi}\sin^2 m\varphi\,\mathrm{d}\varphi=$$

$$\frac{(l+m)!}{(l-m)!}\,\frac{2\pi}{2l+1}$$

通常,物理学中的球面调和函数是指

$$\mathrm{S}_{lm}(\theta,\varphi)=\mathrm{P}_l^{|m|}(\cos\theta)\mathrm{e}^{\mathrm{i}m\varphi},\quad m=0,\pm1,\pm2,\cdots,\pm l$$

其正交性为

$$\int_0^\pi\int_0^{2\pi}\mathrm{S}_{lm}(\theta,\varphi)\mathrm{S}_{kn}^*(\theta,\varphi)\sin\theta\,\mathrm{d}\theta\,\mathrm{d}\varphi=\frac{(l+|m|)!}{(l-|m|)!}\,\frac{4\pi}{2l+1}\delta_{lk}\delta_{mn}$$

令

$$\mathrm{Y}_l^m(\theta,\varphi)=\sqrt{\frac{(l-|m|)!}{(l+|m|)!}\,\frac{2l+1}{4\pi}}\,\mathrm{P}_l^{|m|}(\cos\theta)\mathrm{e}^{\mathrm{i}m\varphi},\quad m=0,\pm1,\pm2,\cdots,\pm l \quad (l\ \text{阶球函数})$$

满足正交归一性 $\displaystyle\int_0^\pi\int_0^{2\pi}\mathrm{Y}_l^m(\theta,\varphi)\mathrm{Y}_k^n(\theta,\varphi)\sin\theta\,\mathrm{d}\theta\,\mathrm{d}\varphi=\delta_{lk}\delta_{mn}$,有

$$Y_0^0(\theta,\varphi)=\frac{1}{\sqrt{4\pi}}$$

$$Y_1^0(\theta,\varphi)=\sqrt{\frac{3}{4\pi}}\cos\theta$$

$$Y_1^{\pm1}(\theta,\varphi)=\pm\sqrt{\frac{3}{8\pi}}\sin\theta\,\mathrm{e}^{\pm i\varphi}$$

$$Y_2^0(\theta,\varphi)=\sqrt{\frac{5}{16\pi}}(3\cos^2\theta-1)$$

$$Y_2^{\pm1}(\theta,\varphi)=\pm\sqrt{\frac{15}{8\pi}}\sin\theta\cos\theta\,\mathrm{e}^{\pm i\varphi}$$

$$Y_2^{\pm2}(\theta,\varphi)=\sqrt{\frac{15}{32\pi}}\sin^2\theta\,\mathrm{e}^{\pm i2\varphi}$$

······

例 14.11　将函数 $f(\theta,\varphi)=(1+3\cos\theta)\sin\theta\cos\varphi$ 按球函数展开。

解　$f(\theta,\varphi)=(1+3\cos\theta)\sin\theta\cos\varphi=(\sin\theta+3\cos\theta\sin\theta)\dfrac{\mathrm{e}^{i\varphi}+\mathrm{e}^{-i\varphi}}{2}=$

$$\frac{1}{2}(\sin\theta\,\mathrm{e}^{i\varphi}+\sin\theta\,\mathrm{e}^{-i\varphi})+\frac{3}{2}(\cos\theta\sin\theta\,\mathrm{e}^{i\varphi}+\cos\theta\sin\theta\,\mathrm{e}^{-i\varphi})=$$

$$\frac{1}{2}\sqrt{\frac{8\pi}{3}}\left(\sqrt{\frac{3}{8\pi}}\sin\theta\,\mathrm{e}^{i\varphi}+\sqrt{\frac{3}{8\pi}}\sin\theta\,\mathrm{e}^{-i\varphi}\right)+$$

$$\frac{3}{2}\sqrt{\frac{8\pi}{15}}\left(\sqrt{\frac{15}{8\pi}}\cos\theta\sin\theta\,\mathrm{e}^{i\varphi}+\sqrt{\frac{15}{8\pi}}\cos\theta\sin\theta\,\mathrm{e}^{-i\varphi}\right)=$$

$$\sqrt{\frac{2\pi}{3}}(Y_1^1-Y_1^{-1})+\sqrt{\frac{6\pi}{5}}(Y_2^1-Y_2^{-1})$$

例 14.12　一均匀球体,球面温度为 $(1+3\cos\theta)\sin\theta\cos\varphi$,求球内的稳定温度分布。

解　采用球坐标系,由边界条件可知,u 与 θ,φ 有关,$u=u(r,\theta,\varphi)$,u 的定解问题为

$$\begin{cases}\dfrac{1}{r^2}\dfrac{\partial}{\partial r}\left(r^2\dfrac{\partial u}{\partial r}\right)+\dfrac{1}{r^2\sin\theta}\dfrac{\partial}{\partial\theta}\left(\sin\theta\dfrac{\partial u}{\partial\theta}\right)+\dfrac{1}{r^2\sin^2\theta}\dfrac{\partial^2 u}{\partial\varphi^2}=0,\quad 0<r<a\\[2mm]u\big|_{r=a}=(1+3\cos\theta)\sin\theta\cos\varphi\end{cases}$$

令 $u(r,\theta,\varphi)=R(r)Y_l^m(\theta,\varphi)$,分离变量得

$$Y\frac{1}{r^2}\frac{\mathrm{d}}{\mathrm{d}r}\left(r^2\frac{\mathrm{d}R}{\mathrm{d}r}\right)+R\frac{1}{r^2\sin\theta}\frac{\partial}{\partial\theta}\left(\sin\theta\frac{\partial Y}{\partial\theta}\right)+R\frac{1}{r^2\sin^2\theta}\frac{\partial^2 Y}{\partial\varphi^2}=0$$

两边同乘以 $\dfrac{r^2}{RY}$,得

$$\frac{1}{R}\frac{\mathrm{d}}{\mathrm{d}r}\left(r^2\frac{\mathrm{d}R}{\mathrm{d}r}\right)=-\frac{1}{Y\sin\theta}\frac{\partial}{\partial\theta}\left(\sin\theta\frac{\partial Y}{\partial\theta}\right)-\frac{1}{Y\sin^2\theta}\frac{\partial^2 Y}{\partial\varphi^2}\equiv\lambda$$

由 $\dfrac{\mathrm{d}}{\mathrm{d}r}\left(r^2\dfrac{\mathrm{d}R}{\mathrm{d}r}\right)-\lambda R=0$ 知,$R_l(r)=r^l(\lambda=l(l+1)$,$R(0)$ 有限),则

$$u(r,\theta,\varphi) = \sum_{l=0}^{\infty} \sum_{m=-l}^{l} C_l r^l Y_l^m(\theta,\varphi)$$

代入已知边界条件 $u\big|_{r=a} = (1+3\cos\theta)\sin\theta\cos\varphi$，得

$$\sum_{l=0}^{\infty} \sum_{m=-l}^{l} C_{l,m} a^l Y_l^m(\theta,\varphi) = (1+3\cos\theta)\sin\theta\cos\varphi = \sqrt{\frac{2\pi}{3}}(Y_1^1 - Y_1^{-1}) + \sqrt{\frac{6\pi}{5}}(Y_2^1 - Y_2^{-1})$$

$$\begin{cases} C_{1,1}a = \sqrt{\dfrac{2\pi}{3}} \\[2mm] C_{1,-1}a = -\sqrt{\dfrac{2\pi}{3}} \\[2mm] C_{2,1}a^2 = \sqrt{\dfrac{6\pi}{5}} \\[2mm] C_{2,-1}a^2 = -\sqrt{\dfrac{6\pi}{5}} \\[2mm] C_{l,m}a^l = 0 \quad (l \neq 1,2;\ m \neq \pm 1) \end{cases} \Rightarrow \begin{cases} C_{1,1} = \dfrac{1}{a}\sqrt{\dfrac{2\pi}{3}} \\[2mm] C_{1,-1} = -\dfrac{1}{a}\sqrt{\dfrac{2\pi}{3}} \\[2mm] C_{2,1} = \dfrac{1}{a^2}\sqrt{\dfrac{6\pi}{5}} \\[2mm] C_{2,-1} = -\dfrac{1}{a^2}\sqrt{\dfrac{6\pi}{5}} \\[2mm] C_{l,m} = 0 \quad (l \neq 1,2;\ m \neq \pm 1) \end{cases}$$

可知

$$u(r,\theta,\varphi) = \sqrt{\frac{2\pi}{3}}\frac{r}{a}(Y_1^1 - Y_1^{-1}) + \sqrt{\frac{6\pi}{5}}\frac{r^2}{a^2}(Y_2^1 - Y_2^{-1}) =$$

$$\frac{1}{2}\frac{r}{a}(\sin\theta\, e^{i\varphi} + \sin\theta\, e^{-i\varphi}) + \frac{3}{2}\frac{r^2}{a^2}(\sin\theta\cos\theta\, e^{i\varphi} + \sin\theta\cos\theta\, e^{-i\varphi}) =$$

$$\frac{r}{a}\sin\theta\cos\varphi + \frac{3}{2}\frac{r^2}{a^2}\sin 2\theta\cos\varphi$$

第 15 章 柱 函 数

$$\mathbf{\nabla}^2 v + k^2 v = 0$$

$$\frac{1}{r} \frac{\partial}{\partial r}\left(r \frac{\partial v}{\partial r}\right) + \frac{1}{r^2}\frac{\partial^2 v}{\partial \varphi^2} + \frac{\partial^2 v}{\partial z^2} + k^2 v = 0 \quad \Rightarrow \quad \begin{cases} \dfrac{\mathrm{d}^2 Z}{\mathrm{d}z^2} + \lambda Z = 0 \\[2mm] \dfrac{\mathrm{d}^2 \Phi}{\mathrm{d}\varphi^2} + \mu \Phi = 0 \\[2mm] \dfrac{1}{r}\dfrac{\mathrm{d}}{\mathrm{d}r}\left(r\dfrac{\mathrm{d}R}{\mathrm{d}r}\right) + \left(k^2 - \lambda - \dfrac{\mu}{r^2}\right) R = 0 \end{cases}$$

亥姆霍兹方程在柱坐标系下分离变量得到的常微分方程为

$$\frac{1}{r}\frac{\mathrm{d}}{\mathrm{d}r}\left(r\frac{\mathrm{d}R}{\mathrm{d}r}\right) + \left(k^2 - \lambda - \frac{\mu}{r^2}\right) R = 0$$

若 $k^2 - \lambda \neq 0$，作变换 $x = \sqrt{k^2 - \lambda}\, r$，$y(x) = R(r)$，则

$$\mathrm{d}x = \sqrt{k^2 - \lambda}\,\mathrm{d}r, \qquad \frac{\mathrm{d}}{\mathrm{d}r} = \sqrt{k^2 - \lambda}\,\frac{\mathrm{d}}{\mathrm{d}x}, \qquad \frac{\mathrm{d}R}{\mathrm{d}r} = \frac{\mathrm{d}y}{\mathrm{d}r} = \frac{\mathrm{d}y}{\mathrm{d}x}\frac{\mathrm{d}x}{\mathrm{d}r} = \sqrt{k^2 - \lambda}\,\frac{\mathrm{d}y}{\mathrm{d}x}$$

代入方程可得

$$\sqrt{k^2 - \lambda}\,\frac{1}{x}\,\sqrt{k^2 - \lambda}\,\frac{\mathrm{d}}{\mathrm{d}x}\left(\frac{x}{\sqrt{k^2 - \lambda}}\sqrt{k^2 - \lambda}\,\frac{\mathrm{d}y}{\mathrm{d}x}\right) + \left(k^2 - \lambda - \mu\,\frac{k^2 - \lambda}{x^2}\right) y = 0$$

则有

$$\frac{k^2 - \lambda}{x}\frac{\mathrm{d}}{\mathrm{d}x}\left(x\frac{\mathrm{d}y}{\mathrm{d}x}\right) + (k^2 - \lambda)\left(1 - \frac{\mu}{x^2}\right) y = 0$$

即

$$\frac{1}{x}\frac{\mathrm{d}}{\mathrm{d}x}\left(x\frac{\mathrm{d}y}{\mathrm{d}x}\right) + \left(1 - \frac{\mu}{x^2}\right) y = 0$$

令 $\mu = \nu^2$，则

$$\frac{1}{x}\frac{\mathrm{d}}{\mathrm{d}x}\left(x\frac{\mathrm{d}y}{\mathrm{d}x}\right) + \left(1 - \frac{\nu^2}{x^2}\right) y = 0 \qquad \text{——} \nu \text{ 阶贝塞尔方程}$$

本章就来讨论该方程的解、解函数的主要性质，以及分离变量法中涉及的各种问题。

对 ν 阶贝塞尔方程进行化简，有 $\dfrac{1}{x}y' + y'' + \left(1 - \dfrac{\nu^2}{x^2}\right) y = 0$；

标准形式：$y'' + \dfrac{1}{x}y' + \left(1 - \dfrac{\nu^2}{x^2}\right) y = 0$；

系数函数：$p(x) = \dfrac{1}{x}$，$q(x) = 1 - \dfrac{\nu^2}{x^2}$；

方程的奇点:$x=0,\infty$。

$$xp(x)=1,\quad x^2q(x)=x^2-\nu^2\quad\Rightarrow\quad x=0\text{ 是正则奇点}$$

$$2-\frac{1}{t}p(1/t)=1,\quad\frac{1}{t^2}q(1/t)=\frac{1}{t^2}-\nu^2\quad\Rightarrow t=0\text{ 处不解析},x=\infty\text{ 是非正则奇点}$$

15.1 贝塞尔函数和诺依曼函数

当 $\nu\neq$ 整数时,贝塞尔方程的两个线性无关解为 $\mathrm{J}_{\pm\nu}(x)=\sum_{k=0}^{\infty}\dfrac{(-1)^k}{k!\,\Gamma(k\pm\nu+1)}\left(\dfrac{x}{2}\right)^{2k\pm\nu}$,其称为 $\pm\nu$ 阶贝塞尔函数(第一类贝塞尔函数)。

当 $\nu=$ 整数 n 时,$\mathrm{J}_n(x)$ 与 $\mathrm{J}_{-n}(x)$ 线性相关,引入第二类贝塞尔函数(诺依曼函数):

$\mathrm{N}_\nu(x)=\dfrac{\cos\nu\pi\,\mathrm{J}_\nu(x)-\mathrm{J}_{-\nu}(x)}{\sin\nu\pi}$,无论 ν 是否为整数,$\mathrm{J}_n(x)$ 与 $\mathrm{N}_n(x)$ 总是线性无关。

15.2 贝塞尔函数的递推关系

基本递推关系

$$\frac{\mathrm{d}}{\mathrm{d}x}\left[x^\nu\mathrm{J}_\nu(x)\right]=x^\nu\mathrm{J}_{\nu-1}(x),\qquad\frac{\mathrm{d}}{\mathrm{d}x}\left[x^{-\nu}\mathrm{J}_\nu(x)\right]=-x^{-\nu}\mathrm{J}_{\nu+1}(x)$$

证明
$$\mathrm{J}_{\pm\nu}(x)=\sum_{k=0}^{\infty}\frac{(-1)^k}{k!\,\Gamma(k\pm\nu+1)}\left(\frac{x}{2}\right)^{2k\pm\nu}$$

达朗贝尔判别法

$$\left|\frac{u_{k+1}}{u_k}\right|=\left|\left[\frac{(-1)^{k+1}}{(k+1)!\,\Gamma(k+1\pm\nu+1)}\left(\frac{x}{2}\right)^{2k+2\pm\nu}\right]\Big/\left[\frac{(-1)^k}{k!\,\Gamma(k\pm\nu+1)}\left(\frac{x}{2}\right)^{2k\pm\nu}\right]\right|=$$

$$\left|\frac{x^2}{4(k+1)(k\pm\nu+1)}\right|<1\quad(z\Gamma(z)=\Gamma(z+1))$$

可知级数在全平面收敛,可以逐项微商,有

$$\frac{\mathrm{d}}{\mathrm{d}x}\left[x^\nu\mathrm{J}_\nu(x)\right]=\sum_{k=0}^{\infty}\frac{(-1)^k}{k!\,\Gamma(k+\nu+1)}\frac{1}{2^{2k+\nu}}\frac{\mathrm{d}}{\mathrm{d}x}x^{2k+2\nu}=\sum_{k=0}^{\infty}\frac{(-1)^k}{k!\,\Gamma(k+\nu+1)}\frac{k+\nu}{2^{2k+\nu-1}}x^{2k+2\nu-1}=$$

$$\sum_{k=0}^{\infty}\frac{(-1)^k}{k!\,\Gamma(k+\nu)}\frac{1}{2^{2k+\nu-1}}x^{2k+2\nu-1}=x^\nu\sum_{k=0}^{\infty}\frac{(-1)^k}{k!\,\Gamma(k+\nu)}\frac{1}{2^{2k+\nu-1}}x^{2k+\nu-1}=$$

$$x^\nu\mathrm{J}_{\nu-1}(x)\quad(z\Gamma(z)=\Gamma(z+1))$$

$$\frac{\mathrm{d}}{\mathrm{d}x}\left[x^{-\nu}\mathrm{J}_\nu(x)\right]=\sum_{k=0}^{\infty}\frac{(-1)^k}{k!\,\Gamma(k+\nu+1)}\frac{1}{2^{2k+\nu}}\frac{\mathrm{d}}{\mathrm{d}x}x^{2k}=\sum_{k=1}^{\infty}\frac{(-1)^k}{k!\,\Gamma(k+\nu+1)}\frac{2k}{2^{2k+\nu}}x^{2k-1}=$$

$$\sum_{k=1}^{\infty}\frac{(-1)^k}{(k-1)!\,\Gamma(k+\nu+1)}\frac{1}{2^{2k+\nu-1}}x^{2k-1}=$$

$$\sum_{k=0}^{\infty}\frac{(-1)^{k+1}}{k!\,\Gamma(k+\nu+2)}\frac{1}{2^{2k+\nu+1}}x^{2k+1}=$$

$$-\sum_{k=0}^{\infty}\frac{(-1)^k}{k!\ \Gamma(k+\nu+2)}\frac{1}{2^{2k+\nu+1}}x^{2k+\nu+1}x^{-\nu}=-x^{-\nu}J_{\nu+1}(x)$$

由基本递推关系，有

$$\begin{cases}\dfrac{d}{dx}[x^{\nu}J_{\nu}(x)]=x^{\nu}J_{\nu-1}(x)\\[2mm]\dfrac{d}{dx}[x^{-\nu}J_{\nu}(x)]=-x^{-\nu}J_{\nu+1}(x)\end{cases}\Rightarrow\begin{cases}\nu x^{\nu-1}J_{\nu}(x)+x^{\nu}J'_{\nu}(x)=x^{\nu}J_{\nu-1}(x)\\[2mm]-\nu x^{-\nu-1}J_{\nu}(x)+x^{-\nu}J'_{\nu}(x)=-x^{-\nu}J_{\nu+1}(x)\end{cases}$$

即

$$\begin{cases}\nu J_{\nu}(x)+xJ'_{\nu}(x)=xJ_{\nu-1}(x) & (15.1)\\[2mm]-\nu J_{\nu}(x)+xJ'_{\nu}(x)=-xJ_{\nu+1}(x) & (15.2)\end{cases}$$

式(15.1)＋式(15.2)，有

$$J_{\nu-1}(x)-J_{\nu+1}(x)=2J'_{\nu}(x)$$

式(15.1)－式(15.2)，有

$$J_{\nu-1}(x)+J_{\nu+1}(x)=\frac{2\nu}{x}J_{\nu}(x)$$

因此，任意整数阶贝塞尔函数总可以用零阶和一阶贝塞尔函数表示。

令 $\nu=0$，有

$$\begin{cases}J_{\nu-1}(x)-J_{\nu+1}(x)=2J'_{\nu}(x)\\[2mm]J_{\nu-1}(x)+J_{\nu+1}(x)=\dfrac{2\nu}{x}J_{\nu}(x)\end{cases}\Rightarrow\begin{cases}J_{-1}(x)-J_1(x)=2J'_0(x)\\[2mm]J_{-1}(x)+J_1(x)=0\end{cases}\Rightarrow\quad-J_1(x)=J'_0(x)$$

由 ν 阶贝塞尔函数的递推关系可知，ν 阶诺依曼函数的递推关系为

$$\begin{cases}\dfrac{d}{dx}[x^{\nu}N_{\nu}(x)]=x^{\nu}N_{\nu-1}(x)\\[2mm]\dfrac{d}{dx}[x^{-\nu}N_{\nu}(x)]=-x^{-\nu}N_{\nu+1}(x)\end{cases}$$

定义 15.1　（柱函数）满足递推关系 $\begin{cases}\dfrac{d}{dx}[x^{\nu}u_{\nu}(x)]=x^{\nu}u_{\nu-1}(x)\\[2mm]\dfrac{d}{dx}[x^{-\nu}u_{\nu}(x)]=-x^{-\nu}u_{\nu+1}(x)\end{cases}$ 的函数 $\{u_{\nu}(x)\}$

统称为柱函数。

柱函数一定是贝塞尔方程的解。

第一类柱函数 —— 第一类贝塞尔函数（贝塞尔函数）；

第二类柱函数 —— 第二类贝塞尔函数（诺依曼函数）。

例 15.1　计算积分 $\int J_3(x)dx$。

解　由基本递推关系：$\dfrac{d}{dx}[x^{-\nu}J_{\nu}(x)]=-x^{-\nu}J_{\nu+1}(x)$，可知

$$\int J_3(x)dx=\int x^2[x^{-2}J_3(x)]dx=-\int x^2\frac{d}{dx}[x^{-2}J_2(x)]dx=-J_2(x)+2\int x^{-1}J_2(x)dx=$$
$$-J_2(x)-2x^{-1}J_1(x)+C$$

例 15.2　计算积分 $\int_0^1(1-x^2)J_0(\mu x)xdx$，其中 $J_0(\mu)=0$。

解 利用递推关系 $\dfrac{\mathrm{d}}{\mathrm{d}x}[x^{\nu}\mathrm{J}_{\nu}(x)]=x^{\nu}\mathrm{J}_{\nu-1}(x)$，分部积分得

$$\int_0^1 (1-x^2)\mathrm{J}_0(\mu x)x\,\mathrm{d}x=\int_0^1 (1-x^2)\frac{1}{\mu}\frac{\mathrm{d}}{\mathrm{d}x}[x\mathrm{J}_1(\mu x)]\mathrm{d}x=$$

$$(1-x^2)\frac{1}{\mu}[x\mathrm{J}_1(\mu x)]_0^1-\frac{1}{\mu}\int_0^1 x\mathrm{J}_1(\mu x)\mathrm{d}(1-x^2)=$$

$$0+\frac{2}{\mu}\int_0^1 x^2\mathrm{J}_1(\mu x)\mathrm{d}x=\frac{2}{\mu^4}\int_0^1 (\mu x)^2\mathrm{J}_1(\mu x)\mathrm{d}(\mu x)=$$

$$\frac{2}{\mu^2}x^2\mathrm{J}_2(\mu x)\Big|_0^1=\frac{2}{\mu^2}\mathrm{J}_2(\mu)$$

因为 $\mathrm{J}_{\nu-1}(x)+\mathrm{J}_{\nu+1}(x)=\dfrac{2\nu}{x}\mathrm{J}_\nu(x)$，所以 $\mathrm{J}_2(\mu)=\dfrac{2}{\mu}\mathrm{J}_1(\mu)-\mathrm{J}_0(\mu)$。

故

$$\int_0^1 (1-x^2)\mathrm{J}_0(\mu x)x\,\mathrm{d}x=\frac{2}{\mu^2}\left[\frac{2}{\mu}\mathrm{J}_1(\mu)-\mathrm{J}_0(\mu)\right]=\frac{4}{\mu^3}\mathrm{J}_1(\mu)$$

例 15.3 计算积分 $\displaystyle\int x^4\mathrm{J}_1(x)\mathrm{d}x$。

解 方法一：利用递推关系 $\dfrac{\mathrm{d}}{\mathrm{d}x}[x^{\nu}\mathrm{J}_{\nu}(x)]=x^{\nu}\mathrm{J}_{\nu-1}(x)$，可知

$$\int x^4\mathrm{J}_1(x)\mathrm{d}x=\int x^2[x^2\mathrm{J}_1(x)]\mathrm{d}x=\int x^2\frac{\mathrm{d}}{\mathrm{d}x}[x^2\mathrm{J}_2(x)]\mathrm{d}x=x^4\mathrm{J}_2(x)-2\int x^3\mathrm{J}_2(x)\mathrm{d}x=$$

$$x^4\mathrm{J}_2(x)-2\int\frac{\mathrm{d}}{\mathrm{d}x}[x^3\mathrm{J}_3(x)]\mathrm{d}x=x^4\mathrm{J}_2(x)-2x^3\mathrm{J}_3(x)+C$$

又有
$$\mathrm{J}_{\nu-1}(x)+\mathrm{J}_{\nu+1}(x)=\frac{2\nu}{x}\mathrm{J}_\nu(x)$$

$$\int x^4\mathrm{J}_1(x)\mathrm{d}x=x^4\left[\frac{2}{x}\mathrm{J}_1(x)-\mathrm{J}_0(x)\right]-2x^3\left[\frac{4}{x}\mathrm{J}_2(x)-\mathrm{J}_1(x)\right]=$$

$$4x^3\mathrm{J}_1(x)-x^4\mathrm{J}_0(x)-8x^2\left[\frac{2}{x}\mathrm{J}_1(x)-\mathrm{J}_0(x)\right]=$$

$$(4x^3-16x)\mathrm{J}_1(x)+(-x^4+8x^2)\mathrm{J}_0(x)$$

方法二：利用递推关系 $\dfrac{\mathrm{d}}{\mathrm{d}x}[x^{-\nu}\mathrm{J}_{\nu}(x)]=-x^{-\nu}\mathrm{J}_{\nu+1}(x)$，可知令 $\nu=0,-\mathrm{J}_1(x)=\mathrm{J}'_0(x)$。

$$\int x^4\mathrm{J}_1(x)\mathrm{d}x=-\int x^4\mathrm{J}'_0(x)\mathrm{d}x=-x^4\mathrm{J}_0(x)+4\int x^3\mathrm{J}_0(x)\mathrm{d}x=$$

$$-x^4\mathrm{J}_0(x)+4\int x^2[x\mathrm{J}_0(x)]\mathrm{d}x=-x^4\mathrm{J}_0(x)+4\int x^2\frac{\mathrm{d}}{\mathrm{d}x}[x\mathrm{J}_1(x)]\mathrm{d}x=$$

$$-x^4\mathrm{J}_0(x)+4x^3\mathrm{J}_1(x)-8\int x^2\mathrm{J}_1(x)\mathrm{d}x=$$

$$-x^4\mathrm{J}_0(x)+4x^3\mathrm{J}_1(x)-8x^2\mathrm{J}_2(x)+C=$$

$$-x^4\mathrm{J}_0(x)+4x^3\mathrm{J}_1(x)-8x^2\left[\frac{2}{x}\mathrm{J}_1(x)-\mathrm{J}_0(x)\right]=$$

$$(4x^3 - 16x)\mathrm{J}_1(x) + (-x^4 + 8x^2)\mathrm{J}_0(x)$$

不同的方法,相同的结果,相同的本质。

15.3   贝塞尔函数的渐进展开

$$\mathrm{J}_\nu(x) = \sum_{k=0}^{\infty} \frac{(-1)^k}{k!\,\Gamma(k+\nu+1)} \left(\frac{x}{2}\right)^{2k+\nu} = \frac{1}{\Gamma(\nu+1)} \left(\frac{x}{2}\right)^\nu + \sum_{k=1}^{\infty} \frac{(-1)^k}{k!\,\Gamma(k+\nu+1)} \left(\frac{x}{2}\right)^{2k+\nu}$$

贝塞尔函数渐进展开的两种基本类型:

(1) 适用于 $x \to 0$: $\mathrm{J}_\nu(x) = \dfrac{1}{\Gamma(\nu+1)} \left(\dfrac{x}{2}\right)^\nu + o(x^{\nu+2})$。

(2) 适用于 $x \to \infty$: $\mathrm{J}_\nu(x) \sim \sqrt{\dfrac{2}{\pi x}} \cos\left(x - \dfrac{\nu\pi}{2} - \dfrac{\pi}{4}\right)$, $|\arg x| < \pi$。

15.4   整数阶贝塞尔函数的生成函数和积分表示

(1) $\mathrm{J}_n(x)$ 的生成函数展开式: $\exp\left[\dfrac{x}{2}\left(t - \dfrac{1}{t}\right)\right] = \sum\limits_{n=-\infty}^{\infty} \mathrm{J}_n(x) t^n$, $0 < |t| < \infty$。

在第 5 章 5.5 节例 5.16 中已讨论,证明略。

(2) $\mathrm{J}_n(x)$ 的积分表示: $\mathrm{J}_n(x) = \dfrac{1}{\pi} \int_0^\pi \cos(x\sin\theta - n\theta)\mathrm{d}\theta$。

证明   令 $t = \mathrm{e}^{\mathrm{i}\theta}$,代入生成函数展开式中

$$\exp\left[\frac{x}{2}\left(t - \frac{1}{t}\right)\right] = \exp\left[\frac{x}{2}(\mathrm{e}^{\mathrm{i}\theta} - \mathrm{e}^{-\mathrm{i}\theta})\right] = \mathrm{e}^{\mathrm{i}x\sin\theta} = \sum_{n=-\infty}^{\infty} \mathrm{J}_n(x)\mathrm{e}^{\mathrm{i}n\theta}$$

这正是函数 $\mathrm{e}^{\mathrm{i}x\sin\theta}$ 的傅里叶展开式(复数形式),由傅里叶展开的系数公式知

$$\mathrm{J}_n(x) = \frac{1}{2\pi} \int_{-\pi}^{\pi} \mathrm{e}^{\mathrm{i}x\sin\theta} (\mathrm{e}^{\mathrm{i}n\theta})^* \mathrm{d}\theta = \frac{1}{2\pi} \int_{-\pi}^{\pi} \mathrm{e}^{\mathrm{i}x\sin\theta - \mathrm{i}n\theta} \mathrm{d}\theta =$$

$$\frac{1}{2\pi} \int_{-\pi}^{\pi} [\cos(x\sin\theta - n\theta) + \mathrm{i}\sin(x\sin\theta - n\theta)]\mathrm{d}\theta =$$

$$\frac{1}{2\pi} \int_{-\pi}^{\pi} \cos(x\sin\theta - n\theta)\mathrm{d}\theta = \frac{1}{\pi} \int_0^\pi \cos(x\sin\theta - n\theta)\mathrm{d}\theta$$

例 15.4   计算积分 $\displaystyle\int_0^\infty \mathrm{e}^{-ax} \mathrm{J}_0(bx)\mathrm{d}x$, $\mathrm{Re}\, a > 0$。

解   方法一:代入贝塞尔函数的级数表示,并逐项积分,有

$$\int_0^\infty \mathrm{e}^{-ax} \mathrm{J}_0(bx)\mathrm{d}x = \int_0^\infty \mathrm{e}^{-ax} \sum_{k=0}^{\infty} \frac{(-1)^k}{k!\,\Gamma(k+0+1)} \left(\frac{bx}{2}\right)^{2k} \mathrm{d}x = \int_0^\infty \mathrm{e}^{-ax} \sum_{k=0}^{\infty} \frac{(-1)^k}{k!\,k!} \left(\frac{bx}{2}\right)^{2k} \mathrm{d}x =$$

$$\sum_{k=0}^{\infty} \frac{(-1)^k}{k!\,k!} \left(\frac{b}{2}\right)^{2k} \int_0^\infty \mathrm{e}^{-ax} x^{2k}\mathrm{d}x = \sum_{k=0}^{\infty} \frac{(-1)^k}{k!\,k!} \left(\frac{b}{2}\right)^{2k} \frac{(2k)!}{a^{2k+1}} =$$

$$\frac{1}{a} \sum_{k=0}^{\infty} \frac{(-1)^k (2k)!}{k!\,k!\,2^{2k}} \left(\frac{b}{a}\right)^{2k} =$$

$$\frac{1}{a}\sum_{k=0}^{\infty}\frac{(-1)^{k}\left[(2k-1)(2k-3)(2k-5)\cdots 3\times 1\right]}{k!\ 2^{k}}\left(\frac{b}{a}\right)^{2k}=$$

$$\frac{1}{a}\sum_{k=0}^{\infty}\frac{1}{k!}\left(-\frac{1}{2}\right)\left(-\frac{3}{2}\right)\left(-\frac{5}{2}\right)\cdots\left(-\frac{2k-1}{2}\right)\left(\frac{b}{a}\right)^{2k}$$

$$f(z)=\frac{1}{\sqrt{1+z}}=\sum_{k=0}^{\infty}\frac{f^{(k)}(0)}{k!}z^{k}=\sum_{k=0}^{\infty}\frac{1}{k!}\left(-\frac{1}{2}\right)\left(-\frac{3}{2}\right)\cdots\left(\frac{1}{2}-k\right)z^{k},\quad |z|<1$$

$$\int_{0}^{\infty}\mathrm{e}^{-ax}\mathrm{J}_{0}(bx)\mathrm{d}x=\frac{1}{a}\left[1+\left(\frac{b}{a}\right)^{2}\right]^{-\frac{1}{2}}=\frac{1}{\sqrt{a^{2}+b^{2}}},\quad \left|\frac{b}{a}\right|<1$$

方法二:用 $\mathrm{J}_{n}(x)$ 的积分表示来计算,有

$$\int_{0}^{\infty}\mathrm{e}^{-ax}\mathrm{J}_{0}(bx)\mathrm{d}x=\int_{0}^{\infty}\mathrm{e}^{-ax}\left[\frac{1}{\pi}\int_{0}^{\pi}\cos\left(bx\sin\theta\right)\mathrm{d}\theta\right]\mathrm{d}x=\int_{0}^{\infty}\mathrm{e}^{-ax}\left(\frac{1}{2\pi}\int_{-\pi}^{\pi}\mathrm{e}^{ibx\sin\theta}\mathrm{d}\theta\right)\mathrm{d}x=$$

$$\frac{1}{2\pi}\int_{-\pi}^{\pi}\mathrm{d}\theta\int_{0}^{\infty}\mathrm{e}^{-(a-ib\sin\theta)x}\mathrm{d}x=\frac{1}{2\pi}\int_{-\pi}^{\pi}\frac{\mathrm{d}\theta}{a-ib\sin\theta}$$

令 $z=\mathrm{e}^{i\theta}$,$\sin\theta=\dfrac{z^{2}-1}{2iz}$,$\mathrm{d}\theta=\dfrac{\mathrm{d}z}{iz}$

$$\int_{0}^{\infty}\mathrm{e}^{-ax}\mathrm{J}_{0}(bx)\mathrm{d}x=\frac{1}{2\pi}\oint_{|z|=1}\frac{\frac{\mathrm{d}z}{iz}}{a-\frac{b(z^{2}-1)}{2z}}=\frac{1}{2\pi i}\oint_{|z|=1}\frac{2}{-bz^{2}+2az+b}\mathrm{d}z=$$

$$\frac{1}{-bz+a}\bigg|_{z=a-\frac{\sqrt{a^{2}+b^{2}}}{b}}=\frac{1}{\sqrt{a^{2}+b^{2}}}$$

例 15.5 利用生成函数证明

$$\cos x=\mathrm{J}_{0}(x)+2\sum_{m=1}^{\infty}(-1)^{m}\mathrm{J}_{2m}(x),\quad \sin x=2\sum_{m=0}^{\infty}(-1)^{m}\mathrm{J}_{2m+1}(x)$$

分析 $\exp\left[\dfrac{x}{2}\left(t-\dfrac{1}{t}\right)\right]=\sum_{n=-\infty}^{\infty}\mathrm{J}_{n}(x)t^{n}$,$\mathrm{e}^{ix}=\cos x+i\sin x$,寻找使 $\exp\left[\dfrac{x}{2}\left(t-\dfrac{1}{t}\right)\right]=\mathrm{e}^{ix}$ 成立的 t ,即 $\dfrac{1}{2}\left(t-\dfrac{1}{t}\right)=i$,$t^{2}-2it-1=0$,$t^{2}-2it+i^{2}=0$,$t=i$ 。

证明 令 $t=i$,则 $\exp\left[\dfrac{x}{2}\left(t-\dfrac{1}{t}\right)\right]=\mathrm{e}^{ix}=\sum_{n=-\infty}^{\infty}\mathrm{J}_{n}(x)i^{n}$ 。

即

$$\cos x+i\sin x=\sum_{n=-\infty}^{-1}\mathrm{J}_{n}(x)i^{n}+\mathrm{J}_{0}(x)+\sum_{n=1}^{\infty}\mathrm{J}_{n}(x)i^{n}=$$

$$\sum_{n=1}^{\infty}\mathrm{J}_{-n}(x)i^{-n}+\mathrm{J}_{0}(x)+\sum_{n=1}^{\infty}\mathrm{J}_{n}(x)i^{n}=$$

$$\sum_{n=1}^{\infty}(-1)^{n}\mathrm{J}_{n}(x)i^{-n}+\mathrm{J}_{0}(x)+\sum_{n=1}^{\infty}\mathrm{J}_{n}(x)i^{n}=$$

$$\mathrm{J}_{0}(x)+\sum_{n=1}^{\infty}\left[(-1)^{n}\frac{1}{i^{n}}+i^{n}\right]\mathrm{J}_{n}(x)=\mathrm{J}_{0}(x)+\sum_{n=1}^{\infty}2i^{n}\mathrm{J}_{n}(x)$$

其中
$$(-1)^n \frac{1}{i^n} = (-1)^n \frac{1}{i^n} \frac{i^n}{i^n} = (-1)^n \frac{i^n}{(-1)^n} = i^n$$

$$\cos x + i\sin x = J_0(x) + 2\sum_{m=1}^{\infty} i^{2m} J_{2m}(x) + 2\sum_{m=1}^{\infty} i^{2m+1} J_{2m+1}(x) =$$

$$J_0(x) + 2\sum_{m=1}^{\infty} (-1)^m J_{2m}(x) + 2i\sum_{m=1}^{\infty} (-1)^m J_{2m+1}(x)$$

实、虚部分别相等,则

$$\cos x = J_0(x) + 2\sum_{m=1}^{\infty} (-1)^m J_{2m}(x), \quad \sin x = 2\sum_{m=0}^{\infty} (-1)^m J_{2m+1}(x)$$

贝塞尔函数的物理意义:

令 $J_n(x)$ 的生成函数展开式中 $t = ie^{i\vartheta}$,代入

$$\exp\left[\frac{x}{2}\left(t - \frac{1}{t}\right)\right] = \sum_{n=-\infty}^{\infty} J_n(x) t^n, \quad 0 < |t| < \infty$$

可以得到

$$e^{ix\cos\theta} = \sum_{n=-\infty}^{\infty} J_n(x) i^n e^{in\theta} = \sum_{n=-\infty}^{-1} J_n(x) i^n e^{in\theta} + J_0(x) + \sum_{n=1}^{\infty} J_n(x) i^n e^{in\theta} =$$

$$\sum_{n=1}^{\infty} J_{-n}(x) i^{-n} e^{-in\theta} + J_0(x) + \sum_{n=1}^{\infty} J_n(x) i^n e^{in\theta} =$$

$$\sum_{n=1}^{\infty} (-1)^n J_n(x) i^{-n} e^{-in\theta} + J_0(x) + \sum_{n=1}^{\infty} J_n(x) i^n e^{in\theta} =$$

$$\sum_{n=1}^{\infty} J_n(x) i^n e^{-in\theta} + J_0(x) + \sum_{n=1}^{\infty} J_n(x) i^n e^{in\theta} = J_0(x) + 2\sum_{n=1}^{\infty} J_n(x) i^n \cos n\theta$$

再令 $x = kr$,有

$$e^{ikr\cos\theta} = J_0(kr) + 2\sum_{n=1}^{\infty} i^n J_n(kr) \cos n\theta$$

若 r, θ 为坐标变量(柱坐标),k 为波数,取相位的时间因子为 $e^{-i\omega t}$,则上式两端分别对应于波动过程相位因子的空间部分:$e^{ikr\cos\theta}$ 是沿 x 轴正方向传播的平面波,其等相位面是 $kr\cos\theta - \omega t = \text{cons}$。右端各项中的 $J_0(kr)$ 和 $J_n(kr)$ 描述的是柱面波。

$e^{ix\cos\theta} = J_0(x) + 2\sum_{n=1}^{\infty} J_n(x) i^n \cos n\theta$ 的物理含义:平面波按柱面波展开。为什么 $J_n(kr)$ 描述的就是柱面波呢?

$$J_\nu(kr) \sim \sqrt{\frac{2}{\pi kr}} \cos\left(kr - \frac{\nu\pi}{2} - \frac{\pi}{4}\right), \quad |\arg kr| < \pi \qquad (\text{第二类渐进展开})$$

当 r 足够大时,$J_n(kr)$ 所描述的波动过程的相位是

$$\cos\left(kr - \frac{\nu\pi}{2} - \frac{\pi}{4}\right) e^{-i\omega t} = \frac{e^{i\left(kr - \frac{\nu\pi}{2} - \frac{\pi}{4} - \omega t\right)} + e^{-i\left(kr - \frac{\nu\pi}{2} - \frac{\pi}{4} + \omega t\right)}}{2}$$

等相面是柱面:$kr - \frac{\nu\pi}{2} - \frac{\pi}{4} \mp \omega t = \text{cons}$。分别描述的是不断扩大的发散柱面波,或不断收缩的会聚柱面波。

因为 $J_n(kr)$ 的第二类渐进展开式中含有与 $\sqrt{r}$ 成反比的振幅因子,所以波动过程的能流密度与 r 成反比。而圆柱的侧面积与 r 成正比,因此,单位时间内流过每个圆柱面的总能量不变。

$$J_\nu(kr) \sim \sqrt{\frac{2}{\pi kr}} \cos\left(kr - \frac{\nu\pi}{2} - \frac{\pi}{4}\right), \, |\arg kr| < \pi,$$ 描述的是一个不衰减的柱面波。

15.5　贝塞尔方程的本征值问题

求四周固定的圆形薄膜的固有频率。

取平面极坐标系,圆形薄膜中心为坐标原点.定解问题为

$$\begin{cases} \dfrac{\partial^2 u}{\partial t^2} - c^2\left[\dfrac{1}{r}\dfrac{\partial}{\partial r}\left(r\dfrac{\partial u}{\partial r}\right) + \dfrac{1}{r^2}\dfrac{\partial^2 u}{\partial \varphi^2}\right] = 0 \quad —— \text{振动方程} \\ u\big|_{r=0} \text{有界}, \quad u\big|_{r=a} = 0 \\ u\big|_{\varphi=0} = u\big|_{\varphi=2\pi}, \quad \dfrac{\partial u}{\partial \varphi}\bigg|_{\varphi=0} = \dfrac{\partial u}{\partial \varphi}\bigg|_{\varphi=2\pi} \end{cases} \Bigg\} \text{边界条件}$$

令 $u(r,\varphi,t) = v(r,\varphi)e^{-i\omega t}$,代入方程得

$$v(-\omega^2 e^{-i\omega t}) - c^2 e^{-i\omega t}\left[\frac{1}{r}\frac{\partial}{\partial r}\left(r\frac{\partial v}{\partial r}\right) + \frac{1}{r^2}\frac{\partial^2 v}{\partial \varphi^2}\right] = 0$$

$$-\omega^2 v - c^2\left[\frac{1}{r}\frac{\partial}{\partial r}\left(r\frac{\partial v}{\partial r}\right) + \frac{1}{r^2}\frac{\partial^2 v}{\partial \varphi^2}\right] = 0$$

$$\frac{1}{r}\frac{\partial}{\partial r}\left(r\frac{\partial v}{\partial r}\right) + \frac{1}{r^2}\frac{\partial^2 v}{\partial \varphi^2} + \frac{\omega^2}{c^2}v = 0$$

令 $k = \omega/c$,则

$$\begin{cases} \dfrac{1}{r}\dfrac{\partial}{\partial r}\left(r\dfrac{\partial v}{\partial r}\right) + \dfrac{1}{r^2}\dfrac{\partial^2 v}{\partial \varphi^2} + k^2 v = 0 \\ v\big|_{r=0} \text{有界}, \quad v\big|_{r=a} = 0 \\ v\big|_{\varphi=0} = u\big|_{\varphi=2\pi}, \quad \dfrac{\partial v}{\partial \varphi}\bigg|_{\varphi=0} = \dfrac{\partial v}{\partial \varphi}\bigg|_{\varphi=2\pi} \end{cases}$$

再次分离变量,令 $v(r,\varphi) = R(r)\Phi(\varphi)$,代入方程得

$$\Phi \frac{1}{r}\frac{d}{dr}\left(r\frac{dR}{dr}\right) + R\frac{1}{r^2}\frac{d^2\Phi}{d\varphi^2} + k^2 R\Phi = 0$$

两边同乘以 $\dfrac{r^2}{R\Phi}$ 得

$$\frac{r^2}{R}\frac{1}{r}\frac{d}{dr}\left(r\frac{dR}{dr}\right) + r^2 k^2 = -\frac{1}{\Phi}\frac{d^2\Phi}{d\varphi^2} \equiv \mu$$

有　　$$\frac{1}{r}\frac{d}{dr}\left(r\frac{dR}{dr}\right) + \left(k^2 - \frac{\mu}{r^2}\right)R = 0, \quad \frac{d^2\Phi}{d\varphi^2} + \mu\Phi = 0$$

第一个本征值问题

$$\begin{cases} \dfrac{\mathrm{d}^2 \Phi}{\mathrm{d}\varphi^2} + \mu \Phi = 0 \\ \Phi(0) = \Phi(2\pi), \quad \Phi'(0) = \Phi'(2\pi) \quad \text{——周期性条件} \end{cases}$$

若 $\mu = 0$，可知 $\Phi(\varphi) = C_1 \varphi + C_2$。由周期性条件知 $C_2 = C_1 2\pi + C_2 \Rightarrow C_1 = 0, C_2$ 任意。本征函数为 $\Phi_0(\varphi) = 1$。

若 $\mu \neq 0$，可知 $\Phi(\varphi) = A \sin \sqrt{\mu}\, \varphi + B \cos \sqrt{\mu}\, \varphi$。

由周期性条件知

$$B = A \sin 2\pi \sqrt{\mu} + B \cos 2\pi \sqrt{\mu} \Rightarrow A \sin 2\pi \sqrt{\mu} + B(\cos 2\pi \sqrt{\mu} - 1) = 0$$

$$A = A \cos 2\pi \sqrt{\mu} - B \sin 2\pi \sqrt{\mu} \Rightarrow A(\cos 2\pi \sqrt{\mu} - 1) - B \sin 2\pi \sqrt{\mu} = 0$$

$$A, B \text{ 有非零解} \Leftrightarrow \begin{vmatrix} \sin 2\pi \sqrt{\mu} & \cos 2\pi \sqrt{\mu} - 1 \\ \cos 2\pi \sqrt{\mu} - 1 & -\sin 2\pi \sqrt{\mu} \end{vmatrix} = 0$$

$\mu_m = m^2 (m = 1, 2, 3, \cdots)$ 相应的 A, B 为任意值，本征函数为 $\Phi_{m1}(\varphi) = \sin m\varphi$，$\Phi_{m2}(\varphi) = \cos m\varphi$。

第二个本征值问题

$$\begin{cases} \dfrac{1}{r} \dfrac{\mathrm{d}}{\mathrm{d}r} \left(r \dfrac{\mathrm{d}R}{\mathrm{d}r} \right) + \left(k^2 - \dfrac{\mu}{r^2} \right) R = 0 \\ R(0) \text{ 有界}, \quad R(a) = 0 \end{cases}$$

对方程作变换，令 $kr = x, R(r) = y(x)$，则

$$k\,\mathrm{d}r = \mathrm{d}x, \quad \frac{\mathrm{d}}{\mathrm{d}r} = k \frac{\mathrm{d}}{\mathrm{d}x}, \quad \frac{\mathrm{d}R}{\mathrm{d}r} = \frac{\mathrm{d}y}{\mathrm{d}r} = \frac{\mathrm{d}y}{\mathrm{d}x} \frac{\mathrm{d}x}{\mathrm{d}r} = k \frac{\mathrm{d}y}{\mathrm{d}x}$$

$$\frac{k}{x} k \frac{\mathrm{d}}{\mathrm{d}x} \left(\frac{x}{k} k \frac{\mathrm{d}y}{\mathrm{d}x} \right) + \left(k^2 - \frac{m^2 k^2}{x^2} \right) y = 0$$

$$\frac{k^2}{x} \frac{\mathrm{d}}{\mathrm{d}x} \left(x \frac{\mathrm{d}y}{\mathrm{d}x} \right) + k^2 \left(1 - \frac{m^2}{x^2} \right) y = 0$$

$$\frac{1}{x} \frac{\mathrm{d}}{\mathrm{d}x} \left(x \frac{\mathrm{d}y}{\mathrm{d}x} \right) + \left(1 - \frac{m^2}{x^2} \right) y = 0 \quad \text{——整数阶贝塞尔方程}$$

通解为 $R(r) = C J_m(kr) + D N_m(kr)$

因为 $R(0)$ 有界，所以 $D = 0$（$N_m(kr)$ 在 0 点发散）。又因为 $R(a) = 0$，所以 $J_m(ka) = 0$。

$J_m(x) = \sum_{l=0}^{\infty} \dfrac{(-1)^l}{l! \, \Gamma(l+m+1)} \left(\dfrac{x}{2} \right)^{2l+m}$，对于 $J_m(x) = 0$ 的 x 有很多个，记 m 阶贝塞尔函数 $J_m(x)$ 的第 i 个零点为：$\mu_i^{(m)} (i = 1, 2, 3, \cdots)$。

本征值：$k_{mi}^2 = \left(\dfrac{\mu_i^{(m)}}{a} \right)^2$；

本征函数：$R_{mi}(r) = J_m(k_{mi} r), \omega = kc \Rightarrow \omega_{mi} = \dfrac{\mu_i^{(m)}}{c}$。

关于 $J_n(x)$ 零点的结论：当 $n > -1$ 或为整数时，$J_n(x)$ 有无穷多个零点，它们全部都是实数，对称地分布在实轴上。

1. $J_m(k_{mi} r)$ 的正交性

$R_{mi}(r) = J_m(k_{mi} r)$ 满足

$$\frac{1}{r}\frac{d}{dr}\left[r\frac{dJ_m(k_{mi}r)}{dr}\right]+\left(k_{mi}^2-\frac{m^2}{r^2}\right)J_m(k_{mi}r)=0 \tag{15.3}$$

$J_m(0)$ 有界,$J_m(k_{mi}r)=0$。

$R(r)=J_m(kr)$ 满足

$$\frac{1}{r}\frac{d}{dr}\left[r\frac{dJ_m(kr)}{dr}\right]+\left(k^2-\frac{m^2}{r^2}\right)J_m(kr)=0 \tag{15.4}$$

$J_m(0)$ 有界,k 为任意实数,一般 $J_m(ka)\neq 0$。

$$\int_0^a\left[rJ_m(kr)\times 式(15.3)-rJ_m(k_{mi}r)\times 式(15.4)\right]dr=$$

$$\int_0^a\left\{J_m(kr)\frac{d}{dr}\left[r\frac{dJ_m(k_{mi}r)}{dr}\right]-J_m(k_{mi}r)\frac{d}{dr}\left[r\frac{dJ_m(kr)}{dr}\right]+\left(k_{mi}^2-\frac{m^2}{r^2}\right)J_m(k_{mi}r)rJ_m(kr)-\right.$$

$$\left.\left(k^2-\frac{m^2}{r^2}\right)J_m(kr)rJ_m(k_{mi}r)\right\}dr=0$$

$$\int_0^a\left\{J_m(kr)\frac{d}{dr}\left[r\frac{dJ_m(k_{mi}r)}{dr}\right]-J_m(k_{mi}r)\frac{d}{dr}\left[r\frac{dJ_m(kr)}{dr}\right]+k_{mi}^2J_m(k_{mi}r)rJ_m(kr)-\right.$$

$$\left.k^2J_m(kr)rJ_m(k_{mi}r)\right\}dr=0$$

$$(k_{mi}^2-k^2)\int_0^a J_m(k_{mi}r)J_m(kr)rdr=$$

$$\int_0^a\left\{-J_m(kr)\frac{d}{dr}\left[r\frac{dJ_m(k_{mi}r)}{dr}\right]+J_m(k_{mi}r)\frac{d}{dr}\left[r\frac{dJ_m(kr)}{dr}\right]\right\}dr=$$

$$-J_m(kr)r\frac{dJ_m(k_{mi}r)}{dr}\bigg|_0^a+\int_0^a r\frac{dJ_m(k_{mi}r)}{dr}d[J_m(kr)]+$$

$$J_m(k_{mi}r)r\frac{dJ_m(kr)}{dr}\bigg|_0^a-\int_0^a r\frac{dJ_m(kr)}{dr}d[J_m(k_{mi}r)]=$$

$$-J_m(kr)r\frac{dJ_m(k_{mi}r)}{dr}\bigg|_0^a+\int_0^a r\frac{dJ_m(k_{mi}r)}{dr}\frac{dJ_m(kr)}{dr}dr+$$

$$J_m(k_{mi}r)r\frac{dJ_m(kr)}{dr}\bigg|_0^a-\int_0^a r\frac{dJ_m(kr)}{dr}\frac{dJ_m(k_{mi}r)}{dr}dr=$$

$$r\left[J_m(k_{mi}r)\frac{dJ_m(kr)}{dr}-J_m(kr)\frac{dJ_m(k_{mi}r)}{dr}\right]_0^a$$

代入边界条件 $R(a)=0$,即 $J_m(k_{mi}a)=0$,则

$$(k_{mi}^2-k^2)\int_0^a J_m(k_{mi}r)J_m(kr)rdr=-aJ_m(ka)\frac{dJ_m(k_{mi}r)}{dr}\bigg|_{r=a}$$

$$(k_{mi}^2-k^2)\int_0^a J_m(k_{mi}r)J_m(kr)rdr=-k_{mi}aJ_m(ka)J'_m(k_{mi}a)$$

当 $k=k_{mj}\neq k_{mi}$ 时,有

$$(k_{mi}^2-k_{mj}^2)\int_0^a J_m(k_{mi}r)J_m(k_{mj}r)rdr=-k_{mi}aJ_m(k_{mj}a)J'_m(k_{mi}a)=0$$

$$\int_0^a J_m(k_{mi}r)J_m(k_{mj}r)rdr=0$$

$J_m(k_{mi}r)$ 和 $J_m(k_{mj}r)$ 以权重 r 正交。

当 $k = k_{mj}$ 时,有

$$(k_{mi}^2 - k^2)\int_0^a J_m(k_{mi}r)J_m(kr)r\,dr = -k_{mi}aJ_m(ka)J'_m(k_{mi}a)$$

上式两端同除以 $k_{mi}^2 - k^2$,再取极限 $k \to k_{mi}$,则

$$\int_0^a J_m^2(k_{mi}r)r\,dr = -\lim_{k\to k_{mi}}\frac{k_{mi}a}{k_{mi}^2 - k^2}J_m(ka)J'_m(k_{mi}a) = -k_{mi}aJ'_m(k_{mi}a)\lim_{k\to k_{mi}}\frac{J_m(ka)}{k_{mi}^2 - k^2} =$$

$$-k_{mi}aJ'_m(k_{mi}a)\frac{J'_m(k_{mi}a)a}{-2k_{mi}} = \frac{a^2}{2}[J'_m(k_{mi}a)]^2 \qquad (模方)$$

2. $J_m(k_{mi}r)$ 的完备性

若函数 $f(r)$ 在区间 $[0,a]$ 上连续,且只有有限个极大和极小值,则可按本征函数 $J_m(k_{mi}r)$ 展开为

$$f(r) = \sum_{i=1}^{\infty} b_i J_m(k_{mi}r), \quad b_i = \frac{\int_0^a f(r)J_m(k_{mi}r)r\,dr}{\int_0^a J_m^2(k_{mi}r)r\,dr}$$

级数在区间 $[\delta, a+\delta](\delta > 0)$ 上一致收敛。

例 15.6　将 $f(r) = r$ 在 $[0,a]$ 上展开为 $J_1\left(\frac{\mu_i}{a}r\right)$ 的级数,μ_i 为 $J_1(x)$ 的第 i 个正零点。

解　令 $f(r) = r = \sum_{i=1}^{\infty} b_i J_1\left(\frac{\mu_i}{a}r\right)$,由整数阶贝塞尔的完备性和贝塞尔函数的基本递推

关系 $\frac{d}{dx}[x^{-\nu}J_\nu(x)] = -x^{-\nu}J_{\nu+1}(x)$ 可知

$$b_i = \frac{\int_0^a rJ_1\left(\mu_i\frac{r}{a}\right)r\,dr}{\int_0^a J_1^2\left(\mu_i\frac{r}{a}\right)r\,dr} = \frac{\int_0^a r^2 J_1\left(\mu_i\frac{r}{a}\right)dr}{\frac{a^2}{2}[J'_1(\mu_i)]^2} = \frac{\int_0^a r^2 J_1\left(\mu_i\frac{r}{a}\right)dr}{\frac{a^2}{2}[-J_2(\mu_i)]^2}$$

$$\int_0^a r^2 J_1\left(\mu_i\frac{r}{a}\right)dr = \int_0^a \frac{a^3}{\mu_i^3}\left(\mu_i\frac{r}{a}\right)^2 J_1\left(\mu_i\frac{r}{a}\right)d\left(\mu_i\frac{r}{a}\right) = \frac{a^3}{\mu_i^3}\int_0^a d\left[\left(\mu_i\frac{r}{a}\right)^2 J_2\left(\mu_i\frac{r}{a}\right)\right] =$$

$$\frac{a^3}{\mu_i^3}(\mu_i)^2 J_2(\mu_i) = \frac{a^3}{\mu_i}J_2(\mu_i)$$

$$b_i = \frac{2a}{\mu_i J_2(\mu_i)}$$

$$f(r) = r = \sum_{i=1}^{\infty}\frac{2a}{\mu_i J_2(\mu_i)}J_1\left(\frac{\mu_i}{a}r\right)$$

例 15.7　将 $f(x) = 1$ 在 $[0,1]$ 上展开为 $J_0(x)$ 的级数,μ_i 为 $J_0(x)$ 的第 i 个正零点。

解　令 $f(x) = 1 = \sum_{i=1}^{\infty} b_i J_0(\mu_i x)$,

$$b_i = \frac{\int_0^1 J_0(\mu_i x)x\,dx}{\int_0^1 J_0^2(\mu_i x)x\,dx} = \frac{2\int_0^1 xJ_0(\mu_i x)dx}{[J'_0(\mu_i)]^2} = \frac{2\int_0^1 xJ_0(\mu_i x)dx}{J_1^2(\mu_i)}$$

$$\int_0^1 x J_0(\mu_i x)\,dx = \int_0^1 \frac{1}{\mu_i^2}(\mu_i x)J_0(\mu_i x)\,d(\mu_i x) = \frac{1}{\mu_i^2}\int_0^1 d\left[(\mu_i x)J_1(\mu_i x)\right] =$$

$$\frac{1}{\mu_i^2}\mu_i J_1(\mu_i) = \frac{1}{\mu_i}J_1(\mu_i)$$

$$b_i = \frac{2}{\mu_i J_1(\mu_i)}$$

$$f(x)=1=\sum_{i=1}^\infty \frac{2}{\mu_i J_1(\mu_i)}J_0(\mu_i x)$$

例 15.8 （圆柱体的冷却）设有一半径为 a 的无限长圆柱体，表面温度为零，初始温度为 $u_0 f(r)$，求柱体内温度的分布与变化。

解 取圆柱体的轴为 z 轴，显然温度与 z 和 φ 无关，取 $u=u(r,t)$，定解问题为

$$\begin{cases}\dfrac{\partial u}{\partial t}-\kappa\dfrac{1}{r}\dfrac{\partial}{\partial r}\left(r\dfrac{\partial u}{\partial r}\right)=0\\ u\big|_{r=0},\quad u\big|_{r=a}=0\\ u\big|_{t=0}=u_0 f(r)\end{cases}$$

分离变量，令 $u(r,t)=R(r)T(t)$ 代入方程得

$$R\frac{dT}{dt}-\kappa T\frac{1}{r}\frac{d}{dr}\left(r\frac{dR}{dr}\right)=0$$

有

$$\frac{1}{\kappa T}\frac{dT}{dt}=\frac{1}{R}\frac{1}{r}\frac{d}{dr}\left(r\frac{dR}{dr}\right)\equiv -\lambda$$

可得本征值问题

$$\begin{cases}\dfrac{1}{r}\dfrac{d}{dr}\left(r\dfrac{dR}{dr}\right)+\lambda R=0 \quad\text{——零阶的贝塞尔方程}\\ R(0)\text{ 有界},\quad R(a)=0\end{cases}$$

和

$$T'+\lambda\kappa T=0\Rightarrow T(t)=Ce^{-\lambda\kappa t}$$

μ_i 是 $J_0(x)$ 的第 i 个正零点，本征值：$\lambda=\left(\dfrac{\mu_i}{a}\right)^2$，本征函数：$R_i(r)=J_0\left(\dfrac{\mu_i}{a}r\right)$。

一般解为

$$u(r,t)=\sum_{i=1}^\infty C_i J_0\left(\mu_i\frac{r}{a}\right)\exp\left[-\kappa\left(\frac{\mu_i}{a}\right)^2 t\right]$$

将其代入初始条件：$u(r,0)=\sum_{i=1}^\infty C_i J_0\left(\mu_i\dfrac{r}{a}\right)=u_0 f(r)$，得

$$C_i=\frac{\int_0^a u_0 f(r)J_0\left(\mu_i\dfrac{r}{a}\right)r\,dr}{\int_0^a J_0^2\left(\mu_i\dfrac{r}{a}\right)r\,dr}$$

由 $\int_0^a J_m^2(k_{mi}r)r\,dr=\dfrac{a^2}{2}\left[J_m'(k_{mi}a)\right]^2$ 和 $-J_1(x)=J_0'(x)$ 得

$$\int_0^a J_0^2\left(\mu_i\frac{r}{a}\right)r\,dr=\frac{a^2}{2}\left[J_0'(\mu_i)\right]^2=\frac{a^2}{2}J_1^2(\mu_i)$$

则

$$C_i = \frac{\int_0^a u_0 f(r) \mathrm{J}_0\left(\mu_i \frac{r}{a}\right) r \mathrm{d}r}{\int_0^a \mathrm{J}_0^2\left(\mu_i \frac{r}{a}\right) r \mathrm{d}r} = \frac{2u_0}{a^2 \mathrm{J}_1^2(\mu_i)} \int_0^a f(r) \mathrm{J}_0\left(\mu_i \frac{r}{a}\right) r \mathrm{d}r$$

故

$$u(r,t) = \sum_{i=1}^\infty \frac{2u_0}{a^2 \mathrm{J}_1^2(\mu_i)} \left[\int_0^a f(r) \mathrm{J}_0\left(\mu_i \frac{r}{a}\right) r \mathrm{d}r \right] \mathrm{J}_0\left(\mu_i \frac{r}{a}\right) \exp\left[-\kappa \left(\frac{\mu_i}{a}\right)^2 t\right]$$

例 15.9 半径为 a 的均匀圆柱,高为 h,柱侧面保持零度,上下两底温度分别为 $f_1(r)$,$f_2(r)$,求柱体内稳定的温度分布。

解 取圆柱体的轴为 z 轴,如图 15-1 所示,显然温度与 φ 无关,取 $u = u(r,z)$,定解问题为

$$\begin{cases} \frac{1}{r}\frac{\partial}{\partial r}\left(r\frac{\partial u}{\partial r}\right) + \frac{\partial^2 u}{\partial z^2} = 0 \\ u\big|_{r=0} \text{有界}, \quad u\big|_{r=a} = 0 \\ u\big|_{z=0} = f_1(r), \quad u\big|_{z=h} = f_2(r) \end{cases}$$

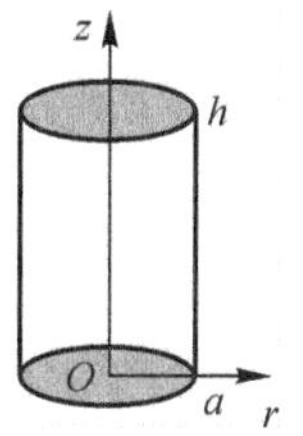

图 15-1

分离变量,令 $u(r,z) = R(r)Z(z)$,代入方程得

$$Z\frac{1}{r}\frac{\mathrm{d}}{\mathrm{d}r}\left(r\frac{\mathrm{d}R}{\mathrm{d}r}\right) + R\frac{\mathrm{d}^2 Z}{\mathrm{d}z^2} = 0$$

即

$$\frac{1}{Z}\frac{\mathrm{d}^2 Z}{\mathrm{d}z^2} = -\frac{1}{R}\frac{1}{r}\frac{\mathrm{d}}{\mathrm{d}r}\left(r\frac{\mathrm{d}R}{\mathrm{d}r}\right) \equiv \lambda$$

有本征值问题

$$\begin{cases} \frac{1}{r}\frac{\mathrm{d}}{\mathrm{d}r}\left(r\frac{\mathrm{d}R}{\mathrm{d}r}\right) + \lambda R = 0 \quad\text{——零阶的贝塞尔方程} \\ R(0)\text{有界}, \quad R(a) = 0 \end{cases}$$

和

$$\begin{cases} Z'' - \lambda Z = 0 \\ Z(0) = f_1(r), \quad Z(h) = f_2(r) \end{cases} \Rightarrow Z_i(z) = C_i \mathrm{e}^{\frac{\mu_i}{a}z} + D_i \mathrm{e}^{-\frac{\mu_i}{a}z}$$

μ_i 是 $\mathrm{J}_0(x)$ 的第 i 个正零点,本征值:$\lambda = \left(\frac{\mu_i}{a}\right)^2$,本征函数:$R_i(r) = \mathrm{J}_0\left(\frac{\mu_i}{a}r\right)$。

一般解为

$$u(r,t) = \sum_{i=1}^\infty \left(C_i \mathrm{e}^{\frac{\mu_i}{a}z} + D_i \mathrm{e}^{-\frac{\mu_i}{a}z}\right) \mathrm{J}_0\left(\mu_i \frac{r}{a}\right)$$

将其代入边界条件,得

$$\begin{cases} u(r,0) = \sum_{i=1}^\infty (C_i + D_i) \mathrm{J}_0\left(\mu_i \frac{r}{a}\right) = f_1(r) \\ u(r,h) = \sum_{i=1}^\infty \left(C_i \mathrm{e}^{\frac{\mu_i}{a}h} + D_i \mathrm{e}^{-\frac{\mu_i}{a}h}\right) \mathrm{J}_0\left(\mu_i \frac{r}{a}\right) = f_2(r) \end{cases}$$

由零阶贝塞尔函数的正交性可知

$$(C_i + D_i) \int_0^a \mathrm{J}_0^2\left(\mu_i \frac{r}{a}\right) r \mathrm{d}r = \int_0^a f_1(r) \mathrm{J}_0\left(\mu_i \frac{r}{a}\right) r \mathrm{d}r$$

$$\left(C_i \mathrm{e}^{\frac{\mu_i}{a}z} + D_i \mathrm{e}^{-\frac{\mu_i}{a}z}\right) \int_0^a \mathrm{J}_0^2\left(\mu_i \frac{r}{a}\right) r\,\mathrm{d}r = \int_0^a f_2(r) \mathrm{J}_0\left(\mu_i \frac{r}{a}\right) r\,\mathrm{d}r$$

令 $C_i + D_i = \dfrac{\int_0^a f_1(r) \mathrm{J}_0\left(\mu_i \dfrac{r}{a}\right) r\,\mathrm{d}r}{\dfrac{a^2}{2} \mathrm{J}_1^2(\mu_i)} \equiv F_{1i}$, $C_i \mathrm{e}^{\frac{\mu_i}{a}z} + D_i \mathrm{e}^{-\frac{\mu_i}{a}z} = \dfrac{\int_0^a f_2(r) \mathrm{J}_0\left(\mu_i \dfrac{r}{a}\right) r\,\mathrm{d}r}{\dfrac{a^2}{2} \mathrm{J}_1^2(\mu_i)} \equiv F_{2i}$

可知

$$C_i = \frac{-F_{1i} \mathrm{e}^{-\frac{\mu_i}{a}h} + F_{2i}}{\mathrm{e}^{\frac{\mu_i}{a}h} - \mathrm{e}^{-\frac{\mu_i}{a}h}}, \quad D_i = \frac{F_{1i} \mathrm{e}^{\frac{\mu_i}{a}h} - F_{2i}}{\mathrm{e}^{\frac{\mu_i}{a}h} - \mathrm{e}^{-\frac{\mu_i}{a}h}}$$

故

$$u(r,z) = \sum_{i=1}^{\infty} \left(C_i \mathrm{e}^{\frac{\mu_i}{a}z} + D_i \mathrm{e}^{-\frac{\mu_i}{a}z}\right) \mathrm{J}_0\left(\mu_i \frac{r}{a}\right)$$

15.6　半奇数阶贝塞尔函数

$$\mathrm{J}_\nu(x) = \sum_{k=0}^{\infty} \frac{(-1)^k}{k!\,\Gamma(k+\nu+1)} \left(\frac{x}{2}\right)^{2k+\nu}$$

令 $v = \dfrac{1}{2}$,有

$$\mathrm{J}_{\frac{1}{2}}(x) = \sum_{k=0}^{\infty} \frac{(-1)^k}{k!\,\Gamma\left(k+\dfrac{3}{2}\right)} \left(\frac{x}{2}\right)^{2k+\frac{1}{2}} =$$

$$\sum_{k=0}^{\infty} \frac{(-1)^k}{\Gamma(k+1)\Gamma\left(k+\dfrac{3}{2}\right)} \left(\frac{x}{2}\right)^{2k+\frac{1}{2}} = \qquad (\Gamma(k+1) = k!\,)$$

$$\sum_{k=0}^{\infty} \frac{(-1)^k 2^{2(k+1)-1} \pi^{-\frac{1}{2}}}{\Gamma(2k+2)} \left(\frac{x}{2}\right)^{2k+\frac{1}{2}} = \qquad \left(\Gamma(2z) = 2^{2z-1} \pi^{-\frac{1}{2}} \Gamma(z)\Gamma\left(z+\frac{1}{2}\right)\right)$$

$$\sqrt{\frac{2}{\pi x}} \sum_{k=0}^{\infty} \frac{(-1)^k}{(2k+1)!} x^{2k+1} = \sqrt{\frac{2}{\pi x}} \sin x$$

令 $v = -\dfrac{1}{2}$,有

$$\mathrm{J}_{-\frac{1}{2}}(x) = \sum_{k=0}^{\infty} \frac{(-1)^k}{k!\,\Gamma\left(k+\dfrac{1}{2}\right)} \left(\frac{x}{2}\right)^{2k-\frac{1}{2}} =$$

$$\sum_{k=0}^{\infty} \frac{(-1)^k}{\Gamma(k+1)\Gamma\left(k+\dfrac{1}{2}\right)} \left(\frac{x}{2}\right)^{2k-\frac{1}{2}} = \qquad (\Gamma(k+1) = k!\,)$$

$$\sum_{k=0}^{\infty} \frac{(-1)^k}{k\,\Gamma(k)\Gamma\left(k+\dfrac{1}{2}\right)} \left(\frac{x}{2}\right)^{2k-\frac{1}{2}} = \qquad (\Gamma(k+1) = k\,\Gamma(k))$$

$$\sum_{k=0}^{\infty} \frac{(-1)^k \, 2^{2k-1} \pi^{-\frac{1}{2}}}{k \, \Gamma(2k)} \left(\frac{x}{2}\right)^{2k-\frac{1}{2}} = \qquad \left(\Gamma(2z) = 2^{2z-1} \pi^{-\frac{1}{2}} \Gamma(z) \Gamma\left(z + \frac{1}{2}\right)\right)$$

$$\sqrt{\frac{2}{\pi x}} \sum_{k=0}^{\infty} \frac{(-1)^k}{2k \, \Gamma(2k)} x^{2k} = \sqrt{\frac{2}{\pi x}} \sum_{k=0}^{\infty} \frac{(-1)^k}{(2k)!} x^{2k} = \sqrt{\frac{2}{\pi x}} \cos x$$

由 $J_{\nu-1}(x) + J_{\nu+1}(x) = \dfrac{2\nu}{x} J_\nu(x)$ 知：

当 $v = \dfrac{1}{2}$ 时,有

$$J_{\frac{3}{2}}(x) = \frac{1}{x} J_{\frac{1}{2}}(x) - J_{-\frac{1}{2}}(x) = \frac{1}{x} \sqrt{\frac{2}{\pi x}} \sin x - \sqrt{\frac{2}{\pi x}} \cos x = \sqrt{\frac{2}{\pi x}} \left(\frac{\sin x}{x} - \cos x\right)$$

当 $v = -\dfrac{1}{2}$ 时,有

$$J_{-\frac{3}{2}}(x) = -\frac{1}{x} J_{-\frac{1}{2}}(x) - J_{\frac{1}{2}}(x) = -\frac{1}{x} \sqrt{\frac{2}{\pi x}} \cos x - \sqrt{\frac{2}{\pi x}} \sin x = -\sqrt{\frac{2}{\pi x}} \left(\frac{\cos x}{x} - \sin x\right)$$

当 $v = \pm n + \dfrac{1}{2}$ 时,$J_\nu(x)$ 与 $J_{\pm\frac{1}{2}}(x)$ 的关系?

由基本递推关系:$\begin{cases} \dfrac{\mathrm{d}}{\mathrm{d}x}\left[x^\nu J_\nu(x)\right] = x^\nu J_{\nu-1}(x) \\[2mm] \dfrac{\mathrm{d}}{\mathrm{d}x}\left[x^{-\nu} J_\nu(x)\right] = -x^{-\nu} J_{\nu+1}(x) \end{cases}$,可知

$$\begin{cases} \dfrac{1}{x} \dfrac{\mathrm{d}}{\mathrm{d}x}\left[x^\nu J_\nu(x)\right] = x^{\nu-1} J_{\nu-1}(x) \\[2mm] -\dfrac{1}{x} \dfrac{\mathrm{d}}{\mathrm{d}x}\left[x^{-\nu} J_\nu(x)\right] = x^{-(\nu+1)} J_{\nu+1}(x) \end{cases}$$

对上式两边分别作运算 $\dfrac{1}{x} \dfrac{\mathrm{d}}{\mathrm{d}x}$, $-\dfrac{1}{x} \dfrac{\mathrm{d}}{\mathrm{d}x}$ 可得

$$\begin{cases} \dfrac{1}{x} \dfrac{\mathrm{d}}{\mathrm{d}x}\left\{\dfrac{1}{x} \dfrac{\mathrm{d}}{\mathrm{d}x}\left[x^\nu J_\nu(x)\right]\right\} = \dfrac{1}{x} \dfrac{\mathrm{d}}{\mathrm{d}x}\left[x^{\nu-1} J_{\nu-1}(x)\right] = x^{\nu-2} J_{\nu-2}(x) \\[3mm] -\dfrac{1}{x} \dfrac{\mathrm{d}}{\mathrm{d}x}\left\{-\dfrac{1}{x} \dfrac{\mathrm{d}}{\mathrm{d}x}\left[x^{-\nu} J_\nu(x)\right]\right\} = -\dfrac{1}{x} \dfrac{\mathrm{d}}{\mathrm{d}x}\left[x^{-(\nu+1)} J_{\nu+1}(x)\right] = x^{-(\nu+2)} J_{\nu+2}(x) \end{cases}$$

重复 n 次同样的运算后,有

$$\begin{cases} \left(\dfrac{1}{x} \dfrac{\mathrm{d}}{\mathrm{d}x}\right)^n \left[x^\nu J_\nu(x)\right] = x^{\nu-n} J_{\nu-n}(x) & \Rightarrow & \left(\dfrac{1}{x} \dfrac{\mathrm{d}}{\mathrm{d}x}\right)^n \left[x^{\frac{1}{2}} J_{\frac{1}{2}}(x)\right] = x^{-n+\frac{1}{2}} J_{-n+\frac{1}{2}}(x) \\[3mm] \left(-\dfrac{1}{x} \dfrac{\mathrm{d}}{\mathrm{d}x}\right)^n \left[x^{-\nu} J_\nu(x)\right] = x^{-(\nu+n)} J_{\nu+n}(x) & \Rightarrow & \left(-\dfrac{1}{x} \dfrac{\mathrm{d}}{\mathrm{d}x}\right)^n \left[x^{-\frac{1}{2}} J_{\frac{1}{2}}(x)\right] = x^{-n-\frac{1}{2}} J_{n+\frac{1}{2}}(x) \end{cases}$$

即

$$\begin{cases} J_{-n+\frac{1}{2}}(x) = x^{-n+\frac{1}{2}} \left(\dfrac{1}{x} \dfrac{\mathrm{d}}{\mathrm{d}x}\right)^n \left[x^{\frac{1}{2}} J_{\frac{1}{2}}(x)\right] \\[3mm] J_{n+\frac{1}{2}}(x) = x^{-n-\frac{1}{2}} \left(-\dfrac{1}{x} \dfrac{\mathrm{d}}{\mathrm{d}x}\right)^n \left[x^{-\frac{1}{2}} J_{\frac{1}{2}}(x)\right] \end{cases}$$

任意半奇数阶贝塞尔函数本质上是三角函数和幂函数的复合函数。

$J_{n+\frac{1}{2}}(x)$ 与 $J_{-(n+\frac{1}{2})}(x)$ 线性无关，$N_{n+\frac{1}{2}}(x)$ 与 $J_{-(n+\frac{1}{2})}(x)$ 线性相关。

15.7　球贝塞尔函数

亥姆霍兹方程在球坐标系下分离变量可得

$$\begin{cases} \dfrac{1}{r^2}\dfrac{\mathrm{d}}{\mathrm{d}r}\left(r^2\dfrac{\mathrm{d}R}{\mathrm{d}r}\right) + \left(k^2 - \dfrac{\lambda}{r^2}\right)R = 0 \\[2mm] \dfrac{1}{\sin\theta}\dfrac{\mathrm{d}}{\mathrm{d}\theta}\left(\sin\theta\dfrac{\mathrm{d}\Theta}{\mathrm{d}\theta}\right) + \left(\lambda - \dfrac{\mu}{\sin^2\theta}\right)\Theta = 0 \quad\text{——连带勒让德方程，}\quad \lambda = l(l+1) \\[2mm] \Phi'' + \mu\Phi = 0 \end{cases}$$

对第一个方程作变换，令 $kr = x$，$R(r) = y(x)$，则

$$k\,\mathrm{d}r = \mathrm{d}x\,,\qquad \frac{\mathrm{d}}{\mathrm{d}r} = k\frac{\mathrm{d}}{\mathrm{d}x}\,,\qquad \frac{\mathrm{d}R}{\mathrm{d}r} = \frac{\mathrm{d}y}{\mathrm{d}r} = \frac{\mathrm{d}y}{\mathrm{d}x}\frac{\mathrm{d}x}{\mathrm{d}r} = k\frac{\mathrm{d}y}{\mathrm{d}x}$$

$$\frac{k^2}{x^2}k\frac{\mathrm{d}}{\mathrm{d}x}\left(\frac{x^2}{k^2}k\frac{\mathrm{d}y}{\mathrm{d}x}\right) + \left(k^2 - \frac{\lambda}{x^2}k^2\right)y = 0$$

$$\frac{k^2}{x^2}\frac{\mathrm{d}}{\mathrm{d}x}\left(x^2\frac{\mathrm{d}y}{\mathrm{d}x}\right) + k^2\left(1 - \frac{\lambda}{x^2}\right)y = 0$$

令 $\lambda = l(l+1)$，有

$$\frac{1}{x^2}\frac{\mathrm{d}}{\mathrm{d}x}\left(x^2\frac{\mathrm{d}y}{\mathrm{d}x}\right) + \left[1 - \frac{l(l+1)}{x^2}\right]y = 0 \quad\text{——球贝塞尔方程}$$

化为标准形为

$$y'' + \frac{2}{x}y' + \left[1 - \frac{l(l+1)}{x^2}\right]y = 0$$

$$x = 0\,,\quad xp(x) = 2\,,\quad x^2q(x) = x^2 - l(l+1)$$

$$x = \infty\,,\quad 2 - \frac{1}{t}p\left(\frac{1}{t}\right) = 0\,,\quad \frac{1}{t^2}q\left(\frac{1}{t}\right) = \frac{1}{t^2} - l(l+1)$$

可知 $x = 0$ 是方程的正则奇点，$x = \infty$ 是方程的非正则奇点。

$x = 0$ 点的指标方程为

$$\rho(\rho - 1) + 2\rho - l(l+1) = 0 \quad\Rightarrow\quad \rho_1 = l\,,\quad \rho_2 = -(l+1)$$

而贝塞尔方程在 $x = 0$ 点的指标为 $\pm\nu$。

作变换 $y(x) = \dfrac{v(x)}{\sqrt{x}}$，则

$$y' = -\frac{1}{2}x^{-\frac{3}{2}}v + x^{-\frac{1}{2}}v'\,,\qquad y'' = \frac{3}{4}x^{-\frac{5}{2}}v - x^{-\frac{3}{2}}v' + x^{-\frac{1}{2}}v''$$

球贝塞尔方程化为

$$v'' + \frac{1}{x}v' + \left[1 - \frac{1}{4x^2} - \frac{l(l+1)}{x^2}\right]v = 0$$

$x = 0$，$xp(x) = 1$，$x^2q(x) = x^2 - \dfrac{1}{4} - l(l+1)$，故 $x = 0$ 是正则奇点。

$x = 0$ 点的指标方程为

$$\rho(\rho - 1) + \rho - \frac{1}{4} - l(l+1) = 0 \Rightarrow \rho = \pm\left(l + \frac{1}{2}\right)$$

实际上，$v(x)$ 满足的方程 $\dfrac{1}{x}\dfrac{\mathrm{d}}{\mathrm{d}x}\left(x\,\dfrac{\mathrm{d}v}{\mathrm{d}x}\right) + \left[1 - \dfrac{\left(l+\dfrac{1}{2}\right)^2}{x^2}\right]v = 0$ 是 $l + \dfrac{1}{2}$ 阶贝塞尔方程。$v(x)$ 的两个线性无关解为 $\mathrm{J}_{l+\frac{1}{2}}(x)$ 和 $\mathrm{J}_{-(l+\frac{1}{2})}(x) \cong \mathrm{N}_{l+\frac{1}{2}}(x)$。

球贝塞尔方程的解 $y(x) = \dfrac{v(x)}{\sqrt{x}}$ 的两个线性无关解取为

$$\mathrm{j}_l(x) = \sqrt{\frac{\pi}{2x}}\,\mathrm{J}_{l+\frac{1}{2}}(x) = \frac{\sqrt{\pi}}{2}\sum_{n=0}^{\infty}\frac{(-1)^n}{n!\;\Gamma\left(n+l+\dfrac{3}{2}\right)}\left(\frac{x}{2}\right)^{2n+l} \quad\text{——球贝塞尔函数}$$

$$\mathrm{n}_l(x) = \sqrt{\frac{\pi}{2x}}\,\mathrm{N}_{l+\frac{1}{2}}(x) = (-1)^{l+1}\frac{\sqrt{\pi}}{2}\sum_{n=0}^{\infty}\frac{(-1)^n}{n!\;\Gamma\left(n-l+\dfrac{1}{2}\right)}\left(\frac{x}{2}\right)^{2n-l-1} \quad\text{——球诺依曼}$$

函数

$$\mathrm{n}_l(x) = (-1)^{l+1}\mathrm{j}_{-l-1}(x)$$

可知

$$\mathrm{j}_0(x) = \sqrt{\frac{\pi}{2x}}\,\mathrm{J}_{\frac{1}{2}}(x) = \sqrt{\frac{\pi}{2x}}\sqrt{\frac{2}{\pi x}}\sin x = \frac{\sin x}{x}$$

$$\mathrm{j}_1(x) = \sqrt{\frac{\pi}{2x}}\,\mathrm{J}_{\frac{3}{2}}(x) = \sqrt{\frac{\pi}{2x}}\sqrt{\frac{2}{\pi x}}\left(\frac{\sin x}{x} - \cos x\right) = \frac{1}{x^2}(\sin x - x\cos x)$$

$$\mathrm{j}_2(x) = \sqrt{\frac{\pi}{2x}}\,\mathrm{J}_{\frac{5}{2}}(x) = \sqrt{\frac{\pi}{2x}}\sqrt{\frac{2}{\pi x}}\left(\frac{3-x^2}{x^2}\sin x - \frac{3}{x}\cos x\right) = \frac{1}{x^3}\big[(3-x^2)\sin x -$$

$3x\cos x\big]$

……

$$\mathrm{n}_0(x) = -\frac{\cos x}{x}$$

$$\mathrm{n}_1(x) = -\frac{1}{x^2}(\cos x + x\sin x)$$

$$\mathrm{n}_2(x) = -\frac{1}{x^3}\big[(3-x^2)\cos x + 3x\sin x\big]$$

……

例 15.10　将函数 $\mathrm{e}^{\mathrm{i}kr\cos\theta}$ 按勒让德多项式展开。

解　令 $\mathrm{e}^{\mathrm{i}kr\cos\theta} = \sum\limits_{l=0}^{\infty} b_l(kr)\mathrm{P}_l(\cos\theta)$，由勒让德多项式的正交完备性可知

$$b_l = \frac{2l+1}{2}\int_{-1}^{1} f(x)\mathrm{P}_l(x)\,\mathrm{d}x = \frac{2l+1}{2}\int_{-1}^{1}\mathrm{e}^{\mathrm{i}krx}\mathrm{P}_l(x)\,\mathrm{d}x = \frac{2l+1}{2}\sum_{n=0}^{\infty}\frac{(\mathrm{i}kr)^n}{n!}\int_{-1}^{1}x^n\mathrm{P}_l(x)\,\mathrm{d}x$$

已知 $n < l$ 的积分为 0，取 $n = l + 2m$，则

$$b_l = \frac{2l+1}{2} \sum_{m=0}^{\infty} \frac{(\mathrm{i}kr)^{l+2m}}{(l+2m)!} \int_{-1}^{1} x^{l+2m} \mathrm{P}_l(x) \, \mathrm{d}x$$

$$\int_{-1}^{1} x^{l+2m} \mathrm{P}_l(x) \, \mathrm{d}x = 2^{l+1} \frac{(l+2m)!}{m!} \frac{(l+m)!}{(2l+2m+1)!} = 2^{l+1} \frac{(l+2m)!}{m!} \frac{\Gamma(l+m+1)}{\Gamma(2l+2m+2)} =$$

$$2^{l+1} \frac{(l+2m)! \sqrt{\pi}}{m! \, 2^{2(l+m+1)-1} \Gamma\left(l+m+\frac{3}{2}\right)} = \frac{(l+2m)! \sqrt{\pi}}{2^{l+2m} m! \, \Gamma\left(l+m+\frac{3}{2}\right)}$$

$$b_l = \frac{2l+1}{2} \sum_{m=0}^{\infty} \frac{(\mathrm{i}kr)^{l+2m}}{(l+2m)!} \frac{(l+2m)! \sqrt{\pi}}{2^{l+2m} m! \, \Gamma\left(l+m+\frac{3}{2}\right)} =$$

$$\frac{2l+1}{2} \mathrm{i}^l \sqrt{\pi} \sum_{m=0}^{\infty} \frac{(-1)^m}{m! \, \Gamma\left(l+m+\frac{3}{2}\right)} \left(\frac{kr}{2}\right)^{l+2m} = (2l+1)\mathrm{i}^l \mathrm{j}_l(kr)$$

$$\mathrm{e}^{\mathrm{i}kr\cos\theta} = \sum_{l=0}^{\infty} (2l+1)\mathrm{i}^l \mathrm{j}_l(kr)\mathrm{P}_l(\cos\theta)$$

$$\mathrm{j}_l(kr) \sim \frac{1}{kr} \sin\left(kr - \frac{l\pi}{2}\right)$$

展开式的物理含义：平面波按球面波展开。

例 15.11 半径为 a 的均匀导热介质球，原来温度为 u_0，将其放入冰水中，使球面保持零度，求球内的温度变化。

解 定解问题为

$$\begin{cases} \dfrac{\partial u}{\partial t} - \kappa \, \boldsymbol{\nabla}^2 u = 0 \\ u\big|_{r=a} = 0 \\ u\big|_{t=0} = u_0 \end{cases}$$

可知 $u(r,\theta,\varphi,t) = u(r,t) \equiv R(r)T(t)$，代入方程 $\dfrac{\partial u}{\partial t} - \kappa \dfrac{1}{r^2} \dfrac{\partial}{\partial r}\left(r^2 \dfrac{\partial u}{\partial r}\right) = 0$

$$R \frac{\mathrm{d}T}{\mathrm{d}t} - \kappa T \frac{1}{r^2} \frac{\mathrm{d}}{\mathrm{d}r}\left(r^2 \frac{\mathrm{d}R}{\mathrm{d}r}\right) = 0$$

$$\frac{1}{\kappa T} \frac{\mathrm{d}T}{\mathrm{d}t} = \frac{1}{R} \frac{1}{r^2} \frac{\mathrm{d}}{\mathrm{d}r}\left(r^2 \frac{\mathrm{d}R}{\mathrm{d}r}\right) \equiv -k^2$$

得 $\qquad T' + k^2 \kappa T = 0, \quad \dfrac{1}{r^2} \dfrac{\mathrm{d}}{\mathrm{d}r}\left(r^2 \dfrac{\mathrm{d}R}{\mathrm{d}r}\right) + k^2 R = 0$ ——0 阶球贝塞尔方程

有本征值问题

$$\begin{cases} \dfrac{1}{r^2} \dfrac{\mathrm{d}}{\mathrm{d}r}\left(r^2 \dfrac{\mathrm{d}R}{\mathrm{d}r}\right) + k^2 R = 0 \\ R(0) \text{ 有界}, \quad R(a) = 0 \end{cases}$$

故 $\qquad R(r) = \mathrm{j}_0(kr) = \dfrac{\sin kr}{kr}$

由边界条件可知 $R(a) = \dfrac{\sin ka}{ka} = 0, ka = m\pi (m = 1,2,3\cdots)$。

本征值：$k_m^2 = \left(\dfrac{m\pi}{a}\right)^2 \ (m = 1, 2, 3 \cdots)$。

本征函数：$R(r) = \dfrac{a}{m\pi r} \sin \dfrac{m\pi r}{a} \ (m = 1, 2, 3 \cdots)$。

$$T' + \left(\frac{m\pi}{a}\right)^2 \kappa T = 0, \quad T_m(t) = C_m \mathrm{e}^{-\left(\frac{m\pi}{a}\right)^2 \kappa t}$$

一般解为

$$u(r, t) = \sum_{m=1}^{\infty} C_m \frac{a}{m\pi r} \sin \frac{m\pi r}{a} \mathrm{e}^{-\left(\frac{m\pi}{a}\right)^2 \kappa t}$$

代入初始条件：$u\big|_{t=0} = \sum\limits_{m=1}^{\infty} C_m \dfrac{a}{m\pi r} \sin \dfrac{m\pi r}{a} = u_0$，两边同乘以 $r \sin \dfrac{m\pi r}{a}$，再 $\displaystyle\int_0^a \mathrm{d}r$ 得

$$\int_0^a \sum_{m=1}^{\infty} C_m \frac{a}{m\pi r} \sin \frac{m\pi r}{a} r \sin \frac{m\pi r}{a} \mathrm{d}r = \int_0^a u_0 r \sin \frac{m\pi r}{a} \mathrm{d}r$$

$$C_m \int_0^a \frac{a}{m\pi} \sin^2 \frac{m\pi r}{a} \mathrm{d}r = \int_0^a u_0 r \sin \frac{m\pi r}{a} \mathrm{d}r$$

$$C_m = \frac{\displaystyle\int_0^a u_0 r \sin \frac{m\pi r}{a} \mathrm{d}r}{\displaystyle\int_0^a \frac{a}{m\pi} \sin^2 \frac{m\pi r}{a} \mathrm{d}r} = u_0 \frac{\displaystyle\int_0^a \frac{m\pi r}{a} \sin \frac{m\pi r}{a} \mathrm{d} \frac{m\pi r}{a}}{\displaystyle\int_0^a \sin^2 \frac{m\pi r}{a} \mathrm{d} \frac{m\pi r}{a}} = u_0 \frac{\displaystyle\int_0^{m\pi} x \sin x \, \mathrm{d}x}{\displaystyle\int_0^{m\pi} \sin^2 x \, \mathrm{d}x} =$$

$$u_0 \frac{(\sin x - x \cos x)\big|_0^{m\pi}}{\left(\dfrac{x}{2} - \dfrac{1}{4} \sin 2x\right)\Big|_0^{m\pi}} = u_0 \frac{\sin m\pi - m\pi \cos m\pi}{\dfrac{m\pi}{2} - \dfrac{1}{4} \sin 2m\pi} = u_0 \frac{-(-1)^m m\pi}{\dfrac{m\pi}{2}} = (-1)^{m+1} 2u_0$$

故得

$$u(r, t) = \sum_{m=1}^{\infty} (-1)^{m+1} \frac{2au_0}{m\pi r} \sin \frac{m\pi r}{a} \mathrm{e}^{-\left(\frac{m\pi}{a}\right)^2 \kappa t}$$

第16章 积分变换的应用

定义 16.1 若函数 $f(x)$ 在 $(-\infty, +\infty)$ 上连续、分段光滑且绝对可积，则称 $G(\omega) = \int_{-\infty}^{\infty} f(x) e^{-i\omega x} dx$ 为 $f(x)$ 的傅里叶变换。记作 $\mathscr{F}[f(x)] = G(\omega)$，而 $f(x) = \frac{1}{2\pi} \int_{-\infty}^{\infty} G(\omega) e^{i\omega x} d\omega$ 为 $G(\omega)$ 的傅里叶逆变换，记作 $\mathscr{L}^{-1}[G(\omega)] = f(x)$。

拉普拉斯变换和傅里叶变换的基本性质见表 16-1。

表　16-1

性　质	$\mathscr{L}[f(t)] = F(p)$	$\mathscr{F}[f(x)] = G(\omega)$
线性性质	$\mathscr{L}[af_1(t) + bf_2(t)] = aF_1(p) + bF_2(p)$	$\mathscr{F}[af_1(x) + bf_2(x)] = aG_1(\omega) + bG_2(\omega)$
位移性质	$\mathscr{L}[\exp(p_0 t) f(t)] = F(p - p_0)$	$\mathscr{F}[\exp(i\omega_0 x) f(x)] = G(\omega - \omega_0)$
延迟性质	$\mathscr{L}[f(t - t)] = \exp(-pt) F(p)$	$\mathscr{F}[f(x - x_0)] = \exp(-i\omega_0 x) G(\omega)$
相似性质	$\mathscr{L}[f(at)] = \frac{1}{a} F(p/a)$	$\mathscr{F}[f(ax)] = \frac{1}{|a|} G(\omega/a)$
微分性质	$\mathscr{L}[f(n)(t)] = p^n F(p) - p^{n-1} f(0) - p^{n-2} f'(0) - \cdots - f^{(n-1)}(0)$	$\mathscr{F}[f(n)(x)] = (i\omega)^n G(\omega)$ $\|x\| \to \infty$, $f^{(n-1)}(x) \to 0$, $n = 1,2,3,\cdots$
积分性质	$\mathscr{L}\left[\int_0^t f(\tau) d\tau\right] = \frac{F(p)}{p}$	$\mathscr{F}\left[\int_{x_0}^x f(\xi) d\xi\right] = \frac{G(\omega)}{i\omega}$
卷积性质	$\mathscr{L}[f_1(t) * f_2(t)] = F_1(p) F_2(p)$	$\mathscr{F}[f_1(x) * f_2(x)] = G_1(\omega) * G_2(\omega)$ $\mathscr{F}[f_1(x) f_2(x)] = \frac{1}{2\pi} G_1(\omega) * G_2(\omega)$
卷　积	$f_1(t) * f_2(t) = \int_0^t f_1(\tau) f_2(t - \tau) d\tau$	$f_1(x) * f_2(x) = \int_{-\infty}^{\infty} f_1(\xi) f_2(x - \xi) d\xi$

例 16.1 用傅里叶变换求解热传导方程的初值问题

$$\begin{cases} \dfrac{\partial u}{\partial t} - \kappa\, \dfrac{\partial^2 u}{\partial x^2}=0, & -\infty < x < \infty, \quad t > 0 \\[2mm] u\mid_{t=0}=\cos x \end{cases}$$

解　作傅里叶变换,有

$$\mathscr{F}\big[u(x,t)\big]=\int_{-\infty}^{\infty} u(x,t)\mathrm{e}^{-\mathrm{i}\omega x}\,\mathrm{d}x=\widetilde{u}(\omega,t),\qquad \mathscr{F}\big[\cos x\big]=\int_{-\infty}^{\infty}\cos x\,\mathrm{e}^{-\mathrm{i}\omega x}\,\mathrm{d}x=\widetilde{\varphi}(\omega)$$

定解问题化为

$$\begin{cases} \dfrac{\mathrm{d}\widetilde{u}(\omega,t)}{\mathrm{d}t} - \kappa\,(\mathrm{i}\omega)^2\,\widetilde{u}(\omega,t)=0 \\[2mm] \widetilde{u}(\omega,0)=\widetilde{\varphi}(\omega) \end{cases}$$

易解得　　　　　　　　　　$$\widetilde{u}(\omega,t)=A\mathrm{e}^{-\kappa\omega^2 t},\quad A=\widetilde{\varphi}(\omega)$$

即　　　　　　　　　　　　$$\widetilde{u}(\omega,t)=\widetilde{\varphi}(\omega)\mathrm{e}^{-\kappa\omega^2 t}$$

作傅里叶逆变换,有

$$u(x,t)=\mathscr{L}^{-1}\big[\widetilde{u}(\omega,t)\big]=\mathscr{L}^{-1}\big[\widetilde{\varphi}(\omega)\mathrm{e}^{-\kappa\omega^2 t}\big]=\cos x * \mathscr{L}^{-1}\big[\mathrm{e}^{-\kappa\omega^2 t}\big]$$

$$\mathscr{L}^{-1}\big[\mathrm{e}^{-\kappa\omega^2 t}\big]=\frac{1}{2\pi}\int_{-\infty}^{\infty}\mathrm{e}^{-\kappa\omega^2 t}\mathrm{e}^{\mathrm{i}\omega x}\,\mathrm{d}\omega=\frac{1}{2\pi}\int_{-\infty}^{\infty}\mathrm{e}^{-\kappa\omega^2 t}(\cos \omega x+\mathrm{i}\sin \omega x)\,\mathrm{d}\omega=$$

$$\frac{1}{\pi}\int_0^{\infty}\mathrm{e}^{-\kappa\omega^2 t}\cos \omega x\,\mathrm{d}\omega=\frac{1}{\pi}\,\frac{1}{2}\mathrm{e}^{-\frac{x^2}{4\kappa t}}\sqrt{\frac{\pi}{\kappa t}}=\frac{1}{2\sqrt{\kappa t\pi}}\mathrm{e}^{-\frac{x^2}{4\kappa t}}$$

上式中应用了积分公式: $\displaystyle\int_0^{\infty}\mathrm{e}^{-ax^2}\cos bx\,\mathrm{d}x=\frac{1}{2}\mathrm{e}^{-\frac{b^2}{4a}}\sqrt{\frac{\pi}{a}}$, $a>0$。

故

$$u(x,t)=\cos x * \frac{1}{2\sqrt{\kappa t\pi}}\mathrm{e}^{-\frac{x^2}{4\kappa t}}=\frac{1}{2\sqrt{\kappa t\pi}}\int_{-\infty}^{\infty}\mathrm{e}^{-\frac{\xi^2}{4\kappa t}}\cos (x-\xi)\,\mathrm{d}\xi=$$

$$\frac{1}{2\sqrt{\kappa t\pi}}\left(\int_{-\infty}^{\infty}\mathrm{e}^{-\frac{\xi^2}{4\kappa t}}\cos x\cos \xi\,\mathrm{d}\xi+\int_{-\infty}^{\infty}\mathrm{e}^{-\frac{\xi^2}{4\kappa t}}\sin x\sin \xi\,\mathrm{d}\xi\right)=$$

$$\frac{\cos x}{2\sqrt{\kappa t\pi}}\int_{-\infty}^{\infty}\mathrm{e}^{-\frac{\xi^2}{4\kappa t}}\cos \xi\,\mathrm{d}\xi=\frac{\cos x}{2\sqrt{\kappa t\pi}}\,\frac{1}{2}\mathrm{e}^{-\kappa t}2\sqrt{\kappa t\pi}=\frac{\cos x}{2}\mathrm{e}^{-\kappa t}$$

例 16.2　求高斯分布函数 $f(t)=\dfrac{1}{\sqrt{2\pi}\,\sigma}\mathrm{e}^{-\frac{t^2}{2\sigma^2}}$ 的频谱分布函数。

解　令 $a=\dfrac{1}{\sqrt{2\pi}\,\sigma}$, $b=\dfrac{1}{2\sigma^2}$,则

$$G(\omega)=\mathscr{F}\big[f(t)\big]=\int_{-\infty}^{\infty}f(t)\mathrm{e}^{-\mathrm{i}\omega t}\,\mathrm{d}t=\int_{-\infty}^{\infty}a\,\mathrm{e}^{-bt^2}\mathrm{e}^{-\mathrm{i}\omega t}\,\mathrm{d}t=a\int_{-\infty}^{\infty}\mathrm{e}^{-(bt^2+\mathrm{i}\omega t)}\,\mathrm{d}t=$$

$$a\int_{-\infty}^{\infty}\mathrm{e}^{-b\left(t+\frac{\mathrm{i}\omega}{2b}\right)^2}\mathrm{e}^{-\frac{\omega^2}{4b}}\,\mathrm{d}t=a\,\mathrm{e}^{-\frac{\omega^2}{4b}}\int_{-\infty}^{\infty}\mathrm{e}^{-b\tau^2}\,\mathrm{d}\tau=a\,\mathrm{e}^{-\frac{\omega^2}{4b}}\sqrt{\frac{\pi}{b}}=$$

$$\frac{1}{\sqrt{2\pi}\,\sigma}\mathrm{e}^{-\frac{\omega^2}{4}2\sigma^2}\sqrt{2\sigma^2\pi}=\mathrm{e}^{-\frac{\omega^2\sigma^2}{2}}$$

例 16.3　求如图 16-1 所示的单个矩形脉冲的频谱。

解　由图 16 - 1 可知

$$f(t) = \begin{cases} 0, & t < -\dfrac{\tau}{2} \\[2mm] E, & -\dfrac{\tau}{2} \leqslant t \leqslant \dfrac{\tau}{2} \\[2mm] 0, & t > \dfrac{\tau}{2} \end{cases}$$

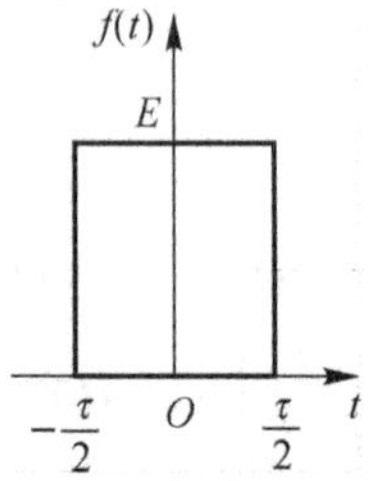

图　16 - 1

$$G(\omega) = \mathscr{F}\left[f(t)\right] = \int_{-\infty}^{\infty} f(t) e^{-i\omega t}\, dt = \int_{-\frac{\tau}{2}}^{\frac{\tau}{2}} E e^{-i\omega t}\, dt = \frac{E}{-i\omega}\, e^{-i\omega t}\, \Big|_{-\frac{\tau}{2}}^{\frac{\tau}{2}} =$$

$$\frac{E}{-i\omega}\left(e^{-i\omega \frac{\tau}{2}} - e^{i\omega \frac{\tau}{2}}\right) = \frac{2E}{\omega} \sin \frac{\omega \tau}{2}$$

例 16.4　试求一根半无限长的弦在外力 $f(t) = \cos \omega t$ 作用下的振动,设弦的一端固定,另一端自由,初始位移和初始速度均为零。

解　定解问题为

$$\begin{cases} \dfrac{\partial^2 u}{\partial t^2} - a^2 \dfrac{\partial^2 u}{\partial x^2} = \cos \omega t, & x > 0, \quad t > 0 \\[3mm] u(x,0) = 0, \quad \dfrac{\partial u}{\partial t}\Big|_{t=0} = 0 \\[3mm] u(0,t) = 0, \quad \lim\limits_{x \to \infty} \dfrac{\partial u}{\partial x} = 0 \end{cases}$$

作拉普拉斯变换

$$\mathscr{L}\left[u(x,t)\right] = \tilde{u}(x,p), \quad \mathscr{L}\left[\cos \omega t\right] = \tilde{f}(p) = \frac{p}{p^2 + \omega^2}$$

定解问题化为

$$\begin{cases} p^2 \tilde{u} - a^2 \dfrac{d^2 \tilde{u}}{dx^2} = \tilde{f}(p) & \Rightarrow \quad \dfrac{d^2 \tilde{u}}{dx^2} - \dfrac{p^2}{a^2}\tilde{u} = -\dfrac{\tilde{f}(p)}{a^2} \\[3mm] \tilde{u}(0,p) = 0 \\[3mm] \lim\limits_{x \to \infty} \dfrac{d\tilde{u}}{dx} = 0 \end{cases}$$

$$\tilde{u}(x,p) = C e^{\frac{px}{a}} + D e^{-\frac{px}{a}} + \frac{\tilde{f}(p)}{p^2}$$

$$\lim_{x \to \infty} \frac{d\tilde{u}}{dx} = 0 \quad \Rightarrow \quad C = 0, \quad \tilde{u}(0,p) = D + \frac{\tilde{f}(p)}{p^2} = 0 \quad \Rightarrow \quad D = -\frac{\tilde{f}(p)}{p^2}$$

$$\tilde{u}(x,p) = -\frac{\tilde{f}(p)}{p^2} e^{-\frac{px}{a}} + \frac{\tilde{f}(p)}{p^2} = \frac{\tilde{f}(p)}{p^2}\left(1 - e^{-\frac{px}{a}}\right) = \frac{1}{p(p^2 + \omega^2)}\left(1 - e^{-\frac{px}{a}}\right)$$

$$u(x,t) = \mathscr{L}^{-1}\left[\tilde{u}(x,p)\right] = \mathscr{L}^{-1}\left[\frac{1}{p(p^2 + \omega^2)}\left(1 - e^{-\frac{px}{a}}\right)\right] =$$

$$\mathscr{L}^{-1}\left[\frac{1}{\omega^2}\left(\frac{1}{p} - \frac{p}{p^2 + \omega^2}\right)\left(1 - e^{-\frac{px}{a}}\right)\right] =$$

$$\frac{1}{\omega^2} \mathscr{L}^{-1} \left[\left(\frac{1}{p} - \frac{p}{p^2 + \omega^2} \right) - \mathrm{e}^{-\frac{px}{a}} \left(\frac{1}{p} - \frac{p}{p^2 + \omega^2} \right) \right]$$

$$\mathscr{L}^{-1} \left[\frac{1}{p} - \frac{p}{p^2 + \omega^2} \right] = 1 - \cos \omega t = 2 \sin^2 \frac{\omega t}{2}$$

$$u(x, t) = \frac{1}{\omega^2} \left[2 \sin^2 \frac{\omega t}{2} - 2 \sin^2 \frac{\omega \left(t - \frac{\pi}{a} \right)}{2} \right] = \frac{2}{\omega^2} \left[\sin^2 \frac{\omega t}{2} - \sin^2 \frac{\omega \left(t - \frac{\pi}{a} \right)}{2} \right]$$

第 17 章　格林函数法

格林函数法是理论物理研究中的常用方法之一。

预备知识:若函数 $u(x,y,z)=u(r),v(x,y,z)=v(r),dr=dxdydz$ 在区域 V 及其边界面 S 连续,规定 S 的外法线方向为正。

格林第一公式:
$$\iiint_V u \boldsymbol{\nabla}^2 v \, dr = \iint_{\Sigma} u \boldsymbol{\nabla} v \, d\boldsymbol{\Sigma} - \iiint_V \boldsymbol{\nabla} u \boldsymbol{\nabla} v \, dr$$

格林第二公式:
$$\iiint_V (u \boldsymbol{\nabla}^2 v - v \boldsymbol{\nabla}^2 u) \, dr = \iint_{\Sigma} (u \boldsymbol{\nabla} v - v \boldsymbol{\nabla} u) \, d\boldsymbol{\Sigma}$$

证明　(1) 格林第一公式。

$$\iiint_V u \boldsymbol{\nabla}^2 v \, dr + \iiint_V \boldsymbol{\nabla} u \boldsymbol{\nabla} v \, dr = \iiint_V u \left(\frac{\partial^2 v}{\partial x^2} + \frac{\partial^2 v}{\partial y^2} + \frac{\partial^2 v}{\partial z^2} \right) dr + \iiint_V \left(\frac{\partial u}{\partial x} \frac{\partial v}{\partial x} + \frac{\partial u}{\partial y} \frac{\partial v}{\partial y} + \frac{\partial u}{\partial z} \frac{\partial v}{\partial z} \right) dr =$$

$$\iiint_V \left[\frac{\partial}{\partial x} \left(u \frac{\partial v}{\partial x} \right) + \frac{\partial}{\partial y} \left(u \frac{\partial v}{\partial y} \right) + \frac{\partial}{\partial z} \left(u \frac{\partial v}{\partial z} \right) \right] dr =$$

$$\iint_{\Sigma} \left(u \frac{\partial v}{\partial x} \cos \alpha + u \frac{\partial v}{\partial y} \cos \beta + u \frac{\partial v}{\partial z} \cos \gamma \right) d\boldsymbol{\Sigma} = \quad \text{（高斯公式）}$$

$$\iint_{\Sigma} u \frac{\partial v}{\partial n} d\boldsymbol{\Sigma} = \quad \text{（方向导数）}$$

$$\iint_{\Sigma} u \boldsymbol{\nabla} v \, d\boldsymbol{\Sigma}$$

(2) 格林第二公式。

由格林第一公式知

$$\iiint_V u \boldsymbol{\nabla}^2 v \, dr = \iint_{\Sigma} u \boldsymbol{\nabla} v \, d\boldsymbol{\Sigma} - \iiint_V \boldsymbol{\nabla} u \boldsymbol{\nabla} v \, dr \tag{17.1}$$

将式(17.1)中的 u 和 v 交换位置,得

$$\iiint_V v \boldsymbol{\nabla}^2 u \, dr = \iint_{\Sigma} v \boldsymbol{\nabla} u \, d\boldsymbol{\Sigma} - \iiint_V \boldsymbol{\nabla} v \, \nabla u \, dr \tag{17.2}$$

式(17.1)－式(17.2),得

$$\iiint_V (u \boldsymbol{\nabla}^2 v - v \boldsymbol{\nabla}^2 u) \, dr = \iint_{\Sigma} (u \boldsymbol{\nabla} v - v \boldsymbol{\nabla} u) \, d\boldsymbol{\Sigma}$$

格林公式通常指格林第二公式,在格林函数法求解定解问题时常要用到。

17.1　格林函数的概念

定义 17.1　（格林函数）在区间 $[a,b]$ 上,考虑边值问题

$$\begin{cases} p(x)y''(x)+y'(x)[p'(x)+q(x)]=-\varphi(x) \\ [\alpha y(x)+\beta y'(x)]_{x=a}=0, \quad \alpha,\beta \text{ 为常数} \\ [\alpha y(x)+\beta y'(x)]_{x=b}=0 \end{cases}$$

构造函数 G,对于给定的 x_0,$G=\begin{cases} G_1(x), & x<x_0 \\ G_2(x), & x>x_0 \end{cases}$,并且满足以下 4 个条件

(1) G_1 和 G_2 在所定义的区间上满足方程

$$p(x)y''(x)+y'(x)[p'(x)+q(x)]=0$$

即当 $x<x_0$ 时,$p(x)G_1''(x)+G_1'(x)[p'(x)+q(x)]=0$

当 $x>x_0$ 时,$p(x)G_2''(x)+G_2'(x)[p'(x)+q(x)]=0$。

(2) G 满足边界条件,即 $\alpha G_1(a)+\beta G_1'(a)=0$,$\alpha G_2(b)+\beta G_2'(b)=0$。

(3) G 在 x_0 点连续,即 $G_1(x_0)=G_2(x_0)$。

(4) G' 以 $x=x_0$ 为一不连续点,其跳跃是 $-\dfrac{1}{p(x_0)}$。

满足条件(1)～(4)所定义的函数 G 称为与该边值问题相联系的格林函数。

y 的边值问题 $\Rightarrow G$ 的边值问题。

$$\begin{cases} p(x)G''(x;x_0)+G'(x;x_0)[p'(x)+q(x)]=\delta(x-x_0) \\ \alpha G(a;x_0)+\beta G'y(a;x_0)=0, \quad \alpha,\beta \text{ 为常数} \\ \alpha G(b;x_0)+\beta G'(b;x_0)=0 \end{cases}$$

以上是以微分方程为例定义的格林函数(见图 17-1),下面从偏微分方程的角度理解格林函数的概念。

非齐次方程的定解问题

构造G函数

非齐次项为 δ 函数的非齐次方程的定解问题

图　17-1

以静电场为例,静电势的定解问题为

$$\begin{cases} \nabla^2 u(\boldsymbol{r})=-\dfrac{1}{\varepsilon_0}\rho(\boldsymbol{r}), \quad \boldsymbol{r}\in V \\ u|_\Sigma=f(\Sigma) \end{cases} \Rightarrow \begin{cases} \nabla^2 G(\boldsymbol{r},\boldsymbol{r}')=-\dfrac{1}{\varepsilon_0}\delta(\boldsymbol{r}-\boldsymbol{r}'), \quad \boldsymbol{r},\boldsymbol{r}'\in V \\ \text{适当的边界条件} \end{cases}$$

现在确定适当的边界条件

$$\nabla^2 u(\boldsymbol{r})=-\dfrac{1}{\varepsilon_0}\rho(\boldsymbol{r}), \quad \nabla^2 G(\boldsymbol{r},\boldsymbol{r}')=-\dfrac{1}{\varepsilon_0}\delta(\boldsymbol{r}-\boldsymbol{r})$$

做如下运算：

$u(\boldsymbol{r}) \times \boldsymbol{\nabla}^2 G(\boldsymbol{r}, \boldsymbol{r}') - G(\boldsymbol{r}, \boldsymbol{r}') \times \boldsymbol{\nabla}^2 u(\boldsymbol{r})$，再 $\iiint\limits_V \mathrm{d}\boldsymbol{r}$，得

$$\iiint\limits_V u(\boldsymbol{r}) \times \boldsymbol{\nabla}^2 G(\boldsymbol{r}, \boldsymbol{r}') - G(\boldsymbol{r}, \boldsymbol{r}') \times \boldsymbol{\nabla}^2 u(\boldsymbol{r}) \mathrm{d}\boldsymbol{r} = -\frac{1}{\varepsilon_0}\left[u(\boldsymbol{r}') - \iiint\limits_V G(\boldsymbol{r}, \boldsymbol{r}')\rho(\boldsymbol{r})\mathrm{d}\boldsymbol{r}\right]$$

由格林公式可知

$$\iint\limits_\Sigma [u(\boldsymbol{r})\boldsymbol{\nabla}G(\boldsymbol{r}, \boldsymbol{r}') - G(\boldsymbol{r}, \boldsymbol{r}')\boldsymbol{\nabla}u(\boldsymbol{r})]\mathrm{d}\boldsymbol{\Sigma} = -\frac{1}{\varepsilon_0}\left[u(\boldsymbol{r}') - \iiint\limits_V G(\boldsymbol{r}, \boldsymbol{r}')\rho(\boldsymbol{r})\mathrm{d}\boldsymbol{r}\right]$$

$$u(\boldsymbol{r}') = \iiint\limits_V G(\boldsymbol{r}, \boldsymbol{r}')\rho(\boldsymbol{r})\mathrm{d}\boldsymbol{r} - \varepsilon_0\iint\limits_\Sigma [u(\boldsymbol{r})\boldsymbol{\nabla}G(\boldsymbol{r}, \boldsymbol{r}') - G(\boldsymbol{r}, \boldsymbol{r}')\boldsymbol{\nabla}u(\boldsymbol{r})]\mathrm{d}\boldsymbol{\Sigma}$$

上式中，$u(\boldsymbol{r})|_\Sigma = f(\Sigma)$，而 $\boldsymbol{\nabla}u(\boldsymbol{r})$ 未知。只有 $G(\boldsymbol{r}, \boldsymbol{r}')_\Sigma = 0$，才能求出

$$u(\boldsymbol{r}') = \iiint\limits_V G(\boldsymbol{r}, \boldsymbol{r}')\rho(\boldsymbol{r})\mathrm{d}\boldsymbol{r} - \varepsilon_0\iint\limits_\Sigma f(\Sigma)\boldsymbol{\nabla}G(\boldsymbol{r}, \boldsymbol{r}')|_\Sigma \mathrm{d}\boldsymbol{\Sigma}$$

$G(\boldsymbol{r}, \boldsymbol{r}')_\Sigma = 0$，正是要寻找的适当的边界条件。

将 $\boldsymbol{r}'$ 与 $\boldsymbol{r}$ 互换，得

$$u(\boldsymbol{r}) = \iiint\limits_V G(\boldsymbol{r}', \boldsymbol{r})\rho(\boldsymbol{r}')\mathrm{d}\boldsymbol{r}' - \varepsilon_0\iint\limits_\Sigma f(\Sigma')\boldsymbol{\nabla}'G(\boldsymbol{r}', \boldsymbol{r})_{\Sigma'}\mathrm{d}\boldsymbol{\Sigma}' =$$

$$\iiint\limits_V G(\boldsymbol{r}'; \boldsymbol{r})\rho(\boldsymbol{r}')\mathrm{d}\boldsymbol{r}' - \varepsilon_0\iint\limits_\Sigma f(\Sigma')\frac{\partial G(\boldsymbol{r}', \boldsymbol{r})}{\partial n'}\Big|_{\Sigma'}\mathrm{d}\boldsymbol{\Sigma}'$$

$\boldsymbol{\nabla}'$ 与 $\dfrac{\partial}{\partial n'}$ 指对 $\boldsymbol{r}'$ 微商。

静电场定解问题的格林函数 = 单位点电荷在齐次边界条件下的电势

稳定问题的 G 函数 = 定解问题 $\begin{cases} \text{非齐次项为 } \delta \text{ 函数的原数理方程} \\ \text{同类型边界条件的边界条件} \end{cases}$ 的解

17.2　稳定问题格林函数的一般性质

1.对称性：$G(\boldsymbol{r}, \boldsymbol{r}') = G(\boldsymbol{r}', \boldsymbol{r})$

证明　对于

$$\begin{cases} \boldsymbol{\nabla}^2 G(\boldsymbol{r}, \boldsymbol{r}') = \delta(\boldsymbol{r} - \boldsymbol{r}') \\ G(\boldsymbol{r}, \boldsymbol{r}')|_\Sigma = 0 \end{cases} \tag{17.3}$$

将 $\boldsymbol{r}'$ 换为 $\boldsymbol{r}''$

$$\begin{cases} \boldsymbol{\nabla}^2 G(\boldsymbol{r}, \boldsymbol{r}'') = \delta(\boldsymbol{r} - \boldsymbol{r}'') \\ G(\boldsymbol{r}, \boldsymbol{r}'')|_\Sigma = 0 \end{cases} \tag{17.4}$$

式(17.3)$\times G(\boldsymbol{r}, \boldsymbol{r}'')$ — 式(17.4)$\times G(\boldsymbol{r}, \boldsymbol{r}')$，再作 V 内的积分，有

$$\iiint\limits_V [G(\boldsymbol{r}, \boldsymbol{r}'')\boldsymbol{\nabla}^2 G(\boldsymbol{r}, \boldsymbol{r}') - G(\boldsymbol{r}, \boldsymbol{r}')\boldsymbol{\nabla}^2 G(\boldsymbol{r}, \boldsymbol{r}'')]\mathrm{d}\boldsymbol{r} = G(\boldsymbol{r}', \boldsymbol{r}'') - G(\boldsymbol{r}'', \boldsymbol{r}')$$

由格林公式可知

$$\iint\limits_{\Sigma}[G(\boldsymbol{r},\boldsymbol{r}'')\,\boldsymbol{\nabla}\,G(\boldsymbol{r},\boldsymbol{r}')-G(\boldsymbol{r},\boldsymbol{r}')\,\boldsymbol{\nabla}\,G(\boldsymbol{r},\boldsymbol{r}'')]\mathrm{d}\boldsymbol{\Sigma}=G(\boldsymbol{r}',\boldsymbol{r}'')-G(\boldsymbol{r}'',\boldsymbol{r}')$$

代入边界条件 $G(\boldsymbol{r},\boldsymbol{r}')\big|_{\Sigma}=0,G(\boldsymbol{r},\boldsymbol{r}'')\big|_{\Sigma}=0$,得

$$0=G(\boldsymbol{r}',\boldsymbol{r}'')-G(\boldsymbol{r}'',\boldsymbol{r}')$$

将 $\boldsymbol{r}''$ 换为 $\boldsymbol{r}$：$G(\boldsymbol{r},\boldsymbol{r}')=G(\boldsymbol{r}',\boldsymbol{r})$。

2.点源附近的发散行为

为了便于讨论,将格林函数分为两部分：$G(\boldsymbol{r},\boldsymbol{r}_0)=G^{\infty}(\boldsymbol{r},\boldsymbol{r}_0)+G^{\Sigma}(\boldsymbol{r},\boldsymbol{r}_0)$。

$G^{\infty}(\boldsymbol{r},\boldsymbol{r}_0)$：$\boldsymbol{r}_0$ 点源对 $\boldsymbol{r}$ 点的直接影响 —— 无界空间格林函数;

$G^{\Sigma}(\boldsymbol{r},\boldsymbol{r}_0)$：$\boldsymbol{r}_0$ 点源通过边界 Σ 对 $\boldsymbol{r}$ 点的直接影响。

由 $\boldsymbol{\nabla}^2 G(\boldsymbol{r},\boldsymbol{r}_0)=\delta(\boldsymbol{r}-\boldsymbol{r}_0)$ 可知,$\boldsymbol{r}_0$ 为奇点,在点源附近,即 $|\boldsymbol{r}-\boldsymbol{r}_0|\ll r_0$,$\boldsymbol{r}_0$ 对 $\boldsymbol{r}$ 的直接影响远远大于间接影响,即 $G^{\infty}\gg G^{\Sigma}$。$G^{\infty}(\boldsymbol{r},\boldsymbol{r}_0)$ 关于 $\boldsymbol{r}_0$ 中心对称,其大小与 $\boldsymbol{r}=\boldsymbol{r}-\boldsymbol{r}_0$ 的方向无关,只与 R 的大小 $|\boldsymbol{r}-\boldsymbol{r}_0|$ 有关。

故 $$G(\boldsymbol{r},\boldsymbol{r}_0)\sim G^{\infty}(\boldsymbol{r},\boldsymbol{r}_0)=g(\boldsymbol{r})$$

当 $R\ll r_0$ 时,方程化为 $\boldsymbol{\nabla}^2 g(\boldsymbol{r})=\delta(\boldsymbol{r}-\boldsymbol{r}_0)$。

(1) 三维情况：$\boldsymbol{\nabla}^2 g(\boldsymbol{R})=\delta(\boldsymbol{r}-\boldsymbol{r}_0)$。

以 $\boldsymbol{r}_0$ 为圆心,ε 为半径的球体内,作 $\iiint\limits_{V}\mathrm{d}\boldsymbol{r}$,即 $\iiint\limits_{V}\boldsymbol{\nabla}^2 g(\boldsymbol{r})\mathrm{d}\boldsymbol{r}=1$。

球坐标系下,有

$$\boldsymbol{\nabla}^2=\frac{1}{r^2}\frac{\partial}{\partial r}\left(r^2\frac{\partial}{\partial r}\right)+\frac{1}{r^2\sin\theta}\frac{\partial}{\partial\theta}\left(\sin\theta\frac{\partial}{\partial\theta}\right)+\frac{1}{r^2\sin^2\theta}\frac{\partial^2}{\partial\varphi^2}$$

$\mathrm{d}\boldsymbol{r}=R^2\sin\theta\,\mathrm{d}r\mathrm{d}\theta\mathrm{d}\varphi$,$g(\boldsymbol{R})$ 关于 $\boldsymbol{r}_0$ 中心对称。

$$\iiint\limits_{V}\frac{1}{R^2}\frac{\mathrm{d}}{\mathrm{d}r}\left[R^2\frac{\mathrm{d}g(R)}{\mathrm{d}r}\right]R^2\sin\theta\,\mathrm{d}r\mathrm{d}\theta\mathrm{d}\varphi=1$$

$$\int_0^{\varepsilon}\frac{\mathrm{d}}{\mathrm{d}r}\left[R^2\frac{\mathrm{d}g(R)}{\mathrm{d}r}\right]\mathrm{d}r\int_0^{\pi}\sin\theta\,\mathrm{d}\theta\int_0^{2\pi}\mathrm{d}\varphi=1$$

$$\int_0^{\varepsilon}\frac{\mathrm{d}}{\mathrm{d}r}\left[R^2\frac{\mathrm{d}g(R)}{\mathrm{d}r}\right]\mathrm{d}r=\frac{1}{4\pi}\quad\Rightarrow\quad R^2\frac{\mathrm{d}g(R)}{\mathrm{d}r}=\frac{1}{4\pi}\quad\Rightarrow\quad\frac{\mathrm{d}g(R)}{\mathrm{d}r}=\frac{1}{4\pi R^2}$$

$$g(R)=-\frac{1}{4\pi R}\quad(R\ll r_0)$$

故 $$G(\boldsymbol{r},\boldsymbol{r}_0)\sim\frac{-1}{4\pi|\boldsymbol{r}-\boldsymbol{r}_0|},\quad R\ll r_0$$

(2) 二维情况：$\boldsymbol{\nabla}^2 g(\boldsymbol{r})=\delta(\boldsymbol{r}-\boldsymbol{r}_0)$。

以 $\boldsymbol{r}_0$ 为圆心,ε 为半径的圆域内,作 $\iint\limits_{S}\mathrm{d}\boldsymbol{R}$,即 $\iint\limits_{S}\boldsymbol{\nabla}^2 g(\boldsymbol{R})\mathrm{d}\boldsymbol{R}=1$。

极坐标系下,有

$$\boldsymbol{\nabla}^2=\frac{1}{\rho}\frac{\partial}{\partial\rho}\left(\rho\frac{\partial}{\partial\rho}\right)+\frac{1}{\rho^2}\frac{\partial^2}{\partial\varphi^2}$$

$\mathrm{d}\boldsymbol{R}=R\mathrm{d}R\mathrm{d}\varphi$,　$g(\boldsymbol{R})$ 关于 $\boldsymbol{r}_0$ 中心对称。

$$\iiint\limits_{V}\frac{1}{R}\frac{\mathrm{d}}{\mathrm{d}r}\left[R\frac{\mathrm{d}g(R)}{\mathrm{d}r}\right]R\mathrm{d}r\mathrm{d}\varphi=1$$

$$\int_0^\varepsilon \frac{\mathrm{d}}{\mathrm{d}r}\left[R\frac{\mathrm{d}g(R)}{\mathrm{d}r}\right]\mathrm{d}r\int_0^{2\pi}\mathrm{d}\varphi=1$$

$$\int_0^\varepsilon \frac{\mathrm{d}}{\mathrm{d}r}\left[R\frac{\mathrm{d}g(R)}{\mathrm{d}r}\right]\mathrm{d}r=\frac{1}{2\pi}\ \Rightarrow\ R\frac{\mathrm{d}g(R)}{\mathrm{d}r}=\frac{1}{2\pi}\ \Rightarrow\ \frac{\mathrm{d}g(R)}{\mathrm{d}r}=\frac{1}{2\pi R}$$

$$g(R)=\frac{1}{4\pi}\ln R\quad (R\ll r_0)$$

故
$$G(\boldsymbol{r},\boldsymbol{r}_0)\sim\frac{1}{2\pi}\ln|\boldsymbol{r}-\boldsymbol{r}_0|,\quad R\ll r_0$$

(3) 一维情况：$\boldsymbol{\nabla}^2 g(\boldsymbol{R})=\delta(\boldsymbol{r}-\boldsymbol{r}_0)$。

$$\frac{\mathrm{d}^2}{\mathrm{d}x^2}g(|\boldsymbol{x}-\boldsymbol{x}_0|)=\delta(\boldsymbol{x}-\boldsymbol{x}_0)$$

在区间$[\boldsymbol{x}_0-\boldsymbol{\varepsilon},\boldsymbol{x}_0+\boldsymbol{\varepsilon}](\varepsilon\ll|\boldsymbol{x}_0|)$上积分,得

$$\frac{\mathrm{d}g(|\boldsymbol{x}-\boldsymbol{x}_0|)}{\mathrm{d}x}\bigg|_{x=x_0-\varepsilon}-\frac{\mathrm{d}g(|\boldsymbol{x}-\boldsymbol{x}_0|)}{\mathrm{d}x}\bigg|_{x=x_0+\varepsilon}=1$$

即
$$\frac{\mathrm{d}g(|\boldsymbol{x}-\boldsymbol{x}_0|)}{\mathrm{d}x}\bigg|_{x=x_0-0}-\frac{\mathrm{d}g(|\boldsymbol{x}-\boldsymbol{x}_0|)}{\mathrm{d}x}\bigg|_{x=x_0+0}=1$$

$G(\boldsymbol{x},\boldsymbol{x}_0)$的一阶导数在$\boldsymbol{x}_0$处不连续。

因此,格林函数在点源附近的发散行为随着维数的降低而减弱。

三维情况：$G(\boldsymbol{r},\boldsymbol{r}_0)\sim\dfrac{-1}{4\pi|\boldsymbol{r}-\boldsymbol{r}_0|}\quad(R\ll r_0)$；

二维情况：$G(\boldsymbol{r},\boldsymbol{r}_0)\sim\dfrac{1}{2\pi}\ln|\boldsymbol{r}-\boldsymbol{r}_0|(R\ll r_0)$($\ln x$ 在 $x=0$ 发散行为比 $x^{-\nu}(\nu>0)$ 都弱)；

一维情况：$G(\boldsymbol{x},\boldsymbol{x}_0)$的一阶导数在$\boldsymbol{x}_0$处不连续。

17.3　三维无界空间亥姆霍兹方程的格林函数

例 17.1　三维无界空间亥姆霍兹方程的格林函数满足方程：$\boldsymbol{\nabla}^2 G(\boldsymbol{r},\boldsymbol{r}_0)+k^2 G(\boldsymbol{r},\boldsymbol{r}_0)=-\dfrac{1}{\varepsilon_0}\delta(\boldsymbol{r}-\boldsymbol{r}_0)$,求格林函数。

解　方法一：　用傅里叶积分变换法求解。

记$\mathscr{F}[G(\boldsymbol{r},\boldsymbol{r}_0)]=\iiint\limits_\infty G(\boldsymbol{r},\boldsymbol{r}_0)\mathrm{e}^{-\mathrm{i}\boldsymbol{\omega}\cdot\boldsymbol{r}}\mathrm{d}\boldsymbol{r}=\tilde{G}(\boldsymbol{\omega},\boldsymbol{r}_0)$,则$\mathscr{F}[\boldsymbol{\nabla}^2 G(\boldsymbol{r},\boldsymbol{r}_0)]=-\omega^2\tilde{G}(\boldsymbol{\omega},\boldsymbol{r}_0)$。

由微分性$\mathscr{F}[f^{(n)}(x)]=(\mathrm{i}\omega)^n\mathscr{F}[f(x)]$可知

$$\mathscr{F}[\delta(\boldsymbol{r}-\boldsymbol{r}_0)]=\iiint\limits_\infty\delta(\boldsymbol{r}-\boldsymbol{r}_0)\mathrm{e}^{-\mathrm{i}\boldsymbol{\omega}\cdot\boldsymbol{r}}\mathrm{d}\boldsymbol{r}=\mathrm{e}^{-\mathrm{i}\boldsymbol{\omega}\cdot\boldsymbol{r}_0}$$

对方程实施三重傅里叶积分变换,有

$$-\omega^2\tilde{G}(\boldsymbol{\omega},\boldsymbol{r}_0)+k^2\tilde{G}(\boldsymbol{\omega},\boldsymbol{r}_0)=-\frac{1}{\varepsilon_0}\mathrm{e}^{-\mathrm{i}\boldsymbol{\omega}\cdot\boldsymbol{r}_0}$$

得
$$\widetilde{G}(\boldsymbol{\omega},\boldsymbol{r}_0)=\frac{1}{\varepsilon_0}\frac{\mathrm{e}^{-\mathrm{i}\boldsymbol{\omega}\cdot\boldsymbol{r}_0}}{\omega^2-k^2}$$

$$\mathscr{L}^{-1}[\widetilde{G}(\boldsymbol{\omega},\boldsymbol{r}_0)]=G(\boldsymbol{r},\boldsymbol{r}_0)=\frac{1}{(2\pi)^3}\iiint_\infty\frac{1}{\varepsilon_0}\frac{\mathrm{e}^{-\mathrm{i}\boldsymbol{\omega}\cdot\boldsymbol{r}_0}}{\omega^2-k^2}\mathrm{e}^{\mathrm{i}\boldsymbol{\omega}r}\mathrm{d}\boldsymbol{\omega}=\frac{1}{\varepsilon_0}\frac{1}{(2\pi)^3}\iiint_\infty\frac{\mathrm{e}^{\mathrm{i}\boldsymbol{\omega}\cdot(\boldsymbol{r}-\boldsymbol{r}_0)}}{\omega^2-k^2}\mathrm{d}\boldsymbol{\omega}$$

如图 17-2 所示,取 ω_z 沿 $(\boldsymbol{r}-\boldsymbol{r}_0)$ 的方向,$\boldsymbol{\omega}$ 与 $(\boldsymbol{r}-\boldsymbol{r}_0)$ 的起点均重合于原点,则

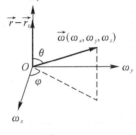

图　17-2

$$\boldsymbol{\omega}(\boldsymbol{r}-\boldsymbol{r}_0)=|\boldsymbol{\omega}||\boldsymbol{r}-\boldsymbol{r}_0|\cos\theta=\omega R\cos\theta$$

其中,$R=\sqrt{(x-x_0)^2+(y-y_0)^2+(z-z_0)^2}$,又知 $\mathrm{d}\boldsymbol{\omega}=\mathrm{d}\omega_x\mathrm{d}\omega_y\mathrm{d}\omega_z=\omega^2\sin\theta\mathrm{d}\omega\mathrm{d}\theta\mathrm{d}\varphi$,则

$$\iiint_\infty\frac{\mathrm{e}^{\mathrm{i}\boldsymbol{\omega}\cdot(\boldsymbol{r}-\boldsymbol{r}_0)}}{\omega^2-k^2}\mathrm{d}\boldsymbol{\omega}=\int_0^{2\pi}\int_0^\pi\int_0^\infty\frac{\mathrm{e}^{\mathrm{i}\omega R\cos\theta}}{\omega^2-k^2}\omega^2\sin\theta\mathrm{d}\omega\mathrm{d}\theta\mathrm{d}\varphi=$$

$$2\pi\int_0^\infty\frac{\omega^2}{\omega^2-k^2}\mathrm{d}\omega\int_0^\pi\mathrm{e}^{\mathrm{i}\omega R\cos\theta}\sin\theta\mathrm{d}\theta=$$

$$2\pi\int_0^\infty\frac{\omega^2}{\omega^2-k^2}\mathrm{d}\omega\int_0^\pi-\frac{1}{\mathrm{i}\omega R}\mathrm{e}^{\mathrm{i}\omega R\cos\theta}\mathrm{d}(\mathrm{i}\omega R\cos\theta)=$$

$$-\frac{2\pi}{\mathrm{i}R}\int_0^\infty\frac{\omega}{\omega^2-k^2}(\mathrm{e}^{-\mathrm{i}\omega R}-\mathrm{e}^{\mathrm{i}\omega R})\mathrm{d}\omega=$$

$$-\frac{4\pi}{\mathrm{i}R}\int_0^\infty\frac{\omega\sin\omega R}{\omega^2-k^2}\mathrm{d}\omega=$$

$$-\frac{4\pi}{\mathrm{i}R}\pi\,\mathrm{res}\left[\frac{\omega\mathrm{e}^{\mathrm{i}\omega R}}{\omega^2-k^2},k\right]=-\frac{4\pi}{\mathrm{i}R}\frac{\omega\mathrm{e}^{\mathrm{i}\omega R}}{2\omega}\bigg|_{\omega=k}=$$

$$\frac{2\pi^2}{R}\mathrm{e}^{\mathrm{i}kR}$$

$$G(\boldsymbol{r},\boldsymbol{r}_0)=\frac{1}{\varepsilon_0}\frac{1}{(2\pi)^3}\iiint_\infty\frac{\mathrm{e}^{\mathrm{i}\boldsymbol{\omega}\cdot(\boldsymbol{r}-\boldsymbol{r}_0)}}{\omega^2-k^2}\mathrm{d}\boldsymbol{\omega}=\frac{1}{\varepsilon_0}\frac{1}{(2\pi)^3}\frac{2\pi^2}{R}\mathrm{e}^{\mathrm{i}kR}=\frac{1}{4\pi\varepsilon_0}\frac{\mathrm{e}^{\mathrm{i}k|\boldsymbol{r}-\boldsymbol{r}_0|}}{|\boldsymbol{r}-\boldsymbol{r}_0|}$$

方法二:选取点源 $\boldsymbol{r}_0$ 所在位置 (x_0,y_0,z_0) 为球坐标原点,由于 $G(\boldsymbol{r},\boldsymbol{r}_0)$ 的球对称性(与 θ,φ 无关),故当 $r\neq0$ 时,在球坐标系 (r,θ,φ) 中原方程:

$$\boldsymbol{\nabla}^2G(\boldsymbol{r},\boldsymbol{r}_0)+k^2G(\boldsymbol{r},\boldsymbol{r}_0)=-\frac{1}{\varepsilon_0}\delta(\boldsymbol{r}-\boldsymbol{r}_0)$$

$$\boldsymbol{\nabla}^2=\frac{1}{r^2}\frac{\partial}{\partial r}\left(r^2\frac{\partial}{\partial r}\right)+\frac{1}{r^2\sin\theta}\frac{\partial}{\partial\theta}\left(\sin\theta\frac{\partial}{\partial\theta}\right)+\frac{1}{r^2\sin^2\theta}\frac{\partial^2}{\partial\varphi^2}$$

可写为

$$\frac{1}{r^2}\frac{\mathrm{d}}{\mathrm{d}r}\left[r^2\frac{\mathrm{d}G(\boldsymbol{r},\boldsymbol{r}_0)}{\mathrm{d}r}\right]+k^2G(\boldsymbol{r},\boldsymbol{r}_0)=0$$

$$\frac{\mathrm{d}^2}{\mathrm{d}r^2}G(\boldsymbol{r},\boldsymbol{r}_0)+\frac{2}{r}\frac{\mathrm{d}}{\mathrm{d}r}G(\boldsymbol{r},\boldsymbol{r}_0)+k^2G(\boldsymbol{r},\boldsymbol{r}_0)=0$$

两边同乘以 r,有

$$r\frac{\mathrm{d}^2G}{\mathrm{d}r^2}+2\frac{\mathrm{d}G}{\mathrm{d}r}+k^2rG=0\qquad\Rightarrow$$

$$\left(r\frac{d}{dr}\frac{dG}{dr}+\frac{dG}{dr}\right)+\frac{dG}{dr}+k^2 rG=0 \qquad \Rightarrow$$

$$\frac{d}{dr}\left(r\frac{dG}{dr}\right)+\frac{dG}{dr}+k^2 rG=0 \qquad \Rightarrow$$

$$\frac{d}{dr}\left(r\frac{dG}{dr}+G\right)+k^2 rG=0 \qquad \Rightarrow$$

$$\frac{d}{dr}\frac{d}{dr}(rG)+k^2 rG=0 \qquad \Rightarrow$$

$$\frac{d^2}{dr^2}(rG)+k^2(rG)=0 \qquad \Rightarrow$$

通解为
$$rG=A\,e^{ikr}+B\,e^{-ikr}$$

$$G=A\,\frac{e^{ikr}}{r}+B\,\frac{e^{-ikr}}{r}$$

亥姆霍兹方程是波动方程分离掉时间因子 $e^{-i\omega t}$ 得到的,而$\frac{e^{-ikr}}{r}$ 代表原点向外发散的球面波,故 $B=0$,$G=A\,\frac{e^{ikr}}{r}$。

为了确定 A,对原方程:$\nabla^2 G(\boldsymbol{r},\boldsymbol{r}_0)+k^2 G(\boldsymbol{r},\boldsymbol{r}_0)=-\frac{1}{\varepsilon_0}\delta(\boldsymbol{r}-\boldsymbol{r}_0)$ 在以 r_0 为圆心,ε 为半径的球体 V_ε 上积分

$$\iiint\limits_{V_\varepsilon}\left[\nabla^2 G(\boldsymbol{r},\boldsymbol{r}_0)+k^2 G(\boldsymbol{r},\boldsymbol{r}_0)\right]dx\,dy\,dz=-\frac{1}{\varepsilon_0}\iiint\limits_{V_\varepsilon}\delta(x-x_0)\delta(y-y_0)\delta(z-z_0)dx\,dy\,dz=-\frac{1}{\varepsilon_0}$$

$$\iiint\limits_{V_\varepsilon}\nabla^2 G(\boldsymbol{r},\boldsymbol{r}_0)dx\,dy\,dz+k^2\iiint\limits_{V_\varepsilon}G(\boldsymbol{r},\boldsymbol{r}_0)dx\,dy\,dz=-\frac{1}{\varepsilon_0}$$

格林公式:$\iiint\limits_{V}(u\nabla^2 v-v\nabla^2 u)d\boldsymbol{r}=\iint\limits_{\Sigma}(u\nabla v-v\nabla u)d\boldsymbol{\Sigma}$,令 $u=1$,$v=G$,得

$$\iint\limits_{\sigma}\frac{\partial}{\partial n}G(\boldsymbol{r},\boldsymbol{r}_0)d\sigma+k^2\iiint\limits_{V_\varepsilon}G(\boldsymbol{r},\boldsymbol{r}_0)dx\,dy\,dz=-\frac{1}{\varepsilon_0}$$

$$\int_0^{2\pi}\int_0^{\pi}\frac{\partial}{\partial r}G(\boldsymbol{r},\boldsymbol{r}_0)r^2\sin\theta\,d\theta\,d\varphi+k^2\iiint\limits_{V_\varepsilon}G(\boldsymbol{r},\boldsymbol{r}_0)dx\,dy\,dz=-\frac{1}{\varepsilon_0}$$

将 $G=A\,\frac{e^{ikr}}{r}$,代入上式,且有

$$\lim_{\varepsilon\to 0}G=\lim_{r\to 0}A\,\frac{e^{ikr}}{r}=A\lim_{r\to 0}\frac{\cos kr+i\sin kr}{r}=A\lim_{r\to 0}\left(\frac{1}{r}+ik\right)$$

$$\lim_{\varepsilon\to 0}\frac{\partial G}{\partial r}=\lim_{r\to 0}A\,\frac{\partial}{\partial r}\frac{e^{ikr}}{r}=A\lim_{r\to 0}\frac{\partial}{\partial r}\left(\frac{1}{r}+ik\right)=\lim_{r\to 0}\left(-\frac{A}{r^2}\right)$$

得
$$\lim_{r\to 0}\left[\int_0^{2\pi}\int_0^{\pi}\frac{\partial}{\partial r}G(\boldsymbol{r},\boldsymbol{r}_0)r^2\sin\theta\,d\theta\,d\varphi+k^2\iiint\limits_{V_\varepsilon}G(\boldsymbol{r},\boldsymbol{r}_0)dx\,dy\,dz\right]=-\frac{1}{\varepsilon_0}$$

$$\lim_{r\to 0}\left[\int_0^{2\pi}\int_0^{\pi}\left(-\frac{A}{r^2}\right)r^2\sin\theta\,d\theta\,d\varphi+k^2\iiint\limits_{V_\varepsilon}A\left(\frac{1}{r}+ik\right)r^2\sin\theta\,dr\,d\theta\,d\varphi\right]=-\frac{1}{\varepsilon_0}-4\pi A+0=-\frac{1}{\varepsilon_0}$$

故
$$A = \frac{1}{4\pi\varepsilon_0}$$

$$G = \frac{1}{4\pi\varepsilon_0}\frac{\mathrm{e}^{ikr}}{r} = \frac{1}{4\pi\varepsilon_0}\frac{\mathrm{e}^{ik|r-r_0|}}{r-r_0}$$

17.4　圆内泊松方程第一边值问题的格林函数

一些基本概念：

(1) 称定解问题$\nabla^2 G = -\delta(x-x_0, y-y_0, z-z_0)$的解为三维泊松方程的格林函数。通过积分直接求解，可得三维泊松方程的格林函数为$G = \dfrac{1}{4\pi|r-r_0|}$。

(2) 称定解问题$\nabla^2 G = -\delta(x-x_0, y-y_0)$的解为二维泊松方程的格林函数。通过积分直接求解，可得二维泊松方程的格林函数为$G = \dfrac{1}{2\pi}\ln\dfrac{1}{|\boldsymbol{\rho}-\boldsymbol{\rho}_0|}$。

(3) 称定解问题$\begin{cases}\nabla^2 G = -\delta(x-x_0, y-y_0, z-z_0)\\ G|_\Sigma = 0\end{cases}$的解为三维泊松方程的迪利科莱-格林函数。易推得$G = \dfrac{1}{4\pi|r-r_0|} + g$。

$$\begin{cases}\nabla^2 g = 0\\ g|_\Sigma = -\dfrac{1}{4\pi|r-r_0|}\Big|_\Sigma\end{cases}$$

(4) 称定解问题$\begin{cases}\nabla^2 G = -\delta(x-x_0, y-y_0)\\ G_\Sigma = 0\end{cases}$的解为二维泊松方程的迪利科莱-格林函数。易知$G = \dfrac{1}{2\pi}\ln\dfrac{1}{|\boldsymbol{\rho}-\boldsymbol{\rho}_0|} + g$。

$$\begin{cases}\nabla^2 g = 0\\ g|_\Sigma = -\dfrac{1}{2\pi}\ln\dfrac{2}{|\boldsymbol{\rho}-\boldsymbol{\rho}_0|}\Big|_\Sigma\end{cases}$$

迪利科莱-格林函数可用本征函数展开法和电像法求解。

一些已求得的迪利科莱-格林函数：

(1) $\begin{cases}\nabla^2 G = -\delta(x-x_0, y-y_0, z-z_0), \quad z>0 \text{ 或 } z<0\\ G|_{z=0} = 0\end{cases}$的解 $G = \dfrac{1}{4\pi|r-r_0|} + \dfrac{1}{4\pi|r-r_1|}$，即半空间的迪利科莱-格林函数。$r_1$ 是 r 和 r_0 关于边界$z=0$ 的像点之间的距离。

(2) $\begin{cases}\nabla^2 G = -\delta(x-x_0, y-y_0, z-z_0), \quad r<a \text{ 或 } r>a\\ G|_{r=a} = 0\end{cases}$的解 $G = \dfrac{1}{4\pi|r-r_0|} + \dfrac{a/r_0}{4\pi|r-r_1|}$，即球域的迪利科莱-格林函数。

(3) $\begin{cases} \mathbf{V}^2 G = -\delta(x-x_0, y-y_0), & y>0 \text{ 或 } y<0 \\ G|_{y=0}=0 \end{cases}$ 的解 $G = \dfrac{1}{2\pi}\ln\dfrac{|\boldsymbol{r}-\boldsymbol{r}_1|}{|\boldsymbol{r}-\boldsymbol{r}_0|}$，即半平

面的迪利科莱-格林函数。

(4) $\begin{cases} \mathbf{V}^2 G = -\delta(x-x_0, y-y_0), & r<a \text{ 或 } r>a \\ G|_{r=a}=0 \end{cases}$ 的解 $G = \dfrac{1}{2\pi}\ln\dfrac{r_0 r_1}{ar}$，即圆域的迪

利科莱-格林函数。

现在以圆域的迪利科莱-格林函数为例，介绍求解过程：本征函数展开法和电像法。

例 17.2　求如下定解问题的格林函数

$$\begin{cases} \mathbf{V}^2 G = -\delta(x-x_0, y-y_0), & r=\sqrt{x^2+y^2}<a, r_0=\sqrt{x_0^2+y_0^2}<a \\ G|_{r=a}=0 \end{cases}$$

解　方法一：本征函数展开法。

求解思路：在极坐标系下，$\mathbf{V}^2 = \dfrac{1}{r}\dfrac{\partial}{\partial r}\left(r\dfrac{\partial}{\partial r}\right) + \dfrac{1}{r^2}\dfrac{\partial^2}{\partial\varphi^2}$，坐标原点为圆心，则相应齐次方程

$\mathbf{V}^2 G = 0$ 的通解为 $G = \displaystyle\sum_{m=1}^{\infty}[R_{m1}(r)\cos m\varphi + R_{m2}(r)\sin m\varphi] + R_0(r)$。

将 $\delta(x-x_0, y-y_0)$ 也按该组本征函数展开为

$$\delta(\boldsymbol{r}-\boldsymbol{r}_0) = \delta(x-x_0)\delta(y-y_0) = \frac{1}{r_0}\delta(r-r_0)\delta(\varphi-\varphi_0) =$$

$$\frac{1}{2\pi r_0}\delta(r-r_0)\left[1 + 2\sum_{m=1}^{\infty}(\cos m\varphi\cos m\varphi_0 - \sin m\varphi\sin m\varphi_0)\right]$$

将展开式代入原方程，问题转化为求解 $R_0(r), R_{m1}(r), R_{m2}(r)$。

按照以上思路，有

$$\left[\frac{1}{r}\frac{\partial}{\partial r}\left(r\frac{\partial}{\partial r}\right) + \frac{1}{r^2}\frac{\partial^2}{\partial\varphi^2}\right]G = -\delta(x-x_0, y-y_0)$$

$$G = \sum_{m=1}^{\infty}[R_{m1}(r)\cos m\varphi + R_{m2}(r)\sin m\varphi] + R_0(r)$$

$$\delta(\boldsymbol{r}-\boldsymbol{r}_0) = \frac{1}{2\pi r_0}\delta(r-r_0)\left[1 + 2\sum_{m=1}^{\infty}(\cos m\varphi\cos m\varphi_0 - \sin m\varphi\sin m\varphi_0)\right]$$

$$\frac{1}{r}\frac{\mathrm{d}}{\mathrm{d}r}\left[r\frac{\mathrm{d}r_0(r)}{\mathrm{d}r}\right] = -\frac{1}{2\pi\varepsilon_0}\frac{1}{r_0}\delta(r-r_0)$$

$$\left[\frac{1}{r}\frac{\mathrm{d}}{\mathrm{d}r}\left(r\frac{\mathrm{d}}{\mathrm{d}r}\right) - \frac{m^2}{r^2}\right]R_{m1}(r) = -\frac{1}{\pi\varepsilon_0 r_0}\delta(r-r_0)\cos m\varphi_0$$

$$\left[\frac{1}{r}\frac{\mathrm{d}}{\mathrm{d}r}\left(r\frac{\mathrm{d}}{\mathrm{d}r}\right) - \frac{m^2}{r^2}\right]R_{m2}(r) = -\frac{1}{\pi\varepsilon_0 r_0}\delta(r-r_0)\sin m\varphi_0$$

(1) $R_0(r)$ 的定解问题为

$$\begin{cases} \dfrac{1}{r}\dfrac{\mathrm{d}}{\mathrm{d}r}\left[r\dfrac{\mathrm{d}r_0(r)}{\mathrm{d}r}\right] = -\dfrac{1}{2\pi\varepsilon_0}\dfrac{1}{r_0}\delta(r-r_0) \\ R_0(0) \text{ 有界}, R_0(a)=0 \end{cases}$$

当 $r\neq r_0$ 时，$r\dfrac{\mathrm{d}r_0(r)}{\mathrm{d}r} = B_0$，即 $R_0(r) = B_0\ln r - D_0$；

若 $r > r_0$，代入 $R_0(a) = 0$，有 $R_0(a) = B_0 \ln a - D_0 = 0$，即 $D_0 = B_0 \ln a$。故

$$R_0(r) = B_0 \ln \frac{r}{a}$$

若 $r < r_0$，代入 $R_0(0) =$ 有界，$R_0(r) = A_0$。

$R_0(r)$ 在 r_0 处连续，即 $R_0(r_0 + 0) = R_0(r_0 - 0)$，可知 $B_0 \ln \frac{r_0}{a} = A_0$ 对方程作积分

$\int_{r_0 - 0}^{r_0 + 0} \mathrm{d}r$，可得

$$\frac{\mathrm{d}r_0(r)}{\mathrm{d}r}\Bigg|_{r_0 - 0}^{r_0 + 0} = -\frac{1}{2\pi\varepsilon_0} \frac{1}{r_0}$$

即

$$\frac{B_0}{r_0} - 0 = -\frac{1}{2\pi\varepsilon_0} \frac{1}{r_0}, \quad B_0 = -\frac{1}{2\pi\varepsilon_0}$$

$$R_0(r) = \begin{cases} -\dfrac{1}{2\pi\varepsilon_0} \ln \dfrac{r_0}{a}, & r < r_0 \\[3mm] -\dfrac{1}{2\pi\varepsilon_0} \ln \dfrac{r}{a}, & r > r_0 \end{cases}$$

(2) $R_{m1}(r)$ 的定解问题为

$$\begin{cases} \left[\dfrac{1}{r} \dfrac{\mathrm{d}}{\mathrm{d}r}\left(r \dfrac{\mathrm{d}}{\mathrm{d}r}\right) - \dfrac{m^2}{r^2} \right] R_{m1}(r) = -\dfrac{1}{\pi\varepsilon_0 r_0} \delta(r - r_0) \cos m\varphi_0 \\ R_{m1}(0) \text{ 有界}, \quad R_{m1}(a) = 0 \end{cases}$$

思路同上，可得

$$R_{m1}(r) = \begin{cases} -\dfrac{1}{2\pi\varepsilon_0} \dfrac{1}{m} \left[\left(\dfrac{rr_0}{a^2}\right)^m - \left(\dfrac{r}{r_0}\right)^m \right] \cos m\varphi_0, & r < r_0 \\[3mm] -\dfrac{1}{2\pi\varepsilon_0} \dfrac{1}{m} \left[\left(\dfrac{rr_0}{a^2}\right)^m - \left(\dfrac{r_0}{r}\right)^m \right] \cos m\varphi_0, & r > r_0 \end{cases}$$

(3) $R_{m2}(r)$ 的定解问题为

$$\begin{cases} \left[\dfrac{1}{r} \dfrac{\mathrm{d}}{\mathrm{d}r}\left(r \dfrac{\mathrm{d}}{\mathrm{d}r}\right) - \dfrac{m^2}{r^2} \right] R_{m2}(r) = -\dfrac{1}{\pi\varepsilon_0 r_0} \delta(r - r_0) \sin m\varphi_0 \\ R_{m2}(0) \text{ 有界}, R_{m2}(a) = 0 \end{cases}$$

同理可得

$$R_{m2}(r) = \begin{cases} -\dfrac{1}{2\pi\varepsilon_0} \dfrac{1}{m} \left[\left(\dfrac{rr_0}{a^2}\right)^m - \left(\dfrac{r}{r_0}\right)^m \right] \sin m\varphi_0, & r < r_0 \\[3mm] -\dfrac{1}{2\pi\varepsilon_0} \dfrac{1}{m} \left[\left(\dfrac{rr_0}{a^2}\right)^m - \left(\dfrac{r_0}{r}\right)^m \right] \sin m\varphi_0, & r > r_0 \end{cases}$$

圆内泊松方程第一边值问题格林函数的级数解为

$$G(r; r_0) = \begin{cases} -\dfrac{1}{2\pi\varepsilon_0} \left\{ \ln \dfrac{r_0}{a} + \sum_{m=1}^{\infty} \dfrac{1}{m} \left[\left(\dfrac{rr_0}{a^2}\right)^m - \left(\dfrac{r}{r_0}\right)^m \right] \cos m(\varphi - \varphi_0) \right\}, & r < r_0 \\[3mm] -\dfrac{1}{2\pi\varepsilon_0} \left\{ \ln \dfrac{r}{a} + \sum_{m=1}^{\infty} \dfrac{1}{m} \left[\left(\dfrac{rr_0}{a^2}\right)^m - \left(\dfrac{r_0}{r}\right)^m \right] \cos m(\varphi - \varphi_0) \right\}, & r > r_0 \end{cases}$$

方法二：电像法：将边界上产生的感生电荷等价为一个点电荷。

电像法对空间的几何形状有相当严格的限制,优点:可以给出有限形式的解;缺点:适用范围有限。

将接地圆内的点电荷问题等价地转化为无界空间中的两个点电荷。

若等价电荷位于 $r_1(x_1,y_1)$ 处,则 r_1 必在真实电荷 r_0 的半径延长线上,位于圆外(感生电荷的电势在圆内处处连续),如图 17-3 所示。

设等价电荷的电量为 e,则圆内的电势为

$$G(\boldsymbol{r},\boldsymbol{r}_0)=-\frac{1}{2\pi\varepsilon_0}(\ln|\boldsymbol{r}-\boldsymbol{r}_0|+e\ln|\boldsymbol{r}-\boldsymbol{r}_1|+C)$$

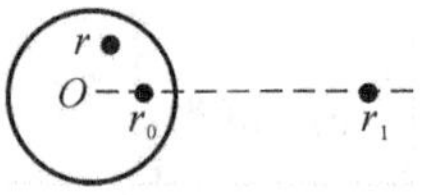

图 17-3

上式中,C 的大小与与电势零点的选择有关。

在圆周 $r=a$ 上电势为零,即

$$-\frac{1}{2\pi\varepsilon_0}(\ln|\boldsymbol{r}-\boldsymbol{r}_0|+e\ln|\boldsymbol{r}-\boldsymbol{r}_1|+C)_{r=a}=0$$

采用极坐标系,则

$$-\frac{1}{2\pi\varepsilon_0}(\ln\sqrt{a^2+r_0^2-2ar_0\cos(\varphi-\varphi_0)}+e\ln\sqrt{a^2+r_1^2-2ar_1\cos(\varphi-\varphi_0)}+C)=0$$

$$-\frac{1}{2\pi\varepsilon_0}\left\{\frac{1}{2}\ln[a^2+r_0^2-2ar_0\cos(\varphi-\varphi_0)]+\frac{1}{2}e\ln[a^2+r_1^2-2ar_1\cos(\varphi-\varphi_0)]+C\right\}=0$$

$$-\frac{1}{4\pi\varepsilon_0}\left\{\ln[a^2+r_0^2-2ar_0\cos(\varphi-\varphi_0)]+e\ln[a^2+r_1^2-2ar_1\cos(\varphi-\varphi_0)]+2C\right\}=0$$

$$\ln[a^2+r_0^2-2ar_0\cos(\varphi-\varphi_0)]+e\ln[a^2+r_1^2-2ar_1\cos(\varphi-\varphi_0)]+2C=0$$

$$\Downarrow\text{提出 } a^2(a>r_0) \qquad\qquad \Downarrow\text{提出 } r_1^2(a<r_1)$$

$$\ln\left\{a^2\left[1+\frac{r_0^2}{a^2}-2\frac{r_0}{a}\cos(\varphi-\varphi_0)\right]\right\}+e\ln\left\{r_1^2\left[\frac{a^2}{r_1^2}+1-2\frac{a}{r_1}\cos(\varphi-\varphi_0)\right]\right\}+2C=0$$

$$2\ln a+\ln\left[1+\left(\frac{r_0}{a}\right)^2-2\frac{r_0}{a}\cos(\varphi-\varphi_0)\right]+2e\ln r_1+$$

$$e\ln\left[1+\left(\frac{a}{r_1}\right)^2-2\frac{a}{r_1}\cos(\varphi-\varphi_0)\right]+2C=0$$

因为 $\ln[1+z]=\sum_{m=1}^{\infty}\frac{(-1)^{m-1}}{m}z^m$,$|z|<1$,所以

$$\ln[1+t^2-2t\cos\theta]=\ln(1-te^{i\theta})+\ln(1+te^{i\theta})=$$

$$\sum_{m=1}^{\infty}\frac{(-1)^{m-1}}{m}(-te^{i\theta})^m+\sum_{m=1}^{\infty}\frac{(-1)^{m-1}}{m}(te^{i\theta})^m=$$

$$-2\sum_{m=1}^{\infty}\frac{1}{m}t^m\cos m\theta,\quad |t|<1$$

$$2\ln a+2e\ln r_1+2C-2\sum_{m=1}^{\infty}\frac{1}{m}\left[\left(\frac{r_0}{a}\right)^m+e\left(\frac{a}{r_1}\right)^m\right]\cos[m(\varphi-\varphi_0)]=0$$

故

$$\begin{cases}\ln a+e\ln r_1+C=0\\\left(\frac{r_0}{a}\right)^m+e\left(\frac{a}{r_1}\right)^m=0,\quad m=1,2,3,\cdots\end{cases}\Rightarrow e=-\left(\frac{r_0r_1}{a^2}\right)^m\Rightarrow\begin{cases}e=-1\\r_1=\frac{a^2}{r_0}\end{cases}$$

可知
$$C = \ln \frac{r_0}{a}$$

$$G(\boldsymbol{r},\boldsymbol{r}_0) = -\frac{1}{2\pi\varepsilon_0}\left[\ln|\boldsymbol{r}-\boldsymbol{r}_0| - \ln\left|\boldsymbol{r}-\left(\frac{a}{r_0}\right)^2\boldsymbol{r}_0\right| + \ln\frac{r_0}{a}\right]$$

求出格林函数后就可以求出圆域静电场的定解问题

$$\begin{cases} \boldsymbol{\nabla}^2 u(\boldsymbol{r}) = -\dfrac{1}{\varepsilon_0}\rho(\boldsymbol{r}), & r < a \\ u\big|_{r=a} = f(\varphi) \end{cases} \tag{17.5}$$

将 $\boldsymbol{r}$ 换为 $\boldsymbol{r}_0$ 得

$$\begin{cases} \boldsymbol{\nabla}_0^2 u(\boldsymbol{r}_0) = -\dfrac{1}{\varepsilon_0}\rho(\boldsymbol{r}_0), & r_0 < a \\ u\big|_{r_0=a} = f(\varphi) \end{cases} \tag{17.6}$$

相应格林函数的定解问题分别为

$$\begin{cases} \boldsymbol{\nabla}^2 G(\boldsymbol{r},\boldsymbol{r}_0) = -\dfrac{1}{\varepsilon_0}\delta(\boldsymbol{r}-\boldsymbol{r}_0), & r < a, r_0 < a \\ G(\boldsymbol{r},\boldsymbol{r}_0)\big|_{r_0=a} = 0 \end{cases} \tag{17.7}$$

$$\begin{cases} \boldsymbol{\nabla}_0^2 G(\boldsymbol{r},\boldsymbol{r}_0) = -\dfrac{1}{\varepsilon_0}\delta(\boldsymbol{r}-\boldsymbol{r}_0), & r < a, r_0 < a \\ G(\boldsymbol{r},\boldsymbol{r}_0)\big|_{r_0=a} = 0 \end{cases} \tag{17.8}$$

$G(\boldsymbol{r},\boldsymbol{r}_0) \times$ 式(17.6)$- u(\boldsymbol{r}_0) \times$ 式(17.8),得

$$G(\boldsymbol{r},\boldsymbol{r}_0)\boldsymbol{\nabla}_0^2 u(\boldsymbol{r}_0) - u(\boldsymbol{r}_0)\boldsymbol{\nabla}_0^2 G(\boldsymbol{r},\boldsymbol{r}_0) = -\frac{1}{\varepsilon_0}\left[G(\boldsymbol{r},\boldsymbol{r}_0)\rho(\boldsymbol{r}_0) - u(\boldsymbol{r}_0)\delta(\boldsymbol{r}-\boldsymbol{r}_0)\right]$$

再 $\displaystyle\iint_{r_0<a}\mathrm{d}\boldsymbol{r}_0$,得

$$\iint_{r_0<a}\left[G(\boldsymbol{r},\boldsymbol{r}_0)\boldsymbol{\nabla}_0^2 u(\boldsymbol{r}_0) - u(\boldsymbol{r}_0)\boldsymbol{\nabla}_0^2 G(\boldsymbol{r},\boldsymbol{r}_0)\right]\mathrm{d}\boldsymbol{r}_0 =$$

$$-\frac{1}{\varepsilon_0}\iint_{r_0<a}\left[G(\boldsymbol{r},\boldsymbol{r}_0)\rho(\boldsymbol{r}_0) - u(\boldsymbol{r}_0)\delta(\boldsymbol{r}-\boldsymbol{r}_0)\right]\mathrm{d}\boldsymbol{r}_0 -$$

$$\varepsilon_0\iint_{r_0<a}\left[G(\boldsymbol{r},\boldsymbol{r}_0)\times\boldsymbol{\nabla}_0^2 u(\boldsymbol{r}_0) - u(\boldsymbol{r}_0)\times\boldsymbol{\nabla}_0^2 G(\boldsymbol{r},\boldsymbol{r}_0)\right]\mathrm{d}\boldsymbol{r}_0 =$$

$$\iint_{r_0<a}G(\boldsymbol{r},\boldsymbol{r}_0)\rho(\boldsymbol{r}_0)\mathrm{d}\boldsymbol{r}_0 - u(\boldsymbol{r})$$

$$u(\boldsymbol{r}) = \iint_{r_0<a}G(\boldsymbol{r},\boldsymbol{r}_0)\rho(\boldsymbol{r}_0)\mathrm{d}\boldsymbol{r}_0 + \varepsilon_0\iint_{r_0<a}\left[G(\boldsymbol{r},\boldsymbol{r}_0)\times\boldsymbol{\nabla}_0^2 u(\boldsymbol{r}_0) - u(\boldsymbol{r}_0)\times\boldsymbol{\nabla}_0^2 G(\boldsymbol{r},\boldsymbol{r}_0)\right]\mathrm{d}\boldsymbol{r}_0 =$$

$$\iint_{r_0<a}G(\boldsymbol{r},\boldsymbol{r}_0)\rho(\boldsymbol{r}_0)\mathrm{d}\boldsymbol{r}_0 + \varepsilon_0\int_0^{2\pi}\left[G(\boldsymbol{r},\boldsymbol{r}_0)\frac{\partial u(\boldsymbol{r}_0)}{\partial r_0} - u(\boldsymbol{r}_0)\frac{\partial G(\boldsymbol{r},\boldsymbol{r}_0)}{\partial r_0}\right]_{r_0=a} a\,\mathrm{d}\varphi_0$$

其中,当 $r_0 = a$ 时,$G(\boldsymbol{r},\boldsymbol{r}_0)\dfrac{\partial u(\boldsymbol{r}_0)}{\partial r_0} = 0$,$u(\boldsymbol{r}_0) = f(\varphi_0)$,故

$$u(\boldsymbol{r}) = \iint_{r_0<a}G(\boldsymbol{r},\boldsymbol{r}_0)\rho(\boldsymbol{r}_0)\mathrm{d}\boldsymbol{r}_0 - \varepsilon_0\int_0^{2\pi}f(\varphi_0)\frac{\partial G(\boldsymbol{r},\boldsymbol{r}_0)}{\partial r_0}\bigg|_{r_0=a} a\,\mathrm{d}\varphi_0$$

静电场的电势＝真实电荷的贡献＋感生电荷的贡献。

$$\int_0^{2\pi} f(\varphi_0) \frac{\partial G(\boldsymbol{r},\boldsymbol{r}_0)}{\partial r_0}\bigg|_{r_0=a} a\,\mathrm{d}\varphi_0 = \int_0^{2\pi} f(\varphi_0) \lim_{\Delta r \to 0} \frac{1}{\Delta r}\left[G(\boldsymbol{r},\boldsymbol{r}_0)_{r_0=a} - G(\boldsymbol{r},\boldsymbol{r}_0)_{r_0=a-\Delta r} \right] a\,\mathrm{d}\varphi_0 =$$

$$\iint_{r_0<a} f(\varphi_0) \lim_{\Delta r \to 0} \frac{G(\boldsymbol{r},\boldsymbol{r}_0)}{\Delta r}\left[\delta(r_0-a) - \delta(r_0-a+\Delta r) \right] r_0\,\mathrm{d}r_0\,\mathrm{d}\varphi_0 =$$

$$-\iint_{r_0<a} f(\varphi_0) G(\boldsymbol{r},\boldsymbol{r}_0) \frac{\delta(r_0-a)-\delta(r_0-a+\Delta r)}{\Delta r} r_0\,\mathrm{d}r_0\,\mathrm{d}\varphi_0 =$$

$$-\iint_{r_0<a} f(\varphi_0) G(\boldsymbol{r},\boldsymbol{r}_0) \delta'(r_0-a) r_0\,\mathrm{d}r_0\,\mathrm{d}\varphi_0$$

$$u(\boldsymbol{r}) = \iint_{r_0<a} G(\boldsymbol{r},\boldsymbol{r}_0)\left[\rho(\boldsymbol{r}_0) + \varepsilon_0 f(\varphi_0)\delta'(r_0-a) \right]\mathrm{d}\boldsymbol{r}_0$$

$$G(\boldsymbol{r},\boldsymbol{r}_0) = -\frac{1}{2\pi\varepsilon_0}\left[\ln|\boldsymbol{r}-\boldsymbol{r}_0| - \ln\left|\boldsymbol{r}-\left(\frac{a}{r_0}\right)^2 \boldsymbol{r}_0\right| + \ln\frac{a}{r_0} \right]$$

$$u(\boldsymbol{r}) = \iint_{r_0<a} G(\boldsymbol{r},\boldsymbol{r}_0)\left[\rho(\boldsymbol{r}_0) + \varepsilon_0 f(\varphi_0)\delta'(r_0-a) \right]\mathrm{d}\boldsymbol{r}_0 =$$

$$-\frac{1}{2\pi\varepsilon_0}\iint_{r_0<a} \rho(\boldsymbol{r}_0)\left[\ln|\boldsymbol{r}-\boldsymbol{r}_0| - \ln\left|\boldsymbol{r}-\left(\frac{a}{r_0}\right)^2 \boldsymbol{r}_0\right| + \ln\frac{a}{r_0} \right]\mathrm{d}\boldsymbol{r}_0 +$$

$$\frac{a^2-r^2}{2\pi}\int_0^{2\pi} \frac{f(\varphi_0)}{a^2+r^2-2ar\cos(\varphi-\varphi_0)}\mathrm{d}\varphi_0$$

对比格林函数的定义，可知该解也是下列定解问题的解为

$$\begin{cases} \boldsymbol{\nabla}^2 u(\boldsymbol{r}) = -\dfrac{1}{\varepsilon_0}\left[\rho(\boldsymbol{r}) + \varepsilon_0 f(\varphi)\delta'(r-a) \right], & r < a \\ u\big|_{r=a} = f(\varphi) \end{cases}$$

非齐次边界条件的定解问题 $\xrightarrow{\delta,\delta'}$ 增加特殊非齐次项的齐次边界条件定解问题。

参 考 文 献

[1]　吴崇试,高春媛. 数学物理方法[M]. 3 版. 北京:北京大学出版社,2019.

[2]　周治宁,吴崇试,钟毓澍. 数学物理方法习题指导[M]. 北京:北京大学出版社,2004.

[3]　姚端正. 数学物理方法学习指导[M]. 北京:科学出版社,2000.

[4]　陆全康,赵惠芬. 数学物理方法[M]. 2 版. 北京:高等教育出版社,2003.

[5]　刘连寿,王正清,李高翔. 数学物理方法[M]. 3 版. 北京:高等教育出版社,2011.

[6]　梁昆淼. 数学物理方法[M]. 5 版. 北京:高等教育出版社,2019.

[7]　杨华军. 数学物理方法与计算机仿真[M]. 北京:电子工业出版社,2005.